装备科技译著出版基金

实证机器学习
Empirical Approach to Machine Learning

［保］普拉门·P. 安格洛夫（Plamen P. Angelov）　著
［中］顾晓伟（Xiaowei Gu）

陈　杰　谭天乐　周春花　钮赛赛　译
赵　瑜　张　博　李　杰

国防工业出版社
·北京·

著作权合同登记　　图字:军-2021-029号

图书在版编目(CIP)数据

实证机器学习/(保)普拉门·P. 安格洛夫
(Plamen P. Angelov),顾晓伟著;陈杰等译. —北京:
国防工业出版社,2022.8
书名原文:Empirical Approach to Machine
Learning
ISBN 978-7-118-12536-8

Ⅰ.①实… Ⅱ.①普… ②顾… ③陈… Ⅲ.①机器学习 Ⅳ.①TP181

中国版本图书馆 CIP 数据核字(2022)第 118040 号

First published in English under the title
Empirical Approach to Machine Learning
by Plamen Parvanov Angelov and Xiaowei Gu
Copyright © Springer Nature Switzerland AG,2019
This edition has been translated and published under licence from SPRINGER Nature Switzerland AG.
本书简体中文版由 Springer 授权国防工业出版社独家出版发行。
版权所有,侵权必究。

※

国防工業出版社出版发行

(北京市海淀区紫竹院南路23号　邮政编码100048)
北京龙世杰印刷有限公司印刷
新华书店经售

＊

开本710×1000　1/16　插页8　印张24¼　字数443千字
2022年8月第1版第1次印刷　印数1—1500册　定价178.00元

(本书如有印装错误,我社负责调换)

国防书店:(010)88540777　　书店传真:(010)88540776
发行业务:(010)88540717　　发行传真:(010)88540762

译者序

人工智能技术、量子技术、生物基因技术、可控核聚变技术、石墨烯材料技术是最有可能推动第四次科技革命的前沿技术。2016年,以AlphaGo为代表的深度强化机器学习技术的出现,极大地促进了人工智能技术的发展和应用。

目前,人工智能得到持续关注的是基于连接主义深度神经网络的机器学习算法,这种算法模拟人脑神经网络结构,在图像识别、语音识别、自然语言理解、机器翻译等领域取得重大进展。然而,这种算法存在几个明显的缺陷:一是依赖于对数据分布和数据生成模型的主观假设;二是需要大量的训练数据,而且必须先训练再使用,甚至需要手工调整参数;三是训练出来的模型是不可解释的"黑盒"。

原书作者通过长期研究,引入从局部到全局的数据样本特性(包括累计邻近、典型性和偏心率)作为数据的特征,发展了一种全新的、完全由数据驱动的机器学习方法,即所谓"实证机器学习方法"。这种方法可以最大程度地减少对"人工"介入的依赖,可以从少量数据出发获得持续学习能力,实现信号处理、机器视觉、异常探测等实时在线应用。全书从理论背景、理论基础、方法应用三方面进行了介绍。在正文和附录中,还给出了各类应用实例的伪代码和MatLab代码,便于读者尽快进入角色和开展实际应用。

自我学习能力是人工智能的基本特征。算据、算法和算力三大要素,决定了人工智能是一类从数据样本实例中不断学习,从而获得知识和认知的方法。本书是一种具有拟人化特征的机器学习策略和方法。这种方法减少了人为主观因素的影响,具有清晰的模型结构和完全的可解释性,是一种数据驱动的非参数"经验"机器学习方法,是计算智能方面所取得的最新重要进展,有利于发展具备终身学习能力的智能无人自主技术,而这对于在未知、不确定、非结构化的环境场景中完成任务和工作都具有重要的意义。我们相信将这种方法介绍到国内,将极大地促进国内人工智能技术在工业数据处理、无人智能系统等方面的应用。

中国航天科技集团有限公司第八研究院科技委的人工智能专业组,对该书进行了翻译。本书的出版得到了国防工业出版社的大力支持。参加原著翻译的有陈杰(序、前言、第1章、后记)、谭天乐(第9、13、14章)、周春花(第4、5章及附录A)、钮赛赛(第6、10章及附录C)、赵瑜(第2章及索引)、张博(第8、12章及附录B)、李杰(第3、7、11章)等几位同志,其中陈杰和谭天乐参与了全文统稿工作。

尽管我们力求本书能准确地反映原著的内容,肯定还会存在不尽人意之处,敬请各位读者谅解。

上海航天技术研究院科技委
人工智能专业组
2022 年 1 月

序 1

普拉门·P. 安格洛夫和顾晓伟合著的 *Empirical Approach to Machine Learning*(《实证机器学习》)是采用机器学习方法与技术的独创性与综合性贡献。本书围绕机器学习,引入一种数据驱动的非参数"实证性"方法,该方法以数据为中心,可以最大限度地减少对"人工"介入的需要,避免对数据属性的主观假设、预设模型结构、用户定义参数和阈值等。

实证学习是向进化系统逐步迈进的台阶,进化系统概念是从统计学习、概率论、模糊论和人工神经网络等领域派生出来的,其中人工神经网络近些年得到持续关注。作者安格洛夫教授是进化系统领域的先驱者之一,我从他研究生时代就熟悉他的工作。在本书中,通过引入累计邻近、典型性和偏心率作为数据的非参数特征,拓展和提升了作者在该领域的长期贡献,形成了实证学习方法的基础。其他原创性概念包括:提高递归密度估计效率的方法和算法;从多维模糊集泛化到通用形状模糊云;深度学习方法缺陷的批判性分析;多层结构深度规则分类器的介绍;无监督和半监督学习方法的改进等。

本书的成果是一种有效的数据分析方法,它对于广泛的信息处理任务,在提升处理效率和自动化方面,具有较高的自主性和较好的潜力。所提出的实证机器学习方法的另一个与众不同的特征是,递归学习过程可以在线运行,无须显式地移动窗口缓冲区。这种信息一次性的处理过程,为快速、高效的模型学习提供了丰富的机会,同时也减少了计算量,可用于信号处理、机器视觉、异常探测等领域。另外,学习模型具有层次化的逻辑规则结构,能够直接解释学习过程归纳的信息。

本书的重点内容是创新性的实证机器学习方法。同时,提供完整系统的参考资料,可为关注机器学习原理与进展,以及模式识别、系统建模、异常检测、诊断与预测等机器学习应用领域的人员,提供有价值的参考。本书通过大量应用实例和可下载的读物,以加深读者对书中介绍的方法与算法的理解。

本书为自动化和高效数据处理人员开启了新视野。在人工智能技术日新月异的当前形势下,该书对数据科学和机器学习领域的专业人士,包括研究生、研究者和从业者是一本不可缺少的专业读物。

美国,密歇根州,迪尔伯恩
福特发动机公司,研究与创新中心
美国国家工程院院士,研究员
Dimitar Filev

序 2

我要对普拉门·P. 安格洛夫教授将这份重要材料呈现给社会表示由衷感谢,这对于类脑高速数据的真实感知新领域研究是极为重要的[①]。工业数据分析是一个博大精深的新领域,迄今为止计算科学中再度兴起的神经网络仍然还未触及该领域,其巨大能力也还未被人们所认知,尽管聚焦于工程应用的智能计算[②]已有数十年的研究历史。

工业数据分析的一个重要能力是聚类分析,也是本书重点讲解的主题之一,本书瞄准应用需求,清晰、连贯地阐述了这个主题,安格洛夫教授在这一领域深耕数十年,并且知悉有关这一主题的最新进展。通常,在许多应用领域的用户,局限于使用一些在网络上找得到的、或是在学校教科书中看到的很老旧的方法,没有花更多的心思去尝试做得更好。然而,在很多领域,聚类的质量对结果的质量至关重要,这使处理细节变得尤为重要。在我做任何实际的聚类应用之前这本书是一定要阅读的,因为这部分内容非常清晰且逻辑性很强,让人感觉聚类工具已经准备好了,立刻就可以使用。

最后想说明的是,人脑自主工作时,聚类是一项关键能力。深度学习是其重要组成部分,但是,高度进化的聚类和基于聚类的记忆与深度学习相结合,其提供的类脑能力会远超目前任何简单形式的深度学习能力。

同时本书也致力于非参数统计中的诸多挑战,非参数统计由其先驱者 Mosteller 和 Tukey 在 20 世纪 70 年代进行了说明,这远超出了近些年 Vapnik 和他的同事们推广的简化版。本书中列举了广泛且具体的应用实例,这些实例构成了本书的重要内容。

美国,弗吉尼亚州,阿灵顿
反向传播方法发明者
神经网络研究先驱
Paul J. Werbos

---

① P. J. Werbos and J. J. J. Davis, "Regular cycles of forward and backward signal propagation in prefrontal cortex and in consciousness," Front. Syst. Neurosci., vol. 10, p. 97, 2016.

② https://cis.ieee.org/.

序3

我们的同行都在致力于通过统计数据分析这一模型作为"透镜"来观测世界。统计模型具有许多优点,特别适用于数据集较小的情况,但是在当前大数据时代,另一种数据驱动方法就尤显重要,即数据应该自己说话。从信息论可知,改善信息的唯一途径是完成实验以采集新的数据,因此人们可以尝试通过大数据集来改善模型,并在这一过程中简化算法及对数据分析的数学要求。

本书定位于从实证角度来进行数据分析,即通过利用样本集从局部到全局的属性,来量化数据结构。唯一的数学要求是数据存在一个度量空间,其可应用于确定性或随机性的数据源。因为这种观点,只应用非参数性能试验,难以定量化优化。然而,优势是不需要对数据分布的先验统计假设,也不需要量化特性估计,这是一个难点,并且在统计建模中是常被遗忘的步骤。

本书分为3篇。第1篇包括第1~3章,介绍基本方法,并综述传统的模式识别和模糊分析工具,它们将用作与实证方法的比照。第2篇详细解释了实证方法和量化局部数据结构的算法。从第4章开始回顾距离和不同的度量概念,然后介绍数据集中(或密度)、偏心率、典型性等描述符,这导出数据云概念及其多模态扩展。为了专注于对新数据集的推理,将这些描述符扩展到其连续版本。第5章专注于实证描述符的应用,数学上替代基于模糊集的隶属函数。第6~9章采用第4章和第5章概述的描述符,提出了解决实际问题的架构,该架构利用实证方法的优势,只需要由设计者的经验提供极少量先验参数。由于这种特点,这些方法命名为自主的。第6章专注于自主异常检测的重要实际问题,从简单描述不同类型异常和不同类型方法(无监督或监督)开始,然后呈现如何将实证的中心与偏心描述符用于创建有效的异常检测器。第7章开发一种自主数据分割方法,不需要先验选择聚类数量,使用多模态数据密度和偏心率经验估计器。第8章针对多模型自主学习,作者称之为ALMMo,这是一个神经模糊方法的实证版本,仅涵盖0类型(基于数据分割)、1类型(基于线性建模),并表明如何直接从数据多模型中学习,这些模型利用了数据结构的局部特性。第9章引入基于ALMMo框架的深度架构,但依赖于数据云的峰值,这称为原型。这种稀疏化是有效的,也保留局部数据结构的最多信息。这种方法称为基于透明规则的分类器,它在医学诊断和数据分析中发挥着作用。第3篇包含5个章节,呈现自主异常检测、自主数据分割、自主学习多模型、基于深度规则的分类、半监督分类比对测试结果,最后是结束语。第3篇的重要性是读者可以看到该方法是如何用于实际问题中的,并将Matlab调用伪代码呈现在附录中,以促进用户应用。作为这些章节中的示范,本书发展的实证数据分析可有效解决问题,并且在求解时比其他统计方法要计算简便而性能相当。因此,本书是介绍数据分析中实用数据处理算法设计的又一力作,广受欢迎。我希望本书对年轻研究者进一步开发相关方法有所帮助,可以从本书中收获很多有意义的研究方向和方法。

我期望您像我一样享受阅读这本巨著。

美国,佛罗里达州,盖恩斯维尔
佛罗里达大学电子和计算机工程系
计算神经工程实验室主任
杰出教授,Eckis教授
Jose Principe

序 4

本书第一作者和我本人,多年来一直活跃于相关的 IEEE 智能系统技术活动中。多年来,我越来越意识到本书所阐述的进化智能系统以及从数据流中自主学习系统实现的重要性,由此引发了越来越浓厚的兴趣。本书是对相关技术前沿进展的一个连贯的阐述,涵盖了很多最新的研究成果,以及作者和同事们在已有研究工作中的新发现。正是因为这项工作与我从事的智能机器人系统密切相关,我非常清楚本书中所阐述的、能用于解决多个具体问题的技术重要价值所在。本书拓展并提升了该项技术的应用价值。

当我和我的同事们致力于发展和应用智能系统解决实际问题的计算技术时,通常会遇到技术的局限性问题。这些局限性可能导致不理想的结果,为此我们不得不采用不准确的、或者不切实际的假设,以获得该技术能实现的设计算法。设计工作的算法,并不总是等价于给定问题所需要的算法。因此,去除或者充分地放宽问题表述的约束条件,采用针对现实问题中更加灵活的措施,这种学习技术是令人鼓舞的。本书正是提供了这样一种机器学习的新方法。

从对现有技术限制条件敏锐的洞察力与理解力出发,本书提出了一种实现智能机器系统的新的实证方法,该方法具有很强的学习能力和在现实世界中高效应用的潜能。作为实现智能设备、机器和更加自主系统的升级方法,实证机器学习为突破现有方法的限制提供了解决方案。该方法是建立在对现有技术局限性的认知基础上的全新构思,同时这种方法的工程应用优势正在迅速显现。本书推出了先进机器学习所需的新思想,尤其是其与数据的关系。

对于该领域新入门的研究者或是参与者来说,作者给予了系统全面的资料,为这种新的实证方法的推广应用铺平道路。前面几章回顾了一些基础知识,引导新入门的研究者和较熟悉的研究者进级为更专业的研究者。后面的章节详细介绍实证学习的强大且灵活的连续学习能力。最后给出了自主机器学习与深度分类解决方案的广泛应用实例,这些应用实例仅揭示实证学习真正潜力的冰山一角。为读者留下足够空间去探索与体会应用实证学习解决具体现实问题的潜能和益处。

  实证机器学习促进了进化计算学习能力向可解释、透明执行步骤的转化。我正在积极思考,如何使用这种新方法,开发智能机器人自主性、随时和长期的学习能力,使这些机器人工作在地球上或其他星球上的非结构场景和服务环境中,这是一件多么激动人心的事啊!

美国,康涅狄格州,坎顿
IEEE 系统、磁性自动导航与控制协会主席
Edward Tunstel

序5

近来深度学习的成功让我们着迷。深度学习在图像处理、自然语言处理、生物信息科学和许多其他应用领域都有惊人的表现。深度学习已经实现了人工智能社区的长期梦想,即设计一款擅长围棋的计算机程序。深度学习取得的成就众所周知,但有时犯的错误也有目共睹。例如,图像中的小变化,变化小到人眼不可分辨,就可导致完全错误的分类,就像将咖啡机识别为眼镜蛇。因为这些错误,我们不能总是信任这些机器学习算法得出的结果。

问题不在于这些算法是否复杂,我们通常信任非常复杂算法的结果。例如,自动驾驶仪执行复杂控制算法,我们就信任飞机;我们信任X射线和核磁共振机器,因其算法也非常复杂。我们相信它们是因为在所有情形下,这些算法复杂,我们或者至少是我们相信的专家,对这些算法有直观的理解。我们不仅要有复杂算法的结果,而且对这些结果要有清晰定性的解释。

相反,很多现代机器学习算法,大部分都是黑盒式的,能提供预测与建议,但不能清晰解释其中的缘由,这是机器学习难以克服的问题。许多研究者从事相关研究,取得了一些进展,但也面临着巨大挑战。本书描述了一种创新方法,使得机器学习具有直观的可解释性,而且该方法已经在很多应用领域得到了成功验证。要想全面理解这个方法,就需要研读这本非常有意思的专著。

何为直观解释的含义?简单地说,其意味着针对原型(实际数据,可能是图像,也可能是其他数据),可自动推演出一组简单的 IF…THEN 规则集。因此,我们常识性地采用自然语言来解释描述,如 IF… is like…or…is like…THEN。

为了解决这个新任务,安格洛夫博士提出了一种建立强有力模型的系统方法(包括分类器、预测器、异常检测器甚至控制器),能够仅通过基于数据的模糊集来表达模型。专家知识可以选择性地使用(如果可用且方便使用),同样,可以询问专家和分析,从数据模型中自动提取知识。

本书是计算智能的重要一步,它为机器学习结果具有可解释性提供了一种新方法,同时也对模糊技术提出了一种新的创新应用。本书一定会激发新思想、新技术和新的应用。

美国,得克萨斯州,E1 帕索市
得克萨斯大学计算机科学系教授
国际模糊系统委员会副主席
Vladik Kreinovich

前言

本书是过去几年的研究成果，介绍完全集中于实际数据的机器学习新方法基础。我们将这种方法称为"实证"方法（或"经验"方法），以区别于传统方法，传统方法高度依赖于对数据分布和数据生成模型的先验假设。这种新方法无须事先假设（无须对数据分布类型、数据量甚至数据特性——随机的或确定的，作出事先假设），是一种全新的方法，它将每个数据样本的相互位置放在分析的中心。它也与数据密度概念密切相关，类似于（著名的网络理论的）中心定律和（著名的物理/天文学的）距离平方反比规则/定律。

此外，这种方法具有拟人化的特性。例如，不同于已有的绝大多数机器学习方法，无须大量训练数据，提出的方法允许从少量甚至单个实例中学习，即"从零开始"，学习持续到训练/部署之后，即机器可以终身学习或持续学习，无须或只要非常少的人员干预和监督。关键是提出的方法不是"黑盒子"，不同于许多已有的方法，如绝大多数的神经网络（NN）、著名的深度学习等。相反，它是完全可解释的、透明的，具有清晰的内部逻辑模型结构，可以携带语义，因此更易于理解。

传统机器学习是基于统计学或经典概率论的，有坚实的数学基础，这些学习算法的特点是倾向于采用无穷数量的数据，假设数据源自相同的分布。但是，随机特性和相同分布的假设，对数据生成模型施加了太强的约束，对实际情况，在保持真实性上不切实际。同时，机器学习算法需预先确定一些参数，这通常需要具备关于问题的一定先验知识，实际上是不可获取的。因此，这些参数在实际应用中不可能被正确地定义，并且算法性能受到这种不恰当选择的极大影响。重要地，新提出的概念是以实验数据为中心，它会导出一个理论上数据分布的合理封闭模型，理论上已证明了其（平均值）收敛、稳定和局部最优。

尽管最终的结果似乎与传统方法类似，但是这种数据分布是从数据中提取的，无须先验假设。这种表达似然率的新量化表达也可归整为1，可表达为连续函数；然而，不同于传统的概率密度函数（probability density function，PDF），它不会遭遇明显的悖论。这种新的量我们称为"典型性"。我们也引入另一个新量，即"偏心率"，它是"数据密度"的反面，以方便分析异常/偏离/故障情况，是简化的切比雪夫（Chebyshev）不等式的表达与分析。"偏心率"是对分布拖尾的一个新的度量，由领衔作者在最近的工作中引入。

基于"典型性"（用于代替概率密度函数）和"偏心率"作为直接和完全从实验数据导出的新度量，我们发展了一种新的数据分析方法基础，称为"实证方法"。我也重新定义和简化了对模糊集系统的定义。传统地，模糊集通过其隶属函数来定义。这经常是一个问题，因为定义适当的隶属函数是不容易、不方便的，需要基于先验假设与近似。作为替代，我们提出仅选择"原型"的方法。这些"原型"可以从实际数据样本中自主选择出来，由于其高度的可描述性和代表性（具有高局部典型性和密度），或者是由专家指定（对于模糊集，人类专家和用户指定是合适与自然的）。即使这些原型是由专家识别，不是从实验数据中自主获取，也非常重要，因为这种专家知识能够有效解决并极大简化繁琐的、或存在争议的、需要定义大量的隶属函数问题。

基于新的实证方法（基于实测/真实数据，而不是对数据生成模型的假设），我们进一步分析和重新定义了可用于机器学习、模式识别、数据挖掘、深度学习以及异常检测、故障检测和识别的主要元素。我们从数据预处理和异常检测开始，这类问题是多种应用问题的基础，如工程系统的故障检测、网络安全系统的入侵和内部人检测、数据挖掘中异常检测等。"偏心率"是一种新的，更加方便的数据属性分析形式。"数据密度"，尤其是其更新递归形式，称为递归密度估计（RDE），使得对异常分析非常便捷，在本书中会给出说明。

我们进一步介绍完全自主的数据分割新方法（无须基于人工选择阈值、参数和系数，或对问题的裁剪）。本质上，这是一种全数据驱动的聚类新方法。它结合了距离排序（采用术语"数据密度"），考虑任何点与最大典型性的点之间的距离。我们也引入一系列自主聚类方法（在线的、进化的和考虑局部异常的等），并与现有方法做了对比。简言之，本书建立在领衔作者之前的研究专著之上，即"自主学习系统：从数据流到实时知识"（Autonomous Learning Systems：From Data Streams to Knowledge in Real time，Willey，2012，ISBN 978-1-119-95152-0）。

下面，我们转到从分类器开始的监督学习中，聚焦基于模糊规则（Fuzzy Rule-Based，FRB）的系统分类器，重点强调一下，由于 FRB 与人工神经网络（ANN）经证明是双重的（神经-模糊术语广泛地用于指出它们的密切联系），本书中提到的所有事情均可用神经网络来解释。分别采用基于模糊规则和人工神经网络作为分类器,并不是一个新概念。本书中提出了可解释的基于深度规则分类器(deep rule-based,DRB),作为一种新的、强有力的机器学习形式,其对图像分类尤其有效,如前描述具有拟人特性。DRB 的重要性表现在多个方面,它不仅涉及效率(如很少的训练时间、低的计算资源需求、无须 GPU 图形处理单元)、高精度(分类准确率)、竞争力,可超过最佳公布结果和人类能力,还具有高可解释性/透明性、可重复性、经证明的收敛性、最优性、非参数、非迭代特性以及自进化能力。这种新的方法与现有最佳方法作了全面的比较。这种方法从最初呈现的图像开始学习(非常像人类)。DRB 方法可看作神经-模糊方法。我们最先提出将 FRB 作为高度并行的多层分类器,FRB 提供了高可解释性/透明性。实际上,到目前为止,所谓的深度学习方法证明了其作为一种人工/计算神经网络方法的效率和潜力,但它并没有与模糊规则相结合,以得益于语义清晰性。

另一个重要的监督学习结构是回归或时间序列类型的预测模型。这些传统的方法以相同的方式,从有关输入特性、因果关系、数据生成模型、密度分布的先验假设开始,而实际的实验数据仅用于证实或修正这些先验假设。与之对应,这里提出的实证方法从数据和其在数据空间中的相互位置出发,以一种便捷的形式,提取所有内部的依赖性,它可以从复杂非线性预测模型中演化而来。这些可解释为特殊类型的 IF…THEN FRB,称为 AnYa,或等价地称为自进化计算 ANN。简言之,本书建立在领衔作者最初的研究专著之上,即"基于进化规则的模型:灵活自适应系统的设计工具"(Evolving Rule-based Models:A Tool for Design of Flexible Adaptive Systems,Springer,2002,ISBN 978-3-7908-1794-2)。

在本书的前几章中,我们介绍完全自主的数据分割方法(autonomous data partitioning,ADP),以构建模型结构(前提条件/IF 部分)。它们是多模态(类似山峰)典型性分布的局部尖峰(模态),是从实际观测数据中自动提取的。在本书中,我们提供了 ADP 局部优化方法(满足 Karush Kuhn Tucker 条件)。基于 FRB 自进化预测模型的推论 THEN 部分是线性模糊加权的。本书中,我们采用李雅普诺夫(Lyapunov)函数,提供(均值)误差收敛性的理论证明。以这种方式,这里首次针对带自我进化特征的 FRB,理论证明了训练(包括在线和使用期间)过程的(均值)收敛性、稳定性和模型结构前提(IF)部分的局部最优性。通过一组标注基准实验数据集和数据流说明了这种局部最优性、收敛性和稳定性特点。

最后,作者由衷感谢对这一系列新概念的一些方面进行密切合作的 Jose Principe 教授(美国佛罗里达大学,皇家研究院资助的"新型大数据流机器学习方法"框架)、Dmitry Kangin 博士(领衔作者的前曼彻斯特大学博士生,现为英国埃克塞特大学博士后研究员)、Bruno Sielly Jales Costa 博士(领衔作者的兰卡斯特大学访问学者博士生,现供职于美国帕罗·奥多市的福特研发中心)、Dimitar Filev 博士(领衔作者 20 世纪 90 年代的博士生导师,现任美国密歇根州迪尔伯恩市福特研发部的亨利福特技术研究员)以及 Ronald Yager 教授(美国纽约州,爱欧纳学院)和 Hai Jun Rong 博士(领衔作者的兰卡斯特大学的访问学者、中国西安交通大学副教授)。

英国,兰卡斯特
普拉门·P. 安格洛夫(Plamen P. Angelov)
顾晓伟(Xiaowei Gu)
2017 年 11 月—2018 年 8 月

目 录

第1篇 理论背景

- 第1章 绪论 ··· 3
  - 1.1 动机 ··· 3
  - 1.2 从手工到自主 ·· 5
  - 1.3 从以假设为中心到以数据为中心的方法 ······························ 6
  - 1.4 从离线到在线和动态进化 ·· 8
  - 1.5 解释性、透明度、拟人特性 ·· 10
  - 1.6 提出方法的原理和步骤 ·· 11
  - 1.7 本书结构 ·· 13
  - 参考文献 ··· 14
- 第2章 统计机器学习 ··· 16
  - 2.1 概率论简介 ·· 16
    - 2.1.1 随机性和确定性 ·· 16
    - 2.1.2 概率质量和密度函数 ·· 18
    - 2.1.3 概率矩 ·· 20
    - 2.1.4 密度估计方法 ··· 21
    - 2.1.5 贝叶斯方法和概率论的其他分支 ······························· 25
    - 2.1.6 分析 ·· 27
  - 2.2 统计机器学习与模式识别导论 ·· 28
    - 2.2.1 数据预处理 ··· 28
    - 2.2.2 无监督学习(聚类) ·· 38

　　　　2.2.3　监督学习 ·· 42
　　　　2.2.4　图像处理简介 ··· 47
　2.3　结论 ·· 51
　2.4　问题 ·· 52
　2.5　要点 ·· 53
　参考文献 ·· 53

▶第3章　计算智能简介 ·· 65
　3.1　模糊集与系统介绍 ··· 65
　　　　3.1.1　模糊集和隶属函数 ·· 65
　　　　3.1.2　不同类型的模糊规则系统 ·· 67
　　　　3.1.3　基于模糊规则的分类器、预测器和控制器 ······················ 70
　　　　3.1.4　进化模糊系统 ··· 72
　3.2　人工神经网络 ··· 73
　　　　3.2.1　前馈神经网络 ··· 75
　　　　3.2.2　深度学习 ·· 79
　3.3　神经模糊系统 ··· 83
　3.4　结论 ·· 85
　3.5　问题 ·· 85
　3.6　要点 ·· 86
　参考文献 ·· 86

第2篇　理论基础

▶第4章　实证方法介绍 ·· 97
　4.1　原理与概念 ·· 97
　4.2　聚集度 ·· 98
　4.3　偏心率 ·· 102
　4.4　数据密度 ·· 104
　4.5　典型性 ·· 106
　4.6　离散多模态数据典型性 ·· 107

4.7 连续形式的数据典型性 ··· 111
    4.7.1 连续单模态数据典型性 ································· 112
    4.7.2 连续多模态数据密度和典型性 ························· 115
4.8 结论 ·· 118
4.9 提问 ·· 119
4.10 要点 ·· 119
参考文献 ··· 119

第 5 章 实证模糊集与系统 122

5.1 基本概念 ·· 123
5.2 实证隶属函数的设计 ·· 124
5.3 表达专家意见的主观方法 ·· 126
5.4 基于实证模糊规则的系统 ·· 128
5.5 处理分类变量 ·· 130
5.6 比较分析 ·· 132
5.7 基于实证模糊集的推荐系统示例 ································· 134
5.8 结论 ·· 136
5.9 问题 ·· 137
5.10 要点 ·· 137
参考文献 ··· 137

第 6 章 实证方法的异常检测 139

6.1 全局或局部上下文异常 ··· 141
6.2 基于密度估计的异常检测 ·· 143
6.3 自主异常检测 ·· 145
    6.3.1 定义不同粒度级别下的局部区域 ····················· 145
    6.3.2 识别潜在的异常 ··· 146
    6.3.3 形成数据云 ··· 147
    6.3.4 识别局部异常 ·· 148
6.4 故障检测 ·· 148
6.5 结论 ·· 150
6.6 问题 ·· 150
6.7 要点 ·· 150

参考文献 · 151

第7章 数据分别实证法 · 156

7.1 全局与局部 · 156
7.2 具有最高数据密度/典型性的点 · 158
7.3 数据云 · 159
7.4 自主数据分割方法 · 160
 7.4.1 离线 ADP 算法 · 160
 7.4.2 进化 ADP 算法 · 166
 7.4.3 处理 ADP 中的离群值 · 168
7.5 方法的局部最优性 · 168
 7.5.1 问题的数学公式 · 168
 7.5.2 数据分割方法的局部最优性分析 · 169
7.6 提出的方法的重要性 · 171
7.7 结论 · 172
7.8 问题 · 172
7.9 要点 · 173
参考文献 · 173

第8章 自主学习多模型系统 · 176

8.1 ALMMo 系统概念介绍 · 176
8.2 零阶 ALMMo 系统 · 177
 8.2.1 架构 · 177
 8.2.2 学习过程 · 179
 8.2.3 验证过程 · 181
 8.2.4 ALMMo－0 系统的局部最优性 · 182
8.3 用于分类和回归的一阶 ALMMo · 182
 8.3.1 架构 · 183
 8.3.2 学习过程 · 184
 8.3.3 验证过程 · 189
 8.3.4 稳定性分析 · 189
8.4 结论 · 193
8.5 问题 · 193

  8.6 要点 ……………………………………………………………… 193

  参考文献 ……………………………………………………………… 194

▶ 第9章 基于透明深度规则的分类器 …………………………………… 197

  9.1 基于原型的分类器 ………………………………………………… 198

  9.2 DRB 分类器概念 …………………………………………………… 198

  9.3 DRB 分类器的一般架构 …………………………………………… 199

  9.4 DRB 的功能 ………………………………………………………… 203

    9.4.1 学习过程 ……………………………………………………… 203

    9.4.2 决策 …………………………………………………………… 205

  9.5 半监督 DRB 分类器 ………………………………………………… 207

    9.5.1 静态数据集的半监督学习 …………………………………… 207

    9.5.2 数据流的半监督学习 ………………………………………… 209

    9.5.3 新类的主动学习、进化 DRB ……………………………… 209

  9.6 分布式协作 DRB 分类器 …………………………………………… 211

    9.6.1 流水线处理 …………………………………………………… 212

    9.6.2 并行处理 ……………………………………………………… 213

  9.7 结论 ………………………………………………………………… 213

  9.8 问题 ………………………………………………………………… 214

  9.9 要点 ………………………………………………………………… 214

  参考文献 ……………………………………………………………… 214

第3篇 方法应用

▶ 第10章 自主异常检测的应用 …………………………………………… 221

  10.1 算法总结 …………………………………………………………… 221

  10.2 数值示例 …………………………………………………………… 221

    10.2.1 评估数据集 ………………………………………………… 222

    10.2.2 性能评估 …………………………………………………… 226

    10.2.3 讨论与分析 ………………………………………………… 229

  10.3 结论 ………………………………………………………………… 229

参考文献 229

▶ 第 11 章 自主数据分割的应用 231

    11.1 算法概要 231
        11.1.1 离线版本 231
        11.1.2 进化版本 232
    11.2 数据分割的数值实例 234
        11.2.1 评估数据集 234
        11.2.2 性能评估 235
        11.2.3 讨论和分析 238
    11.3 半监督分类的数值实例 239
        11.3.1 评估数据集 239
        11.3.2 性能评估 241
        11.3.3 讨论和分析 242
    11.4 结论 243
    参考文献 243

▶ 第 12 章 自主学习多模型系统的应用 246

    12.1 算法概述 246
        12.1.1 ALMMo-0 系统 246
        12.1.2 ALMMo-1 系统 248
    12.2 ALMMo-0 系统的数值实例 250
        12.2.1 评估数据集 250
        12.2.2 性能评估 251
        12.2.3 讨论和分析 253
    12.3 ALMMo-1 系统的数值实例 253
        12.3.1 评估数据集 253
        12.3.2 分类性能评价 254
        12.3.3 回归性能评估 256
        12.3.4 讨论和分析 259
    12.4 结论 259
    参考文献 260

- 第13章 基于深度规则分类器的应用 …………………… 262
  - 13.1 算法概述 …………………………………… 262
    - 13.1.1 学习过程 …………………………… 262
    - 13.1.2 验证过程 …………………………… 264
  - 13.2 数值示例 …………………………………… 264
    - 13.2.1 评估数据集 ………………………… 264
    - 13.2.2 性能评估 …………………………… 268
    - 13.2.3 讨论与分析 ………………………… 282
  - 13.3 结论 ………………………………………… 282
  - 参考文献 ………………………………………… 282

- 第14章 半监督深度规则分类器的应用 ………………… 286
  - 14.1 算法概述 …………………………………… 286
    - 14.1.1 离线半监督学习过程 ……………… 287
    - 14.1.2 离线主动半监督学习过程 ………… 288
    - 14.1.3 在线(主动)半监督学习过程 ……… 289
  - 14.2 数值示例 …………………………………… 290
    - 14.2.1 评估数据集 ………………………… 291
    - 14.2.2 性能评价 …………………………… 291
    - 14.2.3 性能比较与分析 …………………… 299
    - 14.2.4 讨论 ………………………………… 301
  - 14.3 结论 ………………………………………… 301
  - 参考文献 ………………………………………… 301

- ▶ 后记 …………………………………………………… 303

- ▶ 附录 A ………………………………………………… 308

- ▶ 附录 B ………………………………………………… 311

- ▶ 附录 C ………………………………………………… 329

- ▶ 附录 D ………………………………………………… 358

第1篇 理论背景

第1章 绪 论

1.1 动 机

我们今天生活在数据丰富的环境中,这与20世纪机器学习、控制理论及相关理论起步之初时截然不同。当今,在我们日常生活中,有数量庞大且成指数级增长的数据集和数据流正在不断生成、传输和记录,这些数据通常是非线性、非稳态的,且呈现越来越多的多模态/异构性(由各种各样的物理变量、图像/视频信号、文本组合而成)。这与几个世纪以前形成概率论、统计学和统计学习基础成果时的情况完全不同。著名的摩尔定律[1]现在已不适用于硬件能力的增长,但适用于数据量的增长。摩尔定律与半导体芯片的小型化有关,现有的芯片由于采用相同的物理原理,不可能无限缩小,晶体管的尺寸目前已经达到了与分子和原子尺度相当的纳米量级。因此,可以说我们观测到了一个新的规律:数据(流)的数量和复杂度成指数增长。事实上,我们每一个人口袋里,以闪存USB记忆卡、智能手机等形式都携带着差不多千兆字节的数据。我们(尤其是年轻一代)也经常通过视频、图像、文本和越来越多的智能设备(如手表、汽车定位系统和智能手机等)消费和(/或)产生大量数据。

这带来了新的挑战,也提供了新的机遇,需要如下特性的新方法:

(1) 增加整个过程的自主性(减少人为干预,包括选择先验模型结构、问题的假设和选择、用户指定参数的最低化,以及只要可能就完全无须人指定参数)。

(2) 考虑数据流的动态进化特性,大多数实际问题具有非稳态、非线性特点。

（3）能够从单个数据样本/实例中或从极少量实例中学习——意味着"从零开始"学习。

（4）即使在训练与部署后，依然能够持续学习，即终身学习，针对可能出现的新情况、新环境和新数据可自适应与自改进。

（5）对人类透明、可解释、可理解（非"黑盒"）；理想的，具有拟人特征，即不像机器而更像人类一样学习。

（6）具有内部层次表达的特性，可以描述为金字塔结构。例如，如图1.1所示，这个金字塔在底层可能有禁止人工干预处理的、潜在的大量原始数据。向上移动到中间层，这些数据逐层聚合、逐层压缩成更具代表性的，可能具有语义数据组（称为"数据云"，其略微不同于聚类），表达为"原型"，以及从数据中提取统计参数，而不是用户输入参数。在顶层，该金字塔可以进一步连接这些数据云，形成高度压缩、相对较小的（便于管理的）和具有意义的规则和关系，用户可用其作出预测或分类。

（7）计算与算法具有高效性，不需要过度的计算硬件，例如，图形处理单元（GPU）和高性能计算机（HPC），而能够在普通计算机、笔记本电脑甚至平板上运行，如 Raspberry PI[2]、Beaglebone[3]、Movidius[4] 计算单元。

（8）最后，针对同类问题，以分类准确度、预测误差等度量，相对于其他已有的算法，应具有更好的性能。

实现这一系列"愿望清单"是极其困难的，并且面临挑战，然而本书会给你一个尽可能满意的答案，我们深信未来机器学习与智能计算研究的发展会专注于这些挑战，也将使具有上述特征的系统得以实现。

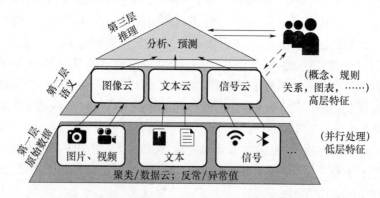

图1.1 将原始数据处理成人类可理解高层信息的金字塔

1.2 从手工到自主

一个现实的难题是要求标注所有的训练数据,这对于"监督机器学习"是非常典型的情况。设想一下,在互联网上要手工标记数以千亿计的图像,对于一个与安全相关的应用等,即使数据相对较少,也需要数百万幅图像。当前最先进的技术是深度学习神经网络(DLNN),或另一种流行的方法——支持向量机(SVM),均需要巨量的标注训练数据,其通常运行在离线模式,需要用户做出许多决策,包括选择阈值、算法参数和其他特殊选择。通常大家认为深度学习可以成功解决"手工"问题,但与之相反的是,深度学习属于典型的传统机器学习,尤其在图像处理上(需要选择特征、许多阈值、参数等)[5-8],它仅是将一种形式的"手工"工作以另一种形式代替。传统的深度学习确实不需要从图像中提取特定的特征,其最终全连接层的大量系数可用于表达这些特征[9]。我们将用此作为本书的备选方案。然而,主流的 DLNN 结构涉及大量特定的、不透明的层数选择和窗口大小选择等,如 VGG-VD(Visual Geometry Group-Very Deep)[9]、AlexNet[10]、GoogLeNet[11]等。因此,深度学习已经解决了手工问题是不准确的。实际上,传统的机器学习,包括深度学习,需要大量人工干预,以确定参数和阈值等。例如,将数据拆分为训练集和验证集,有关数据生成模型的假设(如最常见假设为高斯型),聚类数目或高斯混合中的多个高斯簇的选择等。

为了实现前面描述的"愿望清单",本书提出的方法旨在减少或者完全去除人类的主观因素影响,本书提出的方法旨在通过仅为数据驱动的统计参数,如均值、标准差和类似参数(如平方和),无须用户或问题指定阈值、参数或决策以减少或者完全消除人类的主观影响。提出的算法所需要的唯一输入是原始数据和指出期待什么样的结果,即分类标签(分类问题)、预测值(预测问题)、检测可能异常(异常检测问题、故障检测问题)、将数据自主划分成数据云。该方法将自主地完成一组特定的步骤(大多数情况下,将实时、在线地)产生期望的输出,这些步骤将在后续章节中详细描述。该方法也可能需要少量有限的标记(如占所有数据的5%~10%)或修正预测值,可在理论上保证局部的最优性、收敛性(均值)和稳定性,所需人为干预就非常少,允许对少量规律或关系进行高层级分析,即选择问题类型、提供原始数据、做很少量的结果修正。然而,即使这些少量的数据/真实输出标注,也可来源于自主系统,而不是由用户手工确定。这意味着,提出方法的自主等级非常高,非常重要的优势在于高吞吐量、高生产率,在一些情形下这一点很关键且重要,可避免人员处于危险之中。此外,该方法可用于自动提取人类可理解的、有意义的数据模型,以便更好地理解观测到的实际问题(因此,我们称之为实证方法)。

1.3 从以假设为中心到以数据为中心的方法

本书提出的方法以实验数据为中心,因此称为实证方法。现有的大量传统机器学习、模式识别和异常检测方法,是基于一系列明确或隐含的假设,包括以下内容。

(1)特征或模型输入通常是一些物理变量的测量值,如温度、压力等,但对于图像处理或自然语言处理(NLP)会产生相当大的差异。例如,在图像处理中,这些变量通常是局部量(基于像素)或者全局量(基于谱特征)[12],它们也可能基于分割结果,或是更多人类可解释的特征,如图像中表达的物体对象尺寸、形状。然而,自动获取这些信息通常相当麻烦;在 NLP 中,特征常与关键词相关。这些假设通常是明显的。

(2)数据生成模型(通常假设是高斯分布或高斯混合分布),该假设往往是明确的,但是实际数据无法证实,如图 1.2 所示。

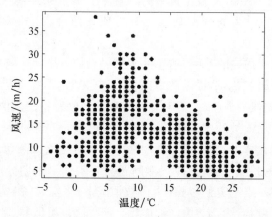

图 1.2 英国曼彻斯特大学 2010—2015 年测量的真实气象数据分布(温度与风速)[13]

(3)采用的距离度量的类型。一些分类问题取决于问题的特征。例如,在 NLP 中就经常用余弦相关的差异或发散度量,而不用欧几里得(Euclidean)或马哈拉诺比斯(Mahalanobis)类型的距离度量;与之相反,当涉及信号或物理变量时,则采用欧几里得(由于其简单性)或马哈拉诺比斯距离度量(能更好地表达数据聚类的形状)。在图像处理中,也常常用欧几里得或马哈拉诺比斯距离度量。这些假设通常是隐性的。

(4) 采用特定类型模型/分类器/预测器/异常检测方法假设。例如,针对特定的数据集或数据流,为何决定采用 SVM、DLNN、决策树或其他分类器;同样地,为何用预测模型、异常检测模型等。这个假设是隐性给出的,没有严格或清晰的论据;这些假设常存在偏见,受主观认识、公众舆论或当今"流行说法"的影响。然而,基于不同的假设,可能会得到完全不同的结果。例如,像大家所熟知的,历史上坚信地球中心学理论导致了错误的结论,正确的事实是图 1.3 所示的太阳中心学理论。

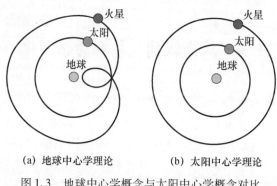

图 1.3　地球中心学概念与太阳中心学概念对比

(5) 通常,算法需要一系列依赖于用户和问题的参数、阈值。例如,K 均值(K-means)聚类方法[14]中,需要选择 K;在许多其他聚类方法中,需要选择阈值,这种选择直接影响最终的结果。如果算法取决于用户的选择,意味着对于同一数据集,一个用户可能选择某个值,而另一个用户可能选择另一个不同的值。类似地,如果算法取决于问题,意味着一个问题的参数值或阈值,可能不同于另一问题的参数值或阈值。如果算法参数或隐含阈值依赖数据,但不依赖用户和问题,则意味着它们可以被定义为某种与数据相关的形式,例如 2σ,其中 σ 表示标准偏差。另一个例子是所有原型之间的最大距离。明显地,这些参数或隐含阈值不是由用户主观定义的,而完全是通过实际数据确定的,即实证的。虽然仍有很少的这类参数和阈值不能排除,但算法仍可看成是自主的,并表现为无须人工直接干预。

综上所述,本书提出的新的(实证)机器学习方法从数据出发,然后从中提取数据生成模型、数据定义统计值和参数。而传统的方法从假设出发,仅使用实际数据检测假设的正确性,如图 1.4 所示。

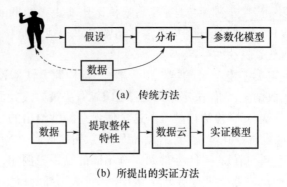

(a) 传统方法

(b) 所提出的实证方法

图1.4 本书所提出的实证方法与传统方法的比较(一个从数据出发,一个从假设出发)

1.4 从离线到在线和动态进化

正如1.1节所指出的,现实生活中需要计算机一边运行一边学习,而不应该分离为离线训练阶段和在线使用阶段。过去,许多机器学习应用都工作在这种离线模式,训练与设计过程是离线的,在实际使用之前完成。面临的挑战是提供方法与算法,不仅允许在线学习(在运行时训练),更要能提供终生持续学习[15]。此外,通常假设模型(分类器、预测器)具有固定的结构。然而,数据模式常常是非稳态的,仅调整模型参数(这是传统的自适应控制方法提供的)是不够的。业已证明,通过动态进化模型的内部结构[16-17],可以获得更好的性能。

"在线"和"实时"术语通常认为是同义词。但它们之间存在细微差别(见图1.5)。"实时"意味着模型更新频率高于采样频率。对于非常缓慢的过程,如废水处理厂,采样间隔可能为几个小时。在这种情况下,任何在该时间框架内提供一次更新的算法,都可认为是实时工作的。然而,它可能是离线和迭代的。与此相反,一些实例是在线的算法但不是实时的,因为采样频率非常高,如高频交易、语音或视频处理等。

离线模式下的模型设计,当验证数据与训练数据分布类似时,其可以有非常高的性能。然而,在所谓数据"移位和/或漂移"时,其性能严重变坏[18]。这时,离线设计的模型就需要重新校准,或者需要重新设计,这不仅产生设计上的成本,而且相关的工业可能要付出停工的代价[19]。在实际问题中,通常存在显著变化的情况,如(炼油时)原料质量的波动、图像处理中的亮度和光照条件的变化等。

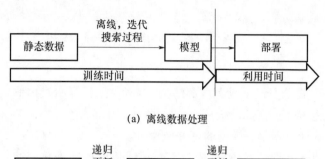

(a) 离线数据处理

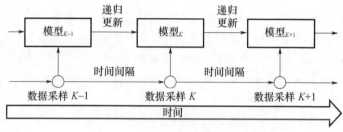

(b) 在线数据处理

图 1.5 离线和在线数据处理模式的对比

算法和方法的另一个非常重要的特点就是,这个算法是否能够工作在"一次性通过"模式。该模式意味着一旦采用一个数据样本并经过算法处理后,则抛弃该数据,无须存储在存储器中,不再使用。这是一种要求很高的数据处理方式,但效率很高。这种算法依赖当前数据样本,以及一些统计聚类、模型参数(如聚类中心、原型等),无须使用(可能的、滑移的)数据样本窗口或者"数据块"。

这是一种非常高效的运行模式,因为它在使用机器内存、计算资源(搜索、存储)方面非常精简,而且能终身学习。例如,对于视频处理,这种"一次性通过"的算法仅处理当前图像帧,不存储当前或过去的图像帧。取而代之的是,该方法在内存中存储了少量的聚类、原型和模型参数[20]。

"一次性通过"算法的能力对于数据流更为关键,对(静态)数据集则不是那么重要。这主要是因为其非迭代性和递归性[16]。原因很简单,如果一个算法涉及迭代搜索过程,就不能保证在下一个数据样本到来之前得到结果。采用递归算法可确保具有"一次性通过"能力,因为递归算法仅使用上一个时间步的参数和一些简单的算术运算,如求和、乘以系数,来更新当前时间步的参数。实际上,所有的"一次性通过"算法,都具有"顺序依赖"特性。这意味着,如果打乱数据流次序(以不同的顺序提供数据),就无法保证相同的结果。

除非另外指定,本书中提出的方法和算法大多数是"一次性通过""在线"和"动态进化"的。

1.5 解释性、透明度、拟人特性

传统的机器学习模型具有内部结构,大多在流程开始时由假设预先确定,如 1.1 节所述,它们高度依赖于假设的先验数据生成模型。

传统的统计机器学习模型的可解释性通常低于"基本原理"模型,这些模型通常是基于差分方程表示质量、能量等守恒或近似的物理学定律。然而,它们的可解释性水平高于某些智能计算模型,如人工神经网络(ANN)。它们的可解释性和透明度在某种程度上接近基于模糊规则(FRB)的系统。当然,在 FRB[21] 与高斯混合概率或贝叶斯模型[22] 之间还存在一些并行和二元关系。

目前,最流行和最成功的分类器有支持向量机(SVM)[23]、以及类似卷积神经网络(CNN)[10] 或循环神经网络(RNN)[26] 的深度学习神经网络(DLNN)[24-25]。它们的内部结构对用户而言,不具有信息性或可解释性,也不能对其他方案进行简单分析,并且不能直接关联相关问题。对于 DLNN 来说,这一问题尤其突出。DLNN 缺乏可解释性和透明性。它们成千上万的加权值与问题无关。内部模型结构没有清晰的语义,也不能对特定架构的选择给出清晰的理由,甚至连其隐层数目都是由设计者决定的。尽管针对特定问题非常实用,但这种流行的 DLNN 是令人讨厌的"黑盒"。

机器学习方法的拟人特征意味着"像人类一样学习"[27]。例如,目前绝大多数已有的机器学习方法,需要巨量的训练数据才能工作。然而,人只要曾经看到过一次,就可认识这个事物。例如,巴西里约热内卢著名的雕像称为基督救世主;在葡萄牙里斯本的瓦斯科达伽玛桥上也有一座类似的雕像,尽管小很多。我们人类一旦看到其中一个,就可很容易获悉到另一个与之相似。不需要成千上万的训练样本、冗长的训练过程和计算机加速装置。同样地,西班牙的任何一座斗牛场与古希腊、保加利亚、意大利其他地方的古圆形剧场,均很容易视同是相似的,也不需要有大量的训练图像和冗长的计算程序。这些新图像明显地与原始图像并不完全相同,但是非常相似,我们可以基于单一的或非常少的实例,做出联想并做出各自的推理、分类或异常检测。概括起来,从单个或极少数训练数据样本构建模型的能力,或"从零开始",是一种类人(拟人)特性。

能够解释一个决策,或对决策的内部过程有一个透明的描述,也是一种拟人的特征。例如,当人们认知一个特定的图像时,他们能够清楚地说出为什么做了这个特别的决定,如人们可以说"这个人看起来非常像某人,因为发型、眉毛、耳朵、鼻子等"。图像具有原型和片段，可以关联到相似的原型，并有助于解释作出某种决策的缘由，这是一种拟人的方式。现有的 DLNN（也包括 SVM 和其他的现有方法）均不能提供这样的透明度。

此外，另一个重要的拟人特征是持续学习能力，这是绝大多数现有方法无法做到的，唯一例外是强化学习方法。然而，它不能保证收敛。

人类能够动态地进化真实世界的内在表征（他们周围环境的模型）——有些人做得比其他人更好些，但所有人都能学习新信息，也能更新以前学过的信息。能够做到这一点，是另一种拟人特征，这是绝大多数现有的机器学习方法和算法所没有的能力，但这种能力尤为重要。

据报道，人类在大脑内部以分层、多层方式组织数据。另据报道人们在睡眠期间，执行智能的"数据压缩"和更新先前学过的知识，这与 1.1 节中描述的金字塔非常相似。这种能力是另一个拟人特征，但目前绝大多数现有方法都不具备。

最后强调的是，从能量消耗观点来看，人脑是非常高效的（仅消耗 12W 功率），每天都要面对大量的极其复杂的任务，但它没有高性能计算（HPC）或图形处理器（GPU）等那样的能量或计算资源。具备拟人机器学习算法和方法的关键是以精干、高效计算的方式学习。目前，大多数现有机器学习算法的计算量大且繁琐。在我们现实生活中，需要向递归、高效和精益算法转变。

本书提出与介绍的相关方法和算法具有所有上述拟人特性，使其成为一个非常有趣的进一步研究和应用的课题。

1.6 提出方法的原理和步骤

本书中提出的实证方法可分为以下几个阶段，如图 1.6 所示。

第 0 阶段 数据预处理。

在处理某些问题中，如图像处理或自然语言处理 NLP，可能不会明确选择哪些特征，但可以采用许多现成的方法和积累的经验，如 GIST[5]、方向梯度直方图（HOG）[6]等。

关于数据预处理，最常见的错误理解如下。

（1）DLNN 通常无须人工干预。

（2）无监督学习不涉及人。

本书将在第 2 章进一步讨论这一点。

第 1 阶段 提出基于数据密度和典型性的自更新系统结构方法，自下而上地构造模型。

  第2阶段 构建围绕原型/典型性峰值/数据密度的局部模型。
  第3阶段 优化(简单的)局部参数化模型,如线性模型。
  第4阶段 融合局部输出,形成整体决策(在分类、预测或其他时)。

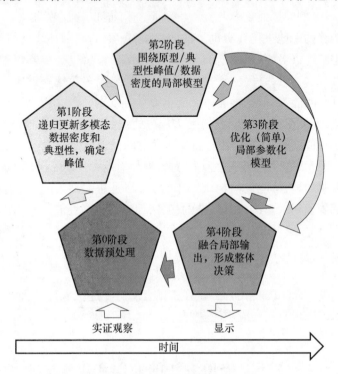

图1.6 实证方法

  新方法的原理(它不同于现有方法)包括以下内容。

  (1)高自主等级。大多数算法不使用任何①②③用户或特定问题的参数;仅从数据统计中提取参数,如均值、标准差等。

---

  ① ALMMo-1使用单一用户控制参数Ω_0,然而该参数对结果影响非常小,并且代表了用协方差矩阵[28-29]初始化的递归最小二乘(RLS)算法标准。可固定参数值如$\Omega_0=10$。该算法也能选择性地采用另外两个用户定义的参数η_0和φ_0来控制生成模型的质量。

  ② ALMMo-0和DRB分类器使用单一用户控制参数r_0,然而该参数对结果的影响非常小,并且代表新数据云影响区域的初始半径。可取固定值为$r_0 = \sqrt{2(1-\cos 30°)}$,当且仅当ALMMo-0和DRB分类器在线工作时才要用该参数。

  ③ SS_DRB分类器仅需要Ω_1和Ω_2两个参数,但是它们具有清晰的含义,并提供了建议的取值范围。

（2）通用特性。可在任何距离度量下使用，但最有效的是采用递归欧几里得和马哈拉诺比斯距离。提出的方法也适用于其他距离度量，如汉明（Hamming）、余弦差异性度量等。当然，一旦选择了距离度量，结果自然会受这种选择的影响。

（3）快速高效计算。非迭代，不基于先验假设和搜索，一次性通过。

（4）拟人、类人特性。可从单个、少数或极少数样本中学习，持续学习和不断改进，基于原型的、结构化的、非假设与假设的。

（5）保证局部最优，同时一阶学习系统的稳定性是经过证明的。

（6）具有层次结构。

（7）绝大多数算法是可高度并行计算的。

1.7 本书结构

本书内容分为3篇。

第1篇由1~3章组成，提供本书的理论背景。第2章简要回顾了概率论和统计学的基本概念和一般原理。第3章介绍了计算智能两个主要概念，即FRB系统和ANN。

第2篇介绍了提出的实证方法的理论基础。特别地，作为实证方法的基础，第4章系统地描述了一般概念、原理和非参量；第5章提出一种新的模糊集类型，称为实证模糊集，以及相应的实证模糊系统；第6章介绍了异常检测的实证方法；第7章介绍了数据分割的实证方法；第8章介绍了零阶和一阶自主学习多模型系统（ALMMo）算法的细节；第9章提出了一种具有多层架构，基于DRB的新型分类器，并进一步证实了该方法的半监督学习和主动学习能力。

在第3篇介绍了该方法的应用。自主异常检测、自主数据分割、ALMMo系统、DRB和半监督DRB（SS_DRB）分类器的算法概要、流程图和基准问题实例，分别见第10~14章。第15章为本书结论。

本书可为读者提供MATLAB源代码，带有大量注释和实例问题的源代码可供下载。另外本书也可作为研究生讲稿，或作为本科生高级机器学习课程讲义。

此外，我们还为每一章设计了一组用于强化学习的习题，称为"该掌握的纲要"——是读者从特定章节中可归纳的最重要概念。所有这些都是为了更好地应用本书，也促进作为高级机器学习的教学工具。

参考文献

[1] G. E. Moore, Cramming more components onto integrated circuits. Proc. IEEE 86(1), 82-85 (1998)

[2] https://www.raspberrypi.org/

[3] https://beagleboard.org

[4] https://www.movidius.com/

[5] A. Oliva, A. Torralba, Modeling the shape of the scene: a holistic representation of the spatial envelope. Int. J. Comput. Vis. 42(3), 145-175 (2001)

[6] N. Dalal, B. Triggs, in Histograms of Oriented Gradients for Human Detection. IEEE Computer Society Conference on Computer Vision and Pattern Recognition, pp. 886-893 (2005)

[7] K. Graumanand, T. Darrell, in The Pyramid Match Kernel: Discriminative Classification with Sets of Image Features. International Conference on Computer Vision, pp. 1458-1465 (2005)

[8] G.-S. Xia, J. Hu, F. Hu, B. Shi, X. Bai, Y. Zhong, L. Zhang, AID: a benchmark dataset for performance evaluation of aerial scene classification. IEEE Trans. Geosci. Remote Sens. 55 (7), 3965-3981 (2017)

[9] K. Simonyan, A. Zisserman, in Very Deep Convolutional Networks for Large-Scale Image Recognition. International Conference on Learning Representations, pp. 1-14(2015)

[10] A. Krizhevsky, I. Sutskever, G. E. Hinton, in ImageNet Classification with Deep Convolutional Neural Networks. Advances in Neural Information Processing Systems, pp. 1097-1105 (2012)

[11] C. Szegedy, W. Liu, Y. Jia, P. Sermanet, S. Reed, D. Anguelov, D. Erhan, V. Vanhoucke, A. Rabinovich, C. Hill, A. Arbor, in Going Deeper with Convolutions. IEEE Conference on Computer Vision and Pattern Recognition, pp. 1-9 (2015)

[12] A. K. Shackelford, C. H. Davis, A combined fuzzy pixel-based and object-based approach for classification of high-resolution multispectral data over urban areas. IEEE Trans. Geosci. Remote Sens. 41(10), 2354-2363 (2003)

[13] http://www.worldweatheronline.com

[14] J. B. MacQueen, in Some Methods for Classification and Analysis of Multivariate Observations. 5th Berkeley Symposium on Mathematical Statistics and Prob-

ability, vol. 1, no. 233, pp. 281 – 297 (1967)

[15] https://www.darpa.mil/news-events/lifelong-learning-machines-proposers-day

[16] P. Angelov, Autonomous Learning Systems: From Data Streams to Knowledge in Real Time (Wiley, 2012)

[17] P. P. Angelov, D. P. Filev, An approach to online identification of Takagi-Sugeno fuzzy models. IEEE Trans. Syst. Man Cybern. —Part B Cybern. 34(1), 484 – 498 (2004)

[18] E. Lughofer, P. Angelov, Handling drifts and shifts in on-line data streams with evolving fuzzy systems. Appl. Soft Comput. 11(2), 2057 – 2068 (2011)

[19] J. Macías-Hernández, P. Angelov, Applications of evolving intelligent systems to oil and gas industry. Evol. Intell. Syst. Methodol. Appl., 401 – 421 (2010)

[20] R. Ramezani, P. Angelov, X. Zhou, in A Fast Approach to Novelty Detection in Video Streams Using Recursive Density Estimation. International IEEE Conference Intelligent Systems, pp. 14 – 2 – 14 – 7 (2008)

[21] P. Angelov, R. Yager, A new type of simplified fuzzy rule-based system. Int. J. Gen. Syst. 41(2), 163 – 185 (2011)

[22] A. Corduneanu, C. M. Bishop, in Variational Bayesian Model Selection for Mixture Distributions. Proceedings of Eighth International Conference on Artificial Intelligence and Statistics, pp. 27 – 34 (2001)

[23] N. Cristianini, J. Shawe-Taylor, An Introduction to Support Vector Machines and Other Kernel-based Learning Methods (Cambridge University Press, Cambridge, 2000)

[24] Y. LeCun, Y. Bengio, G. Hinton, Deep learning. Nat. Methods 13(1), 35 (2015)

[25] I. Goodfellow, Y. Bengio, A. Courville, Deep Learning (MIT Press, Crambridge, MA, 2016)

[26] S. C. Prasad, P. Prasad, Deep Recurrent Neural Networks for Time Series Prediction, vol. 95070, pp. 1 – 54 (2014)

[27] P. P. Angelov, X. Gu, Towards anthropomorphic machine learning. IEEE Comput. (2018)

[28] S. L. Chiu, Fuzzy model identification based on cluster estimation. J. Intell. Fuzzy Syst. 2(3), 267 – 278 (1994)

[29] T. Takagi, M. Sugeno, Fuzzy identification of systems and its applications to modeling and control. IEEE Trans. Syst. Man. Cybern. 15(1), 116 – 132 (1985)

第 2 章 统计机器学习

2.1 概率论简介

约300前,人们在尝试研究随机事件和变量时,概率论就作为一门学科而出现。概率论描述随机变量和非预先确定的[1]、不确定的实验结果。对于随机特性的不确定性,有多种不确定性类型[2]和概率理论可供使用。本节回顾概率论的基本概念,它们为量化和处理不确定性问题提供了坚实的理论框架,并成为模式识别和数据分析的核心支柱之一[3-4]。同时,概率论作为统计学的数学基础[3],对众多知识领域非常关键,包括工程学、经济学、生物学、自然科学和社会科学等[5]。

2.1.1 随机性和确定性

随机性与确定性是不确定范畴里的两个极端基本概念。确定性是"精确科学"(如数学、物理、化学、工程学)的基础,是一种学说,根据该学说,所有事件和结果完全由所研究过程/系统的外因决定。例如,考虑具有一定质量 m 的下落球体或任何其他物体(当然,这里描述的现象是在理想情况下,即真空,没有空气、风等),重力将唯一决定该给定质量 m 物体任意时刻的速度和加速度。

另一极端概念可借助赌博中的"公平游戏"来阐述,如抛硬币、掷骰子等,这些过程的结果是随机的,且经常在学校里作为开始学习概率论的实例。实际上,这类实验的每次结果都是随机的,结果不受顺序和其他"实验"的影响。想象一下掷骰子,"掷1后掷出3的概率是多少"和"掷1后掷出6的概率是多少",这两个问题的答案是相同的,即 1/6。这个数值 1/6 是在概率的"频次"性解释下最简单的应用结果,也就是特定结果占所有可能结果的比例[3-4],即

$$P(x_i) = \lim_{K \to \infty} \frac{K_i}{K} \tag{2.1}$$

式中:x_i 为一特别事件,其结果是一个特定数值,如"1"或"3"或"6";K_i 为 x_i 重复出现的次数;K 为总次数;$P(x_i)$ 为事件 x_i 发生的概率。

掷骰子正是这种情况,因为其结果是正交性的(或不相关的),而这才是真正的"公平游戏"。

然而,现实生活中人们感兴趣的绝大多数过程,如金融时间序列、气候、经济变量、人类行为等,都处于完全确定性与完全随机性之间的不确定性范围中[6]。举一个简单的例子,如果前两天的温度分别为 10℃ 和 12℃ 时,第 3 天温度为 11℃ 的概率要远高于 18℃。对于股票市场等,也可以提供类似的例子。气候、股票市场既不是确定的过程,也不是严格随机的过程。为了避免这种困惑,人们考虑使用概率分布模型[3-4]。最流行的概率分布是高斯分布(以德国数学家 Friedrich Gauss 命名,1777—1855),也称为正态分布,该分布的主要表征参数是数据 x 的均值 μ 和标准差 σ(图 2.1),即

$$f(x;\mu,\sigma) = \frac{1}{\sqrt{2\pi\sigma^2}} e^{-\frac{(x-\mu)^2}{2\sigma^2}} \tag{2.2}$$

高斯分布/正态分布的影响力源于中心极限定理(central limit theorem, CLT)[3-4]。按照 CLT,对于独立同分布的变量 x_1、x_2、x_3、$\cdots$、x_n,且 $E(x_1)=0$ 和 $E(x_1^2)=1$,即使原始变量本身不服从正态分布,当 $K \to \infty$ 时,归一化变量均值 $y = \frac{1}{\sqrt{K}} \sum_{i=1}^{K} x_i$ 的分布也将趋于正态分布。

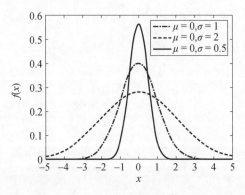

图 2.1 高斯函数示例

CLT 对概率论和统计学至关重要,因为它意味着基于正态分布的概率和统计方法,可应用于包含其他分布类型的许多问题,只要有无限数量的观测值即可。

然而现实中不可能有无限数量的观测值,而且它们也不是正交的(如上所述)。因此,一些平滑、便于应用的数学函数,如高斯、柯西、拉普拉斯分布等可作为理想的假设,尽管其与真实的实验数据观测值有显著偏差,但是对我们有现实意义过程的实际分布,却是更加复杂和多模态的(会有多个局部峰值和低谷,看起来就像真实的山脉)。我们将在 4.7 节中对该问题作进一步的阐述。

▶ 2.1.2 概率质量和密度函数

概率论[1,3-4]起始于离散随机变量的概念。这些变量在数据空间中,仅考虑可数的有限值。典型的例子是"公平游戏",如抛硬币、掷骰子等。事实上,抛硬币的结果是二元的,即两个可能结果中的一个;投骰子的结果是从 6 个可能的数字(1、2、3、4、5、6)中出现一个,且这些结果随机出现。

更复杂地,也可能存在多元离散随机变量,其结果用向量来描述。例如,同时抛出几个骰子(为了方便说明,仅考虑两个),可以将其结果编码为:$x = \{3; 6\}$。显然,这意味着其中一个骰子的投掷值为 3,另一个骰子的投掷值为 6。

离散随机变量可由概率质量函数(probability mass function, PMF)来描述[1,5]。对于基数为 $|x| = \{x_1, x_2, x_3, \cdots\}$(有限或可数有限)的离散随机变量 x,x 的 PMF 为

$$P(x_i) = \Pr(x = x_i) \quad i = 1, 2, 3, \cdots \tag{2.3}$$

由式(2.3)可知,PMF 是一个函数,描述随机变量 x 为特定值 x_k 时的概率。在一定范围内,可用一般形式重新表述为

$$P(x) = \begin{cases} \Pr(x) & x \in \{x\} \\ 0 & \text{其他} \end{cases} \tag{2.4}$$

PMF 具有以下性质[1],即

$$0 \leqslant P(x) \leqslant 1 \tag{2.5}$$

$$\sum_{x \in |x|} P(x) = \sum_{x \in |x|} \Pr(x) = 1 \tag{2.6}$$

$$\{x\}_0 \in \{x\}, \quad P(x \in \{x\}_0) = \sum_{x \in |x|_0} \Pr(x) \tag{2.7}$$

随机变量的另一个重要量值是在 x_0 处的累积分布函数(cumulative distribution function, CDF),定义为[7]

$$F(x_0) = \Pr(x \leqslant x_0) = \sum_{x \in |x|, x \leqslant x_0} \Pr(x) \tag{2.8}$$

离散随机变量 x 的 CDF 累加每个离散点的概率值（严格地说，随机变量 x 取值 $x \in \{x_1, x_2, x_3, \cdots\}, x \leq x_0$）。在这种方式下，CDF 的值在每个数值间隔之间都是常数，但在间隔处瞬间跳跃/增加为更大的数值。因此，离散随机变量的 CDF 是个不连续的函数。

现在介绍连续随机变量最重要的量值，即概率密度函数（probability density function, PDF）$f(x)$。它被定义为一个函数，该函数在其基数中任意给定点的值，量化的是随机变量值等于给定样本值时的相对可能性，同时连续随机变量具有其他特定值的绝对可能性为 0[1,3-5]。

对于连续随机变量落入 $[x_1, x_2]$ 区间的概率计算式为[1,7]

$$\Pr(x_1 < x < x_2) = \int_{x=x_1}^{x_2} P(x) \mathrm{d}x \tag{2.9}$$

式中：$P(x)$ 为 x 的 PDF。

在 x_0 处，x 的 CDF 定义为[1,7]

$$F(x_0) = \Pr(x \leq x_0) = \int_{x=-\infty}^{x_0} P(x) \mathrm{d}x \tag{2.10}$$

从式（2.10）中可以看出，连续随机变量的 CDF 是连续函数。

实际上，PDF 用于指出随机变量落在特定数值区间内、而非任何某个值处的概率（对连续变量情况下，对该变量 PDF 在区间内积分；对于离散变量情况下，对该变量的 PDF 在区间内求和）。

PDF 具有以下类似于 PMF 的属性，即

$$0 \leq P(x) \tag{2.11}$$

$$\int_{x=-\infty}^{\infty} P(x) \mathrm{d}x = 1 \tag{2.12}$$

常用的 PDF 之一是高斯函数，其单变量形式已在式（2.2）中给出，而多变量表达式为

$$f(\boldsymbol{x}; \boldsymbol{\mu}, \boldsymbol{\Sigma}) = \frac{1}{(2\pi)^{\frac{N}{2}} |\boldsymbol{\Sigma}|^{\frac{1}{2}}} \mathrm{e}^{-(x-\mu)^\mathrm{T} \boldsymbol{\Sigma}^{-1}(x-\mu)} \tag{2.13}$$

式中：$\boldsymbol{x} = [x_1, x_2, \cdots, x_N]^\mathrm{T} \in \boldsymbol{R}^N$，$\boldsymbol{R}^N$ 是一个真实的 N 维度量空间；$\boldsymbol{\mu}$ 和 $\boldsymbol{\Sigma}$ 分别是均值和协方差矩阵；$|\boldsymbol{\Sigma}|$ 是 $\boldsymbol{\Sigma}$ 的行列式。

另一种广泛使用的 PDF 类型是柯西（Cauchy）类型，其单变量 PDF 为

$$f(x; \mu, \sigma) = \frac{1}{\pi \sigma \left(1 + \left(\frac{x-\mu}{\sigma}\right)^2\right)} \tag{2.14}$$

其多变量形式为

$$f(x;\boldsymbol{\mu},\boldsymbol{\Sigma}) = \frac{\Gamma\left(\frac{1+N}{2}\right)}{\Gamma\left(\frac{1}{2}\right)\pi^{\frac{N}{2}}|\boldsymbol{\Sigma}|^{\frac{1}{2}}[1+(x-\boldsymbol{\mu})^{\mathrm{T}}\boldsymbol{\Sigma}^{-1}(x-\boldsymbol{\mu})]^{\frac{1+N}{2}}} \qquad (2.15)$$

也可借助于狄拉克(Dirac)$\delta(x)$函数,采用统一的 PDF 表示离散随机变量 x 的 PMF,该形式常用于信号处理领域[8],即

$$P(x) = \sum_{i=1}^{K} \Pr(x_i)\delta(x-x_i) \qquad (2.16)$$

式中:$\Pr(x_i)$为与值 $x_i \in \{x\}_K = \{x_1, x_2, \cdots, x_K\}$ 相对应的概率。

2.1.3 概率矩

在统计学中,矩(moments)可以用来表现 PDF 特征的特定量化度量。围绕 j 值附近的 h 阶矩可在数学上表述为

$$m(j,h) = \frac{1}{K}\sum_{i=1}^{K}(x_i - j)^h \qquad (2.17)$$

式中:$\{x\}_K = \{x_1, x_2, \cdots, x_K\}$ 为由 K 个离散观测值组成的一组数据。

实际中,概率论和统计学中最常用的(同时也是最重要的)矩是 0 附近的一阶矩,即

$$m(0,1) = \frac{1}{K}\sum_{i=1}^{K} x_i \qquad (2.18)$$

以及在 $m(0,1)$ 附近的二阶矩,有

$$m(m(0,1),2) = \frac{1}{K}\sum_{i=1}^{K}(x_i - m(0,1))^2 \qquad (2.19)$$

更高阶的矩,通常用于物理学中,本书不涉及。

两种符号 $m(0,1)$ 和 $m(m(0,1),2)$,即式(2.18)和式(2.19)实际上分别是 $\{x\}_K$ 的均值 μ_K 和方差 σ_K^2,即

$$\begin{cases} \mu_K = m(0,1) & (2.20a) \\ \sigma_K^2 = m(m(0,1),2) & (2.20b) \end{cases}$$

均值 μ_K 是随机变量可能值的平均数,方差 σ_K^2 是随机变量与其均值之间差值的平方偏差的期望值。采用一阶矩和二阶矩,可直接建立随机变量的高斯型 PDF,如式(2.2)。

然而,实际数据的密度分布往往是复杂的、多模态的,且随时间变化。实践中,考虑到数字公式的简洁性,仅有几种"标准"类型 PDF 被采用,其中,大量使

用的包括高斯和柯西类型(见式(2.2)和式(2.14))。

传统概率论和统计学的主要问题之一是,真实的数据分布往往与假设的数据生成模型有显著差异。实际的数据通常是离散的(或被离散化),其真实分布是多模态的(具有许多局部峰值),非光滑和非稳态的。此外,先验分布也是未知的。如果确认了先验数据生成假设,那么结果通常是好的。然而,更常出现的情况是导致显著的差异。

2.1.4 密度估计方法

密度估计的目的是从观测数据中,恢复底层的 PDF。常用的密度估计方法有直方图(histogram)、核密度估计(kernel density estimation, KDE)、高斯混合模型(Gaussian mixture model, GMM)等。

1. 直方图

直方图是密度估计的最简单形式。直方图是一种数据分布的可视化,它定义了多个区间,并对数据样本落在每个区间中的数量进行计数。可粗略感知数据内在的分布密度。

然而,直方图的主要问题是区间大小的选择,不同的选择会产生不一样的表现,并且其所需的大量(潜在的、巨大的)数据点也会导致"维度灾难"。在图 2.2 所示的说明性示例中,两个直方图给出了 20 个正态分布数据样本。它们使用两个不同大小的区间(数目分别为 16 和 8),每个柱条的高度是归一化的密度,该密度值等于观察样本的相对数量(即观测到的样本数除以总样本数),柱条高度之和不大于 1。从图中可以看到,使用不同数目的区间时,直方图会有非常大的变化。

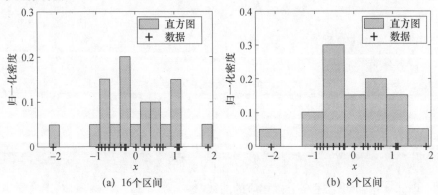

图 2.2　正态分布数据的直方图

2. 核密度估计

核密度估计(kernel density estimation, KDE)是一种估计随机变量 PDF 的一般方法。它从一组局部有效的[6]、较简单的核表示中,导出一个多模态分布,有助于降低问题的复杂性。

一维核是一个正平滑函数 $\kappa(x)$,满足下列约束,即

$$\begin{cases} \int \kappa(x,h)\,\mathrm{d}x = 1 \\ \int x\kappa(x,h)\,\mathrm{d}x = 0 \\ \int x^2\kappa(x,h)\,\mathrm{d}x > 0 \end{cases} \tag{2.21}$$

一些常用的核如下:
(1) 高斯核,即

$$\kappa(x) = \frac{1}{\sqrt{2\pi}}\exp\left(-\frac{x^2}{2}\right) \tag{2.22}$$

(2) Tophat 核,即

$$\kappa(x) = \begin{cases} \frac{1}{2} & -1 \leq x \leq 1 \\ 0 & 其他 \end{cases} \tag{2.23}$$

(3) Epanechnikov 核,即

$$\kappa(x) = \begin{cases} \frac{3}{4}(1-x^2) & -1 \leq x \leq 1 \\ 0 & 其他 \end{cases} \tag{2.24}$$

(4) 指数核,即

$$\kappa(x) = \frac{1}{2}\exp(-|x|) \tag{2.25}$$

式中:$|x|$ 为 x 的绝对值。

(5) 线性核,即

$$\kappa(x) = \begin{cases} 1-|x| & -1 \leq x \leq 1 \\ 0 & 其他 \end{cases} \tag{2.26}$$

(6) 柯西核,即

$$\kappa(x) = \frac{1}{\pi(1+x^2)} \tag{2.27}$$

图 2.3 给出了上述 6 个核相应的曲线。

假设一个特定的数据集定义为 $\{x\}_K = \{x_1, x_2, \cdots, x_K\} \in \mathbf{R}^N$ ($x_i = [x_{i,1}, x_{i,2}, \cdots, x_{i,N}]^T, i = 1, 2, \cdots, K$),其中下标表示数据样本(对应某一组)。

给定一个核 $\kappa(x)$ 和一个正数 h,h 为带宽,KDE 定义为[6]

$$P(y) = \frac{1}{Kh^N} \sum_{i=1}^{K} \kappa\left(\frac{y - x_i}{h}\right) \tag{2.28}$$

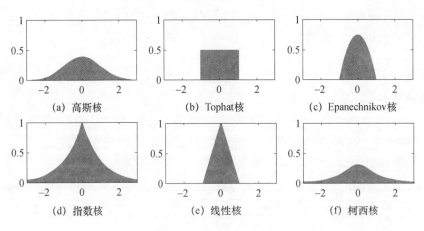

图 2.3　广泛使用的内核

由式(2.28)可知,KDE 只有一个参数,即带宽 h,该参数对 KDE 的结果影响很大,见图 2.4,图中的数据与图 2.2 中的相同,使用的是高斯核。在没有问题对象任何先验知识的情况下,人们很难选择出最合适的带宽,所以这是核密度估计方法的一个主要缺点。核密度估计的另一个问题是其计算的复杂性,因此它仅限于离线应用。

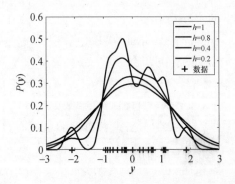

图 2.4　(见彩图)采用不同带宽的高斯核密度估计

3. 高斯混合模型

高斯混合是由许多多元正态密度分量组成的概率模型。它假设所有数据样本都是由具有未知参数的高斯分布混合而生成。高斯混合模型(gaussian mixture model,GMM)已应用于密度估计、聚类、特征提取等领域。

GMM通过混合分量加权、分量均值和方差/协方差来进行参数化,一维高斯混合模型的公式为[9-10]

$$\begin{cases} p(x) = \sum_{i=1}^{M} w_i f(x;\mu_i,\sigma_i) & (2.29a) \\ f(x;\mu_i,\sigma_i) = \dfrac{1}{\sqrt{2\pi}\sigma_i} e^{-\dfrac{(x-\mu_i)^2}{\sigma_i^2}} & (2.29b) \\ \sum_{i=1}^{M} w_i = 1 & (2.29c) \end{cases}$$

式中:M 为模型的个数;w_i、μ_i 和 σ_i 分别为第 i 个模型($i=1,2,\cdots,M$)各自的权重、均值和方差。

多维高斯混合模型的公式为[9-10]

$$\begin{cases} p(\boldsymbol{x}) = \sum_{i=1}^{M} w_i f(\boldsymbol{x};\boldsymbol{\mu}_i,\boldsymbol{\Sigma}_i) & (2.30a) \\ f(\boldsymbol{x};\boldsymbol{\mu}_i,\boldsymbol{\Sigma}_i) = \dfrac{1}{\sqrt{(2\pi)^N |\boldsymbol{\Sigma}_i|^{\frac{1}{2}}}} e^{-(\boldsymbol{x}-\boldsymbol{\mu}_i)^T \boldsymbol{\Sigma}_i^{-1}(\boldsymbol{x}-\boldsymbol{\mu}_i)} & (2.30b) \\ \sum_{i=1}^{M} w_i = 1 & (2.30c) \end{cases}$$

式中:$\boldsymbol{\Sigma}_i$ 为第 i 个模型的协方差矩阵。

期望最大化(expectation maximization,EM)算法[11]是迭代估计高斯混合模型参数最常用的技术。该算法由两个步骤组成:第1步是期望步骤,对于给定模型参数的每个数据样本,计算分量配置的期望;第2步是最大化步骤,使用期望来更新模型参数。有关 EM 算法的细节可参见文献[11]。

高斯混合模型的主要缺点之一是,这种方法假设所有数据样本都是正态分布,但现实中并非如此,因此估计的密度分布可能与实际分布有很大不同。另一个主要缺点是组件模型的数量 M 需要预先定义,在没有问题先验知识的情况下这是不可能的。另外,还要求用户去猜测 M 值,并在性能和组件数量之间做出最佳权衡。此外,非常低的计算效率也是高斯混合模型所面临的一个问题。

2.1.5 贝叶斯方法和概率论的其他分支

概率分析的贝叶斯方法源于托马斯·贝叶斯(1701—1761)的基础工作,即"尝试解决一类偶然性学术问题论文"[12],这一篇由迷恋赌博和保险的爱尔兰牧师发表的里程碑论文。

贝叶斯方法通过指定一个先验概率,然后基于新证据更新一个后验概率,来估计某个假设的概率。其主要结果可用贝叶斯定理来概括,该定理将先验概率和后验概率联系起来。

贝叶斯定理推导出后验概率 $P(Y=y|X=x)$ 是作为两个前置事件的因果关系出现的,一个是在假设 $Y=y$ 时 $X=x$ 的似然函数 $P(X=x|Y=y)$(PMF 或 PDF),另一个是假设的先验概率 $P(Y=y)$,它反映的是在 $X=x$ 被观测到之前 $Y=y$ 的概率,即

$$P(Y=y|X=x) = \frac{P(X=x|Y=y)P(Y=y)}{P(X=x)} \tag{2.31}$$

式中:$P(X=x)$ 为边际似然率,是考虑了所有假设时证据 $X=x$ 的概率,即

$$P(X=x) = \int P(X=x|Y=y)P(Y=y)\mathrm{d}y \tag{2.32}$$

让我们考虑一个简单的示例。假设在一次学校测试中,做了准备的学生的通过率为80%(不考虑复习的质量如何),而不花时间做准备的学生的通过率只有10%。现在假设有10%的学生没有做准备。那么随机抽取的通过考试的学生中,没有做准备的概率是多少?

为了计算后验概率,首先要计算通过考试的概率(边际似然率),即

$$\begin{aligned}P(\text{考试通过}) &= P(\text{考试通过}|\text{做准备学生})P(\text{做准备学生})\\&\quad + P(\text{考试通过}|\text{未做准备学生})P(\text{未做准备学生})\end{aligned} \tag{2.33a}$$

在本例中,有

$$\begin{aligned}P(\text{考试通过}) &= 80\% \times 90\% + 10\% \times 10\%\\&= 73\%\end{aligned} \tag{2.33b}$$

然后,随机抽取的通过考试的学生中没有做准备的概率为

$$P(\text{未做准备学生}|\text{考试通过}) = \frac{P(\text{考试通过}|\text{未做准备学生})P(\text{未做准备学生})}{P(\text{考试通过})} \tag{2.34a}$$

在本例中即

$$P(未做准备学生 \mid 考试通过) = \frac{10\% \times 10\%}{73\%} \approx 1.37\% \qquad (2.34b)$$

可以注意到这里的一个限制性假设:通过和未通过是相互排斥的、二进制的。但在现实生活中,变量的可能值则会呈现更加复杂的交叠状态。

贝叶斯概率可能是概率论中最重要的分支之一,贝叶斯方法也是应用最广泛的推断方法,但也有其他一些重要的分支,包括但不限于以下几种。

(1) 实证概率。实证概率也称为统计概率,它是通过频度计算法从过去的记录中得到的(见2.1.3节)。

(2) 条件概率。条件概率考虑相关事件的概率。对于两个相关事件,$X = x$ 和 $Y = y$,Y 发生时 X 的条件概率定义为

$$P(X = x \mid Y = y) = \frac{P(X = x, Y = y)}{P(Y = y)} \qquad (2.35)$$

式中:$P(X = x, Y = y)$ 是联合事件 $X = x$ 和 $Y = y$ 的概率。

如果 X 和 Y 彼此独立,则

$$P(X = x \mid Y = y) = P(X = x) \qquad (2.36)$$

(3) 边际概率。它给出了一个事件的概率,而不考虑其他事件(连续形式由式(2.32)给出),即

$$\begin{aligned} P(X = x) &= \sum_y P(X = x, Y = y) \\ &= \sum_y P(X = x \mid Y = y) P(Y = y) \end{aligned} \qquad (2.37)$$

边际概率也称为无条件概率。

(4) 马尔可夫链。马尔可夫链是以苏联数学家安德烈·马尔可夫(Andrey Markov,1856—1992)的名字命名,它是一种描述序列可能事件的统计模型,可能事件按一定的概率规则从一个转换到另一个。对于一阶马尔可夫链,过渡到任何特定事件的概率仅依赖于当前事件。马尔可夫链的说明性示例如图2.5所示。

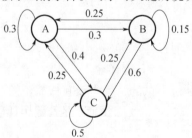

图2.5 马尔可夫链示例

2.1.6 分析

虽然传统的概率论是基于简单的原理和数学表达式(方程式和不等式),但也做出了一些在现实中常常不能满足的强假设。例如:
(1) 变量的随机特性。
(2) 预先定义平滑和"便于使用"的 PDF。
(3) 独立和同分布变量。
(4) 无限数量的观测值。

PDF 是 CDF 的导数。然而,微分可能在实际和理论两个方面均产生数值问题,对没有解析定义或复杂的函数来说是一个挑战。我们注意到在许多情况下,如果对积分范围没有预先施加任何约束,变量 x 的 PDF,$f(x)$ 对于 x 的不可行的值也是正值。

传统统计方法的吸引力在于其坚实的数学基础以及只要数据充足,且与概率论中的假设一样,数据是从独立同分布中产生的就能确保性能。实际数据通常是离散的(或被离散化的),在传统的概率论和统计学中,数据会被建模并用以表征随机变量。问题是它们的分布并非先验而知。如果前期生成数据的假设被证实,结果可能是好的;否则,结果可能相当差。

即使假设符合实际,模型与随机变量间的差异仍需解决,而且选择数据分析中所需统计量的估计量也是一个问题。不同的估计量,在样本有限(甚至无限)的情况下,通常有不同的表现,并导致不一样的结果[13]。产生该现象的原因是,所选估计量的函数特性不能保留统计量包含的所有属性。在概率定律中解释收集数据的随机变量度量是密度估计研究中的一个难题[3-4,14]。

传统概率论是统计学和统计数据分析的理论基础[15]。概率论和统计学习是定量分析随机类不确定性数据时不可或缺的且广泛采用的工具。然而,在传统的概率论和统计学中,存在一些关键问题。

(1) 传统概率论作出的随机特性的独立和同分布(independent and identically distributed, idd)变量假设,不符合人们关心的真实过程(如气候、经济、社会、机械、电子、生物等)中的实际情况。

(2) 传统统计方法的坚实数学基础以及其使用性能有保障的能力,来源于从独立同分布中产生、充足的数据。然而,实际数据通常是离散的或被离散化的,且它们的分布并非先验可知。

(3) 在样本有限(即使无限)的情况下,不同的估计量有不同的表现,并导致不一样的结果[13]。如何选择数据分析中所需统计量的估计量是一个问题,因为所选估计量并不能包含统计量中的所有属性。

(4)需解决实现与随机变量之间的差异。在概率定律中解释收集数据的随机变量度量是密度估计研究中的一个难题[3-4,14]。

2.2 统计机器学习与模式识别导论

机器学习和模式识别的统计方法是基于2.1节讨论的概率论。现在简要介绍机器从数据中学习的基本阶段,这也会进一步用在本书提出的实证机器学习中。有关统计学习更全面的评论,感兴趣的读者可阅读参考文献[14]。

2.2.1 数据预处理

获取数据后的第一阶段称为数据预处理[16-17]。这是从数据中实际学习之前的一个重要的步骤,关系到学习前的准备工作。从不同的传感器和观测中收集到的数据有可能存在丢失或存在异常。有时,数据可能高度相关,并难以区分。高维度对通用技术来说也是一个难题,因为高维数据很难处理与可视化。因此,通常使用预处理技术来降低维度,以及/或处理丢失和异常的数据。

如果观察到的数据中存在异常,即离群、奇异、噪声和例外,机器学习算法就会产生误导性的结果。因此,异常检测是预处理的一个重要组成部分。另外,异常检测本身就是一种重要的统计分析方法,是众多应用中的核心技术,如技术系统中的故障检测、安全系统中的入侵检测、图像处理中的新颖对象与目标检测以及保险分析等问题。鉴于其特有的价值,将在第6章中更详细地描述异常检测算法。

本节将描述以下常用的数据预处理技术,以及相似性和距离度量。

① 归一化和标准化。

② 特征/输入选择、提取和正交化。

考虑真实度量空间 $\mathbf{R}^N$ 内的一个特定数据集/流,定义为 $\{x\}_K = \{x_1, x_2, \cdots, x_K\} \in \mathbf{R}^N; x_i = [x_{i,1}, x_{i,2}, \cdots, x_{i,N}]^T; (i=1,2,\cdots,K)$,其中下标表示各个数据样本(对于时间序列,则表示时间瞬间)。静态多变量数据集 $\{x\}_K$ 的矩阵形式可以表示为

$$\boldsymbol{X}_K = [\boldsymbol{x}_1, \boldsymbol{x}_1, \cdots, \boldsymbol{x}_K] = \begin{bmatrix} x_{1,1} & x_{2,1} & \cdots & x_{K,1} \\ x_{1,2} & x_{2,2} & \cdots & x_{K,2} \\ \vdots & \vdots & & \vdots \\ x_{1,N} & x_{2,N} & \cdots & x_{K,N} \end{bmatrix} \quad (2.38)$$

1. 相似性和距离度量

相似性和距离度量在机器学习和模式识别中起着关键作用。分类、聚类、回归以及很多其他问题,采用了各种类型的相似性和距离来度量数据样本间的区别程度[18]。

一个重要的定义是(全)距离度量。从严格的数学角度来看,全距离度量必须满足以下 4 个条件[19]。

(1) 非负性,即
$$d(\boldsymbol{x},\boldsymbol{y}) \geqslant 0 \quad (2.39a)$$

(2) 不可辨识同一性,即
$$d(\boldsymbol{x},\boldsymbol{y}) = 0, (\boldsymbol{x} = \boldsymbol{y}) \quad (2.39b)$$

(3) 对称性,即
$$d(\boldsymbol{x},\boldsymbol{y}) = d(\boldsymbol{y},\boldsymbol{x}) \quad (2.39c)$$

(4) 三角不等式,即
$$d(\boldsymbol{x},\boldsymbol{z}) + d(\boldsymbol{y},\boldsymbol{z}) \geqslant d(\boldsymbol{y},\boldsymbol{x}) \quad (2.39d)$$

式中:$\boldsymbol{x},\boldsymbol{y} \in \mathbf{R}^N$ 是数据空间中的两个数据样本。

在数据分析中,另一个重要但重要度弱于距离的度量是相似性。它是一个实数函数,用于量化两个数据样本之间的相似性。尽管没有唯一的定义,但相似性度量通常对相似的数据样本取较大值,对不相似的数据样本取较小值。对于相似性度量,只遵循对称性(见式(2.39c))即可。目前,最广泛使用的相似度之一是余弦非相似度[20-24],本节将进行简要介绍。

在统计学中,散度是度量两个概率分布方向(不对称)差异的函数[25]。散度也是比距离更弱的一种度量,它具有以下两个属性[25-27]。

(1) 非负性,即
$$\operatorname{div}(P_1(x) \| P_2(x)) \geqslant 0 \quad (2.40a)$$

(2) 不可辨识同一性,即
$$\operatorname{div}(P_1(x) \| P_2(x)) = 0, \quad P_1(x) = P_2(x) \quad (2.40b)$$

式中:$P_1(x)$ 和 $P_2(x)$ 分别为两个概率分布。不过,散度不必满足对称性(式(2.39c))和三角不等性(式(2.39d))。

统计学和模式识别中最著名的散度例子是 Kullback – Leibler(KL)散度[25-27]。如果 $P_1(x)$ 和 $P_2(x)$ 都是 PMF,即 x 是一个离散变量,那么它们之间的 KL 散度 $\text{div}_{KL}(P_1(x) \| P_2(x))$ 定义为[27]

$$\text{div}_{KL}(P_1(x) \| P_2(x)) = \sum_x P_1(x) \lg\left(\frac{P_1(x)}{P_2(x)}\right) \quad (2.41)$$

与之对应,如果 $P_1(x)$ 和 $P_2(x)$ 都是 PDF,即 x 是一个连续变量,则 $\text{div}_{KL}(P_1(x) \| P_2(x))$ 可写为[27]

$$\text{div}_{KL}(P_1(x) \| P_2(x)) = \int P_1(x) \lg\left(\frac{P_1(x)}{P_2(x)}\right) dx \quad (2.42)$$

本节将简要回顾最常用的(非)相似性和距离度量。

1)欧几里得距离

欧几里得距离以古希腊数学家 Euclid(约公元前 325 年至约公元前 265 年)命名。两个数据样本 $\boldsymbol{x}_i, \boldsymbol{x}_j \in \{\boldsymbol{x}\}_K$ 之间的欧几里得距离为

$$d(\boldsymbol{x}_i, \boldsymbol{x}_j) = \|\boldsymbol{x}_i - \boldsymbol{x}_j\| = \sqrt{\sum_{l=1}^N (x_{i,l} - x_{j,l})^2} \quad (2.43)$$

欧几里得距离是最常用的距离度量类型。在大多数情况下,日常生活中使用的距离就是欧几里得距离,如图 2.6(a)所示的二维空间中的简单示例(两个数据样本 $\boldsymbol{x}_i = [-2,1]^T$ 和 $\boldsymbol{x}_j = [2,-1]^T$ 之间的欧几里得距离)。它的主要优点是简单、计算高效,主要缺点是它对 N 维中的每个维度赋予相同的权重/重要性。欧几里得距离是一个全度量。实际上,很容易验证它满足所有 4 个条件[18-19]。

2)城市街区距离

$\boldsymbol{x}_i$ 和 $\boldsymbol{x}_j$ 之间的城市街区(也称为曼哈顿(Manhattan))类型距离表示为

$$d(\boldsymbol{x}_i, \boldsymbol{x}_j) = \sum_{l=1}^N |x_{i,l} - x_{j,l}| \quad (2.44)$$

式中:$|\cdot|$ 为绝对值。

从上面的公式可以看出,任意城市街区两点之间的距离是其笛卡儿坐标之差绝对值的求和。如图 2.6(a)中给出的例子,图 2.6(b)中给出了点 $\boldsymbol{x}_i$ 和 $\boldsymbol{x}_j$ 之间的城市街区距离。同样,图 2.6 中也给出了一维情况下相同两点的欧几里得和城市街区距离间的对比。从图中可以看出,两个点的城市街区和欧几里得距离不同。根据三角不等式,城市街区距离总是大于欧几里得距离。

3)明可夫斯基距离

上述两种距离度量可以用以德国数学家赫尔曼·明可夫斯基(Hermann Minkowski,1864—1909)命名的"明可夫斯基类型距离"来概括,即

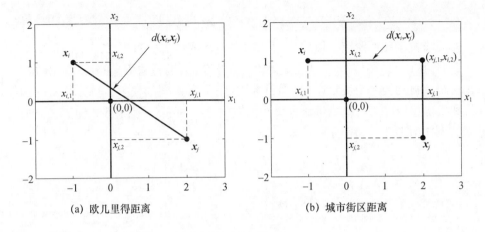

(a) 欧几里得距离　　　　　　　　(b) 城市街区距离

(c) 一维下欧几里得距离和城市街区距离间的对比

图 2.6　欧几里得与城市街区距离说明示例

$$d(\boldsymbol{x}_i, \boldsymbol{x}_j) = \left(\sum_{l=1}^{N} |x_{i,l} - x_{j,l}|^h \right)^{\frac{1}{h}} \tag{2.45}$$

式中：$h \geqslant 1$。

明可夫斯基距离也称为 L_h 度量，容易看出它提供了一整套距离度量方法。当 $h=1$ 或 L_1 时，明可夫斯基距离成为城市街区距离；当 $h=2$ 或 L_2 时，明可夫斯基距离成为欧几里得距离。尽管其他 h 值的明可夫斯基类型距离没有特定的名称。

4) 马哈拉诺比斯距离

马哈拉诺比斯(Mahalanobis)类型的距离，通过协方差矩阵 $\boldsymbol{\Sigma}_K$ 度量考虑了向量形式下 $\boldsymbol{x}_i$ 和 $\boldsymbol{x}_j$ 间的标准偏差。两个数据样本 $\boldsymbol{x}_i$ 和 $\boldsymbol{x}_j$ 之间的马哈拉诺比斯距离通过以下公式计算，即

$$d(\boldsymbol{x}_i, \boldsymbol{x}_j) = \sqrt{(\boldsymbol{x}_i - \boldsymbol{x}_j)^{\mathrm{T}} \boldsymbol{\Sigma}_K^{-1} (\boldsymbol{x}_i - \boldsymbol{x}_j)} \tag{2.46}$$

式中：$\boldsymbol{\mu}_K = \frac{1}{K} \sum_{i=1}^{K} \boldsymbol{x}_i$；$\boldsymbol{\Sigma}_K$ 为 $\{\boldsymbol{x}\}_K$ 的协方差矩阵，由下式得出，即

$$\boldsymbol{\Sigma}_K = \frac{1}{K} \sum_{i=1}^{K} (\boldsymbol{x}_i - \boldsymbol{\mu}_K)(\boldsymbol{x}_i - \boldsymbol{\mu}_K)^{\mathrm{T}} \qquad (2.47)$$

马哈拉诺比斯距离可以看作欧几里得距离的扩展。对于 $\boldsymbol{\Sigma}_K = \boldsymbol{I}$ 的特殊情况,马哈拉诺比斯距离等于欧几里得距离。事实上,通过协方差矩阵,马哈拉诺比斯距离自动为每个变量(数据向量的维度)分配不同的权重。协方差矩阵的值和秩也可以作为这些变量的正交性(独立性)指标:如果数据完全正交(或独立),则协方差矩阵将等于单位矩阵,即

$$\boldsymbol{\Sigma}_K = \boldsymbol{I} = \begin{bmatrix} 1 & 0 & \cdots & 0 \\ 0 & 1 & \cdots & 0 \\ \vdots & \vdots & & \vdots \\ 0 & 0 & \cdots & 1 \end{bmatrix} \qquad (2.48)$$

显而易见,欧几里得类型的距离,实际上假设数据完全和理想的正交及独立。但实际情况通常并非如此,正如前面所讨论,在公平游戏中是正确的,但对感兴趣的真实过程却不是。

为了更好地理解,继续采用图 2.6 中给出的例子,计算 $\boldsymbol{x}_i$ 和 $\boldsymbol{x}_j$ 间的马哈拉诺比斯距离。然而,由于两个数据样本的协方差矩阵是可逆的,计算它们之间的马哈拉诺比斯距离变得没有意义。因此,将 8 个随机生成的数据样本添加到数据空间中,分别标记为 $\boldsymbol{x}_1, \boldsymbol{x}_2, \cdots, \boldsymbol{x}_8$,它们与 $\boldsymbol{x}_i$ 和 $\boldsymbol{x}_j$ 一起构成数据矩阵 $\boldsymbol{X}_{10} = [\boldsymbol{x}_i, \boldsymbol{x}_j, \boldsymbol{x}_1, \cdots, \boldsymbol{x}_8]$。然后,为了计算 $\boldsymbol{x}_i$ 和 $\boldsymbol{x}_j$ 之间的马哈拉诺比斯距离,首先需要将数据集中化为均值。集中化是一种类似标准化的操作(将在 2.3 节中详细描述),但不除以标准偏差,即

$$\boldsymbol{X}_{10} \leftarrow \boldsymbol{X}_{10} - [\overbrace{\boldsymbol{\mu}_{10}, \boldsymbol{\mu}_{10}, \cdots, \boldsymbol{\mu}_{10}}^{10}] \qquad (2.49)$$

其次,获得协方差矩阵 $\boldsymbol{X}_{10}$ 的特征值和特征向量,即

$$\boldsymbol{\Sigma}_{10}[\boldsymbol{q}_1, \boldsymbol{q}_2] = [\boldsymbol{q}_1, \boldsymbol{q}_2] \begin{bmatrix} \lambda_1 & 0 \\ 0 & \lambda_2 \end{bmatrix} \qquad (2.50)$$

式中:$\boldsymbol{\Sigma}_{10}$ 为协方差矩阵;λ_1 和 λ_2 为两个特征值;$\boldsymbol{q}_1$ 和 $\boldsymbol{q}_2$ 分别为相应的特征向量。

特征向量 $\boldsymbol{q}$ 是一个特定的非零向量,它并不使用变换矩阵 $\boldsymbol{\Sigma}$ 进行线性旋转变换。相应地特征值 λ 是特征向量被拉伸的量,即

$$\boldsymbol{\Sigma} \boldsymbol{q} = \lambda \boldsymbol{q} \qquad (2.51)$$

然后,对集中化后的特征向量进行旋转 $\boldsymbol{X}_{10}$,即

$$\boldsymbol{X}_{10} \leftarrow [\boldsymbol{w}_1, \boldsymbol{w}_2] \cdot \boldsymbol{X}_{10} \qquad (2.52)$$

最终,在集中化和旋转之后,使用特征值标准化 $\boldsymbol{X}_{10}$,有

$$X_{10} \leftarrow \begin{bmatrix} \dfrac{1}{\sqrt{\lambda_1}} & 0 \\ 0 & \dfrac{1}{\sqrt{\lambda_2}} \end{bmatrix} \cdot X_{10} \tag{2.53}$$

在上述过程之后 x_i 和 x_j 之间的欧几里得距离就是马哈拉诺比斯距离[28]，图 2.7 也描述了该过程。

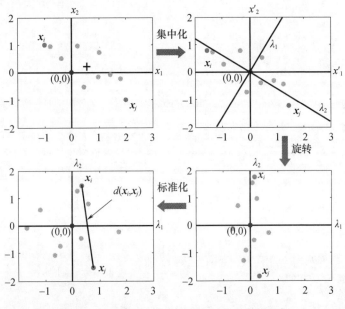

图 2.7 （见彩图）马哈拉诺比斯距离说明示例

5）余弦相似性（或相异性）

余弦相似性度量内积空间中、两个非零向量之间余弦夹角。图 2.6 中 x_i 和 x_j 两个样本间的角度在图 2.8 中给出了示例性说明。

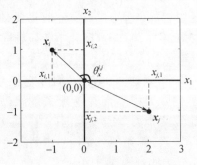

图 2.8 x_i 和 x_j 之间角度的示例

样本 x_i 和 x_j 之间的余弦相似度可表述为[29]

$$d(x_i, x_j) = \cos\theta_x^{i,j} \tag{2.54}$$

式中:$\theta_x^{i,j}$ 为欧几里得空间中 x_i 和 x_j 之间的夹角。

式(2.54)也可以表示为两个向量之间的内积,即

$$d(x_i, x_j) = \frac{\langle x_i, x_j \rangle}{\|x_i\| \|x_j\|} \tag{2.55}$$

式中:$\langle x_i, x_j \rangle = \sum_{l=1}^{N} x_{i,l} x_{j,l}$;$\|x_i\| = \sqrt{\langle x_i, x_i \rangle}$。

可以进一步修改这个表达式为[30]

$$d(x_i, x_j) = 1 - \frac{1}{2} \left\| \frac{x_i}{\|x_i\|} - \frac{x_j}{\|x_j\|} \right\|^2 \tag{2.56}$$

余弦相似度可以简化为式(2.56)的形式,是由于存在以下转换关系:

$$\frac{\sum_{l=1}^{N} x_{i,l} x_{j,l}}{\|x_i\| \|x_j\|} = \frac{\sum_{l=1}^{N} x_{i,l} x_{j,l}}{\|x_i\| \|x_j\|} - \frac{\sum_{l=1}^{N} x_{j,l}^2}{2\|x_j\|^2} - \frac{\sum_{l=1}^{N} x_{i,l}^2}{2\|x_i\|^2} + 1 \tag{2.57}$$

$$= 1 - \frac{1}{2} \sum_{l=1}^{N} \left(\frac{x_{i,l}}{\|x_i\|} - \frac{x_{j,l}}{\|x_j\|} \right)^2$$

余弦非相似度为

$$d(x_i, x_j) = 1 - \cos\theta_x^{i,j} = \frac{1}{2} \left\| \frac{x_i}{\|x_i\|} - \frac{x_j}{\|x_j\|} \right\|^2 \tag{2.58}$$

6)分析

由于其简单和计算效率,欧几里得距离成为最广泛使用和通用的距离度量。使用欧几里得距离和马哈拉诺比斯距离(分别是超球形和超椭球形)形成的聚类形状并不灵活,通常无法很好地覆盖实际数据。此外,马哈拉诺比斯距离要求计算并求逆数据的协方差矩阵,这本身是一个计算代价比较高的操作,有时还会导致奇点[31]。对某些问题,如自然语言处理(NLP)等,明可夫斯基类型的距离会给出与常规逻辑相矛盾的结果,此时通常使用余弦相异性[32-33]。究其原因:一是与特征数量相关,在 NLP 问题中特征数量(通常是文本使用的关键词)非常高(数百或数千);二是在 NLP 问题中,每个单独数据项的维数是不同的,以稀疏矩阵(有许多零)表达。例如,人们可能有兴趣比较两个文本或文档之间的相似性(或相异性),其中一个有 N_1 个关键词,另一个有 N_2 个关键词。从逻辑上讲,如果我们比较两个文本或文档,其中一个文档中某个感兴趣的关键词(如特朗普)出现了 65 次,而另一个文档中相同的关键词出现了 70 次。那么,可以得出结论,这两个文档都是关于美国总统的。然而,如果比较两个文

档,其中一个文档里相同的关键词出现了 5 次,另一个却没有提到该关键词(0次)。那么,可以得出结论,第一个文档谈论的是美国总统,而第二个则不是。即使关键词分别提到 6 次和 1 次,而不是 5 次和 0 次,但这在人类感知方面仍然有不同的含义:其中一个是在谈论他,而第二个仅仅是提了一下他的名字。如果在这两个文本/文档中都使用欧几里得距离,则所有 3 种情况(70 和 65、5 和 0、6 和 1)的结果都将相同且等于5。如此大的矛盾不应被忽视。出于这些原因,尽管欧几里得距离不是全距离度量[18],但在 NLP 问题中人们使用的是余弦相似性(或相异性)。

必须强调的是,在任何情况下,最合适的距离度量选择通常是与问题和领域相关的。

2. 归一化和标准化

归一化和标准化是数据预处理技术的实例,在整个预处理过程开始时就需开展(除非所有维度中的变量均具有可比的标称值范围)。实际中,使用归一化、标准化或两者都使用(先标准化再归一化),并结合离群值检测是十分必要地[6]。这些预处理操作将特征数值如输入变量重新缩放到一个更常见的范围,使不同特征在数值和范围方面具有可比性[6]。因此,这两种技术可以减少输入变量大小差异的影响。在应用标准化之前删除离群值很重要;否则它们将对结果产生很大影响。归一化也称为特征比例缩放,会将不同特征(如输入数据向量的维度)上的名义数值转换至区间[0,1],有时也转换为[-1,1],表达如下:

$$\begin{cases} x'_{j,i} = \dfrac{x_{j,i} - x_{\min,i}}{x_{\max,i} - x_{\min,i}} & x'_{j,i} \in [0,1], x_j \in \{x\}_K \quad (2.59a) \\ x'_{j,i} = \dfrac{2(x_{j,i} - x_{\min,i})}{x_{\max,i} - x_{\min,i}} - 1 & x'_{j,i} \in [-1,1], x_j \in \{x\}_K \quad (2.59b) \end{cases}$$

式中:$x_{\min,i}$ 和 $x_{\max,i}$ 为 $\{x\}_K$ 第 i 个特征的最大值和最小值。

通过这种方式,数据空间可转换成大小为 $[0,1]^N$(或 $[-1,1]^N$)的超立方体,如图 2.9 所示。

标准化是另一种可供选择的方法,它同样能将特征数值缩放至更便利的范围,并使它们在数值和范围方面具有可比性。它将绝大多数的数据空间转换为大小为 $[-3,3]^N$ 的超立方体,这是切比雪夫定理的结果,后续将进一步详细讨论。对输入变量每个数据特征的统计参数,可表达如下:[6]

$$x'_{j,i} = \dfrac{x_{j,i} - \mu_{K,i}}{\sigma_{K,i}} \quad x_j \in \{x\}_K \quad (2.60)$$

式中:$\mu_{K,i}$ 和 $\sigma_{K,i}$ 分别为 $\{x\}_K$ 第 i 个特征的均值和标准差。

标准化的结果是将绝大多数数据压缩成大小为 $[-3,3]^N$ 的(超)立方体。任何情况下的比例都大于 8/9,在数据遵循高斯分布时可达 99.7 以上。离群值须排除在(超)立方体之外。标准化后的超立方体如图 2.10 所示。

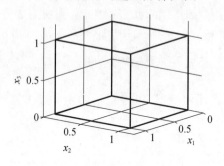

图 2.9　归一化会将数据空间压缩为大小为 $[0,1]^N(N=3)$ 的超立方体

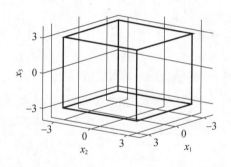

图 2.10　标准化会将数据空间压缩为大小为 $[-3,3]^N(N=3)$ 的超立方体

归一化要求每个特征/输入的范围(即最小值和最大值)是已知的且事先固定的。因此,它通常局限于离线应用,或假设变量范围的情形,或重新计算这些范围的情况。与之相反,标准化非常有利于数据流处理,因均值和方差均可在线更新。与归一化相比,不同标准化特征的范围可能不同,因为不同的特征遵循不同的分布,进而具有不同的统计特征,特别是在标准偏差上。尽管如此,从理论上已证明切比雪夫不等式[34]:对于任意分布,标准化数据位于 $[-3,3]$ 之外的概率小于 1/9,并且对于高斯分布,很容易证明该比例小于 0.3%。

预处理技术应用时的推荐步骤如下。

第一步:对原始数据进行标准化。

第二步:分析候选离群值,即不在 $[-3,3]^N$ 内的点。如果数据本身服从高斯分布,那么可疑离群数据点的数量将不超过所有数据样本的 0.3%。但根据切比雪夫不等式,在任何情况下,这些数据点的数量均不超过所有数据点的 1/9(约 11%)。实际上,它们的数量可能小得多,人们可以使用领域知识、专家判断或其他技术,再或者仅仅依靠统计特征来设置阈值。

第三步:一旦检测到离群值并从原始数据中剔除,就可以对已经标准化的数据进行归一化。现在可以肯定,对于所有剩余的数据,输入变量/特征的范围都是 $[-3,3]^N$。这意味着每个维度$(1,2,\cdots,N)$的范围均等于 6,因此,该方法也将适用于在线应用。

3. 特征提取

在许多机器学习问题中,输入变量(或模式识别文献中所称的特征)是清晰的,而且变量的选择也是显而易见的,如在技术体系中通常是温度、压力、质量、流量等。变量的选择往往需要领域和专家知识。在另一些问题中,如图像处理,其特征是图像的像素颜色、强度特性,或图像的高级特性,如尺寸、形状、圆度等[35]。

4. 特征选择

高维、复杂的数据集通常包含一些冗余和/或不相关的琐碎信息特征。同时,处理所有这类特征需要大量的内存和计算资源,而不会获得太多有用的信息。由于泛化程度较低,学习算法可能产生过度拟合的结果[36],这可能导致"维度灾难"。因此,从数据中删除这些特征是非常重要的。

特征/输入选择技术常用于机器学习和统计领域,从原始特征中选择最有效的特征子集,服务于后续的进一步处理,即为聚类、分类和预测建立鲁棒的学习模型。进行特征/输入选择有 4 个主要好处[37]:①提高学习模型的可解释性;②提高学习模型的泛化能力;③加快学习过程;④避免"维度灾难"。

此外,在某些特定问题上,如生物医学的光谱学研究中,采用特征选择只需识别相对较少的"生物标志"[38]。这与对应特定蛋白质和氨基酸的光谱相对狭窄有关,该信息对分离出特殊疗法或药物非常有用[39-40]。

输入和特征选择的另一个重要方面是能够自动处理和在线使用(用于分类器或预测器)。

5. 特征正交化

正交化是消除向量之间相关性的有效方法。正如前一节所述,高维数据集中的许多特征/输入通常是(高度)相关的,在不减少特征情况下,处理这类数据集可能会导致过度拟合、浪费存储和计算资源等问题。

主成分分析(principle component analysis, PCA)[14]是一种广泛应用于机器学习和模式识别的技术,用于同时降低输入特征的复杂性和独立性,实现正交化,还实现特征的简约/选择。PCA的思想是将原始输入/特征集投影到一个新的特征空间,从而产生一组正交且独立的新输入/特征集。该套新集合称为主成分(PC)。因此,原始输入/特征之间的冗余和相互依赖性则被消除或减少了。新生成的特征/输入集是原始集的线性组合,因此保留了原始集的方差。由于绝大部分的方差是通过前几个主成分捕捉到的,其余的主成分可以被忽略,从而特征/输入空间的维数也可以显著减少[6]。

PCA 是一种基于奇异值分解(singular-value decomposition, SVD)[4,41]的离线方法。PCA的第一步是数据集中进行下列操作,即

$$X'_K = X_K - [\overbrace{\mu_K, \mu_K, \cdots, \mu_K}^{K}] = [x_1, x_2, \cdots, x_K] - [\overbrace{\mu_K, \mu_K, \cdots, \mu_K}^{K}]$$
(2.61)

然后,利用以下 X'_K 进行 SVD,即

$$X'_K = QSE^T \quad (2.62)$$

式中: Q 为特征向量 $X'_K(X'_K)^T$ 的 $N \times N$ 矩阵,实现原始输入轴的旋转;E 为特征向量 $X'_K(X'_K)^T$ 的 $K \times K$ 矩阵,完成另一次旋转;S 为主对角线为非负实数的矩形对角线矩阵。

$\{x\}_K$ 的主成分是利用 Q 的特征向量提取的,这些特征向量对应下式中的前几个最大特征值(假设为前 n 个),即

$$X''_K = [q_1, q_2, \cdots, q_n]^T \cdot X'_K \quad (2.63)$$

式中: X''_K 为 $\{x\}_K$ 的 $n \times K$ 维主成分矩阵;q_i 为与第 i 个最大特征值对应的 $N \times 1$ 维特征向量。

预处理部分需要考虑的其他问题包括以下两个:

① 处理丢失的数据[42]。

② 处理分类的/非数值的/定性的数据[43]。

本书重点并非上述内容,感兴趣的读者可参考文献[6,16,17]以获取更多细节。

2.2.2 无监督学习(聚类)

聚类是数据分割的一种形式,是能够发现数据中潜在分组和模式的一种无

监督机器学习技术。聚类算法可能有各种各样的目标,但其终极目标是将一数据集合分组或划分到子集或"集群"中,与来自其他集群的数据样本相比,同一集群中的数据样本间具有更紧密的关联[14]。聚类技术本质上也与复杂系统的结构识别有关[6],可用于识别多模态的分布,并形成局部的模型构架。

已有的各种聚类算法和技术可归为如下5类[44]:①分层聚类算法;②基于中心的聚类算法;③基于密度的聚类算法;④基于分布的聚类算法;⑤模糊聚类算法。

由于不可能讨论现存的所有聚类算法,本节简要回顾了最典型和最具代表性的算法。更多详细信息,请感兴趣的读者参考文献[44,45]。

1. 分层聚类算法

分层聚类算法[46]会生成树状图,它代表着嵌套的模式组,受不同粒度层级间的距离或连接所控制。聚类的结果是通过采用一个阈值,对树状图在合适的距离上分割而实现。采用Fisher Iris数据集[47](可从[48]下载)生成的树状图如图2.11所示。

目前,分层聚类算法主要有以下两种类型(分别基于自下向上和自上向下的方法)。

(1)聚合聚类方法[49-50]。该方法最初将每个数据样本看作一个单独的集群,然后持续合并,直至得到所需的聚类结构。

(2)分裂聚类方法[51-52]。该方法以反向的方式获得聚类结果,先将所有数据样本看作一个单独的聚类,然后依次将该聚类划分为子聚类,直至得到所需的聚类结构。

最著名的分层聚类算法包括BIRCH[53]和最近引入的近邻传播[54]算法。

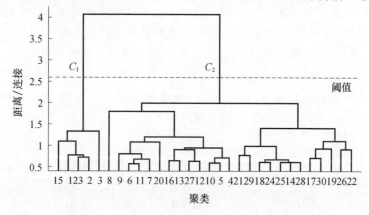

图2.11 基于Fisher Iris数据集的树状图示例

2. 基于中心的聚类算法

基于中心的聚类算法开始于初始分割,并通过将实例从一个集群移动到另一个集群的方式来重新定位实例。这种方法需要对所有可能的分割进行详尽的穷举过程,并使用某些贪婪启发算法进行迭代优化。

基于中心的聚类算法的基本思想是找到一个聚类结构,使得度量每个数据样本到其代表值(中心)距离的某个误差准则最小,该过程称为误差最小化。最著名的准则是误差平方和的最小化,即

$$J = \sum_{i=1}^{M} \sum_{x \in C_i} \| x - c_i \|^2 \to \min \tag{2.64}$$

式中:c_i 为集群 C_i 的中心;$i=1,2,\cdots,M$;M 为中心的数量。

最常用的基于中心的算法是 k - 均值[55]。该算法首先随机初始化 k 个集群中心,然后迭代地将数据样本分配给最近的中心,并更新这些中心,直到满足预定义的终止条件[44]。

3. 基于密度的聚类算法

基于密度的聚类方法假设集群存在于数据空间密度较高的区域。每个集群以局部模式或密度函数最大来表征。

有一种非常流行的基于密度的聚类方法,它便是带噪应用的基于密度的空间聚类(density - based spatial clustering of applications with noise, DBSCAN)算法[56]。DBSCAN 的主要思想是将数据空间中非常接近的数据样本分组,并将单独位于低密度区的数据样本标记为离群值。该算法始于一个未被访问过的任意数据样本,提取其邻域并检查该区域是否包含足够量的样本。如果包含足够量的样本,则启动一个聚类;否则,将该任意数据样本标记为噪声。如果一个数据样本位于一个集群的密集区域,且它的邻近区域也是这个集群的一部分,那么位于该邻近区域的所有数据样本都将被添加到这个集群中。上述过程将一直持续,直到集群完全构建完成。之后,检索和处理另一个未被访问的数据样本,以形成另一个集群或将其辨识为噪声。

均值移位[57-58]是另一种广泛使用的基于密度的算法,它建立在 KDE 概念上(见 2.1.4 节中的 2)。均值移位算法实现 KDE 思想是,通过迭代移动每个数据样本到其附近最密集的区域,直到所有数据样本收敛到局部密度最大值。由于该算法仅限于离线应用,继承了均值移位基本概念的进化局部均值(evdving local means,ELM)算法被引入到在线场景中[59]。

eClustering 算法[60]是用于数据流处理中最流行的基于密度的在线聚类方法,它可以自进化结构,动态更新自身参数。算法能够成功处理数据流中数据模式的漂移和移位[61]。eClustering 算法打开了进化聚类方法的大门,后续又引入了大量改进算法[59,62-63]。这也是本书后面章节中描述的实证机器学习技术的理论基础之一。

4. 基于分布的聚类算法

基于分布的聚类算法假设每个集群的数据样本都是由一个特定的概率分布生成的,而且总体的数据分布被假设为多个分布的混合。因此,这类算法类型与统计学密切相关。

最著名的基于分布的算法是高斯混合模型(gaussian mixture models, GMM)[64-67],该算法假设数据的生成模型是高斯分布的混合。它随机初始化一些高斯分布,然后迭代优化参数以适应模型。

5. 模糊聚类算法

传统的聚类算法会生成分割,分割中每个数据样本都属于且仅属于一个集群,因此集群不是连接的。然而,模糊聚类允许部分、双重或多重的成员身份,因而衍生出了模糊集群的概念[68-69],而这意味着数据样本可以同时属于不同的集群。

最具代表性的模糊聚类方法是著名的模糊 c - 均值算法(fuzzy c - means, FCM)[68-69],该算法基于以下方程的最小化,即

$$J = \sum_{j=1}^{K} \sum_{i=1}^{M} \lambda_{j,i}^{n} \parallel x_j - c_i \parallel^2 \rightarrow 最小 \tag{2.65}$$

式中:$\lambda_{j,i}$ 为 x_j 在第 i 个集群中的隶属度;n 为控制模糊重叠度的模糊分割矩阵分量。隶属度 $\lambda_{j,i}$ 的值介于 0~1 之间。

模糊聚类算法的一般过程与 k - 均值方法非常相似。但在模糊聚类算法中,每个集群都是一个模糊集。隶属度越大,表示赋值的置信水平越高;反之亦然。非模糊聚类的结果也可通过在隶属度上设置阈值的方式获得。

6. 算法分析

聚类是无监督机器学习技术的典型例子。然而,当前的聚类算法需要用户预先定义各种类型的参数。以本节中提到的代表性聚类算法为例,分层聚类算法通常需要设置阈值来切割树形图[46,53];k - 均值算法需要预定义集群数 k[55];

DBSCAN 需要两个参数,即邻域的最大半径和形成密集区域所需的最小点数[56];均值移位不仅需要阈值,而且需要提前选择核函数[57-58];ELM 算法要预定义集群的初始半径[59];eClustering 算法需要预先定义集群的初始半径[70];GMM 要事先给出模型的数量[64-67];FCM 要确定隶属函数的类型和集群的数量[68-69]。

这些算法的参数显著影响无监督聚类算法的性能和效率。预先给这些参数设置合适的值,始终是一项具有挑战性的任务,因其需要一定程度的先验知识。然而,在实际情况中先验知识是十分有限的,不足以让用户预先确定这些算法的最佳输入。而如果没有精心选择参数,聚类算法的效率和效果可能会相当差。

不仅如此,许多聚类算法都采用预先假设的数据生成模型。例如,DBSCAN、均值移位和 GMM 算法,假设数据来自正态/高斯分布[56-58,64-67]。然而,先验假设通常要求太过强烈,而在实际应用中无法得到满足。如果满足先验假设,聚类结果可能会很好;否则,聚类结果的质量就会很差。

2.2.3 监督学习

1. 分类

分类是为输入数据样本分配类标签的任务。类标签表示给定的类组中的一个,因此它通常是一个整数值。与聚类相反,分类通常被认为是一种监督机器学习技术[71]。需要强调的是,某些形式的分类可以在半监督甚至完全无监督的形式下进行,也可在机器学习的进化形式下进行[72-75]。我们将在第 2 篇继续介绍这一内容。本节将使用最广泛且最具代表性的分类方法进行回顾,包括:①朴素贝叶斯分类器;②k 最近邻(kNN)分类器;③支持向量机(SVM)分类器;④基于离线模糊规则(FRB)的分类器;⑤eClass 分类器。

有关详细信息内容,感兴趣的读者参考文献 [3,6,71]。

1)朴素贝叶斯分类器

朴素贝叶斯分类器是传统概率论和统计学[36]最广泛研究和使用的分类算法之一,该分类器是基于训练数据样本导出的条件概率密度函数(式(2.35))而形的,即

$$P(\boldsymbol{x}|\mathbf{C}_i) = \prod_{j=1}^{N} P(\boldsymbol{x}_j|\mathbf{C}_i) \qquad (2.66)$$

该函数是基于先验假设得到的,即数据的不同特征在统计上是相互独立的。

朴素贝叶斯分类器的计算效率相当高,只需要少量的训练数据。然而,它的缺点也很明显,具体如下:

(1) 其先验假设虽然简单,但在实际情况中往往不成立;

(2) 概率密度函数的选择需要先验知识,如果设置不当会影响分类器的效率和准确性;

(3) 模型过于简化,不足以处理复杂问题。

2) kNN 分类器

最近邻规则[76]是最简单的非参数化过程,用于确定未标记数据样本的标签。kNN 分类器[76-78]是直接使用最近邻规则的最具代表性的算法,也是所有机器学习算法中最简单的算法之一。特定数据样本的标签是基于投票机制,由 k 个最邻近的标签决定。kNN 算法主要在分类阶段进行计算。

kNN 分类器也是应用最广泛的分类器之一,但该算法的主要缺点如下。

(1) k 的最佳选择依赖于数据,这意味着需要先验知识才能做出决策。

(2) kNN 分类器对数据结构敏感。随着噪声、不相关特征或不平衡特征尺度的增加,其性能会严重恶化。

3) SVM 分类器

SVM 分类器[79]是目前最流行的分类算法之一。它本质上是针对一给定的数据集合,最大化分离边际的算法[80]。SVM 分类器中有 4 个非常重要的基本概念[80]。

(1) 超平面。它将数据样本分离成两个不同的类[36,80-81]。

(2) 最大边际。即超平面周围的区域,它与最近支持向量间的距离最大[36,80-81]。最大边际超平面是 SVM 分类器成功的关键[81]。

(3) 软边际。在不影响最终结果的前提下,它通过允许少量异常点落入分离超平面错误一侧,使得 SVM 分类器能够处理误差和过拟合[80]。本质上,软边际提供了容差。

(4) 核函数。它本身就是一个数学表达式,用来得到最大边际。核函数通过改变数据的维数,为非线性分离问题提供解决方法,并且将数据从低维空间映射到更高的、无限维的空间[80]。

一些常见的核包括[82]以下几个。

① 多项式,即

$$\kappa(\boldsymbol{x}_i, \boldsymbol{x}_j) = (\boldsymbol{x}_i^{\mathrm{T}} \boldsymbol{x}_j + 1)^n \quad i、j = 1,2,\cdots,K \tag{2.67}$$

② 高斯径向基函数:

$$\kappa(\boldsymbol{x}_i, \boldsymbol{x}_j) = \mathrm{e}^{-\frac{\|\boldsymbol{x}_i - \boldsymbol{x}_j\|^2}{2\sigma^2}} \quad i、j = 1,2,\cdots,K \tag{2.68}$$

最近一个基于典型性和偏心率的数据分析核(typicality and eccentricity - based data analytics,TEDA)被引入到 SVM 分类器中,该核函数基于偏心率(见 4.3 节),并直接从实证观测数据中进行学习[83]。此外,TEDA 核函数可以通过在线方式进一步更新。

虽然 SVM 分类器是使用最广泛的分类器之一,在各种分类问题上都能表现出很好的性能,但是仍存在一些主要缺点[36]。

(1)选择核函数需要先验知识。如果没有正确地选择核函数,就不能保证其性能。

(2)在大规模问题中,它的计算效率会迅速下降。

(3)如果有更多新的训练样本可用,则需要进行全面的再训练。

(4)处理多类分类问题的效率较低。

(5)它几乎不需要参数被预先定义,特别是在软边际方面。

4) 离线 FRB 分类器

FRB 分类器是 Lotfi A. Zadeh 于 1965 年[84]在模糊集理论和模糊逻辑的基础上引入的,由若干模糊规则组成的用于分类的系统。FRB 分类器有两类分类器,即零阶类型和一阶类型。零阶分类器采用 Zadeh - Mamdani 型模糊规则[85];一阶分类器采用的模糊规则为 Takagi - Sugeno 型[60,70,86]。更多关于模糊集的主题将在 3.1 节中讨论。

传统的 FRB 分类器最初是专家系统设计,其应用受到严格限制。设计一个特定的 FRB 分类器,需要大量有关问题的先验知识,以及专业人员的深度介入。不仅如此,一旦实施,将局限于离线应用中[87-88]。数据驱动的 FRB 分类器也开发出来了[89-90]。

模糊集理论和 FRB 系统的更详细描述见 3.1 节。

5) eClass 分类器

进化 FRB 分类器是本书所提方法的基础,它将在第 3 章中讨论。该分类器的最初应用之一是动态自进化分类器[91]。

应用最广泛和最成功的进化模糊分类器是 eClass 分类器[73],它是一种用于数据流处理的分类方法。该方法能够自我进化分类器结构,并在逐个样本基础上更新元参数。eClass 分类器[73]有两个版本,第一个是 eClass0,它使用 Zadeh - Mamdani 型模糊规则(见式(3.1)),甚至可在无监督方式下训练;另一个是 eClass1,它使用 Takagi - Sugeno 型模糊规则(见式(3.2))。以 eClass 分类器[73]为基础,可演化出许多进化分类器,包括 simpl_eClass[92]、autoClass[93]、TEDA-Class[94]、FLEXFIS - class[95]、基于模糊推理系统的简约网络(parsimonious network based on fuzzy Inference system,PANFIS)[96]、通用进化神经-模糊推理系统(generic evolving neuro-fuzzy inference system,GENFIS)[97]等。

2. 回归与预测

回归是一种估计变量之间关系的统计过程,在各种领域中常用于预测和预报,包括工程[98-99]、生物学[14]、经济和金融[100-101]。使用最广泛的回归算法是线性回归[14]。线性回归是一种简单的线性离线算法,它经历过缜密的研究,并在计算机统计学出现之前[102]就得到了广泛应用。然而,即使是现在,它仍然是经济学中的主要实证工具[14]。另一种广泛使用的算法是基于自适应网络的模糊推理系统(adaptive-network-based fuzzy inference system,ANFIS),它作为一种人工神经网络(artificial neural network,ANN)于1993[103]年引入,主要基于Takagi-Sugeno模糊推理系统。

当前,由于我们面对的不仅是大数据集,而且是巨大的数据流,所以传统的简单离线算法已不能满足需求。为此,正在开发更为先进的智能进化系统,并广泛应用于预测[61]。学习智能进化系统两种最具代表性的算法是进化的Takagi-Sugeno(evolving takagi-sugeno,eTS)模糊模型[70,104-106]和动态进化神经-模糊推理系统(dynamic evolving neural-fuzzy inference system,DENFIS)[107]。此外,也有许多其他知名方法,包括柔性模糊推理系统(flexible fuzzy inference system,FLEXFIS)[108]、序量自适应模糊推理系统(sequential adaptive fuzzy inference system,SAFIS)[109-110]、基于熵的进化模糊神经系统(correntropy-based evolving fuzzy neural system,CENFS)[111]以及基于区间的进化粒度系统(interval-based evolving granular system,IBeGS)[112]等。

本节简要回顾以下4种较为熟知的算法:① 线性回归;② ANFIS;③ eTS;④ DENFIS。

更详细的信息,感兴趣的读者可以参考文献[3,4,6,14]。

1) 线性回归

该模型假设回归函数对输入是线性的。线性模型是统计学领域最重要的工具之一,线性模型相当简单,可以对输入和输出之间的关系提供充分和可解释的描述[14]。

以 $\boldsymbol{x} = [x_1, x_2, \cdots, x_N]^T$ 表示输入向量,线性模型预测的输出量 y 可以表示为

$$y = a_0 + \sum_{j=1}^{N} a_j x_j = \bar{\boldsymbol{x}}^T \boldsymbol{a} \tag{2.69}$$

式中：$\bar{x} = [1, x_1, x_2, \cdots, x_N]^T$；$a = [a_0, a_1, a_2, \cdots, a_N]^T$。

识别参数 a 的最常用方法是最小二乘法[14]，即

$$a = (\bar{x}^T \bar{x})^{-1} \bar{x} y \quad (2.70)$$

线性回归算法也有许多不同的改进版。这些改进中最具代表性的一个是滑动窗线性回归,它在金融和经济领域得到了广泛应用[113]。

尽管线性回归模型仍然是最流行的回归算法之一,但它的主要缺点也很明显:①线性模型过分简化了问题;②线性模型不足以处理复杂、大规模问题;③它的训练过程是离线的。

2) ANFIS

ANFIS 是一种数据学习技术,它使用模糊逻辑,通过一个简单的、预先定义结构的神经网络(NN),将给定的输入转换为期望的输出[103]。由于 ANFIS 集成了神经网络和模糊逻辑原理,因而具备了在单框架中兼具二者优点的潜力,并具有近似非线性函数的学习能力。因为,业已证明 ANN 和 FRB 系统两者均是通用的逼近器(见文献[114-115]),所以 ANFIS 也是一个通用的逼近器(见3.3章)。

ANFIS 是在数据集主要是静态且不复杂的时期发展起来的。因此,对于当今动态实时的应用,ANFIS 是不够的,其缺点如下:

(1) 模糊推理系统的结构需要预先定义,这需要先验知识和大量的特定决策。

(2) 它的结构不是自进化的,其参数不能在线更新。

3) eTS

eTS 方法首先在文献[105-116]中引入,其最新进展见文献[70,106]。目前,随着对其大量扩展和改进,eTS 方法已成为智能进化系统学习中使用最广泛的方法。eTS 系统的学习机制是完全递归的,因而计算非常有效。不同于大多数可选技术,它可以"从零开始"。该方法的两个阶段如下。

(1) 数据空间分割,这是通过 eClustering 算法[60]实现的(见2.2.2节),并在分割基础上,形成和更新基于模糊规则的模型结构。

(2) 学习模糊规则后续部分的参数。

eTS 系统中存在一些输出,其目的是寻找联合输入输出数据空间中的那种该聚类或许是重叠的,它能将输入输出关系分割成局部有效的、更简单的依赖关系,例如可能是线性的[61]。eTS 系统的后续参数通过模糊加权递归最小二乘法(fuzzily weighted recursive least squares, FWRLS)进行学习[70]。FWRLS 算法详见8.3.3节中的2)。

由于其通用性,eTS 系统已广泛应用于不同的问题,包括但不限于聚类、时间序列预测、控制。

4) DENFIS

DENFIS 是进化智能系统学习中的另一种流行方法[107],它与 eTS 并行出现并独立于 eTS 系统。DENFIS 能够通过有效的自适应离线学习过程生成一个神经模糊模型,并能对动态时间序列进行精确预示。DENFIS 的在线版本需要进行初始的离线播种训练。其在线学习是通过进化聚类方法(evolving clustering method,ECM)实现的,该聚类方法本质上可以看作是一种贪婪聚类算法,使用了一个具有递增获取新聚类机制的阈值[107]。它的离线学习过程与 k 均值算法非常相似,要求预先确定聚类的数量[107]。

DENFIS[107]的在线和离线版本都使用了 Takagi – Sugeno 类推理机(详见第 3 章)[60,86]。每一时刻,DENFIS 的输出都是基于最活跃的模糊规则来计算,而这些模糊规则又是从模糊规则库中动态选择的。

虽然 DENFIS 算法广泛使用,但也有如下主要缺点:

(1) 它需要先验假设和预定义参数,即初始规则的数目、隶属函数的参数;

(2) 作为一种在线算法,它需要离线训练,且不能"从零开始"。

2.2.4 图像处理简介

1. 图像变换技术

图像变换是图像处理最重要的领域之一,作为一种预处理技术,它在许多机器学习算法中起着至关重要的作用。本书中展示的常用图像转换技术包括:①归一化;②弹性畸变;③仿射畸变,包括缩放、旋转和分割。

归一化和仿射畸变是预处理变换,通常适用于各种图像处理问题,如遥感[117]、目标识别[118]等。仿射畸变是通过将仿射位移场应用于图像,计算出每个像素相对于原有位置的新的目标位置而实现的。仿射畸变对提高泛化能力和减少过拟合非常有效[119-121]。与之对应,弹性畸变主要适用于手写数字和/或字母的识别问题,即修订过的国家标准与技术研究所(Modified National Institate of Standards and Technology,MNIST)数据库[122]。

1) 归一化

归一化是图像处理中的一种常用技术,它通过图像像素值映射到更常见的或正常范围来改变像素值的范围。该操作也可用于重新调整图像的亮度。

2）缩放

图像缩放是指对数字图像重新采样和调整大小[123-124]。图像缩放有两种类型,即图像收缩和图像扩展。

图像缩放是使用插值函数实现的。文献[123-126]介绍了许多不同的、用于图像尺寸调整的插值方法,如最近邻法、双线性和双边插值方法。最常用的是双边插值法[125-126],它考虑在特定像素附近最接近的 16 个像素(4×4),并对其进行加权平均,计算出输出像素值。由于 16 个相邻像素与输出像素间具有不同的相似度,因此在计算中,较近的像素具有较高的权重。

3）旋转

图像旋转是另一种常见的仿射畸变技术,通过围绕中心点以一定角度旋转图像来实现[127]。通常,旋转后使用的是最邻近像素值的插值,而落于旋转图像之外的像素值设置为 0(黑色)。图 2.12 给出了图像旋转的示例,该图像来自 UCMerced 遥感图像集[117,128]。

(a) 原始图像　　　　　(b) 旋转图像

图 2.12　图像旋转示意图

4）分割

分割是将图像分割成更小的块,以提取局部信息或丢弃图像中信息较少部分的过程[21]。图像分割的主要目的如下:

(1) 改善泛化能力;

(2) 在从图像提取信息时,提升图像特征描述器的效率。

5）弹性畸变

弹性畸变是一种更为复杂和有争议的技术,可用于扩展数据集和改进泛化能力[119-121]。在图 2.13 为弹性畸变应用于 UCMerced 遥感集中图像后的结果。首先生成随机位移场,然后用标准偏差为 σ(像素)的高斯函数卷积位移场[119]。这种类型的图像变形已广泛应用于最先进的深度卷积神经网络(deep convolutional neural network,DCNN)中,用于手写体识别[120-121],并大幅度提高了识别精度。

然而,这种畸变表现出一种显著的随机性,使得所获结果的可重复性受到质疑,需要进行交叉验证,这进一步降低了其在线应用程序和结果的可靠性。此外,它还增加了用户指定参数,但这些参数的选择因人而异。对于特定的图像,每次执行弹性畸变时,都会生成一个全新的图像。

弹性畸变造成的另一个问题是,没有证据或实验支撑它可应用于其他类型的图像识别问题。实际上,弹性畸变破坏了原始图像。在研究中没有使用弹性畸变,在本书中也不会进一步使用它。

 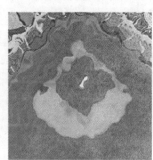

(a) 原始图像　　　　　(b) 弹性畸变图像

图 2.13　图像弹性畸变示意图

2. 图像特征提取技术

图像特征提取是解决目标识别、基于内容的图像分类和图像检索等计算机视觉问题的关键[129]。提取的特征必须是信息丰富的、非冗余的,最重要的是能够促进后续的学习和泛化。根据图像特征描述能力,图像特征描述器可分为[130]:①低级特征描述器;②中级特征描述器;③高级特征描述器。

不同的特征描述器具有不同的优点,适用于不同的场景。为一个特定的问题选择最合适的图像变换技术和特征描述器,通常需要先验知识。

以下将简要介绍常用的图像变换技术和特征描述器。

1) 低级图像特征描述器

低级图像特征针对低层次视觉特征(如光谱、纹理和结构)占主导地位的问题非常有效。低级描述器直接从图像中提取特征向量,既不涉及外部学习过程,也不涉及全局统计分析。常用的低级描述器包括 GIST 特征描述器[131]、方向梯度直方图(histogram of oriented gradient,HOG)特征描述器[132]、尺度不变特征变换(scale invariant feature transform,SIFT)特征描述器[133]、颜色直方图(color hisogram,CH)特征描述器[134]和类 HAAR Haar – like,特征描述器[135]。

(1) GIST 特征描述器[131]。GIST 特征描述器给出了图像主要轮廓和纹理的一个贫瘠、粗糙版本[131],并能提供全局性的多尺度旋转不变特征。文献[131]中提出的 GIST 特征描述器是通过用 4 个尺度、8 个方向的 Gabor 滤波器将灰度级图像进行卷积来实现的,生成了 32 个特征图。然后,特征图由 4×4 空间网格划分为 16 个区域,而 32 个特征图中每个网格的平均向量则被连接在一起,从而得到一个 $16 \times 4 \times 8 = 512$ 维的 GIST 特征向量。

(2) 有向梯度特征直方图(HOG)描述器[132]。HOG 特征描述器[132,136]已被证明在多种计算机视觉任务中非常成功,如目标检测、纹理分析和图像分类。HOG 特征描述器背后的关键思想是,图像中局部对象的外观和形状可以通过强度梯度或边缘方向的分布来描述。真彩/灰度图像的 HOG 特征向量,是通过拼接图像块区域、像素强度梯度方向的单元直方图而获得的。

(3) 尺度不变特征变换(SIFT)描述器[133]。SIFT 特征描述器由 4 个主要部分组成,即尺度空间检测、关键点定位、方向分配和关键点描述器[133]。

基于实验的 SIFT 特征得到的最佳结果,是用 4×4 直方图阵列计算,每个直方图里有 8 个方向箱。因此,最终 SIFT 特征向量的维数为 $128(4 \times 4 \times 8)$[137]。

(4) 颜色直方图(CH)特征描述器[134]。CH 特征描述器提取图像中的大量像素,这些像素的颜色处于颜色空间的固定颜色范围列表中。CH 特征向量具有灵活的结构,可在从各种颜色空间中的图像中构建,无论是 RGB 还是任何维度的任何其他颜色空间[137]。

(5) 类 HAAR 特征描述器[135]。类 HAAR 的特征描述器,在检测窗口中特定位置,考虑相邻矩形区域。图像的特征向量是通过求出每个区域的像素强度之和,并计算这些强度与总和之间的差值而得到的。

2) 中级图像特征描述器

中级图像特征描述器建立在利用可能涉及外部知识的、对低级局部特征描述器进行全局分析的基础上。最流行的中级图像特征描述器包括视觉词汇包(bag of visual words,BOVW)[117]、空间金字塔匹配(spatial pyramid matching,SPM)[138]和局部约束线性编码(local – constrained linear coding,LCLC)[139]。

(1) 视觉词汇包(BOVW)[117]。BOVW 模型在自然语言处理(NLP)中广泛应用于文档分类,它采用单词出现频率组成的稀疏向量来代表文档[140]。在计算机视觉中,BOVW 模型[117,141]将图像特征视为"词",并用局部图像特征出现频率的稀疏向量代表图像。为了实现这一点,BOVW 模型执行特征提取、特征描述和代码本生成[117]三个步骤。

通常通过网格分割或使用一些关键点检测方法完成特征提取,即快速鲁棒特征(Speeded Up Robust Feature,SURF)检测器[142]。特征描述是通过使用前述低级特征描述器,从片段提取局部特征来实现的。如果采用了某些检测方法也可围绕关键点进行局部特征提取。由许多视觉单词组成的代码本,通常是通过无监督学习算法,如 k-均值算法[55],对局部图像特征进行聚类而产生的。

(2) 空间金字塔匹配(SPM)[117]。通过分割图像为更精细的子区域,以不同尺度连接每个子区域的加权局部图像特征[138];SPM 将 BOVW 模型扩展至空间金字塔;然后 SPM 图像表达与基于核的金字塔匹配方案相结合[143],有效地计算两幅图像中特征集间的近似全局几何对应关系。空间金字塔表达对全局空间信息有强的辨别能力,因此在许多挑战性的图像分类任务中,SPM 模型比 BOVW 模型性更具优势[144]。

(3) 局部约束线性编码(LCLC)[139]。LCLC 将传统 SPM 模型中的向量量化编码方法替换为一种有效的编码方案[139]。LCLC 模型使用局部约束,将每个局部特征描述器投影到其局部坐标系中,并将投影与最大池集成,以生成具有相同字典大小的最终表达[130,139]。

3) 高级图像特征描述器

深度卷积神经网络(DCNN)涉及许多待确定的隐藏层,以分层地学习图像的高层表示。与低层级的特征描述器相比,高层级的深度学习描述器能够针对高度多样性和非均匀空间分布的图像进行更好地分类,因为它们能够学习到更抽象、更具区别的语义特征。常用的预训练 DCNN,其特征描述器包括:①VGG-VD(视觉几何组——很深)模型[147];②CAFFE(用于快速特征嵌入的卷积构架)模型[146];③GoogLeNet 模型[146];④AlexNet 模型[148]。

在许多研究中,预训练 DCNN 直接用作特征描述器,它在图像分类领域展示出了最先进的性能[149-151]。采用预训练 DCNN 作为特征描述器的常见做法是,选取来自第一个完全连接层的激活作为图像的特征向量[130]。不过,可微调预训练 DCNN,以进一步提高其性能[152]。

2.3 结 论

本章对概率论、统计学和机器学习做了相对简短的概述。有很多文献和一些优秀的书籍涉及这些主题,如文献[14],为了有一个自持的"一站式"文本,我们简要介绍和讨论了这一领域的主要思想,以及最流行和使用最广泛的方法。

首先从随机性和确定性开始,强调实际应用中大多数感兴趣的问题(如天气/气候、金融、人类行为等)都不是完全确定性的,或者是随机性的。本章介绍了概率质量与分布、概率密度和矩、密度估计以及贝叶斯和概率论的其他分支。评论性地对这些基础和熟知的主题进行了分析,强调了它们与我们在本书提出的实证方法的关系。

然后介绍了统计机器学习和模式识别主题。从数据预处理开始回顾,包括距离度量(欧几里得、城市街区、更通用的明可夫斯基类型、更灵活的马哈拉诺比斯类型)和余弦非相似度度量,之后对接近度度量的各个方面进行了分析。

其次,叙述了归一化和标准化、特征选择和正交化,并进一步讨论了无监督类学习方法,包括分层的、基于中心的、基于密度的、基于分布的和模糊的方法。

在此之后,又介绍了监督机器学习方法,包括分类方法,如朴素贝叶斯、kNN、SVM 分类器、离线 FRB 和进化的 FRB 等分类器。然后,简单描述了回归类型的预测系统(考虑了该类别的多个方法,即线性回归、ANFIS、DENFIS、eTS)。

最后,从图像变换技术(包括归一化、缩放、旋转、分割和弹性畸变)开始,对图像处理主题进行了概述。接着,简要地描述了图像特征转换技术(低级图像特征描述器,如 GIST、HOG、CH 和类 HAAR;中级图像特征描述器,如视觉词汇包、空间金字塔匹配、局部约束线性编码;高级图像特征描述器,如各种预训练 DCNN,包括 VGG – VD、GoogleNeT 等,它们仅作为解码器工作)。

2.4 问　题

(1) 概率论基础的限制性假设是什么? 举例说明在什么情况下实际中不成立。

(2) 环境、金融和经济、医学、人类行为等过程是完全随机的还是确定性的? 为什么?

(3) 提供不同距离度量的例子,并进行比较。

(4) 余弦非相似性是不是一个完整的距离度量? 为什么?

(5) 提供无监督学习的例子。

(6) 提供有监督学习的例子。

(7) 相对于处理温度、压力、质量、能量等物理变量,为何图像处理是更难的问题?

(8) 数据预处理的目标是什么？它是机器学习必需的步骤吗？

2.5 要 点

（1）完善的概率论和统计学习理论适用于随机变量。公平游戏（掷骰子、抛硬币等）是随机过程的好例子。确定性模型是另一种在物理和数学中广泛使用的可选模型。然而，我们感兴趣的大多数过程都是用来描述、预测、分析、分类或聚类的过程（如气候、金融数据、经济学、人类行为等），它既不是严格确定性的，也不是严格随机性的。

（2）由于统计学习原理对新提出方法的重要性和紧密性，本章从距离、接近度度量、数据预处理、无监督和监督学习开始描述它们。

（3）单独地对图像处理进行了简要描述，因为当今图像和视频形式的数据被广泛使用，成为许多问题的一部分，这与过去是不同的。在本章的最后，我们列举了一些将主流 DCNW 应用于图像处理的实例。

参考文献

[1] G. Grimmett, D. Welsh, Probability: an Introduction (Oxford University Press, 2014)

[2] P. Angelov, S. Sotirov (eds.), Imprecision and Uncertainty in Information Representation and Processing (Springer, Cham, 2015)

[3] C. M. Bishop, Pattern Recognition and Machine Learning (Springer, New York, 2006)

[4] R. O. Duda, P. E. Hart, D. G. Stork, Pattern Classification, 2nd edn. (Chichester, West Sussex, UK,: Wiley-Interscience, 2000)

[5] M. S. de Alencar, R. T. de Alencar, Probability Theory (Momentum Press, New York, 2016)

[6] P. Angelov, Autonomous Learning Systems: From Data Streams to Knowledge in Real Time (Wiley, Ltd., 2012)

[7] J. Nicholson, The Concise Oxford Dictionary of Mathematics, 5th edn. (Oxford University Press, 2014)

[8] S. Haykin, Communication Systems (Wiley, 2008)

[9] W. H. Press, S. A. Teukolsky, W. T. Vetterling, B. P. Flannery, Numerical Recipes: The Art of Scientific Computing, 3rd edn. (Cambridge university press, 2007)

[10] J. -M. Marin, K. Mengersen, C. P. Robert, Bayesian modelling and inference on mixtures of distributions, in Handbook of statistics (2005), pp. 459–507

[11] T. K. Moon, The expectation-maximization algorithm. IEEE Signal Process. Mag. 13(6), 47–60 (1996)

[12] T. Bayes, An essay towards solving a problem in the doctrine of chances. Philos. Trans. R. Soc. 53, 370 (1763)

[13] J. Principe, Information Theoretic Learning: Renyi's Entropy and Kernel Perspectives (Springer, 2010)

[14] T. Hastie, R. Tibshirani, J. Friedman, The Elements of Statistical Learning: Data Mining, Inference, and Prediction (Springer, Burlin, 2009)

[15] V. Vapnik, R. Izmailov, Statistical inference problems and their rigorous solutions. Stat. Learn. Data Sci. 9047, 33–71 (2015)

[16] S. B. Kotsiantis, D. Kanellopoulos, P. E. Pintelas, Data preprocessing for supervised learning. Int. J. Comput. Sci. 1(2), 111–117 (2006)

[17] M. Kuhn, K. Johnson, Data pre-processing, in Applied Predictive Modeling (Springer, New York, NY, 2013) pp. 27–59

[18] X. Gu, P. P. Angelov, D. Kangin, J. C. Principe, A new type of distance metric and its use for clustering. Evol. Syst. 8(3), 167–178 (2017)

[19] B. McCune, J. B. Grace, D. L. Urban, Analysis of Ecological Communities (2002)

[20] F. A. Allah, W. I. Grosky, D. Aboutajdine, Document clustering based on diffusion maps and a comparison of the k-means performances in various spaces, in IEEE Symposium on Computers and Communications, 2008, pp. 579–584

[21] N. Dehak, R. Dehak, J. Glass, D. Reynolds, P. Kenny, "Cosine Similarity Scoring without Score Normalization Techniques," in Proceedings of Odyssey 2010—The Speaker and Language Recognition Workshop (Odyssey 2010), 2010, pp. 71–75

[22] N. Dehak, P. Kenny, R. Dehak, P. Dumouchel, P. Ouellet, Front end factor analysis for speaker verification. IEEE Trans. Audio. Speech. Lang. Process. 19(4), 788–798 (2011)

[23] V. Setlur, M. C. Stone, A linguistic approach to categorical color assignment for data visualization. IEEE Trans. Vis. Comput. Graph. 22(1), 698–707 (2016)

[24] M. Senoussaoui, P. Kenny, P. Dumouchel, T. Stafylakis, Efficient iterative mean shift based cosine dissimilarity for multi-recording speaker clustering, in IEEE International Conference on Acoustics, Speech and Signal Processing (ICASSP), 2013 pp. 7712–7715

[25] J. Zhang, Divergence function, duality, and convex analysis. Neural Comput. 16(1), 159–195 (2004)

[26] S. Eguchi, A differential geometric approach to statistical inference on the basis of contrast functionals. Hiroshima Math. J. 15(2), 341–391 (1985)

[27] J. R. Hershey, P. A. Olsen, Approximating the Kullback Leibler divergence between Gaussian mixture models, in IEEE International Conference on Acoustics, Speech and Signal Processing, 2007, pp. 317–320

[28] R. G. Brereton, The mahalanobis distance and its relationship to principal component scores. J. Chemom. 29(3), 143–145 (2015)

[29] R. R. Korfhage, J. Zhang, A distance and angle similarity measure method. J. Am. Soc. Inf. Sci. 50(9), 772–778 (1999)

[30] X. Gu, P. Angelov, D. Kangin, J. Principe, Self-organised direction aware data partitioning algorithm. Inf. Sci. (Ny) 423, 80–95 (2018)

[31] R. A. Horn, C. R. Johnson, Matrix Analysis (Cambridge University Press, 1990)

[32] C. C. Aggarwal, A. Hinneburg, D. A. Keim, On the surprising behavior of distance metrics in high dimensional space, in International Conference on Database Theory, 2001, pp. 420–434

[33] K. Beyer, J. Goldstein, R. Ramakrishnan, U. Shaft, When is 'nearest neighbors' meaningful?, in International Conference on Database Theoryheory, 1999, pp. 217–235

[34] J. G. Saw, M. C. K. Yang, T. S. E. C. Mo, Chebyshev inequality with estimated mean and variance. Am. Stat. 38(2), 130–132 (1984)

[35] G. Kumar, P. K. Bhatia, A detailed review of feature extraction in image processing systems, in IEEE International Conference on Advanced Computing and Communication Technologies, 2014, pp. 5–12

[36] S. T. K. Koutroumbas, Pattern Recognition, 4th edn. (Elsevier, New York, 2009)

[37] I. Guyon, A. Elisseeff, An introduction to variable and feature selection. J. Mach. Learn. Res. 3(3),1157–1182 (2003)

[38] J. Trevisan, P. P. Angelov, A. D. Scott, P. L. Carmichael, F. L. Martin, IRootLab: a free and open-source MATLAB toolbox for vibrational biospectroscopy data analysis. Bioinformatics 29(8),1095–1097 (2013)

[39] X. Zhang, M. A. Young, O. Lyandres, R. P. Van Duyne, Rapid detection of an anthrax biomarker by surface-enhanced Raman spectroscopy. J. Am. Chem. Soc. 127(12),4484–4489 (2005)

[40] P. C. Sundgren, V. Nagesh, A. Elias, C. Tsien, L. Junck, D. M. G. Hassan, T. S. Lawrence, T. L. Chenevert, L. Rogers, P. McKeever, Y. Cao, Metabolic alterations: a biomarker for radiation induced normal brain injury-an MR spectroscopy study. J. Magn. Reson. Imaging 29(2),291–297 (2009)

[41] G. H. Golub, C. Reinsch, Singular value decomposition and least squares solutions. Numer. Math. 14(5),403–420 (1970)

[42] J. Scheffer, Dealing with missing data. Res. Lett. Inf. Math. Sci. 3,153–160 (2002)

[43] A. Agresti, Categorical Data Analysis (Wiley,2003)

[44] O. Maimon, L. Rokach, Data Mining and Knowledge Discovery Handbook (Springer, Boston, MA,2005)

[45] C. C. Aggarwal, C. K. Reddy (eds.), Data Clustering: Algorithms and Applications (CRC Press,2013)

[46] S. C. Johnson, Hierarchical clustering schemes. Psychometrika 32(3),241–254 (1967)

[47] R. A. Fisher, The use of multiple measurements in taxonomic problems. Ann. Eugen. 7(2),179–188 (1936)

[48] http://archive.ics.uci.edu/ml/datasets/Iris

[49] G. Karypis, E.-H. Han, V. Kumar, Chameleon: hierarchical clustering using dynamic modeling. Comput. (Long. Beach. Calif) 32(8),68–75 (1999)

[50] W. H. E. Day, H. Edelsbrunner, Efficient algorithms for agglomerative hierarchical clustering methods. J. Classif. 1,7–24 (1984)

[51] A. Gucnoche, P. Hansen, B. Jaumard, Efficient algorithms for divisive hierarchical clustering with the diameter criterion. J. Classif. 8,5–30 (1991)

[52] T. Xiong, S. Wang, A. Mayers, E. Monga, DHCC: divisive hierarchical cluste-

ring of categorical data. Data Min. Knowl. Discov. 24,103 – 135 (2012)

[53] T. Zhang, R. Ramakrishnan, M. Livny, BIRCH: a new data clustering algorithm and its applications. Data Min. Knowl. Discov. 1(2),141 – 182 (1997)

[54] B. J. Frey, D. Dueck, Clustering by passing messages between data points, Science (80 –.) 315(5814),pp. 972 – 976 (2007)

[55] J. B. MacQueen, Some methods for classification and analysis of multivariate observations, in 5th Berkeley Symposium on Mathematical Statistics and Probability, vol. 1, no. 233, (1967) pp. 281 – 297

[56] M. Ester, H. P. Kriegel, J. Sander, X. Xu, A density-based algorithm for discovering clusters in large spatial databases with noise, in International Conference on Knowledge Discovery and Data Mining, vol. 96 (1996) pp. 226 – 231

[57] D. Comaniciu, P. Meer, Mean shift: a robust approach toward feature spaceanalysis. IEEE Trans. Pattern Anal. Mach. Intell. 24(5),603 – 619 (2002)

[58] K. L. Wu, M. S. Yang, Mean shift-based clustering. Pattern Recognit. 40(11), 3035 – 3052 (2007)

[59] R. Dutta Baruah, P. Angelov, Evolving local means method for clustering of streaming data, in IEEE International Conference on Fuzzy Systems, 2012, pp. 10 – 15

[60] P. Angelov, An approach for fuzzy rule-base adaptation using on-line clustering. Int. J. Approx. Reason. 35(3),275 – 289 (2004)

[61] P. P. Angelov, D. P. Filev, N. K. Kasabov, Evolving Intelligent Systems: Methodology and Applications (2010)

[62] R. Hyde, P. Angelov, A fully autonomous data density based clustering technique, in IEEE Symposium on Evolving and Autonomous Learning Systems, 2014, pp. 116 – 123

[63] R. Hyde, P. Angelov, A. R. MacKenzie, Fully online clustering of evolving data streams into arbitrarily shaped clusters. Inf. Sci. (Ny) 382 – 383, 96 – 114 (2017)

[64] A. Corduneanu, C. M. Bishop, Variational Bayesian model selection for mixture distributions, in Proceedings of the Eighth International Joint Conference on Artificial statistics, 2001, pp. 27 – 34

[65] C. A. McGrory, D. M. Titterington, Variational approximations in Bayesian model selection for finite mixture distributions. Comput. Stat. Data Anal. 51(11),

5352 – 5367 (2007)

[66] D. M. Blei, M. I. Jordan, Variational methods for the Dirichlet process, in Proceedings of the Twenty-First International Conference on Machine Learning, 2004, p. 12

[67] D. M. Blei, M. I. Jordan, Variational inference for Dirichlet process mixtures. Bayesian Anal. 1(1A), 121 – 144 (2006)

[68] J. C. Dunn, A fuzzy relative of the ISODATA process and its use in detecting compact well-separated clusters. J. Cybern. 3(3) (1973)

[69] J. C. Dunn, Well-separated clusters and optimal fuzzy partitions. J. Cybern. 4(1), 95 – 104 (1974)

[70] P. P. Angelov, D. P. Filev, An approach to online identification of Takagi-Sugeno fuzzy models. IEEE Trans. Syst. Man, Cybern. Part B Cybern. 34(1), 484 – 498 (2004)

[71] M. N. Murty, V. S. Devi, Introduction to Pattern Recognition and Machine Learning (World Scientific, 2015)

[72] P. Angelov, X. Zhou, D. Filev, E. Lughofer, Architectures for evolving fuzzy rule-based classifiers, in IEEE International Conference on Systems, Man and Cybernetics, 2007, pp. 2050 – 2055

[73] P. Angelov, X. Zhou, Evolving fuzzy-rule based classifiers from data streams. IEEE Trans. Fuzzy Syst. 16(6), 1462 – 1474 (2008)

[74] P. Angelov, Fuzzily connected multimodel systems evolving autonomously from data streams. IEEE Trans. Syst. Man, Cybern. Part B Cybern. 41(4), 898 – 910 (2011)

[75] X. Gu, P. P. Angelov, Semi-supervised deep rule-based approach for image classification. Appl. Soft Comput. 68, 53 – 68 (2018)

[76] T. Cover, P. Hart, Nearest neighbor pattern classification. IEEE Trans. Inf. Theory 13(1), 21 – 27 (1967)

[77] P. Cunningham, S. J. Delany, K-nearest neighbour classifiers. Mult. Classif. Syst. 34, 1 – 17 (2007)

[78] K. Fukunage, P. M. Narendra, A branch and bound algorithm for computing k-nearest neighbors. IEEE Trans. Comput. C – 24(7), 750 – 753 (1975)

[79] N. Cristianini, J. Shawe-Taylor, An Introduction to Support Vector Machines and Other Kernel-Based Learning Methods (Cambridge University Press, Cam-

bridge, 2000)

[80] W. S. Noble, What is a support vector machine? Nat. Biotechnol. 24(12), 1565 – 1567 (2006)

[81] V. Vapnik, A. Lerner, Pattern recognition using generalized portrait method. Autom. Remote Control 24(6), 774 – 780 (1963)

[82] C. J. C. Burges, A tutorial on support vector machines for pattern recognition. Data Min. Knowl. Discov. 2(2), 121 – 167 (1998)

[83] D. Kangin, P. Angelov, Recursive SVM based on TEDA, in International Symposium on Statistical Learning and Data Sciences, 2015, pp. 156 – 168

[84] L. A. Zadeh, Fuzzy sets. Inf. Control 8(3), 338 – 353 (1965)

[85] E. H. Mamdani, S. Assilian, An experiment in linguistic synthesis with a fuzzy logic controller. Int. J. Man Mach. Stud. 7(1), 1 – 13 (1975)

[86] T. Takagi, M. Sugeno, Fuzzy identification of systems and its applications to modeling and control. IEEE Trans. Syst. Man. Cybern. 15(1), 116 – 132 (1985)

[87] H. Ishibuchi, K. Nozaki, H. Tanaka, Distributed representation of fuzzy rules and its application to pattern classification. Fuzzy Sets Syst. 52(1), 21 – 32 (1992)

[88] H. Ishibuchi, K. Nozaki, N. Yamamoto, H. Tanaka, Selecting fuzzy if-then rules for classification problems using genetic algorithms. IEEE Trans. Fuzzy Syst. 3(3), 260 – 270 (1995)

[89] L. Kuncheva, Combining Pattern Classifiers: Methods and Algorithms (Wiley, Hoboken, New Jersey, 2004)

[90] H. Ishibuchi, T. Nakashima, M. Nii, Classification and Modeling with Linguistic Information Granules: Advanced Approaches to Linguistic Data Mining (Springer Science & Business Media, 2006)

[91] C. Xydeas, P. Angelov, S. Y. Chiao, M. Reoullas, Advances in classification of EEG signals via evolving fuzzy classifiers and dependant multiple HMMs. Comput. Biol. Med. 36(10), 1064 – 1083 (2006)

[92] R. D. Baruah, P. P. Angelov, J. Andreu, Simpl_eClass: simplified potential-free evolving fuzzy rule-based classifiers, in IEEE International Conference on Systems, Man, and Cybernetics (SMC), 2011, pp. 2249 – 2254

[93] P. Angelov, D. Kangin, D. Kolev, Symbol recognition with a new autonomously evolving classifier AutoClass, in IEEE Conference on Evolving and Adaptive

Intelligent Systems (EAIS), 2014, pp. 1 – 7

[94] D. Kangin, P. Angelov, J. A. Iglesias, Autonomously evolving classifier TEDA-Class. Inf. Sci. (Ny) 366, 1 – 11 (2016)

[95] P. Angelov, E. Lughofer, X. Zhou, Evolving fuzzy classifiers using different model architectures. Fuzzy Sets Syst. 159(23), 3160 – 3182 (2008)

[96] M. Pratama, S. G. Anavatti, P. P. Angelov, E. Lughofer, PANFIS: a novel incremental learning machine. IEEE Trans. Neural Networks Learn. Syst. 25(1), 55 – 68 (2014)

[97] M. Pratama, S. G. Anavatti, E. Lughofer, Genefis: toward an effective localist network. IEEE Trans. Fuzzy Syst. 22(3), 547 – 562 (2014)

[98] T. Isobe, E. D. Feigelson, M. G. Akritas, G. J. Babu, Linear regression in astronomy. Astrophys. J. 364, 104 – 113 (1990)

[99] R. E. Precup, H. I. Filip, M. B. Rədac, E. M. Petriu, S. Preitl, C. A. Dragoş, On-line identification of evolving Takagi-Sugeno-Kang fuzzy models for crane systems. Appl. Soft Comput. J. 24, 1155 – 1163 (2014)

[100] V. Bianco, O. Manca, S. Nardini, Electricity consumption forecastingin Italy using linear regression models. Energy 34(9), 1413 – 1421 (2009)

[101] X. Gu, P. P. Angelov, A. M. Ali, W. A. Gruver, G. Gaydadjiev, Online evolving fuzzy rule-based prediction model for high frequency trading financial data stream, in IEEE Conference on Evolving and Adaptive Intelligent Systems (EAIS), 2016, pp. 169 – 175

[102] X. Yan, X. Su, Linear Regression Analysis: Theory and Computing (World Scientific, 2009)

[103] J. S. R. Jang, ANFIS: adaptive-network-based fuzzy inference system. IEEE Trans. Syst. Man Cybern. 23(3), 665 – 685 (1993)

[104] P. Angelov, R. Buswell, Identification of evolving fuzzy rule-based models. IEEE Trans. Fuzzy Syst. 10(5), 667 – 677 (2002)

[105] P. Angelov, R. Buswell, Evolving rule-based models: a tool for intelligent adaption, in IFSA World Congress and 20thNAFIPS International Conference, 2001, pp. 1062 – 1067

[106] P. Angelov, D. Filev, On-line design of takagi-sugeno models, in International Fuzzy Systems Association World Congress (Springer, Berlin, Heidelberg, 2003), pp. 576 – 584

[107] N. K. Kasabov, Q. Song, DENFIS: dynamic evolving neural-fuzzy inference system and its application for time-series prediction. IEEE Trans. Fuzzy Syst. 10(2), 144−154 (2002)

[108] E. D. Lughofer, FLEXFIS: a robust incremental learning approach for evolving Takagi-Sugeno fuzzy models. IEEE Trans. Fuzzy Syst. 16(6), 1393−1410 (2008)

[109] H. J. Rong, N. Sundararajan, G. Bin Huang, P. Saratchandran, Sequential adaptive fuzzy inference system (SAFIS) for nonlinear system identification and prediction. Fuzzy Sets Syst. 157(9), 1260−1275 (2006)

[110] H. J. Rong, N. Sundararajan, G. Bin Huang, G. S. Zhao, Extended sequential adaptive fuzzy inference system for classification problems. Evol. Syst. 2(2), 71−82 (2011)

[111] R. Bao, H. Rong, P. P. Angelov, B. Chen, P. K. Wong, Correntropy-based evolving fuzzy neural system. IEEE Trans. Fuzzy Syst. (2017). https://doi.org/10.1109/TFUZZ.2017.2719619

[112] D. Leite, P. Costa, F. Gomide, Interval approach for evolving granular system modeling, in Learning in Non-stationary Environments (New York, NY: Springer, 2012), pp. 271−300

[113] W. Leigh, R. Hightower, N. Modani, Forecasting the New York stock exchange composite index with past price and interest rate on condition of volume spike. Expert Syst. Appl. 28(1), 1−8 (2005)

[114] J. Park, I. W. Sandberg, Universal approximation using radial-basis-function networks. Neural Comput. 3(2), 246−257 (1991)

[115] L. X. Wang, J. M. Mendel, Fuzzy basis functions, universal approximation, and orthogonal least-squares learning. IEEE Trans. Neural Networks 3(5), 807−814 (1992)

[116] P. P. Angelov, Evolving Rule-Based Models: A Tool for Design of Flexible Adaptive Systems (Springer, Berlin Heidelberg, 2002)

[117] Y. Yang, S. Newsam, Bag-of-visual-words and spatial extensions for land-use classification, in International Conference on Advances in Geographic Information Systems, 2010, pp. 270−279

[118] L. Fei-Fei, R. Fergus, P. Perona, One-shot learning of object categories. IEEE Trans. Pattern Anal. Mach. Intell. 28(4), 594−611 (2006)

[119] P. Y. Simard, D. Steinkraus, J. C. Platt, Best practices for convolutional neural networks applied to visual document analysis, in Proceedings of Seventh International Conference on Document Analysis and Recognition, 2003, pp. 958–963

[120] D. C. Cireşan, U. Meier, L. M. Gambardella, J. Schmidhuber, Convolutional neural network committees for handwritten character classification, in International Conference on Document Analysis and Recognition, vol. 10, 2011, pp. 1135–1139

[121] D. Ciresan, U. Meier, J. Schmidhuber, Multi-column deep neural networks for image classification, in Conference on Computer Vision and Pattern Recognition, 2012, pp. 3642–3649

[122] Y. LeCun, L. Bottou, Y. Bengio, P. Haffner, Gradient-based learning applied to document recognition. Proc. IEEE 86(11), 2278–2323 (1998)

[123] T. M. Lehmann, C. Gönner, K. Spitzer, Survey: interpolation methods in medical image processing. IEEE Trans. Med. Imaging 18(11), 1049–1075 (1999)

[124] P. Thevenaz, T. Blu, M. Unser, Interpolation revisited. IEEE Trans. Med. Imaging 19(7), 739–758 (2000)

[125] R. Keys, Cubic convolution interpolation for digital image processing. IEEE Trans. Acoust. 29(6), 1153–1160 (1981)

[126] J. W. Hwang, H. S. Lee, Adaptive image interpolation based on local gradient features. IEEE Signal Process. Lett. 11(3), 359–362 (2004)

[127] R. G. Casey, Moment Normalization of Handprinted Characters. IBM J. Res. Dev. 14(5), 548–557 (1970)

[128] http://weegee.vision.ucmerced.edu/datasets/landuse.html

[129] S. B. Park, J. W. Lee, S. K. Kim, Content-based image classification using a neural network. Pattern Recognit. Lett. 25(3), 287–300 (2004)

[130] G.-S. Xia, J. Hu, F. Hu, B. Shi, X. Bai, Y. Zhong, L. Zhang, AID: a benchmark dataset for performance evaluation of aerial scene classification. IEEE Trans. Geosci. Remote Sens. 55 (7), 3965–3981 (2017)

[131] A. Oliva, A. Torralba, Modeling the shape of the scene: A holistic representation of the spatial envelope. Int. J. Comput. Vis. 42(3), 145–175 (2001)

[132] N. Dalal, B. Triggs, Histograms of oriented gradients for human detection, in IEEE Computer Society Conference on Computer Vision and Pattern Recogni-

tion,2005,pp. 886 – 893

[133] D. G. Lowe, Distinctive image features from scale-invariant keypoints. Int. J. Comput. Vis. 60(2),91 – 110 (2004)

[134] M. J. Swain,D. H. Ballard,Color indexing. Int. J. Comput. Vis. 7(1),11 – 32 (1991) P. Viola,M. Jones,Rapid object detection using a boosted cascade of simple features,in

[135] Proceedings of the 2001 IEEE Computer Society Conference on Computer Vision and Pattern Recognition,CVPR 2001,2001,p. I – 511 – I – 518

[136] Y. Lin,F. Lv,S. Zhu,M. Yang,T. Cour,K. Yu,L. Cao,T. Huang,Large-scale image classification:Fast feature extraction and SVM training,in IEEE Computer Society Conference on Computer Vision and Pattern Recognition,2011, pp. 1689 – 1696

[137] M. M. El-Gayar,H. Soliman,N. Meky,A comparative study of image low level feature extraction algorithms. Egypt Inform. J. 14(2),175 – 181 (2013)

[138] S. Lazebnik,C. Schmid,J. Ponce,Beyond bags of features:spatial pyramid matching for recognizing natural scene categories,in IEEE Computer Society Conference on Computer Vision and Pattern Recognition,2006,pp. 2169 – 2178

[139] J. Wang,J. Yang,K. Yu,F. Lv,T. Huang,Y. Gong,Locality-constrained linear coding for image classification,in IEEE Conference on Computer Vision and Pattern Recognition,2010,pp. 3360 – 3367

[140] T. Joachims,Text categorization with support vector machines:learning with many relevant features,in European Conference on Machine Learning,1998, pp. 137 – 142

[141] X. Peng,L. Wang,X. Wang,Y. Qiao,Bag of visual words and fusion methods for action recognition:comprehensive study and good practice. Comput. Vis. Image Underst. 150,109 – 125 (2015)

[142] H. Bay,T. Tuytelaars,L. Van Gool,SURF :Speeded-Up Robust Features,in European Conference on Computer Vision,2006,pp. 404 – 417

[143] K. Graumanand,T. Darrell,The pyramid match kernel:discriminative classification with sets of image features,in International Conference on Computer Vision,2005,pp. 1458 – 1465

[144] S. Lazebnik,C. Schmid,J. Ponce,Spatial pyramid matching,in Object Categorization:Computer and HumanVision Perspectives,2009,pp. 1 – 19

[145] K. Simonyan, A. Zisserman, Very deep convolutional networks for large-scale image recognition, in International Conference on Learning Representations, 2015, pp. 1 – 14

[146] Y. Jia, E. Shelhamer, J. Donahue, S. Karayev, J. Long, R. Girshick, S. Guadarrama, T. Darrell, Caffe: convolutional architecture for fast feature embedding?, in ACM International Conference on Multimedia, 2014, pp. 675 – 678

[147] C. Szegedy, W. Liu, Y. Jia, P. Sermanet, S. Reed, D. Anguelov, D. Erhan, V. Vanhoucke, A. Rabinovich, C. Hill, A. Arbor, Going deeper with convolutions, in IEEE conference on computer vision and pattern recognition, 2015, pp. 1 – 9

[148] A. Krizhevsky, I. Sutskever, G. E. Hinton, ImageNet classification with deep convolutional neural networks, in Advances In Neural Information Processing Systems, 2012, pp. 1097 – 1105

[149] M. D. Zeiler, R. Fergus, Visualizing and understanding convolutional networks, in European Conference on Computer Vision, 2014, pp. 818 – 833

[150] A. B. Sargano, X. Wang, P. Angelov, Z. Habib, Human action recognition using transfer learning with deep representations, in IEEE International Joint Conference on Neural Networks (IJCNN), 2017, pp. 463 – 469

[151] Q. Weng, Z. Mao, J. Lin, W. Guo, Land-use classification via extreme learning classifier based on deep convolutional features. IEEE Geosci. Remote Sens. Lett. 14(5), 704 – 708 (2017)

[152] G. J. Scott, M. R. England, W. A. Starms, R. A. Marcum, C. H. Davis, Training deep convolutional neural networks for land-cover classification of high-resolution imagery. IEEE Geosci. Remote Sens. Lett. 14(4), 549 – 553 (2017)

第3章 计算智能简介

计算智能是20多年前创造的术语[1-2],是数个从自然界获得启发的计算方法的总称,这些计算方法立足于解决现实世界中传统数值模型不能解决的问题。其中包括多项技术,如模糊集与系统(从人类推理中得到启发)、人工神经网(artificial neuval networks,ANN,从人脑结构得到启发)、优化粒子群的进化算法、遗传算法等(从种群自然进化中得到启发)以及动态进化系统(从人类个体和动物自进化中得到启发)。计算智能与传统的人工智能相比,更接近机器学习和控制理论(系统辨识、优化)。本书将聚焦于模糊系统、ANN和动态进化系统,而不是进化算法。

3.1 模糊集与系统介绍

模糊集理论是 Lotfi A. Zadeh 于1965年[3]引入,并将其推广到模糊变量和基于模糊规则的(fuzzy rule - based,FRB)系统[4]。此后,发展和报道[5-19]了应用于工程、决策等方面的多种FRB系统。本节简要介绍了模糊集和FRB系统的概念。更详细的内容,感兴趣的读者可参考文献[5,15]。

3.1.1 模糊集和隶属函数

模糊集不同于传统的清晰(非模糊)集合,清晰集合只提供以下二元选择:①数据样本属于该集合;②数据样本不属于该集合。

与之相反,模糊集允许一个数据样本部分属于模糊集[3]。这种部分隶属是表达现实生活中经常存在的不确定性的一种灵活形式。

模糊集 **A** 的特征由隶属函数 $\mu_A(x)$ 表征[3,20],此函数可以在区间[0,1]中取任意值:$\mu_A(x) \in [0,1]$。不同于传统/清晰/非模糊集 **B** 的二元选择,清晰集 **B** 将隶属函数表示为布尔值:$\mu_B(x) \in \{0,1\}$。显然,模糊集是传统/清晰/非模糊集概念的泛化,清晰集是模糊集的两个极端情况的特例:$\mu_A(x) = 1$ 适用于情况①,$\mu_A(x) = 0$ 适用于情况②。

隶属函数 $\mu_A(x)$ 的含义,是指数据样本 x 属于模糊集 **A** 这一事实的真实、完好和满足程度。在模糊集理论中,通常使用以下几种隶属函数,如三角、高斯、梯形、钟形等。

实际上,所使用的隶属函数类型,通常是根据设计人员的经验和偏好特别地决定的,不必得到实验数据[21]的支撑。隶属函数的参数或者依据离线优化问题[22]的结果确定,或者基于人的经验与偏好人为确定。

考虑一个简单说明性示例,利用英国曼彻斯特 2010—2015 年间测量的真实气候数据集[23]。图 3.1 给出了数据集的两个属性,即温度(℃)和风速(m/h)的高斯型隶属函数 ($f(x) = e^{-\frac{(x-p)^2}{2\sigma_0^2}}$),其中每个隶属函数的原型 p 为相应类别数据样本的平均值,设置 $\sigma_0 = 3$。

人们可能会注意到,隶属函数(特别是高斯型)和前面章节描述的 PDF 之间存在相似性。然而,在包括原理特性的若干重要方面,它们之间仍存在着实质性的差异。

(1)虽然模糊隶属函数和 PDF 的形状可能相同或相似(在某些情况下),但隶属函数的最大值通常等于 1(因为隶属函数的完备性,要求其最大值为 1),而 PDF 的最大值通常远小于 1,但 PDF 所有取值的积分或求和精确地等于 1。很明显,隶属函数的积分或求和值总是大于 1。

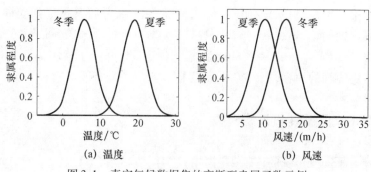

图 3.1 真实气候数据集的高斯型隶属函数示例

(2)原理特性方面的区别是,概率定义为事件结果因缺乏知识而引起的不确定性,即不知道事件(如下雨)发生或不发生的确定性。然而,一旦该事件发生,它就完整地存在,而不是部分地存在,而模糊集用部分隶属度表达不确定性(如暴雨、中雨、细雨等)。具体情况可能不是这3种类型降雨中的任何一种,而是某种程度的暴雨和某种程度的中雨,也可以是某种程度的细雨。例如,一个人成为烟民可能性与其吸烟程度(持续吸烟者、偶尔吸烟者等);门(或阀门)打开或关闭的概率可以是,如30%或0.3的开启程度,而阀门开启的程度可以从0(关闭)变化到100%(完全打开)。显然,模糊集所描述的不确定性本质与概率所描述的不确定性是不同的。另一种解释是,模糊集描述二元性和部分隶属度(真实世界不是二元选择的,黑和白是我们经常使用的数学表示)。换句话说,单个对象可同时在一定程度上通过多个标签、描述、模型或结构表达。这是一个非常强大的数学工具,它与黑格尔的辩证法[24]有一些哲学联系。乔治·威廉·弗里德里希·黑格尔(1770—1831年)是德国哲学家,是德国唯心主义的重要人物。

3.1.2 不同类型的模糊规则系统

模糊集可以与简单、但非常强大的模糊规则(FRB)系统联系起来,形成非常直观、易于解释的人类语言规则,即IF…THEN形式。经过理论证明之后(源于1959年提出的科尔莫戈罗夫(Kolmogorov)定理,Andrey Nikolaevich Kolmogorov,1903—1987年,是20世纪苏联数学家),FRB系统得到显著发展,它们有通用近似特性[25]。也就是说,模糊系统可以很好地描述任何复杂的非线性函数。

简单地说,近值和真值之间的偏差可以渐近地趋于零这意味着可以很好地逼近定义在单位超立方体上的任何非线性连续函数。这是一个非常有用的结论,在实际条件下,这也可能需要巨量的规则和模糊集、参数化、时间和数据来训练或专家知识来进行设计。

FRB系统主要有3种类型。

(1) Zadeh-Mamdani型,由L. A. Zadeh、E. Mamdani和Assilian于20世纪70年代提出[4,26-27]。

(2) Takagi-Sugeno型[6,28-29],1985年由Tomohiro Takagi和Michio Sugeno提出。

(3) AnYa型[21],2010年由本书的第一作者与模糊集理论的重要人物Ronald R. Yager教授共同提出。

无论是Zadeh-Mamdani型还是Takagi-Sugeno型模糊规则,都具有相同的前提(IF)部分,只是在推论(THEN)部分中存在差异。相反,AnYa型FRB使用了一种新型的前提(IF)部分。本节会对3种类型的模糊规则和FRB系统进行描述和分析。然而,在本书的其余部分,只使用 AnYa 型 FRB。

1. Zadeh – Mamdani 型 FRB 系统

让我们从历史上最初形成的 FRB 系统,即 Zadeh – Mamdani 类型开始。该类型包含有大量 IF⋯THEN 语言规则,其中,条件/前提(IF)部分和后续/推论(THEN)部分都通过模糊集合[27]来表示,即

$$R_i: \text{IF}(x_1 \text{ is } LT_{i,1}) \text{ AND}(x_2 \text{ is } LT_{i,2}) \text{ AND}\cdots\text{AND}(x_N \text{ is } LT_{i,N})$$
$$\text{THEN}(y_i \text{ is } LT_{i,\text{out}}) \tag{3.1}$$

式中:$x = [x_1, x_2, \cdots, x_N]^T$;$LT_{i,j}(i=1,2,\cdots,M, j=1,2,\cdots,N)$ 为第 i 个模糊规则的第 j 个模糊集的语言项;M 为模糊规则数;$LT_{i,\text{out}}$ 为第 i 个模糊规则的输出语言项;y_i 为第 i 个模糊规则的输出。

语言项的实例可以是低(速度、温度、压力、收入等)、中、年轻、年老、高等。语言项由隶属函数定义,分别表示每个模糊集的语义表达。

2. Takagi – Sugeno 型 FRB 系统

Takagi – Sugeno 型 FRB 的推论(THEN)部分不同,其数学函数(通常为线性)表示为[6,28-29]:

$$R_i: \text{IF}(x_1 \text{ is } LT_{i,1}) \text{ AND}(x_2 \text{ is } LT_{i,2}) \text{ AND}\cdots\text{AND}(x_N \text{ is } LT_{i,N})$$
$$\text{THEN}(y_i = \bar{x}^T a_i) \tag{3.2}$$

式中:$\bar{x} = [1, x^T]^T$;$a_i = [a_{i,0}, a_{i,1}, a_{i,2}, \cdots, a_{i,N}]^T$ 为第 i 个模糊规则的推论参数的一个 $(N+1) \times 1$ 维向量。

很明显,每个 Takagi – Sugeno 模糊规则的推论部分是一个(线性)回归模型。这也许不太清晰,但每个这样的推论都是一个数据空间中的局部模型。其正确程度由前提(IF)部分定义。当讨论 FRB 系统设计时,将会再次讨论这个问题。

3. AnYa 型 FRB 系统

Zadeh – Mamdani 型与 Takagi – Sugeno 型 FRB 系统,两者都具有相同的(基于模糊集的)前提(IF)部分,而 AnYa 型 FRB 系统则不同,它具有基于原型的前提(IF)部分。该类型不需要预先定义隶属函数,只需要定义其顶点/峰值。无论是由人类专家主观定义,还是客观地来源于实验数据,都显著简化了设计过程。本书将在第 5 章再次讨论这个问题。AnYa 型 FRB 系统的推论部分与 Takagi – Sugeno 模型(函数型,而不是模糊集)相同。虽然原则上,可以是任何数学函数,但实际上最方便和广泛使用的是线性函数(这种类型的模型称为一阶)以

及单值(零阶)。单值是常量,在分类器中使用非常方便,因为分类器的输出是一个整数值(通常是二进制)。

下面给出一个零阶 AnYa 型 FRB 系统的示例[21],即

$$R_i: \text{IF } (\boldsymbol{x} \sim \boldsymbol{p}_i) \quad \text{THEN } (y_i \sim \text{LT}_{i,\text{out}}) \tag{3.3}$$

一阶 AnYa 型模糊规则表示为[21]:

$$R_i: \text{IF } (\boldsymbol{x} \sim \boldsymbol{p}_i) \quad \text{THEN } (y_i = \overline{\boldsymbol{x}}^{\text{T}} \boldsymbol{a}_i) \tag{3.4}$$

式中: $\boldsymbol{p}_i$ 为第 i 个模糊规则的原型;"~"表示相似度,也可以看作满意/隶属[21,30]或者典型性[31]的模糊程度,将在第 5 章详细讨论。

4. FRB 系统的设计

在 Zadeh–Mamdani 和 Takagi–Sugeno 两种类型的 FRB 系统设计中,都要定义各自模糊集的隶属函数。此外,Takagi–Sugeno 型 FRB 系统的设计还包括推论模型(局部通常是线性)的参数化。

过去,这是通过一些特别的选择来实现的,包括使用大量人类的专业知识和相关的先验知识[30,32]:①隶属函数的类型,有三角、高斯、钟形、梯形函数等;②每个规则的语言项(它们的数量、语义);③隶属函数的参数。

此外,对于 Takagi–Sugeno 模型,还需要一种参数化方法(通常是优化过程)来确定推论模型的参数值。

与之相反,AnYa 型 FRB 系统极大地简化了设计过程,只选择了原型[21,30]。原型是具有代表性的实际数据样本/向量,可当作数据云的焦点。数据云由围绕这些焦点附近的数据样本组成,这些焦点吸引围绕在其附近的数据,在数据空间[33]中形成泰森多边形(Voronoi)结构图。这部分内容将在第 5 章和第 6 章中进一步详细介绍。

5. 不同类型 FRB 系统的分析

表 3.1 给出了 3 种 FRB 系统的简要对比分析[5,21]。

表 3.1 Zadeh–Mamdani、Takagi–Sugeno 和 AnYa 型模糊规则的比较

类型		前提(IF)部分	推论(THEN)部分	去模糊化
Zadeh–Mamdani		参数化的模糊集	参数化的模糊集	个别规则贡献的平均重心
Takagi–Sugeno			参数化的清晰(通常是线性的)函数	每条规则输出的模糊加权求和
AnYa	零阶	原型,数据云形成 Voronoi 多边形[33]	分类器的标量单值	赢者通吃,或少数赢家通吃,或取模糊加权求和
	一阶		线性的	
	高阶		非线性的,如高斯的、指数的	

3.1.3 基于模糊规则的分类器、预测器和控制器

1. 介绍

模糊集理论在20世纪80—90年代因其在众多工程问题中的应用而得到广泛发展,由于这些问题采用传统的方法(通常基于质量、能量平衡、微分方程和确定性假设等基本原理)或者统计方法(它们本身严重依赖于先验假设)无法求解,或它们的解太复杂或无效[5,34],如模糊控制器[35]成功地应用于汽车[36]、航天[37]、运输[38-40]和其他工业领域[41,42]。FRB系统另外成功地应用于金融[43]、生物技术[44]、人类行为[45-46]等难以求解的预测问题。FRB系统也成功地用于开发分类器[47-49]、聚类算法[34,50]和其他机器学习、控制理论和运筹学问题,如模糊优化[51-52]、模糊最优控制[53]等。

本节将简要介绍传统FRB分类器、预测器和控制器的一般原理,对此领域感兴趣的读者欲了解更多细节,可以参见文献[5,15]。

2. FRB预测器

回归型FRB预测器,通常是采用基于Takagi-Sugeno或AnYa型模糊规则的一阶FRB系统,其形式如下[5-6]。

Takagi-Sugeno类型,即

$$R_i : \text{IF}(x_{j,1} \text{ is } LT_{i,1}) \text{ AND}(x_{j,2} \text{ is } LT_{i,2}) \text{ AND} \cdots \text{AND}(x_{j,N} \text{ is } LT_{i,N})$$

$$\text{THEN}\left(y_{j,i} = a_{i,0} + \sum_{l=1}^{N} a_{i,l} x_{j,l}\right) \tag{3.5}$$

AnYa型,即

$$R_i : \text{IF}(\boldsymbol{x}_j \sim \boldsymbol{p}_i) \quad \text{THEN}\left(y_{i,i} = a_{i,0} + \sum_{l=1}^{N} a_{i,l} x_{j,l}\right) \tag{3.6}$$

式中:j为当前时间点,$j=1,2,\cdots,K$;$i=1,2,\cdots,M$,M为FRB中的模糊规则数。

对于时间序列预测,模型采用以下形式,即

$$y_j = f(\boldsymbol{x}_j) = x_{j+t,i} \tag{3.7}$$

式中:t为整数,表示FRB预测器用于提前预测第i个输入$x_{j,i}$的t时间点的值;$f(\cdot)$为预测模型。

FRB预测器的总输出y通常由加权和确定,称为"重心"原则[5,21],即

$$y_j = \sum_{i=1}^{M} \bar{\lambda}_{j,i} y_{j,i} ; \bar{\lambda}_{j,i} = \frac{\lambda_{j,i}}{\sum_{l=1}^{M} \lambda_{j,l}} \tag{3.8}$$

把式(3.8)规范化为(每个规则的)部分/局部输出[16],即

$$y_j = \sum_{i=1}^{M} \lambda_{j,i} \bar{y}_{j,i}; \bar{y}_{j,i} = \frac{y_{j,i}}{\sum_{l=1}^{M} y_{j,l}} \quad (3.9)$$

式中:$\lambda_{j,i}$为第i个模糊规则的激活等级/激励强度/置信水平得分。

3. FRB 分类器

1) 零阶 FRB 分类器

零阶 FRB 分类器由一组 Zadeh – Mamdani 型[27]模糊规则组成,其形式为[16]

$$R_i: \text{IF}(x_{j,1} \text{ is } LT_{i,1}) \text{ AND}(x_{j,2} \text{ is } LT_{i,2}) \text{ AND} \cdots \text{AND}(x_{j,N} \text{ is } LT_{i,N})$$
$$\text{THEN}(y_{j,i} \text{ is } LT_{i,\text{out}}) \quad (3.10)$$

对于零阶 FRB 分类器的给定输入 $\boldsymbol{x}_j = [x_{j,1}, x_{j,2}, \cdots, x_{j,N}]^T$,它代表特征值的瞬时向量,其输出用标签 $LT_{i,\text{out}} = \text{Label}_i$ 表示。这个标签通常是二进制的(两类分类问题),但是在任何情况下都是整数。

众所周知,任何多类分类问题(如识别 10 个数字或字母表中的字母等)可以转换成多个两类分类问题,该转换数量应与多类分类问题中的分类数量相同。采用的原则是"一个对抗其他一切"。例如,识别 10 个数字的原始问题(0,1,…,9)可以转换成 10 个两类分类问题,"0 或者其他""1 或者其他"等。

零阶 FRB 分类器的最终标签可由"赢者通吃"(或"少数赢家通吃")的原则,采用每个模糊规则的归一化激活等级来确定,激活等级为:

$$\text{Label}(\boldsymbol{x}_j) = LT_{i^*,\text{out}} \quad i^* = \underset{i=1,2,\cdots,M}{\arg\max}(\bar{\lambda}_{j,i}) \quad (3.11)$$

式中:$\lambda_{j,i}$为第i个模糊规则的激活等级;$\bar{\lambda}_{j,i} = \dfrac{\lambda_{j,i}}{\sum_{l=1}^{M} \lambda_{j,l}}$。

激活等级自身由 Zadeh – Mamdani 型模糊规则确定,这些规则是每个模糊集(语言项)[54]的隶属度的乘积,即

$$\lambda_{j,i} = \prod_{l=1}^{N} \mu_{i,l}(x_{j,l}) \quad (3.12)$$

或者根据最小运算符[54],有

$$\lambda_{j,i} = \min_{l=1,2,\cdots,N}(\mu_{i,l}(x_{j,l})) \quad (3.13)$$

式中:$\mu_{i,l}(\cdot)$为第i个模糊规则的第j个模糊集的隶属函数。

2) 一阶 FRB 分类器

2007 年提出了使用一阶 FRB 分类器[15,55-56],这允许具有更高等级的灵活度和自由度,进而得到更高的精度[16]。

一阶 FRB 分类器的总输出可以通过以下简单机制来确定（如一个两类分类器可以很容易推广到多类分类器）。正如前面所提到的,任何一个多类分类器可以转换为一组两类分类器问题,即

$$\text{IF } (y > 0.5) \quad \text{THEN (Class 0) ELSE (Class 1)} \qquad (3.14)$$

一阶分类器涉及使用协方差矩阵。文献[57]中提出了一种在线选择最具有影响力特征的方法。然而,相对于零阶 FRB 分类器,训练一阶分类器需要更长的时间和更多的数据。另外,零阶分类器可用于无监督方式,而一阶分类器最多可用于半监督方式,不能完全用于无监督方式。

4. FRB 控制器

Mamdani 和 Assilian[27]的开创性论文介绍了自组织模糊逻辑控制器,以及前面描述的 Zadeh – Mamdani 型 FRB 系统。在随后数十年中,一系列其他类型的模糊逻辑控制器被相继提出、发展并应用于实际工程问题。主要工作涉及设计、隶属函数、参数化[30]和稳定性证明[59]。

3.1.4 进化模糊系统

进化模糊系统（evolving fuzzy system, EFS）的概念是在 21 世纪初构思的[60-61],并从那时起,开始大量研究并基本成熟[5]。EFS 定义为自组织、自发展的 FRB,或神经模糊系统（neuro – fuzzy system, NFS）,可在线更新其结构和参数,与数据流的处理密切关联[62]。换言之,EFS 是传统模糊系统的动态演化版本。EFS 的目标定位于面向先进工业、自主系统、智能传感网等,对灵活性、自适应性、鲁棒性、智能性和可解释性等方面日益增加的新需求,现在 EFS 已经广泛应用到多个不同的领域[15,63-64]。

典型的 EFS 是"一次性通过"类型。它能从"快速流过"的数据流中自主学习和提取知识[56,64-67],同时保持自适应参数配置和自进化其结构。在其后面的基本思想是,假设模糊系统具有可调整的结构,允许遵循不断变化模式数据的变化和/或漂移,可适应性地改变[68]。系统基于数据流的新观测值,可同时进行结构进化与参数自适应。然而,通常情况下这种结构的改变频率比参数调整的频率要低,参数调整通常是在每个新样本提交到系统后就调整一次。

不同的 EFS 采用不同的在线学习方法,进化它们的前提（IF）部分,但大多采用递归的最小二乘法（recursive least squares, RLS）[69],或由本书第一作者在文献[6]引入的扩展形式,即模糊加权递归最小二乘法（FWRLS）,并学习推论

(THEN 部分)的参数。

当前,深入研究与广泛使用的 EFS 包括但不限于进化 Takagi – Sugeno(eTS)模型[6,65]、动态进化神经模糊推理系统(dynamic evolving neural – fuzzy inference systems,DENFIS)[61]、进化模糊规则模型[16,66]、序列自适应模糊推理系统(sequential adaptive fuzzy inference system,SAFIS)[67,70]、柔性模糊推理系统(flexible fuzzy inference systems,FLEXFIS)[71]、基于简约网络的模糊推理系统(parsimonious network based on fuzzy inference system,PANFIS)[72]、通用进化神经模糊推理系统(generic evolving neuro – fuzzy inference system,GENFIS)[73]、基于相关熵的进化模糊神经系统(correntropy – based evolving fuzzy neural system,CENFS)[74]以及自主学习多模型系统(ALMMo)[64]等。

3.2 人工神经网络

人工神经网络(ANN)是由多个互联的计算神经元组成的计算结构,其提出受大脑生物神经网络的启发[75]。计算 ANN 能够高度地逼近非线性和复杂的数学函数以及输入输出之间的关系,这是 Kolmogorov 定理[76]和 Hornik[77]的开创性著作所形成的结论,对任何至少 3 层(输入层、输出层和至少一个隐藏层)的 ANN 正式得到这个重要的理论结论。

事实上,人类大脑(以及哺乳动物和其他动物的大脑)具有非常强的能力,在处理高度复杂的图像、信号、文本和其他信息方面消耗极低的功耗(约 12 W)[78]。然而,生物大脑除了计算之外还有其他方面,如生物化学、电磁场、遗传等,ANN 忽略了这些。但是,另一方面,ANN 在一些情况下能够解决生物大脑难以解决的问题。

例如,最近在一系列围棋比赛中,由深度学习(DL)算法与当前世界冠军李世石之间的博弈获得了公众高度关注与报道,DL 算法由专门从事游戏业务的英国公司 DeepMind 开发,谷歌以 4 亿英镑的价格收购了 DeepMind 公司[79]。

从计算的角度来看,ANN 是动态并行的信息处理系统,它对输入完成嵌入式非线性变换。ANN 的主要问题和缺点是其"黑匣子"性质和缺乏透明度,以及冗长和昂贵的训练过程[80]。

ANN 的基本原理是模拟生物神经细胞的计算神经元,如图 3.2(a)所示。计算神经元通常是非线性的激励函数,将输入的总和映射到输出中。它们对应并模仿细胞体,细胞体也从轴突获取电信号,并将其映射到突触,如图 3.2(b)所示。

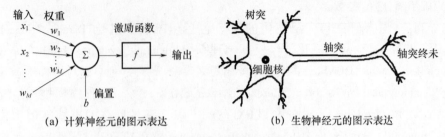

(a) 计算神经元的图示表达　　　　　(b) 生物神经元的图示表达

图 3.2　计算与生物神经元的比较

激励函数可以是不同类型的,大量使用的有以下几种。

(1) 二元函数,即

$$f(x) = \begin{cases} 0 & x < 0 \\ 1 & x \geqslant 0 \end{cases} \tag{3.15}$$

(2) 线性函数,即

$$f(x) = x \tag{3.16}$$

(3) 校正线性函数,即

$$f(x) = \begin{cases} 0 & x < 0 \\ x & x \geqslant 0 \end{cases} \tag{3.17}$$

(4) Sigmoid 函数,即

$$f(x) = \frac{1}{1 + e^{-x}} \tag{3.18}$$

(5) 高斯函数,即

$$f(x) = e^{-x^2} \tag{3.19}$$

(6) 双曲正切函数,即

$$f(x) = \tanh x = \frac{e^x - e^{-x}}{e^x + e^{-x}} \tag{3.20}$$

这些函数的曲线如图 3.3 所示。

历史上,最早、最著名的神经网络计算模型之一是由 Warren McCulloch 和 Walter Pitts 在 1943 年[75]提出的一种基于数学和算法的模型,称为阈值逻辑。在 20 世纪 70—80 年代,随着计算资源的发展,一系列新的、更复杂的人工神经网络开始出现,如多层感知器(multi-layer perceptron, MLP)[81]、自组织映射(self-organizing map, SOM)[82]、脉冲神经网络(spiking neural network)[83]。大约 10 年前,深度学习神经网络(deep learning neural networks,DLNN)开始在学术界和公众中获得一致认可[84-85]。1974 年,Paul Werbos 在他的博士论文中提出了误差反向传播(error back-propagation,EBP)算法,它是基于 LMS 梯度优化的分层形式[86]。该算法非常受欢迎,仍然是从数据中训练 ANN 的基准方法之一。P. Werbos 后来在 1990 年提出了更先进的时间反向传播(error back propagation through time,BPTT)学习方法[87]。

围绕深度学习的广泛关注超越了科学研究,延伸到公众、投资和商业[84-85],唤起了复兴 ANN 领域的兴趣,甚至更蔓延到人工智能和机器学习。在下文中,将简要介绍几种特定类型的 ANN 的基本原理,这些原理将在本书后面使用。更多细节,感兴趣的读者可参考文献[84,88,89]。

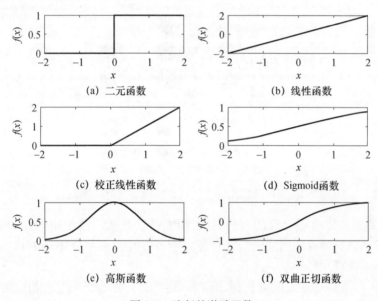

(a) 二元函数　　(b) 线性函数
(c) 校正线性函数　(d) Sigmoid函数
(e) 高斯函数　　(f) 双曲正切函数

图 3.3　流行的激励函数

3.2.1　前馈神经网络

前馈神经网络是一类 ANN,其神经元形成一个无环图,其信息仅在一个方向上移动,从输入到输出。它们是最简单的 ANN,广泛用于模式识别。多层前馈神经网络的一般架构也称为多层感知器(multi-layer perceptron,MLP),如图 3.4 所示。

典型的 MLP 由 3 种类型的层组成,即输入层、一个或多个隐藏层、输出层。

每层是一组神经元,接收连接前一层的所有神经元。同一层的神经元彼此不连接。在同一层的神经元之间也存在连接的 ANN,称为竞争性 ANN,但是大多数 ANN 不是竞争性的。

输入层是 MLP 的第一层,它使用输入向量将其激活。输入层不接收来自其他层的连接,但完全连接到第一个隐藏层。每个隐藏层完全连接到下一个隐藏层,最后一个隐藏层完全连接到输出层。输出单元的激活形成整个 MLP 的输出。输出是输入数据通过神经元和层,以分布式形式表示的变换结果,该分布式表示由覆盖整个网络的大量加权局部表达式表示,即图 3.4 中的权重矩阵 $\boldsymbol{W}^1$,$\boldsymbol{W}^2$ 和 $\boldsymbol{W}^3$。

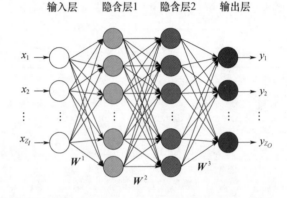

图 3.4 含两个隐含层的多层前馈神经网络的一般结构

MLP 通常使用 EBP 算法进行训练,EBP 算法是最广泛使用的监督学习算法,用于调整前馈神经网络的连接权值[85]。EBP 涉及两阶段循环的权值优化,即传播和权值更新。

输入向量首先逐层向前传播,直至到达最后一层,ANN 生成相应的输出。其结果是柯尔莫戈洛夫(Kolmogorov)类型[90]的嵌入函数(这里使用图 3.4 所示的 MLP),即

$$y_i = f\left(\sum_{j=1}^{Z_{H2}} w_{i,j}^3 f\left(\sum_{h=1}^{Z_{H1}} w_{j,h}^2 f\left(\sum_{l=1}^{Z_1} w_{h,l}^1 x_l\right)\right)\right) \quad (3.21)$$

式中:Z_1、Z_{H1}、Z_{H2} 为输入层、第一隐蔽层、第二隐蔽层对应大小;$w_{h,l}^1 \in \boldsymbol{W}^1$ 为输入层第 l 个神经元与第一隐蔽层第 h 个神经元之间的连接权重值;$w_{j,h}^2 \in \boldsymbol{W}^2$ 为第一隐蔽层第 h 个神经元与第二隐蔽层第 j 个神经元之间的连接权重值;$w_{i,j}^3 \in \boldsymbol{W}^3$ 为第二隐蔽层第 j 个神经元与输出层第 i 个神经元之间的连接权重值,其中,$i = 1, 2, \cdots, Z_o$。$\boldsymbol{W}^1$ 为输入层与第一隐蔽层之间 $Z_{H1} \times Z_1$ 维的连接加权值矩阵;

W^2 是第一隐蔽层与第二隐蔽层之间 $Z_{H2} \times Z_{H1}$ 维的连接加权值矩阵;W^3 为第二隐蔽层与输出层之间 $Z_o \times Z_{H1}$ 维的连接加权值矩阵。

这是一种叠加,已证明其可以近似任意归一化到单位超立方体内的连续非线性函数[90]。然后,通过在网络中反向传播产生的输出与目标/参考值之间的平方误差,调整网络的加权值。整个过程反复进行,直到误差到达最小值,其表达式为

$$E_o = \sum_{k=1}^{K} (y_k - r_k)^2 \tag{3.22}$$

式中:E_o 为总的平方误差;y_k 为对应的第 k 项输入的网络输出;r_k 为对应参考值。

EBP 算法的通用加权更新方程为[91-92]

$$\begin{cases} \boldsymbol{\delta}^Q = \nabla_\lambda J \odot f'(\boldsymbol{b}^Q) & (3.23a) \\ \boldsymbol{\delta}^j = ((\boldsymbol{W}^{j+1})^T \boldsymbol{\delta}^{j+1}) \odot f'(\boldsymbol{b}^j) & (3.23b) \\ \boldsymbol{W}^j \leftarrow \boldsymbol{W}^j - \beta \boldsymbol{\delta}^{j+1} (\boldsymbol{\lambda}^j)^T & (3.23c) \end{cases}$$

式中:$j = 1,2,\cdots,Q$,Q 为层的数目;$\odot$ 表示矩阵的 Hadamard 乘积,具有以下形式,即

$$\begin{bmatrix} x_1 & x_2 \\ x_3 & x_4 \end{bmatrix} \odot \begin{bmatrix} y_1 & y_2 \\ y_3 & y_4 \end{bmatrix} = \begin{bmatrix} x_1 y_1 & x_2 y_2 \\ x_3 y_3 & x_4 y_4 \end{bmatrix} \tag{3.24}$$

$\boldsymbol{\lambda}^j$ 和 $\boldsymbol{b}^j$ 为激活等级向量和第 j 层的输入向量,即

$$\begin{cases} \boldsymbol{\lambda}^j = [\lambda_1^j, \lambda_2^j, \cdots, \lambda_{Z_j}^j]^T & (3.25a) \\ \boldsymbol{b}^j = [b_1^j, b_2^j, \cdots, b_{Z_j}^j]^T & (3.25b) \end{cases}$$

Z_j 是第 j 层的大小;λ_i^j 和 b_i^j 分别是第 j 层第 i 个神经元的激活水平与输入,即

$$\begin{cases} b_i^j = \sum_{l=1}^{Z_{j-1}} w_{i,l}^{j-1} \lambda_l^{j-1} & (3.26a) \\ \lambda_i^j = f(b_i^j) & (3.26b) \end{cases}$$

式中:$b_i^1 = x_i (i = 1,2,\cdots,Z_1)$;$J$ 为价值函数,常取以下的二次齐次形式,即

$$J = \frac{1}{2} E_o = \frac{1}{2} \sum_{i=1}^{K} (y_i - r_i)^2 \tag{3.27}$$

$\nabla_\lambda J$ 是 J 的偏导数向量,即

$$\nabla_\lambda J = \left[\frac{\partial J}{\partial \lambda_1^Q}, \frac{\partial J}{\partial \lambda_2^Q}, \cdots, \frac{\partial J}{\partial \lambda_{Z_Q}^Q} \right]^T \tag{3.28}$$

$f'(\boldsymbol{b}^j)(j = 1,2,\cdots,Q)$ 是偏导数 $f(\boldsymbol{b}^j)$ 的向量,即

$$f'(\boldsymbol{b}^j) = [f'(b_1^j), f'(b_2^j), \cdots, f'(b_{Z_j}^j)]^T \tag{3.29}$$

W^j 是第 j 层与第 $j+1$ 层之间的 $Z_{j+1} \times Z_j$ 维连接加权值矩阵,有关权值的价值函数偏导数为

$$\frac{\partial J}{\partial w_{i,l}^j} = \lambda_i^j \delta_l^{j+1} \tag{3.30}$$

实际上,EBP 是一种导数链式规则与最小均方算法的实际应用,它只是寻找平方误差最小化的陡峭梯度算法的分层/链式形式,即

$$\Delta w(j) = \beta \sum_{k=1}^{K} (r_k - x_k^T w(j-1)) \tag{3.31}$$

式中:$\Delta w(j) = w(j) - w(j-1)$;$w(j)$ 为计算第 j 次迭代的 $1 \times N$ 维系数向量。

该算法的关键在于,目标函数对某一层输入的导数,可以通过对该层输出的梯度反向传播计算得到。这在分析上是可能的,因为神经元的每个激活函数通过设计已知,并且选择为光滑的可微函数。EBP 可以将梯度从输出层开始一直反向传递到输入层。一旦计算出这些梯度,就可以直接计算出每层权值的梯度。感兴趣的读者可参见文献[84,88,89,92]以获得更多细节。

我们可以看到该方法的优点与缺点:一方面,其收敛非常慢,可能落入局部最小值;另一方面,它保证了光滑的改进,并得到理论上的原理证明。该方法不像一些特别的备选方法,如强化学习、进化算法等,它们没有证明其收敛性。

一种特殊类型的多层预测器(MLP)具有特殊的重要价值,即径向基函数(radial basis function,RBF)型 ANN,由于其与 FRB 系统关联并具有可解释特性[95]。RBF 型 MLP 的通用架构可见图 3.5,它只有单个隐藏层,并且隐藏层神经元的激活函数是高斯型的。

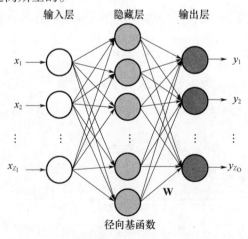

图 3.5 RBF 神经网络的通用架构

ANN 隐蔽层的第 i 个 RBF 神经元的径向基函数,可表示为

$$f_i(\boldsymbol{x} = [x_1, x_2, \cdots, x_{Z_I}]^T) = e^{-(x-c_i)^T \Sigma_i^{-1}(x-c_i)} \tag{3.32}$$

式中:$i = 1, 2, \cdots, Z_H$,Z_H 为隐蔽层的大小;$\boldsymbol{c}_i$ 和 $\boldsymbol{\Sigma}_i$ 为第 i 个神经元各自的均值向量与协方差矩阵,两者都可以通过监督学习获得。

RBF 神经网络最后层中,第 i 个神经元的输出表达式为

$$y_i = \sum_{j=1}^{Z_H} w_{i,j} f_j(\boldsymbol{x}) = \sum_{j=1}^{Z_H} w_{i,j} e^{-(x-c_i)^T \Sigma_i^{-1}(x-c_i)} \tag{3.33}$$

式中:$i = 1, 2, \cdots, Z_O$。

3.2.2 深度学习

深度学习(deep learning,DL)架构由多个处理层组成,用于从原始数据学习高级抽象表示[85]。每一层的表示都相对简单,其强大之处在于深层(嵌套、层次)的架构。DL 模型的一个典型实例是深度卷积神经网络(DCNN)。

事实上,深度学习模型近些年来取得成功的主要原因是硬件和软件方面的巨大进步,这为训练庞大和复杂的计算模型提供了必要的计算资源。深度学习架构目前卓越的表现,激发了如谷歌(Google)公司、脸书(Facebook)公司、微软(Microsoft)公司、百度公司等科技巨头开发和提供基于深度学习的商业产品和服务[85]的兴趣。

1. 卷积神经网络 CNN

深度卷积神经网络(DCNN)是计算机视觉领域的最新方法[85]。最近的 DCNN 架构有 10~20 层整流线性神经元,数亿个权重系数,以及数十亿个单元之间的连接。许多文献已证明,DCNN 可以在各类图像处理问题上给出高精度的结果,包括手写数字识别[96-98]、目标识别[99]、人类行为识别[100]、遥感图像分类[101]等。一些文献认为,DCNN 可以在手写数字识别问题上达到人类识别水准[96-98]。

一般的 ANN,尤其是在 20 世纪 90 年代 MLP,引起了人们的极大兴趣,并广泛应用于预测、分类和控制问题。然而,在近 10 年中,人们对它们的兴趣再次高涨,尤其是对特定类型的多层 ANN,它们可用于图像处理,以及语音处理、游戏、人类行为等[84-85]。

特别地,如果考虑图像,图像特征在发生旋转或平移时会发生变化,则传统的 MLP 无法很好地解决此类特定问题,尤其是对于大尺寸图像,通过一系列完

全连接的隐层构成密集连接,来变换输入图像,会发生过拟合以至于无法训练。另一个重要的原因是传统 MLP 具有平移不变的特征,因此无法学习图像中可能发生变化的特征。

同时,人眼忽略了一些细节,只关注重要的、旋转和平移不变的特征。为了研究这些现象,日本研究人员福岛井下幸子(Kunihiko Fukushima)引入了神经认知[102]。神经认知后来得到推广,经重大改进后成为 CNN[103]。CNN 是为解决图像认知问题而设计的。其典型结构如图 3.6[104]所示。CNN 接收两维输入,并通过多个隐层提取高级特征,这些隐层可以是以下 4 种类型的组合,即卷积层、池化层、归一化层、全连接层。

CNN 中的卷积层和池化层,直接受到视觉神经科学中简单细胞和复杂细胞的经典概念的启发[105]。

卷积层对输入进行卷积运算,将结果传递给下一层。卷积层的作用是检测前一层局部关联特征。这是 CNN 的核心,由一组可学习的参数(滤波器)组成。在训练过程中,卷积层遍历所有训练数据样本,计算输入与滤波器之间的内积,得到滤波器的特征映射。池化层在特征映射上运算,用于类似特征的合并。将池化层引入 CNN 的主要目的是减少计算负担和训练时间,以及减少过拟合。

典型的池化单元(最大池化)计算一个特征映射(或几个特征映射)中局部数据单元块的最大值。相邻的池化单元从覆盖多行或多列的移动数据块中获取输入,从而降低表征的维度,增强了对原始图像微小移动和小失真的鲁棒性。

对于无限幅激活神经元(如整正线性神经元)时,归一化层是有用的,因为它允许检测神经元大响应的高频特征,同时抑制在局部邻域中均匀的大响应。该层的引入使得训练速度更快,而不会显著影响网络的泛化能力。

最后,全连接层将前一层中的每个神经元连接到本层中的每个神经元上,这在原理上与前一小节中描述的传统前馈 MLP 相同。一个典型的当前流行的 CNN,如 Alexnet,拥有数亿个可训练权重,需要大量的计算资源和时间(图形处理器 GPU 和数十小时的)训练[85,96-97,99]。

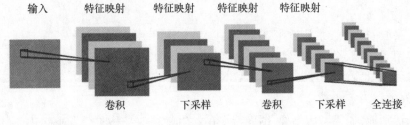

图 3.6 典型的 CNN

2. 循环神经网络

深度循环神经网络(deep recurrent neural networks,DRNN)[106]和深度信念网络[107]也可以分别通过叠加多个(recurrent neural networks,RNN)和受限玻耳兹曼机(restricted boltzmann machine,RBM)隐蔽层来构建。

前馈 MLP 假设输入数据样本之间是独立的。然而,在许多预测任务(如时间序列)中,输出不仅依赖于当前输入,而且依赖于先前的几个输入,因此,输入顺序对于成功预测很重要。RNN 的设计定位是解决具有不同长度的时间序列问题。

RNN 神经元的输入由当前数据样本和先前观察到的数据样本组成,这意味着当前时刻神经元输出受到前一时刻神经元输出的影响[87]。为了实现这一点,每个神经元都配备了一个反馈回路,用于在下一步返回当前输出。RNN 的典型结构如图 3.7 所示。

为了训练 RNN,使用了 EBP 算法的扩展,称为时间反向传播(backpropagation through time,BPTT)[87],这是因为涉及 RNN 神经元的周期。原始的 EBP 算法基于上层权重的误差导数,而 RNN 没有叠层模型。BPTT 的核心是一种称为展开的技术,这种技术可以在时间跨度上产生前馈结构(图 3.7)。

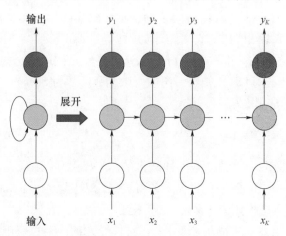

图 3.7　一种典型的 RNN 结构

RNN 最著名的扩展之一是长短期记忆(long short term memong,LSTM)[108-110]。LSTM 涉及节点的门的概念。除了 RNN 神经元中的原始反馈回路外,每个 LSTM 神经元还具有用于以下功能的乘法门。

遗忘门,有

$$f_k = f_1(W_{f,x} x_k + W_{f,y} y_{k-1} + b_f) \tag{3.34}$$

输入门,有

$$i_k = f_1(W_{i,x} x_k + W_{i,y} y_{k-1} + b_i) \tag{3.35}$$

输出门,有

$$o_k = f_1(W_{o,x} x_k + W_{o,y} y_{k-1} + b_o) \tag{3.36}$$

式中:f_k、i_k 和 o_k 分别为遗忘、输入和输出门的相应激活向量;$W_{f,x}$、$W_{i,x}$、$W_{o,x}$、$W_{f,y}$、$W_{i,y}$ 和 $W_{o,y}$ 分别为遗忘门、输入门和输出门的权重矩阵;b_f、b_i 和 b_o 分别为偏置向量;$f_1(\cdot)$ 为式(3.18)给出的 Sigmoid 激活函数;x_k 为 LSTM 的输入向量;y_{k-1} 是对应于 x_{k-1} 的神经元输出,并生成以下等式,即

$$\begin{cases} c_k = f_k \odot c_{k-1} + i_k \odot f_2(W_{c,x} x_k + W_{c,y} y_{k-1} + b_c) & (3.37a) \\ y_k = o_k \odot f_3(c_k) & (3.37b) \end{cases}$$

式中:c_k 为单元状态向量;$W_{c,x}$、$W_{c,y}$ 和 b_c 是相应的权重矩阵和偏差向量;$f_2(\cdot)$ 为双曲正切函数(式3.20);$f_3(\cdot)$ 为线性函数(式(3.16))。

通过引入乘法遗忘门、输入门和输出门来控制对存储单元的访问,并防止它们受到无关输入的干扰。图 3.8[109-110] 给出了窥视孔 LSTM 神经元的典型结构。

每个 LSTM 门将根据激活函数(见式(3.15)~式(3.20)和图 3.3)的输入计算一个介于 0(关闭)和 1(打开)之间的值。输入门用于控制神经元的输入,输出门用于控制输出,遗忘门用于控制神经元保留或忘记其最后的内容。LSTM 和 RNN 之间的一个重要区别是,LSTM 神经元使用遗忘门来主动控制单元状态并防止退化。LSTM 神经元内的可微函数通常为 Sigmoid 形。BPTT 也是 LSTM 训练中的常用方法。

3. 受限玻尔兹曼机

受限玻尔兹曼机(RBM)是一种随机的 ANN,它可以在学习输入集上的概率函数。它由两层组成:①包含输入的可见层;②包含潜在变量的隐藏层[111]。

RBM 的典型结构如图 3.9 所示。

RBM 是玻尔兹曼机的一个变种,它对神经元的连通性有限制。RBM 的神经元应形成双向图:可见层的神经元应与隐藏层的神经元完全连接;反之亦然。但同一层的神经元之间没有连接,玻尔兹曼机允许隐藏层的神经元之间连接。这种限制允许开发更有效的训练算法。RBM 采用前向反馈来计算潜在变量,然后用后向反馈来重构输入。在训练阶段,将训练数据分配给可见神经元,利用 EBP 和梯度下降算法实现权值优化,目标是使可见神经元所有概率乘积最大化。

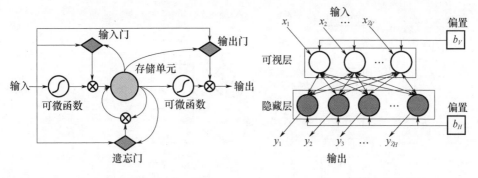

图 3.8 LSTM 神经元的典型结构　　　图 3.9 RBM 的典型结构

3.3 神经模糊系统

ANN 已被证明具有计算上的优势,并与 FRB 系统一样都是通用逼近器[25,77]。然而,FRB 系统具有更好的可解释性、语义和透明特性。它们还能够融合人类专业技能,容忍不确定性。因此,在 20 世纪 90 年代初,将 ANN 的分层结构与 FRB 系统的人类可解释特性融合,产生了这两种方法的综合,通常称为神经模糊系统(neuro-fuzzy systems, NFS)[22,112]。典型的 NFS 可以通过一组模糊规则来解释[5,28,113],它也可以表示为特定的多层前馈神经网络。NFS 旨在实现模糊推理。通过典型分层结构的 ANN,它们利用学习算法来识别模糊规则和学习隶属函数。

历史上,尽管第一个 NFS 的名称包含诸如"自适应"和"进化"等术语,如基于自适应网络的模糊推理系统(ANFIS)[22]、进化模糊神经网络(EFuNN)[114]和进化 FRB 模型[115-116]。但是,这些系统都被设计为离线训练,并且严重依赖于人类的专业知识。ANFIS 是第一个 NFS 架构,目前仍广泛应用于实际应用中[117-118]。本节以 ANFIS[22] 为例,ANFIS 的一般架构如图 3.10 所示,其中考虑了 Takagi Sugeno 类型[28] 的两个模糊规则,即

IF (x_1 is $LT_{1,1}$) AND (x_2 is $LT_{1,2}$) THEN ($y = a_{1,0} + a_{1,1}x_{10} + a_{1,2}x_2$) (3.38a)

IF (x_1 is $LT_{2,1}$) AND (x_2 is $LT_{2,2}$) THEN ($y = a_{2,0} + a_{2,1}x_1 + a_{2,2}x_2$) (3.38b)

ANFIS 的第一层对模糊集(x 是 LT)进行编码。$\mu_{i,j}$ 表示第 1 层的输出(在本例中,$i,j=1,2$),是模糊隶属度(输入变量/数据 x_i 的特定值在何种程度上的模糊隶属度,由语言术语 $LT_{1,1}$ 描述)。

第 2 层集合了每个模糊规则的特定模糊集。它通常将模糊隶属度 $\mu_{i,j}$ 作为输入,并生成通常按乘积表示的触发强度,即

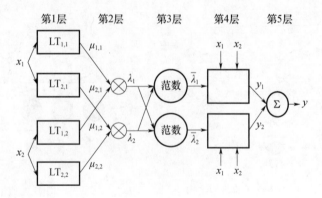

图 3.10 ANFIS 的通用架构

$$\lambda_i = \prod_j \mu_{i,j} \tag{3.39}$$

或"赢者通吃",即

$$\lambda_i = \max_j \mu_{i,j} \tag{3.40}$$

第 3 层将前一层的触发强度归一化,即

$$\bar{\lambda}_i = \frac{\lambda_i}{\sum_i \lambda_i} \tag{3.41}$$

第 4 层根据模糊规则产生部分输出,作为一阶多项式,由归一化的触发强度加权,即

$$y_i = \bar{\lambda}_i \left(a_{i,0} + \sum_j a_{i,j} x_j \right) \tag{3.42}$$

第 5 层执行所有输入的求和,并生成总的输出,即

$$y = \sum_i y_i = \frac{\sum_i \lambda_i \left(a_{i,0} + \sum_j a_{i,j} x_j \right)}{\sum_i \lambda_i} \tag{3.43}$$

ANFIS 的训练过程是梯度下降法和最小二乘法(LS)的结合。在前向传递中,网络中节点的输出被前向传递到第 4 层,随后的参数由 LS 法确定。在后向传递中,误差信号向后传播,并使用梯度下降法更新前提参数[14]。

20 世纪末,随着深入的研究和开发,人们提出了更为复杂的 NFS,它们能够在线地进行参数与结构的自开发、自学习[6,61,67,72,119]。目前,最流行的 NFS 包括但不局限于进化 Takagi Sugeno 系统(eTS)[6,60]、DENFIS[61]、SAFIS[67,70]、PANFIS[72]、GENFIS[73]以及最近提出的 CENFS[74]。还有不同版本的 eTS,如 Simpl_eTS[65]、eTS+[57]。

3.4 结 论

本章聚焦于计算智能的两种主要形式,即 FRB 系统和 ANN。这两种形式都已被证明是不需要使用基本原理或者统计模型的通用逼近器。这两种形式可基于数据进行设计。FRB 系统还可以用人类可理解的形式表达其内部模型,并能够运用人类领域专家知识(如果此类知识存在)。此外,FRB 系统具有以下性质[120]:

(1) 任何 FRB 系统,可近似为一个前向反馈的 ANN;
(2) 任何前向反馈 ANN,可以近似为一个 FRB 系统。

另外,这两个概念之间存在极大差异。模糊系统在处理不确定性方面表现出色,同时还具有透明性,人类可解释内部表达。模糊系统具备在线或动态环境下的自组织、自更新其架构与参数的能力。与之相对的,在大多数情况下,神经网络在提供高精度方面表现出色,但在面对新数据时却很脆弱。它们缺乏透明性("黑盒"类型),训练过程通常局限于离线方式,需要大量的计算资源和数据。

深度学习型 ANN 模型是目前最成功的例子。它们在精度方面已表现出了优良水平(通常可与人类表现相媲美,尤其在图像处理方面)。尽管如此,基于深度学习的方法仍然有以下几个主要缺陷:

(1) 训练过程计算量大,需要巨量数据。
(2) 训练过程不透明,缺乏人类可解释型("黑盒"类型)。
(3) 训练过程局限于离线,对不同于观测样本的特征属性,需要对样本进行重新训练。

3.5 问 题

(1) 计算智能的主要组成部分是什么?
(2) 什么是计算智能的灵感来源,主要的计算智能类型有哪些?
(3) 为何 FRB 系统具有吸引力?
(4) 主流深度学习的主要优势是什么?
(5) 主流深度学习的主要缺点是什么?

3.6 要　点

（1）计算智能是 20 多年前创造的术语,它涵盖了几个已经发展起来的研究领域,这些领域都有着共同的特点,即从自然界获得灵感,可以替代传统确定性和随机性方法,模拟人脑、人类推理、自然进化;这些方法包括 FRB 系统(推理)、ANN(脑)系统、进化计算,本书涉及前二者。

（2）FRB 系统和 ANN 都已被证明是通用逼近器,这是非常重要的性质。

（3）此外,FRB 系统还具有透明性和语义可解释性,是处理不确定性的强大工具。

（4）主流的深度学习提供了高精度的解决方案,但是也存在很多缺点:

① 训练过程计算量大,需要大量的数据;

② 训练过程不透明,模型架构缺乏可解释性("黑盒"类型);

③ 训练过程局限于离线,需要对不同观察样本属性的样本进行重新训练。

参考文献

[1] J. C. Bezdek, What is computational intelligence?, Computational Intelligence Imitating Life (IEEE Press, New York, 1994), pp. 1 – 12

[2] W. Duch, What is computational intelligence and what could it become?, Computational Intelligence, Methods and Applications Lecture Notes (NAnYang Technological University, Singapour, 2003)

[3] L. A. Zadeh, Fuzzy sets. Inf. Control 8(3), 338 – 353 (1965)

[4] L. A. Zadeh, Outline of a new approach to theanalysis of complex systems and decisionprocesses. IEEE Trans. Syst. Man Cybern. 1, 28 – 44 (1973)

[5] P. Angelov, Autonomous Learning Systems: From Data Streams to Knowledge in Real Time (Wiley, New York, 2012)

[6] P. P. Angelov, D. P. Filev, An approach to online identification of Takagi-Sugeno fuzzymodels. IEEE Trans. Syst. Man, Cybern. Part B Cybern. 34(1), 484 – 498 (2004)

[7] P. Angelov, R. Ramezani, X. Zhou, Autonomous novelty detection and object tracking invideo streams using evolving clustering and Takagi-Sugeno type neu-

ro-fuzzy system, in IEEE International Joint Conference on Neural Networks, 2008, pp. 1456 – 1463

[8] D. Chakraborty, N. R. Pal, Integrated feature analysis and fuzzy rule-based systemidentification in a neuro-fuzzy paradigm. IEEE Trans. Syst. Man Cybern. Part B Cybern. 31(3), 391 – 400 (2001)

[9] A. Lemos, W. Caminhas, F. Gomide, Adaptive fault detection and diagnosis using anevolving fuzzy classifier. Inf. Sci. (Ny) 220, 64 – 85 (2013)

[10] C. F. Juang, C. T. Lin, An on-line self-constructing neural fuzzy inference network and itsapplications. IEEE Trans. Fuzzy Syst. 6(1), 12 – 32 (1998)

[11] P. P. Angelov, Evolving Rule-Based Models: A Tool for Design of Flexible Adaptive Systems(Springer, Berlin Heidelberg, 2002)

[12] P. Angelov, A fuzzy controller with evolving structure. Inf. Sci. (Ny) 161(1 – 2), 21 – 35(2004)

[13] R. E. Precup, H. I. Filip, M. B. Rədac, E. M. Petriu, S. Preitl, C. A. Dragoş, On-lineidentification of evolving Takagi-Sugeno-Kang fuzzy models for crane systems. Appl. Soft Comput. J. 24, 1155 – 1163 (2014)

[14] A. Al-Hmouz, J. Shen, R. Al-Hmouz, J. Yan, Modeling and simulation of an adaptiveneuro-fuzzy inference system (ANFIS) for mobile learning. IEEE Trans. Learn. Technol. 5(3), 226 – 237 (2012)

[15] E. Lughofer, Evolving Fuzzy Systems-Methodologies, Advanced Concepts and Applications(Springer, Berlin, 2011)

[16] P. Angelov, X. Zhou, Evolving fuzzy-rule based classifiers from data streams. IEEE Trans. Fuzzy Syst. 16(6), 1462 – 1474 (2008)

[17] D. Leite, P. Costa, F. Gomide, Interval approach for evolving granular system modeling, Learning in Non-stationary Environments (Springer, New York, 2012), pp. 271 – 300

[18] O. Cordón, F. Herrera, P. Villar, Generating the knowledge base of a fuzzy rule-basedsystem by the genetic learning of the data base. IEEE Trans. Fuzzy Syst. 9(4), 667 – 674(2001)

[19] W. Pedrycz, F. Gomide, Fuzzy Systems Engineering: Toward Human-Centric Computing(Wiley, New York, 2007)

[20] L. Liu, M. TamerÖzsu, Encyclopedia of Database Systems (Springer, Berlin, 2009)

[21] P. Angelov, R. Yager, A new type of simplified fuzzy rule-based system. Int. J. Gen Syst. 41(2),163–185 (2011)

[22] J. S. R. Jang, ANFIS: adaptive-network-based fuzzy inference system. IEEE Trans. Syst. ManCybern. 23(3),665–685 (1993)

[23] http://www.worldweatheronline.com

[24] G. W. F. Hegel, Science of Logic (Humanities Press, New York, 1969)

[25] L. X. Wang, J. M. Mendel, Fuzzy basis functions, universal approximation, and orthogonalleast-squares learning. IEEE Trans. Neural Netw. 3(5), 807–814 (1992)

[26] E. H. Mamdani, Application of fuzzy algorithms for control of simple dynamic plant. Proc. Inst. Electr. Eng. 121(12),1585 (1974)

[27] E. H. Mamdani, S. Assilian, An experiment in linguistic synthesis with a fuzzy logiccontroller. Int. J. Man Mach. Stud. 7(1),1–13 (1975)

[28] T. Takagi, M. Sugeno, Fuzzyidentification of systems and its applications to modeling andcontrol. IEEE Trans. Syst. Man. Cybern. 15(1),116–132 (1985)

[29] P. Angelov, An approach for fuzzy rule-base adaptation using on-line clustering. Int. J. Approx. Reason. 35(3),275–289 (2004)

[30] P. P. Angelov, X. Gu, Empirical fuzzy sets. Int. J. Intell. Syst. 33(2),362–395 (2017)

[31] P. Angelov, X. Gu, D. Kangin, Empirical data analytics. Int. J. Intell. Syst. 32(12),1261–1284(2017)

[32] C. C. Lee, Fuzzy logic in control systems: fuzzy logic controller—Part 1. IEEE Trans. Syst. Man Cybern. 20(2),404–418 (1990)

[33] A. Okabe, B. Boots, K. Sugihara, S. N. Chiu, Spatial tessellations: concepts and applications of Voronoi diagrams,2nd edn. (Wiley, Chichester, 1999)

[34] R. R. Yager, D. P. Filev, Approximate clustering via the mountain method. IEEE Trans. Syst. Man. Cybern. 24(8),1279–1284 (1994)

[35] R. R. Yager, D. P. Filev, Essentials of Fuzzy Modeling and Control, vol. 388 (Wiley, NewYork, 1994)

[36] C. Von Altrock, B. Krause, H. Zimmermann, Advanced fuzzy logic control technologies inautomotive applications, in IEEE International Conference on Fuzzy Systems, 1992, pp. 835–842

[37] L. I. Larkin, A fuzzy logic controller for aircraft flight control, in IEEE Confer-

ence on Decision and Control, 1984, pp. 894 – 897

[38] R. Hoyer, U. Jumar, Fuzzy control of traffic lights, in IEEE Conference on Fuzzy Systems, 1994, pp. 1526 – 1531

[39] X. Zhou, P. Angelov, Real-time joint landmark recognition and classifier generation by anevolving fuzzy system. IEEE Int. Conf. Fuzzy Syst. 44(1524), 1205 – 1212 (2006)

[40] P. Angelov, P. Sadeghi-Tehran, R. Ramezani, An approach to automatic real-time noveltydetection, object identification, and tracking in video streams based on recursive densityestimation and evolving Takagi-Sugeno fuzzy systems. Int. J. Intell. Syst. 29(2), 1 – 23 (2014)

[41] M. Sugeno, Industrial Applications of Fuzzy Control (Elsevier Science Inc., 1985)

[42] J. J. Macias-Hernandez, P. Angelov, X. Zhou, Soft sensor for predicting crude oil distillationside streams using Takagi Sugeno evolving fuzzy models, vol. 44, no. 1524, pp. 3305 – 3310, 2007

[43] X. Gu, P. P. Angelov, A. M. Ali, W. A. Gruver, G. Gaydadjiev, Online evolving fuzzyrule-based prediction model for high frequency trading financial data stream, in IEEE Conference on Evolving and Adaptive Intelligent Systems (EAIS), 2016, pp. 169 – 175

[44] J. Trevisan, P. P. Angelov, A. D. Scott, P. L. Carmichael, F. L. Martin, IRootLab: a free andopen-source MATLAB toolbox for vibrational biospectroscopy data analysis. Bioinformatics 29(8), 1095 – 1097 (2013)

[45] J. A. Iglesias, P. Angelov, A. Ledezma, A. Sanchis, Human activity recognition based onevolving fuzzy systems. Int. J. Neural Syst. 20(5), 355 – 364 (2010)

[46] J. Andreu, P. Angelov, Real-time human activity recognition from wireless sensors usingevolving fuzzy systems, in IEEE International Conference on Fuzzy Systems, 2010, pp. 1 – 8

[47] J. Casillas, O. Cordón, M. J. Del Jesus, F. Herrera, Genetic feature selection in a fuzzyrule-based classification system learning process for high-dimensional problems. Inf. Sci. (Ny) 136, 135 – 157 (2001)

[48] H. Ishibuchi, T. Yamamoto, Rule weight specification in fuzzy rule-based classificationsystems. IEEE Trans. Fuzzy Syst. 13(4), 428 – 435 (2005)

[49] X. Zhou, P. Angelov, Autonomous visual self-localization in completely unknown-

environment using evolving fuzzy rule-based classifier, in IEEE Symposium on Computational Intelligence in Security and Defense Applications, 2007, pp. 131 – 138

[50] J. C. Bezdek, R. Ehrlich, W. Full, FCM: the fuzzy c-means clustering algorithm. Comput. Geosci. 10(2 – 3), 191 – 203 (1984)

[51] H. J. Zimmermann, Description and optimization of fuzzy systems. Int. J. Gen. Syst. 2(1), 209 – 215 (1975)

[52] P. Angelov, A generalized approach to fuzzy optimization. Int. J. Intell. Syst. 9 (4), 261 – 268(1994)

[53] D. Filev, P. Angelov, Fuzzy optimal control. Fuzzy Sets Syst. 47(2), 151 – 156 (1992)

[54] D. J. Dubois, Fuzzy Sets and Systems: Theory and Applications (Academic Press, 1980)

[55] P. Angelov, X. Zhou, F. Klawonn, Evolving fuzzy rule-based classifiers, in IEEE Symposium on Computational Intelligence in Image and Signal Processing, 2007, pp. 220 – 225

[56] P. Angelov, E. Lughofer, X. Zhou, Evolving fuzzy classifiers using different modelarchitectures. Fuzzy Sets Syst. 159(23), 3160 – 3182 (2008)

[57] P. Angelov, Evolving Takagi-Sugeno fuzzy systems from streaming data (eTS +), in Evolving Intelligent Systems: Methodology and Applications (Wiley, New York, 2010)

[58] X. Gu, P. P. Angelov, Semi-supervised deep rule-based approach for image classification. Appl. Soft Comput. 68, 53 – 68 (2018)

[59] H. -J. Rong, P. Angelov, X. Gu, J. -M. Bai, Stability of evolving fuzzy systems based on dataclouds. IEEE Trans. Fuzzy Syst. (2018). https://doi.org/10.1109/TFUZZ.2018.2793258

[60] P. Angelov, R. Buswell, Evolving rule-based models: a tool for intelligent adaption, in IFSA World Congress and 20th NAFIPS International Conference, 2001, pp. 1062 – 1067

[61] N. K. Kasabov, Q. Song, DENFIS: dynamic evolving neural-fuzzy inference system and itsapplication for time-series prediction. IEEE Trans. Fuzzy Syst. 10 (2), 144 – 154 (2002)

[62] P. Angelov, Evolving fuzzy systems. Scholarpedia 3(2), 6274 (2008)

[63] L. Maciel, R. Ballini, F. Gomide, Evolving possibilistic fuzzy modeling for realizedvolatility forecasting with jumps. IEEE Trans. Fuzzy Syst. 25(2), 302–314 (2017)

[64] P. P. Angelov, X. Gu, J. C. Principe, Autonomous learning multi-model systems from datastreams. IEEE Trans. Fuzzy Syst. 26(4), 2213–2224 (2016)

[65] P. Angelov, D. Filev, Simpl_eTS: a simplified method for learning evolving Takagi-Sugenofuzzy models, in IEEE International Conference on Fuzzy Systems, 2005, pp. 1068–1073

[66] R. D. Baruah, P. P. Angelov, J. Andreu, Simpl_eClass: simplified potential-free evolvingfuzzy rule-based classifiers, in IEEE International Conference on Systems, Man, and Cybernetics (SMC), 2011, pp. 2249–2254

[67] H. J. Rong, N. Sundararajan, G. Bin Huang, P. Saratchandran, Sequential adaptive fuzzyinference system (SAFIS) for nonlinear system identification and prediction. Fuzzy SetsSyst. 157(9), 1260–1275 (2006)

[68] E. Lughofer, P. Angelov, Handling drifts and shifts in on-line data streams with evolvingfuzzy systems. Appl. Soft Comput. 11(2), 2057–2068 (2011)

[69] R. M. Johnstone, C. Richard Johnson, R. R. Bitmead, B. D. O. Anderson, Exponentialconvergence of recursive least squares with exponential forgetting factor. Syst. Control Lett. 2(2), 77–82 (1982)

[70] H. J. Rong, N. Sundararajan, G. Bin Huang, G. S. Zhao, Extended sequential adaptive fuzzyinference system for classification problems. Evol. Syst. 2(2), 71–82 (2011)

[71] E. D. Lughofer, FLEXFIS: a robust incremental learning approach for evolving Takagi-Sugeno fuzzy models. IEEE Trans. Fuzzy Syst. 16(6), 1393–1410 (2008)

[72] M. Pratama, S. G. Anavatti, P. P. Angelov, E. Lughofer, PANFIS: a novel incrementallearning machine. IEEE Trans. Neural Netw. Learn. Syst. 25(1), 55–68 (2014)

[73] M. Pratama, S. G. Anavatti, E. Lughofer, Genefis: toward an effective localist network. IEEETrans. Fuzzy Syst. 22(3), 547–562 (2014)

[74] R. Bao, H. Rong, P. P. Angelov, B. Chen, P. K. Wong, Correntropy-based evolving fuzzyneural system. IEEE Trans. Fuzzy Syst. (2017). https://doi.org/10.1109/tfuzz.2017.2719619

[75] W. S. McCulloch, W. Pitts, A logical calculus of the ideas immanent in nervous activity. Bull. Math. Biophys. 5(4), 115 – 133 (1943)

[76] A. N. Kolmogorov, Grundbegriffe der wahrscheinlichkeitsrechnung. Ergebnisse der Math. 3 (1933)

[77] K. Hornik, M. Stinchcombe, H. White, Multilayer feedforward networks are universalapproximators. Neural Netw. 2(5), 359 – 366 (1989)

[78] L. C. Aiello, P. Wheeler, The expensive-tissue hypothesis: the brain and the digestive systemin human and primate evolution. Curr. Anthropol. 36(2), 199 – 221 (1995)

[79] http://uk.businessinsider.com/googles-400-million-acquisition-of-deepmind-is-lookinggood-2016 – 7

[80] S. Mitra, Y. Hayashi, Neuro-fuzzy rule generation: survey in soft computing framework. IEEE Trans. Neural Netw. 11(3), 748 – 768 (2000)

[81] D. E. Rumelhart, J. L. McClell, Parallel Distributed Processing: Explorations in the Microstructure of Cognition, vol. 1: Foundations (MITPress, Cambridge, 1986)

[82] T. Kohonen, The self-organizing map. Neurocomputing 21(1 – 3), 1 – 6 (1998)

[83] W. Maass, Networks of spiking neurons: the third generation of neural network models. Neural Netw. 10(9), 1659 – 1671 (1997)

[84] I. Goodfellow, Y. Bengio, A. Courville, Deep Learning (MIT Press, Crambridge, 2016)

[85] Y. Le Cun, Y. Bengio, G. Hinton, Deep learning. Nat. Methods 13(1), 35 (2015)

[86] P. Werbos, Beyond Regression: New Fools for Prediction and Analysis in the Behavioral Sciences (Harvard University, 1974)

[87] P. J. Werbos, Backpropagation through time: what it does and how to do it. Proc. IEEE 78 (10), 1550 – 1560 (1990)

[88] C. M. Bishop, Neural Networks for Pattern Recognition (Oxford University Press, 1995)

[89] C. M. Bishop, Pattern Recognition and Machine Learning (Springer, New York, 2006)

[90] A. N. Kolmogorov, On the representation of continuous functions of many variables bysuperposition of continuous functions of one variable and addition, in Dokl. Akad. Nauk. SSSR. vol. 114 (1957)

[91] D. E. Rumelhart, G. E. Hinton, R. J. Williams, Learning representations by back

propagatingerrors. Nature 323(6088),533 – 536 (1986)

[92] M. Nielsen, Neural Networks and Deep Learning (Determination Press, 2015)

[93] R. A. Horn, C. R. Johnson, Matrix Analysis (Cambridge University Press, 1990)

[94] B. Widrow, S. D. Stearns, Adaptive Signal Processing (Prentice-Hall, Englewood Cliffs, 1985)

[95] D. Lowe, D. Broomhead, Multivariable functional interpolation and adaptive networks. Complex Syst. 2(3), 321 – 355 (1988)

[96] D. C. Cireşan, U. Meier, L. M. Gambardella, J. Schmidhuber, Convolutional neural networkcommittees for handwritten character classification, in International Conference on Document Analysis and Recognition, vol. 10, 2011, pp. 1135 – 1139

[97] D. Ciresan, U. Meier, J. Schmidhuber, Multi-column deep neural networks for imageclassification, in Conference on Computer Vision and Pattern Recognition, 2012, pp. 3642 – 3649

[98] P. Y. Simard, D. Steinkraus, J. C. Platt, Best practices for convolutional neural networksapplied to visual document analysis, Seventh International Conference on Document Analysis and Recognition (Proceedings, 2003), pp. 958 – 963

[99] A. Krizhevsky, I. Sutskever, G. E. Hinton, ImageNet classification with deep convolutionalneural networks, in Advances in Neural Information Processing Systems, 2012, pp. 1097 – 1105

[100] K. Charalampous, A. Gasteratos, On-line deep learning method for action recognition. Pattern Anal. Appl. 19(2), 337 – 354 (2016)

[101] L. Zhang, L. Zhang, V. Kumar, Deep learning for remote sensing data. IEEE Geosci. Remote Sens. Mag. 4(2), 22 – 40 (2016)

[102] K. Fukushima, S. Miyake, Neocognitron: a self-organizing neural network model for amechanism of visual pattern recognition, Competition and Cooperation in Neural Nets (Springer, Berlin, 1982), pp. 267 – 285

[103] Y. LeCun, B. Boser, J. S. Denker, D. Henderson, R. E. Howard, W. Hubbard, L. D. Jackel, Backpropagation applied to handwritten zip code recognition. Neural Comput. 1(4), 541 – 551 (1989)

[104] S. Lawrence, C. L. Giles, A. C. Tsoi, A. D. Back, Face recognition: a convolutionalneural-network approach. IEEE Trans. Neural Netw. 8(1), 98 – 113 (1997)

[105] D. H. Hubel, T. N. Wiesel, Receptive fields, binocular interaction and functional architecturein the cat's visual cortex. J. Physiol. 160(1), 106 – 154 (1962)

[106] S. C. Prasad, P. Prasad, Deep Recurrent Neural Networks for Time Series Prediction, vol. 95070, pp. 1 – 54, 2014

[107] A. Mohamed, G. E. Dahl, G. Hinton, Acoustic modeling using deep belief networks. IEEETrans. Audio. Speech. Lang. Processing 20(1), 14 – 22 (2012)

[108] S. Hochreiter, J. UrgenSchmidhuber, Long short-term memory. Neural Comput. 9(8), 1735 – 1780 (1997)

[109] F. Gers, Long short-term memory in recurrent neural networks (2001)

[110] F. A. Gers, N. N. Schraudolph, J. Schmidhuber, Learning precise timing with LSTM recurrentnetworks. J. Mach. Learn. Res. 3(1), 115 – 143 (2002)

[111] G. E. Hinton, R. R. Salakhutdinov, Reducing the dimensionality of data with neural networks. Science (80.) 313(5786), 504 – 507 (2006)

[112] C. T. Lin, C. S. G. Lee, Neural-network-based fuzzy logic control and decision system. IEEETrans. Comput. 40(12), 1320 – 1336 (1991)

[113] K. S. S. Narendra, J. Balakrishnan, M. K. K. Ciliz, Adaptation and learning using multiplemodels, switching, and tuning. IEEE Control Syst. Mag. 15(3), 37 – 51 (1995)

[114] N. Kasabov, Evolving fuzzy neural networks for supervised/unsupervised onlineknowledge-based learning. IEEE Trans. Syst. Man Cybern. Part B 31(6), 902 – 918 (2001)

[115] P. P. Angelov, Evolving fuzzy rule-based models, in International Fuzzy Systems Association World Congress, 1999, pp. 19 – 23

[116] P. P. Angelov, Evolving fuzzy rule-based models. J. Chinese Inst. Ind. Eng. 17(5), 459 – 468(2000)

[117] U. Çaydaş, A. Hasçalik, S. Ekici, An adaptive neuro-fuzzy inference system (ANFIS) modelfor wire-EDM. Expert Syst. Appl. 36(3 PART 2), 6135 – 6139 (2009)

[118] I. Yilmaz, O. Kaynar, Multiple regression, ANN (RBF, MLP) and ANFIS models forprediction of swell potential of clayey soils. Expert Syst. Appl. 38(5), 5958 – 5966 (2011)

[119] P. P. Angelov, D. P. Filev, N. K. Kasabov, Evolving Intelligent Systems: Methodology and Applications (2010)

[120] Y. Hayashi, J. J. Buckley, Approximations between fuzzy expert systems and neuralnetworks. Int. J. Approx. Reason. 10(1), 63 – 73 (1994)

第 2 篇 理论基础

第 4 章　实证方法介绍

本章将系统介绍实证方法的基本原理,该方法是一种完全从实际数据[1-3]出发无需根据具体应用问题主观假设先验参数的方法。将传统概率论、统计学习拓展延伸到智能计算的新方法,极具应用潜力。

4.1　原理与概念

本质上传统数据分析方法的理论基础是概率论和统计学习,是对随机变量的不确定性进行定量分析而广泛使用的工具。但是,正如第 3 章所述,概率论和统计学习严重依赖于通常在现实中不适用的许多限制性假设,即预定义的平滑、"方便解析"的概率密度函数(PDF)、无限数量的观察值、独立同分布(independent and identically distributed,IDD)数据等。PDF 是累积分布函数(CDF)的导数,通常复杂的微分运算很难解析出明确的数值解。

由科尔莫戈罗夫(Kolmogorov)定义概率论的一般问题,如下:

"累积分布函数 $F(x)$,描述给定理论模型下的随机实验结果"[4]。

Vapnik 和 Izmailov 将统计学的一般问题定义如下:

"给定独立同分布的随机实验观测结果,估计这些观测结果的统计模型"[5]。

传统的概率统计学习,受限于随机变量的假设,实际上只能覆盖少量有限的问题模型,如赌博类游戏。实际上,如气候、经济、社会、机械、电子、生物等过程是复杂,并不总是具有明确的确定或随机特性。

传统统计方法基于坚实的数学基础,在大量数据支撑下可保证性能。正如概率论假设的那样,假设数据是同分布的。这些强加于数据的先验假设,使传统统计方法在实际应用中变得很脆弱。2.1.6节已经做过详细的分析。

本书提出了一种基于离散数据样本的实证观察值,以及在数据空间中这些数据点的相对聚集度的计算新方法。更重要的是,不同于传统方法,所提出的方法对数据生成模型不强加任何先验假设,不需要任何有关该问题的先验知识。它不受任何特定用户主观假设的限制,也不受数据量或数据随机性的限制。

本书的理论核心,即机器学习的实证方法,表述如下[2]:

"给出真实实验过程的观察结果,并进一步估计任何可行结果的整体特性。"

它使用以下非参数度量函数[2-3]。
(1) 聚集度,是数据样本周围点的聚集程度变量;
(2) 偏心率,是数据样本的异常程度度量;
(3) 数据密度,是从实际数据中导出的,模式识别的核心范式;
(4) 典型性,不同于概率密度函数PDF,是从实际数据中导出的,模式识别的新度量范式。

进一步考虑这些基本度量的离散和连续形式,单模态和多模态版本,这些度量版本量化了数据模式及其递归计算形式,可提高数据流处理效率。

4.2 聚集度

在文献[6-8]中首次引入聚集度,作为新提出的实证方法的关键概念之一,与图论和网络分析中较早引入的距离度量和中心度类似,表明图中最重要的顶点[9-10]。

聚集度是一个可从实际数据中得出的关联度量,因而在所提出以数据为中心,而非假设的实证方法中起着重要作用。它的重要性源于无须对数据生成模型作任何先验假设,就可为每个特定数据项提供中心聚集度信息,数据样本由N维向量表示,是N维数据/特征空间$\mathbf{R}^N$中的一个点。在$\boldsymbol{x}_i \in \mathbf{R}^N$点处的累积聚集度用$q_K(\boldsymbol{x}_i)$表示为[3]

$$q_K(\boldsymbol{x}_i) = \sum_{j=1}^{K} d^2(\boldsymbol{x}_i, \boldsymbol{x}_j) \quad i = 1, 2, \cdots, K \tag{4.1}$$

式中:$\boldsymbol{x}_i$、$\boldsymbol{x}_j \in \{\boldsymbol{x}\}_K$;$d(\boldsymbol{x}_i, \boldsymbol{x}_j)$为$\boldsymbol{x}_i$和$\boldsymbol{x}_j$之间的距离度量,可以是任何距离类型,如欧几里得、马哈拉诺比斯和余弦度量。

值得注意的是，$\{x\}_K$ 中任何两个数据样本之间的均方距离度量可表示为[11]

$$\overline{d}_K^2 = \frac{1}{K^2}\sum_{i=1}^{K} q_K(\boldsymbol{x}_i) \tag{4.2}$$

图 4.1 中给出一个说明性示例，采用欧几里得距离计算 $\boldsymbol{x}_i$ 和 $\boldsymbol{x}_j$ 的聚集度。$q_K(\boldsymbol{x}_i)$ 和 $q_K(\boldsymbol{x}_j)$ 的值分别等于从 $\boldsymbol{x}_i$ 和 $\boldsymbol{x}_j$ 到数据空间中所有其他数据样本的欧几里得距离之和，图中实线对应 $\boldsymbol{x}_i$，虚线对应 $\boldsymbol{x}_j$。

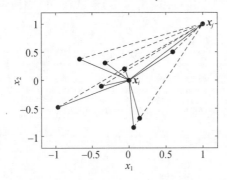

图 4.1 聚集度的说明性示例

聚集度将 N 维数据向量转换成标量，重要的是，可以按如下递归计算[12]，即

$$q_K(\boldsymbol{x}_i) = q_{K-1}(\boldsymbol{x}_i) + d^2(\boldsymbol{x}_i, \boldsymbol{x}_K) \quad i = 1, 2, \cdots, K-1 \tag{4.3}$$

图 4.2 提供了一个聚集度的形象示例，该示例依据 2010—2015 年间[13]，英国曼彻斯特实际测量的温度和风速气候数据，来计算未进行归一化和标准化操作聚集度。在该示例中，为清晰起见，使用欧几里得类型的距离度量。

从图 4.2 中可以看出，数据样本越靠近全局平均值，其聚集度值就越低，这是符合逻辑的。

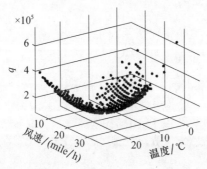

图 4.2 英国曼彻斯特温度和风速气候数据聚集度

所有数据样本的累计聚集度之和,也可以按以下方式递归更新[6-8],即

$$\sum_{i=1}^{K} q_K(\boldsymbol{x}_i) = \sum_{i=1}^{K-1} q_{K-1}(\boldsymbol{x}_i) + 2q_K(\boldsymbol{x}_K) \tag{4.4}$$

对于许多类型的距离度量,聚集度 $q_K(\boldsymbol{x}_i)$ 和累计聚集 $\sum_{i=1}^{K} q_K(\boldsymbol{x}_i)$ 均可递归计算。在本书中,给出了最常用距离度量类型的递归表达式,如欧几里得、马哈拉诺比斯及余弦度量。式(4.1)、式(4.3)和式(4.4)中所定义聚集度适用于任何类型的距离度量。

详细的数学推导,见附录 A。

1. 欧几里得距离

欧几里得距离定义为

$$d(\boldsymbol{x}_i, \boldsymbol{x}_j) = \sqrt{(\boldsymbol{x}_i - \boldsymbol{x}_j)^{\mathrm{T}}(\boldsymbol{x}_i - \boldsymbol{x}_j)} = \|\boldsymbol{x}_i - \boldsymbol{x}_j\| \tag{4.5}$$

式(4.4)中的 $q_K(\boldsymbol{x}_i)$ 和 $\sum_{i=1}^{K} q_K(\boldsymbol{x}_i)$ 的递归表达式如下,详细的数学推导分别由附录 A.1 中的式(A.1)和式(A.2)给出,即

$$q_K(\boldsymbol{x}_i) = K(\|\boldsymbol{x}_i - \boldsymbol{\mu}_K\|^2 + X_K - \|\boldsymbol{\mu}_K\|^2) \tag{4.6}$$

$$\sum_{i=1}^{K} q_K(\boldsymbol{x}_i) = 2K^2(X_K - \|\boldsymbol{\mu}_K\|^2) \tag{4.7}$$

式中: $\boldsymbol{\mu}_K$ 和 X_K 分别为 $\{\boldsymbol{x}\}_K$ 和 $\{\boldsymbol{x}^{\mathrm{T}}\boldsymbol{x}\}_K$ 的均值,两者都可递归地更新,即[12]

$$\boldsymbol{\mu}_K = \frac{K-1}{K}\boldsymbol{\mu}_{K-1} + \frac{1}{K}\boldsymbol{x}_K \tag{4.8}$$

$$X_K = \frac{K-1}{K}X_{K-1} + \frac{1}{K}\|\boldsymbol{x}_K\|^2 \tag{4.9}$$

2. 马哈拉诺比斯距离

类似地,著名的马哈拉诺比斯距离定义为[14]

$$d(\boldsymbol{x}_i, \boldsymbol{x}_j) = \sqrt{(\boldsymbol{x}_i - \boldsymbol{x}_j)^{\mathrm{T}}\boldsymbol{\Sigma}_K^{-1}(\boldsymbol{x}_i - \boldsymbol{x}_j)} \tag{4.10}$$

这时计算 $q_K(\boldsymbol{x}_i)$ 和 $\sum_{i=1}^{K} q_K(\boldsymbol{x}_i)$ 的递归表达式如下,详细的数学推导分别在附录 A.2 的式(A.3)和式(A.4a)中给出[14],则

$$q_K(\boldsymbol{x}_i) = K((\boldsymbol{x}_i - \boldsymbol{\mu}_K)^{\mathrm{T}}\boldsymbol{\Sigma}_K^{-1}(\boldsymbol{x}_i - \boldsymbol{\mu}_K) + X_K - \boldsymbol{\mu}_K^{\mathrm{T}}\boldsymbol{\Sigma}_K^{-1}\boldsymbol{\mu}_K) \tag{4.11}$$

$$\sum_{i=1}^{K} q_K(\boldsymbol{x}_i) = 2K^2(X_K - \boldsymbol{\mu}_K^{\mathrm{T}}\boldsymbol{\Sigma}_K^{-1}\boldsymbol{\mu}_K) \tag{4.12}$$

式中：$\boldsymbol{\mu}_K$ 为 $\{\boldsymbol{x}\}_K$ 的均值；$\boldsymbol{\Sigma}_K$ 为协方差矩阵，$\boldsymbol{\Sigma}_K = \frac{1}{K}\sum_{j=1}^{K}(\boldsymbol{x}_j-\boldsymbol{\mu}_K)(\boldsymbol{x}_j-\boldsymbol{\mu}_K)^{\mathrm{T}}$；$X_K = \frac{1}{K}\boldsymbol{x}_j^{\mathrm{T}}\boldsymbol{\Sigma}_K^{-1}\boldsymbol{x}_j$。

$\sum_{i=1}^{K} q_K(\boldsymbol{x}_i)$ 可通过使用协方差矩阵的对称性进一步简化得出[15]，即

$$\sum_{i=1}^{K} q_K(\boldsymbol{x}_i) = 2K^2 N \tag{4.13}$$

该表达式的详细数学推导可参见附录 A.2 的式（A.4b）。

从式（4.12）和式（4.13）可以得出结论 $X_K - \boldsymbol{\mu}_K^{\mathrm{T}}\boldsymbol{\Sigma}_K^{-1}\boldsymbol{\mu}_K = N$。

协方差矩阵 $\boldsymbol{\Sigma}_K$ 也可递归更新，文献[12]给出了证明，即

$$X_K = \frac{K-1}{K}X_{K-1} + \frac{1}{K}\boldsymbol{x}_K \boldsymbol{x}_K^{\mathrm{T}} \tag{4.14}$$

$$\boldsymbol{\Sigma}_K = X_K - \boldsymbol{\mu}_K \boldsymbol{\mu}_K^{\mathrm{T}} \tag{4.15}$$

3. 余弦度量

正如前面所讨论的余弦非相似性，它不是一个完整的度量，定义为余弦度量。例如，使用以下形式的余弦非相似性[16-17]度量，即

$$d(\boldsymbol{x}_i,\boldsymbol{x}_j) = \sqrt{2(1-\cos\theta_{\boldsymbol{x}}^{i,j})} = \left\|\frac{\boldsymbol{x}_i}{\|\boldsymbol{x}_i\|} - \frac{\boldsymbol{x}_j}{\|\boldsymbol{x}_j\|}\right\| \tag{4.16}$$

已证明[16-17] $q_K(\boldsymbol{x}_i)$ 和 $\sum_{i=1}^{K} q_K(\boldsymbol{x}_i)$（类似于式（4.6）和式（4.7））可递归计算，即

$$q_K(\boldsymbol{x}_i) = K\left(\left\|\frac{\boldsymbol{x}_i}{\|\boldsymbol{x}_i\|} - \overline{\boldsymbol{\mu}}_K\right\|^2 + \overline{X}_K - \|\overline{\boldsymbol{\mu}}_K\|^2\right) \tag{4.17}$$

$$\sum_{i=1}^{K} q_K(\boldsymbol{x}_i) = 2K^2(\overline{X}_K - \|\overline{\boldsymbol{\mu}}_K\|^2) \tag{4.18}$$

式中：$\overline{\boldsymbol{\mu}}_K$ 和 $\overline{X}_K$ 分别为 $\left\{\frac{\boldsymbol{x}}{\|\boldsymbol{x}\|}\right\}_K$ 和 $\left\{\left\|\frac{\boldsymbol{x}_i}{\|\boldsymbol{x}_i\|}\right\|^2\right\}_K$ 的均值，并且可以像式（4.8）$\boldsymbol{\mu}_K$ 和式（4.9）X_K 一样递归更新[17]，即

$$\overline{\boldsymbol{\mu}}_K = \frac{K-1}{K}\overline{\boldsymbol{\mu}}_{K-1} + \frac{1}{K}\frac{\boldsymbol{x}_K}{\|\boldsymbol{x}_K\|} \tag{4.19}$$

$$\overline{X}_K = \frac{K-1}{K}\overline{X}_{K-1} + \frac{1}{K}\left\|\frac{\boldsymbol{x}_K}{\|\boldsymbol{x}_K\|}\right\|^2 = 1 \tag{4.20}$$

4.3 偏心率

偏心率 ζ 定义为归一化的聚集度[6-7],是对数据样本远离峰值模式的整体特性的重要度量。对于揭示数据分布的尾部以及检测异常离群值非常有用。

x_i 处的偏心率 $\zeta_K(x_i)$ 表示为[6,7]

$$\zeta_K(x_i) = \frac{2q_K(x_i)}{\sum_{j=1}^{K} q_K(x_j)} \quad i = 1, 2, \cdots, K \quad (4.21)$$

式中:系数2用于平衡分子与分母,因为任意两个数据样本之间的距离都要计算两次。

很容易证明[6-7]:

$$\sum_{i=1}^{K} \zeta_K(x_i) = 2 \quad 0 \leq \zeta_K(x_i) \leq 1 \quad (4.22)$$

图4.3中说明了使用图4.2所示相同数据所计算的偏心率示例。从图4.3中可以看出,偏心率越高,其数据样本离全局平均值就越远。

当 $K \to \infty$ 时,由于(式(4.22))外部约束,偏心率的值很小。为了避免这个问题,标准化偏心率 ε 为[6-7]

$$\varepsilon_K(x_i) = K\zeta_K(x_i) = \frac{2q_K(x_i)}{\frac{1}{K}\sum_{j=1}^{K} q_K(x_j)} \quad i = 1, 2, \cdots, K \quad (4.23)$$

与 $\zeta_K(x_i)$ 相比, ε 的值不随观测次数的增加而减小,与式(4.22)相似,所有标准化偏心率之和保持以下性质,即

$$\sum_{i=1}^{K} \varepsilon_K(x_i) = 2K \quad (4.24)$$

图4.4描述了图4.2和图4.3中所用相同数据的标准化偏心率,其中使用欧几里得距离度量。

式(4.23)给出的表达式是通用的,适用于任何类型的距离度量。具体来说,对于距离矩阵为欧几里得矩阵的情况,由式(4.6)和式(4.7),标准化偏心率 ε 可简化为

$$\varepsilon_K(x_i) = K\frac{2K(\|x_i - \mu_K\|^2 + X_K - \|\mu_K\|^2)}{2K^2(X_K - \|\mu_K\|^2)} \quad (4.25)$$

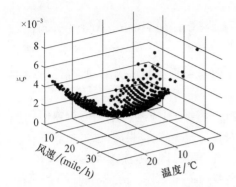

图 4.3 英国曼彻斯特温度与风速气候数据的偏心率

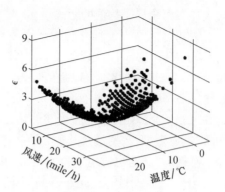

图 4.4 英国曼彻斯特温度与风速气候数据的标准化偏心率

或者

$$\varepsilon_K(\boldsymbol{x}_i) = 1 + \frac{\|\boldsymbol{x}_i - \boldsymbol{\mu}_K\|^2}{\sigma_K^2} \qquad (4.26)$$

式中：σ_K 为标准差，$\sigma_K^2 = X_K - \|\boldsymbol{\mu}_K\|^2$。

这种形式特别方便，因为它是一种递归的更新形式，在计算上非常高效，并且在实时应用中对硬件的要求也低。

标准化偏心率 ε 是一种非常有用的非参数度量，可用于异常检测，它显著简化了切比雪夫不等式。

回顾一下采用欧几里得距离度量的切比雪夫不等式，可以用下式表示[18]，即

$$\begin{cases} P(\|\boldsymbol{\mu}_K - \boldsymbol{x}_i\|^2 \leqslant n^2\sigma_K^2) \geqslant 1 - \dfrac{1}{n^2} \\ P(\|\boldsymbol{\mu}_K - \boldsymbol{x}_i\|^2 > n^2\sigma_K^2) < \dfrac{1}{n^2} \end{cases} \quad i = 1, 2, \cdots, K \qquad (4.27)$$

式中：n 为标准偏差 σ_K 的权值；$\sigma_K^2 = X_K - \|\boldsymbol{\mu}_K\|^2$。在实际中，$n = 3$ 是最常用的，有时 $n = 6$，也分别称为 3σ 或 6σ 法则。

利用标准化的偏心率，切比雪夫不等式可以用一种更为优美的形式重新表示为[2]

$$\begin{cases} P(\varepsilon_K(\boldsymbol{x}_i) \leqslant n^2 + 1) \geqslant 1 - \dfrac{1}{n^2} \\ P(\varepsilon_K(\boldsymbol{x}_i) > n^2 + 1) < \dfrac{1}{n^2} \end{cases} \qquad (4.28)$$

从式(4.28)可以看出，对于一个特定的数据样本 $\boldsymbol{x}_i$，如果 $\varepsilon_K(\boldsymbol{x}_i) \geqslant 1 + n^2$，

则该样本离全局平均值的距离是 $n\sigma_K$。

例如,对于 $n=3$,简化为检查是否 $\varepsilon_K(x_i) \geqslant 10$,这可以从图 4.4 直观地完成。这意味着对于任意数据样本,异常点不超过 1/9。对于高斯正态分布,则不超过 0.3% 的数据样本可以是离群值。在图 4.4 所示的示例中,所有样本的标准化偏心率都低于该阈值。

与原始形式相比,重新表述的切比雪夫不等式,无须对数据随机或确定的性质、生成模型、数据量及其独立性和标准差 σ 进行先验假设,也无须计算 σ。

有趣的是,这也适用于其他类型的距离/度量,即马哈拉诺比斯(Mahalanobis)距离、余弦度量等。此外,对于不同类型的距离/度量,偏心率和标准化偏心率都可以递归更新。

4.4 数据密度

数据密度是机器学习中广泛使用的一个术语。它是模式识别中的一个核心范式,通常用 PDF 或聚集度表示[19-20]。密度更一般地定义为每单位体积/面积的数据点数。

在本书提出的实证机器学习方法中,通过观察或测量的独立数据点/样本的相互接近程度,来定义数据密度[6]。在 x_i 处计算得到的密度 D 可作为标准偏心率的倒数[1-2]来考虑,即

$$D_K(x_i) = \frac{1}{\varepsilon_K(x_i)} \quad i = 1, 2, \cdots, K \tag{4.29}$$

很明显,$0 < D_K(x_i) \leqslant 1$。可为两个或多个数据点/样本定义数据密度。单个数据点的数据密度假设为 $D_K(x_i) \equiv 1$。

采用与图 4.2 相同的实际气候数据说明数据密度,如图 4.5 所示。从图中可以看出,越靠近全局平均值的数据样本,数据密度值就越高。

对特定数据样本处估计的数据密度值,反比于该数据样本与其他数据样本之间的距离之和。

对于静态数据集 $\{x\}_K$,$D_K(x_i)$ ($i=1,2,\cdots,K$) 的分子是 $\sum_{j=1}^{K} q_K(x_j)$,这对所有数据样本来说都是同样的,因此可以将其视为归一化的常量。$D_K(x_i)$ 的分母,即 $q_K(x_i)$,是 x_i 与数据空间内所有数据样本之间的距离之和。在图 4.6 中说明了数据密度 D 的概念。图中,点是数据样本,环绕点的圆圈表示由这些数据样本计算得出的数据密度。数据密度越高,圆圈就越大。

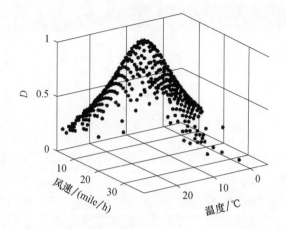

图 4.5　英国曼彻斯特温度与风速气候数据的数据密度

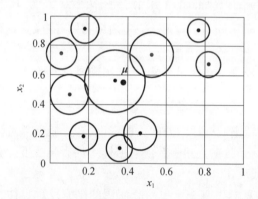

图 4.6　圆的大小与数据密度 D 成比例的简单说明示例

从图 4.6 可以看出,最靠近全局平均值 $\boldsymbol{\mu}$ 的数据点的数据密度最大。类似于标准化偏心率,数据密度也可采用切比雪夫不等式重构为

$$\begin{cases} P\left(D_K(\boldsymbol{x}_i) = \varepsilon_K^{-1}(\boldsymbol{x}_i) \geqslant \dfrac{1}{n^2+1}\right) \geqslant 1 - \dfrac{1}{n^2} \\ P\left(D_K(\boldsymbol{x}_i) = \varepsilon_K^{-1}(\boldsymbol{x}_i) < \dfrac{1}{n^2+1}\right) < \dfrac{1}{n^2} \end{cases} \quad (4.30)$$

例如,对于最常用的值 $n=3$,有

$$\begin{cases} P(D_K(\boldsymbol{x}_i) \geqslant 0.1) \geqslant \dfrac{8}{9} \\ P(D_K(\boldsymbol{x}_i) < 0.1) < \dfrac{1}{9} \end{cases} \quad (4.31)$$

式(4.31)对任何类型的数据生成模型都有效。

在线使用式(4.3)~式(4.20),也可以逐个样本地更新数据密度。有趣的是,当使用欧几里得距离时,数据密度变为柯西类型函数[2-3],即

$$D_K(\boldsymbol{x}_i) = \frac{1}{1 + \frac{\|\boldsymbol{x}_i - \boldsymbol{\mu}_K\|^2}{\sigma_K^2}} \quad i = 1, 2, \cdots, K \quad (4.32)$$

式中:$\sigma_K^2 = X_K - \|\boldsymbol{\mu}_K\|^2$。

值得注意的是,这里没有涉及参数,也不存在分布类型的先验假设甚至没有数据的随机性假设。

以这种方式表示的数据密度与牛顿万有引力定律非常相似,其公式为

$$f_{AB} = \frac{g_0 m_A m_B}{r_{AB}^2} \quad (4.33)$$

式中:f_{AB}为两个物体之间的吸引力,两个物体用A和B表示;引力常数$g_0 = 6.674 \times 10^{-11}$ N·m²·kg⁻²;m_A和m_B为两个物体各自的质量;r_{AB}为两个物体质心之间的距离。

也就是说,如果忽略常数和质量,并使用距离符号$d(A,B)$替代r_{AB},则

$$f_{AB} \sim \frac{1}{d^2(A,B)} \quad (4.34)$$

实际上,评估特定数据样本处的数据密度,会受其他邻近数据样本的影响,该特定数据样本受到数据空间中其他数据样本的影响程度,与这两个数据样本之间的平方距离成反比。

事实上,在物理学中有一个更广泛使用的平方反比定律,适用于任何物理量,其强度与到发射源/距离的平方成反比。本书中构建数据密度D具有相似的特性,但适用于数据空间中的数据点。

4.5 典型性

典型性是模式识别中的一种全新的基本度量,类似于传统的单模态概率质量函数(PMF)。在$\boldsymbol{x}_i$处计算的典型性表示为$\tau_K(\boldsymbol{x}_i)$,定义为归一化的数据密度[1-3,6],即

$$\tau_K(\boldsymbol{x}_i) = \frac{D_K(\boldsymbol{x}_i)}{\sum_{j=1}^{K} D_K(\boldsymbol{x}_j)} \quad j = 1, 2, \cdots, K \quad (4.35)$$

式(4.35)与 PMF 共享下列属性,即

$$0 < \tau_K(x_i) \leq 1 \quad (4.36)$$

$$\sum_{i=1}^{K} \tau_K(x_i) = 1 \quad (4.37)$$

然而,它们之间的主要差别是,典型性与 PMF 不同,是由数据定义的,PMF 为非零值而典型性可以为零。另外,在典型性 τ 的定义中,无须假设随机性[3]。

图 4.2 中绘制的同一数据集的典型性如图 4.7 所示,从中可以看出,越靠近全局平均值的数据样本,具有越高的典型性值。

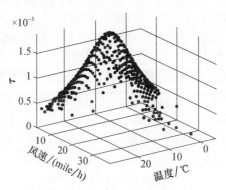

图 4.7 英国曼彻斯特温度与风速

4.6 离散多模态数据典型性

在本章前面的部分中,数据密度和典型性是来自实际的观察数据。这种新的实证方法无需限制性的先验假设,特定用户配置的参数阈值。然而,在许多情况下,一个特定数据点可能被多次观察。一个简单的例子是气候观测,当温度为 12℃时,可能不止有一天,而是有多天温度都是这个数值。

事实上,典型性(和数据密度)与传统概率论中的 PDF 相似并对应,但还有另一种(因此,在学校和每本教科书的开头都使用了历史上更古老、更容易理解的词汇)概率形式,即频率,基于事件发生频率或随机变量特定值的计数(见第 3 章)。如上所述均以全局平均值 μ_K 为中心的单模态离散分布进行量化度量。

然而,在实践中,单模态表示通常不足以描述实际的实验可观测数据[21-24]。为了解决这个问题,传统的概率论通常涉及单模态分布的混合,这就需要首先识别局部模态。(通常采用聚类、优化或使用领域专家知识)解决分隔

问题,这是一项具有挑战性的任务[24]。

在本书提出的实证方法中,提供了以下非参度量,直接从数据中导出,无须用户决策,可自动提供多模态分布:

(1) 多模态数据密度 D^M;

(2) 多模态典型性 τ^M。

对于重复多次的数据样本,可以声明

$$\exists x_i = x_j \quad i \neq j \tag{4.38}$$

下面用 $\{u\}_L = \{u_1, u_2, \cdots, u_L\}$ 表示(每个值只出现一次)唯一数据样本,其中 L 是唯一数据的样本数。很明显 $\{u\}_L \subseteq \{x\}_K$。用 $\{F\}_L = \{F_1, F_2, \cdots, F_L\}$ 表示相应的出现次数;$\sum_{i=1}^{L} F_i = K$。这也可以通过在线模式,从 $\{x\}_K$ 中自动获得。

例如,对于 $\{x\}_{10} = \{1, 2, 2, 4, 5, 7, 7, 7, 8, 8\}$,可很容易地从 $\{x\}_{10}$ 中识别出唯一数据样本,即 $\{u\}_6 = \{1, 2, 4, 5, 7, 8\}$,以及相应的出现次数 $\{F\}_6 = \{1, 2, 1, 1, 3, 2\}$。

在 $u_i(i = 1, 2, \cdots, L)$ 处估计的多模态数据密度 D^M,表示为(由每个特定数据样本的出现次数)加权形式数据密度[1],即

$$D_K^M(u_i) = F_i D_K(u_i) \tag{4.39}$$

图 4.8 描绘了英国曼彻斯特温度与风速气候数据对应的多模态数据密度。这里再次使用欧几里得距离度量。

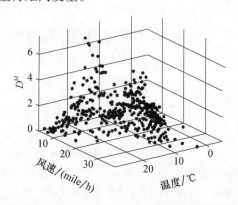

图 4.8 英国曼彻斯特温度与风速气候数据的多模态数据密度

在样本点 $u_i(i = 1, 2, \cdots, L)$ 上估计的多模态典型性可表示为[1]

$$\tau_K^M(u_i) = \frac{F_i D_K(u_i)}{\sum_{j=1}^{L} F_j D_K(u_j)} \quad i = 1, 2, \cdots, L \tag{4.40}$$

第4章 实证方法介绍

尽管它很简单,但式(4.40)是以下两种基本类型概率形式的泛化:
(1) 基于(在"公平游戏"案例中,如掷骰子、抛硬币等)发生频率;
(2) 基于分布方法。

这两种定义概率方法是众所周知的:前者通常出现在大学教科书中,以"公平游戏"为例,如抛硬币、掷骰子、缸中彩色球等。实际上,如果忽略数据密度 D,认为 $D=1$,这对于本节末尾进一步讨论的"公平游戏"是正确的,从式(4.40)可以得出与式(2.1)相同的结果,即

$$\tau_K^M(\boldsymbol{u}_i) = \frac{F_i D_K(\boldsymbol{u}_i)}{\sum_{j=1}^{L} F_j D_K(\boldsymbol{u}_j)} = \frac{F_i}{\sum_{j=1}^{L} F_j} \quad i = 1, 2, \cdots, L \quad (4.41)$$

基于分布的概率定义是实践中的常用定义,它占据了大学书籍和课程的大部分内容。覆盖了(见式(4.35)和图4.7)归一化数据密度。

作为在式(4.40)中引入的加权形式,从观察实验数据中可以获得典型多模态分布 τ^M,而无须对以下内容做预先假设:
(1) 模态/峰值的数量;
(2) ("公平游戏"中的随机性,或确定性)数据的性质;
(3) 可用数据的(无限或有限)数量,实际上,式(4.40)只要少量数据就能工作;
(4) 数据的相互依赖性或独立性;
(5) 数据生成模型。

上述特性结合递归计算是本书提出的新机器学习实证方法的核心。

图4.9(a)使用与图4.8相同的数据,给出了示例性说明,并将其与图4.9(b)中基于相同数据生成的直方图进行了比较。

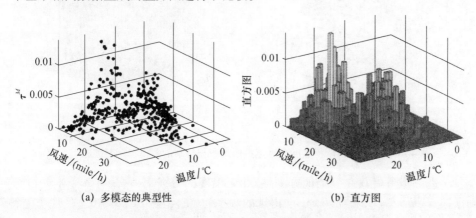

(a) 多模态的典型性　　　　　　　(b) 直方图

图4.9　英国曼彻斯特温度与风速多模态典型性和直方图

通过分析这些结果,可以看到多模态的典型性 τ^M 提供了与直方图非常相似的信息,但是可直接从数据中获得,没有采用任何预处理技术,如聚类或需要用户决定直方图单元的大小。必须强调的是,直方图可能会在数据维数 N 高的情况下产生问题,在此示例中,$N = 2$ 用于可视化目的,但在实际问题中,这个数字可能很大,数据点的数量 K 也很大,根据 Sturges 规则[25],要得到有意义的直方图,所需的 K 量级为 $K = 2^{H-1}$,其中 H 表示直方单元的数量。这是因为纵轴上的 τ^M 直方图,只能从有限集合 $\left\{0, \frac{1}{K}, \frac{2}{K}, \cdots, 1\right\}$ 中取值,这种单元大小的选择是主观的。在实际问题中,由于上述原因,有意义的直方图所需的最小数据样本数可能会达到数千个或更多。

相反,τ^M 不需要任何特定用户配置参数,采用实际值。该方法只需少量数据样本就可以工作,不需要用户的任何输入。可以看出,多模态典型性不仅充分考虑了重复数据样本的频率,而且还考虑了它们的相互位置。

当数据集中的所有数据样本都有不同的值时,即 $F_i = 1$ ($\forall i$),并且直方图的量化步长设置不当时,则直方图无法显示任何有用信息,如图 4.10(b) 所示。然而,多模态典型性仍然能够显示数据的相互分布信息,并自动转换为单模态分布,如图 4.10(a) 所示。在图 4.10 中,使用了图 4.2 的示例中使用的真实气候数据来演示。

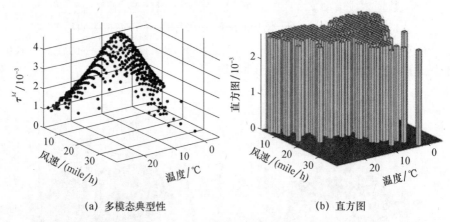

(a) 多模态典型性　　　　　　　　　　(b) 直方图

图 4.10　英国曼彻斯特温度与风速单模态数据样本的多模态典型性和直方图

进一步考虑只在一个地方测量 60 天温度的数据集,它只有 3 个唯一的数据样本 $\{u\}_3 = \{8, 14, 16\}$ ℃。出现的频率为 $\{F\}_3 = \{30, 20, 10\}$。通过这个人为假设的示例,比较:①离散多模态典型性 τ^M;②概率质量函数 PMF;③概率密度函数 PDF。

多模态典型性与 PMF 和 PDF 对比如图 4.11 所示。

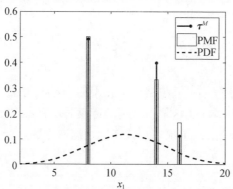

图 4.11 多模态典型性与 PMF 和 PDF 对比

从上面的例子可得出这样的结论：与 PMF 相比，τ^M 包含了关于数据相互分布的空间信息，中间的数据样本典型性比 PMF 值更高。

对于等距数据样本，多模态典型性与 PMF 完全相同，即

$$\tau_K^M(\boldsymbol{u}_i) = \frac{F_i}{\sum_{j=1}^{L} F_j} \quad i = 1,2,\cdots,L \tag{4.42}$$

这些等距数据样本为"公平游戏"的结果，如掷骰子等。例如，首先考虑抛硬币 200 次，其中 105 次结果是"头"，很明显，剩下的将是"尾"；然后可以表示为 $\{\boldsymbol{u}\}_2 = \{头,尾\}$ 和 $\{F\}_2 = \{105,95\}$；最后，可以得到 200 个观测值的多模态典型性，即

$$\tau_K^M(头) = \frac{105}{200} = 52.5\% ; \tau_K^M(尾) = \frac{95}{200} = 47.5\%$$

本节中考虑的离散多模态数据密度和典型性仅对任意数据样本 $\{\boldsymbol{u}\}_L$ 有效。

4.7 连续形式的数据典型性

4.2 节～4.6 节中描述的所有非参数实证推导量都是离散的，并采用数据空间中的实际数据点进行计算，且对任意数据样本 $\{\boldsymbol{u}\}_L$ 有效。

这些离散量完全基于数据点实证观测的整体性质和相互位置。无需数据样本观测值独立相同分布假设，而是通过相互距离来直接度量相互依赖性。不需要无限多的观测数据，可以在最少两个数据样本时工作。摆脱了传统概率论

和统计学中众所周知的假设悖论[2-3]。而且,可以适用于各种类型的距离度量递归计算。

4.7.1 连续单模态数据典型性

离散量对于描述数据集或数据流是有用的,但是,为了进行推理,需要连续形式的数据密度和典型性。这是因为离散量仅对现有数据点有效。

为了解决这个问题,以单模态形式考虑数据密度的连续形式[3],即

$$D_K^C(\boldsymbol{x}) = \frac{1}{\varepsilon_K(\boldsymbol{x})} \quad \boldsymbol{x} \in \boldsymbol{R}^N \tag{4.43}$$

式(4.43)可用聚集度表示为

$$D_K^C(\boldsymbol{x}) = \frac{\sum_{j=1}^{K} q_K(\boldsymbol{x}_j)}{2K q_K(\boldsymbol{x})} \tag{4.44}$$

式中:$\boldsymbol{x}_j \in \{\boldsymbol{x}\}_K$。

将连续形式的数据密度和典型性作为离散形式的包络引入。

使用欧几里得距离度量,连续数据密度简化为覆盖整个数据空间的连续柯西型函数[3],即

$$D_K^C(\boldsymbol{x}) = \frac{1}{1 + \frac{\|\boldsymbol{x} - \boldsymbol{\mu}_K\|^2}{\sigma_2^K}} \quad (\boldsymbol{x} \in \boldsymbol{R}^N) \tag{4.45}$$

与式(4.29)相比,式(4.45)的主要区别在于,$\boldsymbol{X}$ 不必是数据空间中物理存在的数据点。图4.12给出了前面示例中使用的英国曼彻斯特温度和风速气候数据的连续数据密度的说明示例。

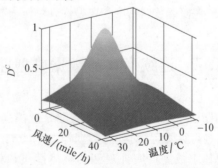

图4.12 英国曼彻斯特温度和风速气候数据的连续数据密度

如4.5节所述,离散形式的典型性是归一化的数据密度。依据相同的概念,连续典型性定义使用积分而不是求和归一化的连续数据密度[3],为

$$\tau_K^C(\boldsymbol{x}) = \frac{D_K^C(\boldsymbol{x})}{\int_x D_K^C(\boldsymbol{x}) \mathrm{d}\boldsymbol{x}} \tag{4.46}$$

由式(4.46)可知,通过求解数据空间中连续数据密度 $D_K^C(\boldsymbol{x})$ 的积分,并被 $D_K^C(\boldsymbol{x})$ 相除,$\tau_K^C(\boldsymbol{x})$ 的单位积分始终可以保证适用于所有类型的距离度量[3],即

$$\int_x \tau_K^C(\boldsymbol{x}) \mathrm{d}\boldsymbol{x} = 1 \tag{4.47}$$

这是一个非常重要的结果,因为它使得连续的典型性 τ^C 在这一条件下可与传统的 PDF 相比较。然而,正如已经强调的那样,典型性有(较少的限制等)许多优点,直接从数据中定义和生成的。

例如,不失一般性,如果使用欧几里得距离,可以通过考虑多变量柯西分布的表达式来变换 $D_K^C(\boldsymbol{x})$ [21-23]:

$$f(\boldsymbol{x}) = \frac{\Gamma\left(\frac{N+1}{2}\right)}{\pi^{\frac{N+1}{2}} \sigma_0^N \left(1 + \frac{(\boldsymbol{x}-\boldsymbol{\mu})^\mathrm{T}(\boldsymbol{x}-\boldsymbol{\mu})}{\sigma_0^2}\right)^{\frac{N+1}{2}}} \tag{4.48}$$

式中:$\boldsymbol{x} = [x_1, x_2, \cdots, x_N]^\mathrm{T}$;$\boldsymbol{\mu} = E[\boldsymbol{x}]$;$\sigma_0$ 为标量参数;$\Gamma(\cdot)$ 为伽玛(gamma)函数;π 为常数。

重要的是,式(4.48)也保证了

$$\int_{x_1}\int_{x_2}\cdots\int_{x_N} f(x_1, x_2, \cdots, x_N) \mathrm{d}x_1 \mathrm{d}x_2 \cdots \mathrm{d}x_N = 1 \tag{4.49}$$

基于式(4.48),采用欧几里得距离,引入归一化连续数据密度,即[3]

$$\overline{D}_K^C(\boldsymbol{x}) = \frac{\Gamma\left(\frac{N+1}{2}\right)}{\pi^{\frac{N+1}{2}} \sigma_K^N} (D_K^C(\boldsymbol{x}))^{\frac{N+1}{2}} = \frac{\Gamma\left(\frac{N+1}{2}\right)}{\pi^{\frac{N+1}{2}} \sigma_K^N \left(1 + \frac{\|\boldsymbol{x}-\boldsymbol{\mu}_K\|^2}{\sigma_K^2}\right)^{\frac{N+1}{2}}} \tag{4.50}$$

式中:$\sigma_K^2 = X_K - \|\boldsymbol{\mu}_K\|^2$。

由于 $\int_x \overline{D}_K^C(\boldsymbol{x}) \mathrm{d}\boldsymbol{x} = 1$,对于欧几里得距离,有[3]

$$\tau_K^C(\boldsymbol{x}) = \overline{D}_K^C(\boldsymbol{x}) = \frac{\Gamma\left(\frac{N+1}{2}\right)}{\pi^{\frac{N+1}{2}} \sigma_K^N \left(1 + \frac{\|\boldsymbol{x}-\boldsymbol{\mu}_K\|^2}{\sigma_K^2}\right)^{\frac{N+1}{2}}} \tag{4.51}$$

图 4.13 描述了与图 4.12 中使用的相同真实气候数据集的连续典型性 τ^C。将连续典型性与单模态 PDF 的属性进行比较,如图 4.14 所示。

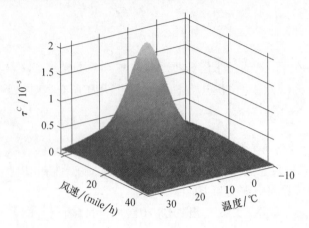

图 4.13　英国曼彻斯特温度和风速气候数据的连续典型性

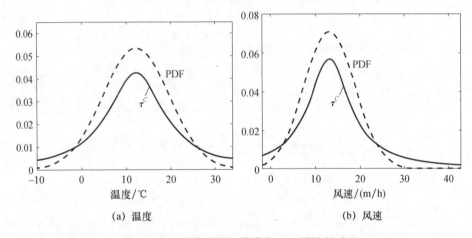

(a) 温度　　　　　　　　　　　(b) 风速

图 4.14　连续典型性与单模态 PDF 属性的对比

从上面的比较可以看出,连续的典型性共享了连续单模态 PDF 的最重要特性:
(1) 积分为 1;
(2) 提供一个封闭的解析形式;
(3) 表示特定数据值 x_i 的概率。

然而,它的优点是不需要用户关于特定问题假设的先验参数,并且它完全是从实证观察中得出的。这使得 τ^C 成为传统基于频率或分布以及其他置信[26]概率形式的高效替代。

与仅对观测值有效的离散典型性 τ 相比,利用连续典型性 τ^C 可以方便地进行任意值的推断。为了说明这一点,使用真实气候数据的第一个温度属性,表示为 x_1。如果使用欧几里得距离,τ^C 在 $x_1 = 2.75$ 和 $x_1 = 14.25$ 的值可以利用式(4.51)直接得到,$\tau_C^K(x_1 = 2.75) = 0.0164$ 和 $\tau_C^K(x_1 = 14.25) = 0.0396$,这表明 $x_1 = 14.25$ 比 $x_1 = 2.75$ 发生的可能性约高 2 倍,见图 4.15。

与单模态 PDF 相似,如果想要获得所有大于 y 的数据样本的连续典型性,可以按照以下形式对 τ_C 积分[3],即

$$T(\mathbf{x} > \mathbf{x}_o) = 1 - \int_{x = -\infty}^{x_o} \tau_C^K(\mathbf{x}) \, \mathrm{d}\mathbf{x} \tag{4.52}$$

按照前面的例子,如果想要获得连续典型性 τ^C 的值,对于所有 $x_1 > x_o$,有

$$T(x_1 > x_o) = 1 - \int_{x_1 = -\infty}^{x_o} \tau_C^K(x_1) \, \mathrm{d}x_1 = 1 - \left(\frac{1}{\pi} \arctan\left(\frac{x_o - \mu_{K,1}}{\sigma_{K,1}} \right) + \frac{1}{2} \right) \tag{4.53}$$

式中:$\mu_{K,1}$ 为数据第一个属性的平均值;$\sigma_{K,1}$ 为相应的标准偏差。

如果 $x_o = 20$,那么(图 4.15 中的阴影部分) $T(x_1 > 20) = 0.2429$。

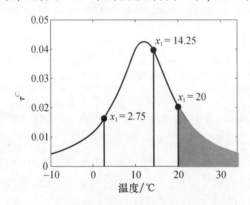

图 4.15 使用连续典型性进行推理的示例 τ^C

4.7.2 连续多模态数据密度和典型性

传统方法假设分布函数平滑以逼近实际数据,平滑分布函数通常是单模态的、全局有效的;但是对于多模态情况,需要通过聚类、期望最大化(EM)或使用领域专家提供的主观知识来预先定义峰值/模式的数目。

在提出的实证方法中,从数据出发,无需特定用户和先验假设参数、阈值等,即可确定连续数据密度 D^C 和典型性 τ^C。

1. 连续多模态数据密度

连续多模态数据密度是距离度量非相似性的,用于测量数据空间中数据样本的相互距离。对于任意的 x,连续多模态数据密度 D^{CM} 一般形式的定义与混合分布非常相似[3],即

$$D_K^{CM}(\boldsymbol{x}) = \frac{1}{K}\sum_{i=1}^{N} S_{K,i} D_{K,i}^{C}(\boldsymbol{x}) \tag{4.54}$$

式中:$D_{K,i}^{C}(\boldsymbol{x})$ 为 $\boldsymbol{x}$ 连续数据密度,通过计算局部(以 $C_{K,i}$ 表示)第 i 聚类/数据云所得到 $D_{K,i}^{C}(\boldsymbol{x}) = \dfrac{1}{\varepsilon_{K,i}(\boldsymbol{x})}$;$S_{K,i}$ 为 $C_{K,i}$ 和 $\sum_{i=1}^{N} S_{K,i} = K$ 相应的支撑成员数;N 为数据空间中存在的数据云的总数。

式(4.54)是连续数据密度的加权组合,D^{CM} 是从每个数据云局部计算得到。式(4.54)适用于所有类型的距离度量。

连续多模态数据密度 D^{CM} 是由数据的局部峰值/模式非参数定义的。很好地反映了数据分布的多模态性质,与单模态表达式(4.32)相比,在波谷区域的表现不同。当使用欧几里得距离时,连续多模态数据密度 D^{CM} 可以按柯西混合分布重新表达[3],即

$$D_K^{CM}(\boldsymbol{x}) = \frac{1}{K}\sum_{i=1}^{N} \frac{S_{K,i}}{1 + \dfrac{\|\boldsymbol{x} - \boldsymbol{\mu}_{K,i}\|^2}{\sigma_{K,i}^2}} \tag{4.55}$$

式中:$\boldsymbol{\mu}_{K,i}$ 和 $\sigma_{K,i}$ 为第 i 个数据云中数据样本的均值和标准差。

图 4.16 描述之前图 4.8 考虑欧几里得距离的相同气候数据集的连续多模态数据密度,在图 4.16(a)中,将数据中地面观测的真实数据分为两个簇。在图 4.16(b)中,使用将在 7.4 节中详细介绍的自主数据分割(ADP)算法,以完全数据驱动的非参数方式寻找(局部峰值)模式。

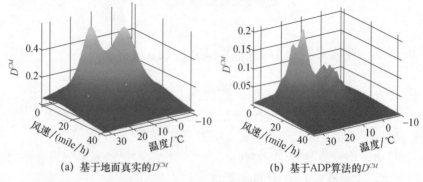

(a) 基于地面真实的 D^{CM} (b) 基于ADP算法的 D^{CM}

图 4.16 英国曼彻斯特温度和风速气候数据的连续多模态数据密度

从图 4.16 中可以看到,连续多模态数据密度 D^{CM} 能够检测数据分布的天然多模态结构。

2. 连续多模态的典型性

以类似的方式,还引入了多模态典型性的连续形式 τ^{CM},它表示为归一化的连续多模态数据密度[3],即

$$\tau_K^{CM}(\boldsymbol{x}) = \frac{D_K^{CM}(\boldsymbol{x})}{\int_x D_K^{CM}(\boldsymbol{x}) d\boldsymbol{x}} \tag{4.56}$$

更详细地,结合式(4.54)和式(4.56),可得

$$\tau_K^{CM}(\boldsymbol{x}) = \frac{\sum_{i=1}^N S_{K,i} D_{K,i}^C(\boldsymbol{x})}{\sum_{i=1}^N S_{K,i} \int_x D_{K,i}^C(\boldsymbol{x}) d\boldsymbol{x}} \tag{4.57}$$

还可以证明连续的多模态典型性 τ^{CM} 被整合到 1。

多模态典型性在本质上与多模态 PDF 非常相似,但它完全来自于数据,不受特定用户先验假设参数和阈值的限制。图 4.16 给出的真实气候数据的连续多模态数据密度 D^{CM},推导出的连续多模态典型性 τ^{CM} 如图 4.17 所示。

如图 4.17 所示,进一步将多模态 PDF、单模态 PDF、概率质量函数(PMF)与连续多模态典型性进行了比较,并在图 4.18 中给出了对照结果,其中 τ^{CM} 是使用实证方法从数据中生成的。

从图 4.18 中可以看出,相较于单模态和多模态 PDF,连续多模态典型性 τ^{CM} 能够更为客观地识别数据模式的主要峰值/模式。

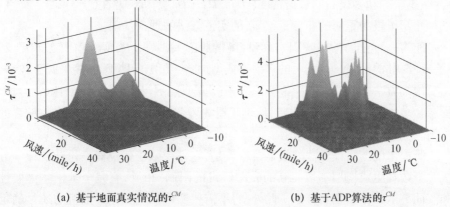

图 4.17 真实气候数据的连续多模态典型性

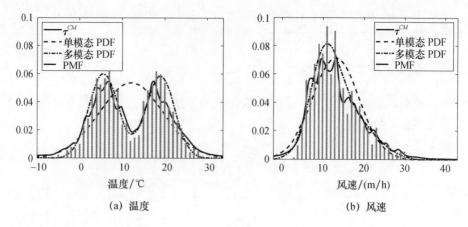

图 4.18 连续多模态典型性 τ^{CM} 与单模态、多模态 PDF 及 PMF 比较

4.8 结 论

本章系统地介绍了提出的新实证方法[1-3]的非参量,度量包括以下几个:
(1) 聚集度邻近度 q;
(2) 偏心率 ξ 和标准化偏心率 ε;
(3) 数据密度 D;
(4) 典型性 τ。

还讨论了它们的性质,并给出了其递归计算表达式。描述与分析了离散与连续、单模态和多模态的数据密度(D^C、D^M、D^{CM})和典型性(τ^C、τ^M、τ^{CM})。本章介绍了极为重要的非参量,是新的实证方法的理论基础。

作为一种全新的模式识别度量,离散版的典型性 τ 类似于单模态 PDF,却是一种离散的形式。离散版的多模态典型性 τ^M 类似于 PMF,直接来源于数据,不受传统方法[2-3]的假设悖论影响。连续典型性 τ^C 和多模态典型性 τ^{CM} 与单模态和多模态 PDF 共享许多特性,但不受先验假设以及特定用户和参数配置的影响。

所提出的新实证方法的最显著特点是,它不受限于传统概率论和统计学方法关于数据生成模型不切实际的先验假设的限制;相反,它完全基于整体属性和实证离散数据的相互分布。此外,它不需要明确假设数据是随机的还是确定的,以及独立性甚至数据的数量。这种新方法触及了数据分析的真正基础,有

第4章 实证方法介绍

广泛的应用,包括异常检测、聚类、数据分割、分类、预测、FRB、DRB 等。我们将在本书的余下部分进一步描述如何应用上述度量。

4.9 提 问

(1) 所提出的新实证方法的非参量度量有哪些?
(2) 典型性与 PDF 和 PMF 有什么相似之处和差异?
(3) 本书中定义的数据密度与文献中使用的"基于密度的聚类方法"的密度术语差异是什么,如 DBSCAN(基于密度的空间聚类带噪应用)? 核密度估计(KDE)与递归密度估计(RDE)之间有什么差异?

4.10 要 点

(1) 提出的新实证方法的非参量度量包括以下几个:
① 聚集度;
② 偏心率和标准化偏心率;
③ 数据密度;
④ 典型性。
(2) 都有递归版本,单模态和多模态、离散和连续形式的版本;
(3) 基于数据的整体特性,而不是先验的限制性假设;
(4) 典型性的离散版类似于单模态 PDF,但以离散的形式存在。离散多模态的典型性类似于 PMF。

参考文献

[1] P. P. Angelov, X. Gu, J. Principe, D. Kangin, Empirical data analysis—a new tool for dataanalytics, in *IEEE International Conference on Systems, Man, and Cybernetics*, 2016, pp. 53 – 59

[2] P. Angelov, X. Gu, D. Kangin, Empirical data analytics. Int. J. Intell. Syst. 32 (12), 1261 – 1284(2017)

[3] P. P. Angelov, X. Gu, J. Principe, A generalized methodology for data analysis. IEEE Trans. Cybern. 48(10), 2981–2993 (2018).

[4] A. N. Kolmogorov, *Foundations of the Theory of Probability* (Chelsea, Oxford, England, 1950)

[5] V. Vapnik, R. Izmailov, Statistical inference problems and their rigorous solutions. Stat. Learn. Data Sci. 9047, 33–71 (2015)

[6] P. Angelov, Outside the box: an alternative data analytics framework. J. Autom. Mob. Robot. Intell. Syst. 8(2), 53–59 (2014)

[7] P. P. Angelov, Anomaly detection based on eccentricity analysis, in 2014*IEEE SymposiumSeries in Computational Intelligence*, IEEE Symposium on Evolving and AutonomousLearning Systems, *EALS*, *SSCI* 2014, 2014, pp. 1–8

[8] P. Angelov, *Typicality* distribution function—a new density-based data analytics tool," in IEEE International Joint Conference on Neural Networks (IJCNN), 2015, pp. 1–8

[9] G. Sabidussi, The centrality index of a graph. Psychometrika 31(4), 581–603 (1966)

[10] L. C. Freeman, Centrality in social networks conceptual clarification. Soc. Netw. 1(3), 215–239(1979)

[11] X. Gu, P. P. Angelov, J. C. Principe, A method for autonomous data partitioning. Inf. Sci. (Ny) 460–461, 65–82 (2018)

[12] P. Angelov, *Autonomous Learning Systems: From Data Streams to Knowledge in Real Time* (Wiley, 2012)

[13] http://www.worldweatheronline.com

[14] R. De Maesschalck, D. Jouan-Rimbaud, D. L. L. Massart, The mahalanobis distance. Chemometr. Intell. Lab. Syst. 50(1), 1–18 (2000)

[15] D. Kangin, P. Angelov, J. A. Iglesias, Autonomously evolving classifier TEDAClass. Inf. Sci. (Ny) 366, 1–11 (2016)

[16] X. Gu, P. P. Angelov, D. Kangin, J. C. Principe, A new type of distance metric and its use forclustering. Evol. Syst. 8(3), 167–178 (2017)

[17] X. Gu, P. Angelov, D. Kangin, J. Principe, Self-organised direction aware data partitioningalgorithm. Inf. Sci. (Ny) 423, 80–95 (2018)

[18] J. G. Saw, M. C. K. Yang, T. S. E. C. Mo, Chebyshev inequality with estimated mean andvariance. Am. Stat. 38(2), 130–132 (1984)

[19] M. Ester, H. P. Kriegel, J. Sander, X. Xu, A density-based algorithm for discovering clustersin large spatial databases with noise, *in International Conference on Knowledge Discoveryand Data Mining*, 1996, vol. 96, pp. 226 – 231

[20] P. P. Angelov, D. P. Filev, An approach to online identification of Takagi-Sugeno fuzzymodels, IEEE Trans. Syst. Man, Cybern. Part B Cybern. 34(1), 484 – 498 (2004)

[21] S. Y. Shatskikha, Multivariate Cauchy distributions as locally Gaussian distributions. J. Math. Sci. 78(1), 102 – 108 (1996)

[22] C. Lee, Fast simulated annealing with a multivariate Cauchy distribution and the configuration's initial temperature. J. Korean Phys. Soc. 66(10), 1457 – 1466 (2015)

[23] S. Nadarajah, S. Kotz, Probability integrals of the multivariate t distribution. Can. Appl. Math. Q. 13(1), 53 – 84 (2005)

[24] A. Corduneanu, C. M. Bishop, Variational Bayesian model selection for mixture distributions, *in Proceedings of the Eighth International Conference on Artificial Intelligence and Statistics*, pp. 27 – 34, 2001

[25] H. A. Sturges, The choice of a class interval. J. Am. Stat. Assoc. 21(153), 65 – 66 (1926)

[26] T. Bayes, An essay towards solving a problem in the doctrine of chances. Philos. Trans. R. Soc. 53, 370 (1763)

第5章 实证模糊集与系统

模糊集通过定义隶属函数来描述。最初为主观设计[1-2]，20世纪90年代提出数据驱动方法，使用聚类替代隶属函数来客观设计模糊集[3]。先实现了离线应用，后允许在线处理数据流[4-5]。

图5.1描述了基于FRB的系统已有的主和客观设计方法流程。

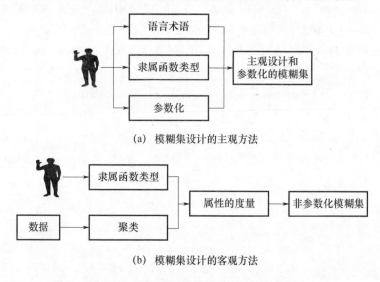

(a) 模糊集设计的主观方法

(b) 模糊集设计的客观方法

图5.1 现有FRB系统的识别方法流程图

实证模糊集[6]是从经验观测中得到的，与从实际数据源生成传统隶属函数的重要差别在于，实证模糊集是基于原型、非参数和多模态的，而不是预先定义、预先选择单模态函数类型，通常为三角形、高斯形和梯形函数。这将在本章进一步详细说明，但是从实用的角度来看，实证模糊集的设计要容易得多，因为它只需要选择很少的原型，而无须预选隶属函数类型及其参数。典型地，用于模糊系统中的每个变量的模糊集数量超过3个,通常为5~7个,变量数可能数十或数百个甚至更多,对应各自模糊集的隶属函数总数成指数关系T^N,其中T是模糊集的个数;N是变量的个数。因此,不需要定义和参数化可能成千上万个主观预定义的函数,只需要简单地识别少量实际数据,以构建原型。这可以通过以下方式实现:

(1) 主观地,通过询问人类领域专家;

(2) 客观地,基于典型性和数据密度,可参见第7章中介绍的自主数据分割(ADP)算法。

实证模糊集在客观数据和主观语义表达之间提供了非常有趣的联系。此外,实证模糊集还可以处理异构数据,如同时包含文本、图像/视频及信号的数据。另外,基于FRB的系统,与传统的模糊集形成的方式相同,可用作表示专家知识的工具。

本章介绍了基于实证模糊集规则的系统概念和原理,包括它们的客观和主观设计方法以及实际应用的例子。

5.1 基本概念

如上所述,在模糊集设计中的主要问题是隶属函数的定义。传统的和历史上首次提出的模糊集设计方法涉及人类领域专家定义隶属函数的类型,如三角形、梯形、高斯等,并基于客观判断进行参数化。之所以用这种方法源于:

(1) 形式化专家知识,通过隶属函数以数学形式表示专家知识;

(2) 从数据中提取人类可理解的、清晰的语义信息,并以IF…THEN规则的形式表示。

然而,这种以主观方式为特定问题手工制作的FRB系统,需要领域专家结合他们对该问题的专业知识,并做出许多具体的假设,这在实践中通常是非常麻烦的。

下面考虑一个典型的基于传统FRB系统的医疗决策支持系统。

(1) 领域专家必须定义感兴趣的变量属性,如心脏收缩血压、体温、血液中的氧浓度、脉搏等。

(2) 他(或她)必须选择一种隶属函数类型,如钟形、高斯分布、三角形、梯形等。

(3)专家必须对每个变量选择要使用的语言标签数目。每个变量的数目可以是相同的,也可以不同;人们通常用奇数,如3、5或7。已经证明,人类不能区分9种以上的语言标签,如"低""中"和"高"是最常用的,"非常""极端"以及"相当"可以添加到低和高中,作为语义模糊限制语。因此,对于有数十或数百个变量的问题,隶属函数的总数可能会上升到失去控制,这是一个称为"维度魔咒"(维度灾难)的问题[7]。

在提出的实证模糊集中,专家(在本例中是医生)只需要提供很少的病人和健康者的例子(在本例中是两个类的原型)。

一个非常相似的问题是运动教练/训练者,在确定运动员好坏时,使用传统方法设计模糊集。首先需要教练识别各种特征属性,如通过的次数、比赛或训练中奔跑的距离、在培训过程中所花费的时间或付出的努力等;然后,可能需要定义巨量的隶属函数,并确定其类型,如钟形、高斯、三角形、梯形或其他便于使用的函数。相反,让教练简单地说:"运动员X、Y、Z是好的"和"运动员V、W是坏的"要容易得多,甚至不需要解释原因。

5.2 实证隶属函数的设计

20世纪90年代,用于设计模糊集与系统的数据驱动方法得到了发展[3],并开始得到普及。它基于数据聚类,是更加客观的实证方法。尽管如此,这种方法仍然存在一些问题,举例如下:

(1)定义隶属函数时,仍然需要作出具体决策;

(2)实际数据分布与隶属度函数之间仍存在显著差异。

针对实证模糊集所提出的客观方法,从实际数据开始,不同于以前的数据驱动方法,不涉及或不需要任何用户假设参数阈值。其流程框图如图5.2所示。

图5.2 实证模糊集的客观设计方法流程框图

客观方法涉及ADP方法,详细描述见第7章。该方法基于第4章描述的多模态数据密度和典型性。典型性的局部峰值是最具代表性的数据点/向量作为原型。

第7章中描述的ADP方法有离线和在线两种版本。本节使用ADP方法的

第5章 实证模糊集与系统

离线版本来进行说明。采用 2010—2015 年间在英国曼彻斯特测量的真实(温度和风速)气候数据(可从文献[9]下载),如前几章中的数值示例所示。在这个数据集中,约½(480)的数据样本是在冬季记录的,其余(459)的数据样本是在夏季记录的。"冬天"和"夏天"是两个类别。

第7章中描述的 ADP 方法和第11章中描述的相应算法,能够(不需要任何用户信息)自动识别15个原型,这些原型分别定义了29个实证模糊隶属函数如图5.3所示,其中黑色星号"*"表示已识别的原型,不同颜色的圆点"·"表示基于"最近邻"原理形成的 Voronoi 划分图中与其相关的数据样本,即

$$\mathbf{C}_{n*} \leftarrow \mathbf{C}_{n*} + \mathbf{x}; \quad n* = \arg_{i=1,2,\cdots,M} \min(d(\mathbf{x}, \mathbf{p}_i)) \tag{5.1}$$

式中: M 为数据云的数量; $\mathbf{p}_i$ 为第 i 个数据云 $\mathbf{C}_i$ 的原型; $\mathbf{C}_{n*}$ 为原型最接近于 $\mathbf{x}$ 的数据云。

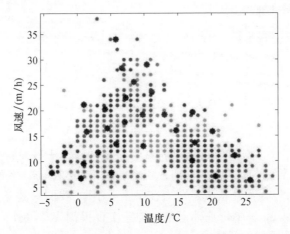

图 5.3 (见彩图)采用 ADP 算法识别气候数据的原型

实证模糊隶属函数可以通过在原型处估计的数据密度来定义。正如第4章所定义的,即

$$\mu_i^\varepsilon(\mathbf{x}) = D_i(\mathbf{x}) \tag{5.2}$$

式中: $\mu_i^\varepsilon(\mathbf{x})$ 为第 i 个数据云 $\mathbf{C}_i$ 的实证隶属度函数; $D_i(\mathbf{x})$ 为 $\mathbf{C}_i$ 内计算的局部数据密度。

如果采用欧几里得距离度量,则表达式简化为围绕原型 $\mathbf{p}_i$ 定义的柯西类型函数,即

$$\mu_i^\varepsilon(\mathbf{x}) = \frac{1}{1 + \dfrac{\|\mathbf{x} - \mathbf{p}_i\|^2}{X_i - \|\mathbf{\mu}_i\|}} \tag{5.3}$$

式中：p_i、μ_i 和 X_i 分别为数据样本 C_i 的原型、均值和平均标量积。

相应地，离散和连续形式的三维实证模糊隶属度如图 5.4 所示。

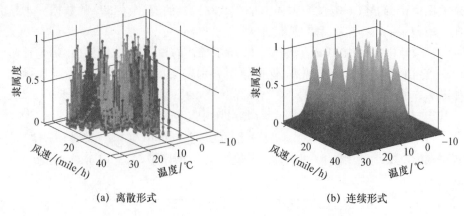

(a) 离散形式　　　　　　　　　(b) 连续形式

图 5.4　（见彩图）可视化的气候三维实证模糊集

5.3　表达专家意见的主观方法

实证模糊集使得模糊逻辑理论所具有的主观特性更容易被融入和形式化为数学形式。然而，与传统的 Zadeh – Mamdani[1] 型或 Takagi – Sugeno 型模糊集和 FRB 系统中，专家需花费大量精力在手工上不同，我们只需要选择一些最典型的样本作为原型，并在此基础上自动构建实证模糊集。另外，专家也可以帮助定义语义判断语句或标签。

图 5.5 为实证模糊集设计的主观方法流程框图。

图 5.5　实证模糊集设计的主观方法

考虑一个使用相同气候数据，具有温度和风速两个属性的简单示例。实证 FRB 系统的设计简单地要求每个类至少选择一个原型，这时类的数量是 2。例如，如果用户选择在冬季记录的两个原型作为数据样本 $p_1 = [1℃, 7m/h]^T = x_{14}$ 和 $p_2 = [11℃, 20m/h]^T = x_{357}$。这意味着，在两个最典型的冬天，曼彻斯特的气温是 1℃，风速是 7mile/h，而在另一个最典型的冬天，曼彻斯特的气温是

11℃,风速是20mile/h。"最典型"的意思是具有最高值的典型性。同样地,假设用户选择的夏季原型是 $p_3 = [20℃, 12m/h]^T = x_{88}$。一般来说,用户可以根据自己的需要,选择尽可能多的原型。

所有剩余的数据点/向量都与最邻近原型相关,以这种方式形成了 Voronoi 划分[10]。以这样的方式,实证模糊隶属函数建立在每类数据密度之上。自然,由于每个点到其自身的距离为零,原型将拥有最高的隶属值,等于1。任何其他数据隶属到各自的类别,如"冬季"或"夏季"的值将小于1,且反比于到原型的平方距离,类似于外太空中行星之间的万有引力定律。

考虑一个简单的例子,围绕3个原型构建的实证模糊集,其三维形式可视化图如图5.6所示。

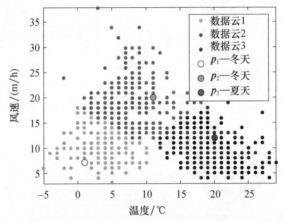

(a) 所选的3个原型和与其有关的其余数据点

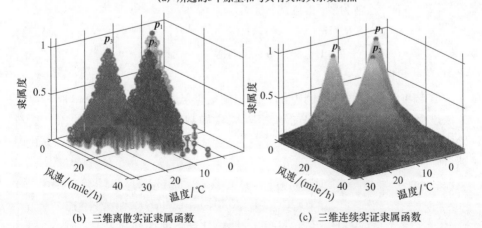

(b) 三维离散实证隶属函数 (c) 三维连续实证隶属函数

图5.6 (见彩图)采用主观方法设计的实证模糊集

与手工制作传统模糊集花费的精力相比,实证方法只需要人类专家定义几个原型,这是更简单、更容易和高度透明的。不同于传统的隶属函数参数可能有或可能没有明确的含义。原型具有明确的含义,对于前面考虑的简单说明性示例,p_1 表示寒冷但无风的一天,p_2 代表暖和但有风的日子,p_3 代表温暖但有和风的日子。在不同领域的计算机科学家和专家之间的合作中,在简化人的参与方面,提出的方法可发挥非常重要的作用。事实上,领域专家经常发现既理解数学模型,又理解计算术语等是很困难的。无须要求领域专家,如生物学家、市场、或气候专家等,显式地定义感兴趣变量,如温度、风速或可能许多其他变量,然后再定义相应的语义项,并对其进行标注和参数化,如低、中、高等,借助本书所提出的实证方法,领域专家要做的事情只是说明"这是一个典型的夏天/冬天"的一天。此外,领域专家也可以参与进一步的交互式改进或细化隶属函数,并理解或解释模型的内部结构和功能。

5.4 基于实证模糊规则的系统

基于实证模糊集,可以定义零阶和一阶的实证 FRB 系统如下。
(1) 零阶(整数/单例结果,如标识一个类的标签),即

$$R_i: \text{IF } (\boldsymbol{x} \sim \boldsymbol{p}_i) \text{ THEN } (y \sim \text{LT}_{out,i}) \tag{5.4}$$

式中:$\text{LT}_{out,i}$ 为第 i 个模糊规则输出的语义表达。
(2) 一阶(通常为线性的),即

$$R_i: \text{IF } (\boldsymbol{x} \sim \boldsymbol{p}_i) \text{ THEN } (y = f(\boldsymbol{x}, a_i)) \tag{5.5a}$$

$$R_i: \text{IF } (\boldsymbol{x} \sim \boldsymbol{p}_i) \text{ THEN } (y = \bar{\boldsymbol{x}}^T a_i) \tag{5.5b}$$

式中:$\bar{\boldsymbol{x}} = [1, \boldsymbol{x}^T]^T$。

考虑与前面说明性示例中使用的相同气候数据集,以便可视化地与传统方法进行比较。图 5.6 给出的示例中,将气候数据根据之前选取的原型重新分组为"寒冷,但无风""暖和,但有风""温暖,但和风"3 类,得到以下规则,即

$$R_1: \begin{array}{l} \text{IF } (x_T \text{ is low}) \text{ AND } (x_W \text{ is low}) \\ \text{THEN } (y_D \text{ is'' Cold, but Calm''}) \end{array} \tag{5.6a}$$

$$R_1: \begin{array}{l} \text{IF } (x_T \text{ is Medium}) \text{ AND } (x_W \text{ is High}) \\ \text{THEN } (y_D \text{ is'' Moderate, but Windy''}) \end{array} \tag{5.6b}$$

$$R_1: \begin{array}{l} \text{IF }(x_T \text{ is High}) \text{ AND }(x_W \text{ is Moderate}) \\ \text{THEN}(y_D \text{ is'' Warm with Moderate Wind''}) \end{array} \quad (5.6c)$$

式中：x_T 和 x_W 分别为某一天的温度和风速；y_D 为那天的天气。

基于 3 类数据样本的原型变量 x_T，即温度，可以将语义术语"低"解释为 1℃ 左右，"中"解释为约 11℃ 和"高"解释为大约 20℃；对于变量 x_W，即风速、语义术语"低"表示 7mile/h，"中"为大约 12mile/h，"高"为约 20mile/h。

传统方法的下一步是选择隶属函数的类型，如高斯函数、三角形函数等，并确定其参数。

在此之后，最终可以定义所需的模糊集。在图 5.7 中，用高斯型隶属函数描述了 FRB 系统。具有其他类型隶属函数的 FRB 系统，也可以用类似的方法构建。

可选择地，实证 FRB 系统的形式为

$$R_1: \text{IF}(\boldsymbol{x} \sim [1℃, 7\text{m/h}]^T) \text{THEN}(y \text{ is'' Cold, but Calm''}) \quad (5.7a)$$

$$R_2: \text{IF}(\boldsymbol{x} \sim [11℃, 20\text{m/h}]^T) \text{THEN}(y \text{ is'' Moderate, but Windy''}) \quad (5.7b)$$

$$R_3: \text{IF}(\boldsymbol{x} \sim [20℃, 12\text{m/h}]^T) \text{THEN}(y \text{ is'' Warm with Moderate Wind''}) \quad (5.7c)$$

式中：$\boldsymbol{x} = [x_T, x_W]^T$。

图 5.8 给出了基于图 5.7 相同数据集的实证 FRB 系统，使用离散或连续实证隶属函数的可视化图形，其中星号 * 表示原型；不同颜色的点符号 · 表示属于不同数据云[4]的数据样本。

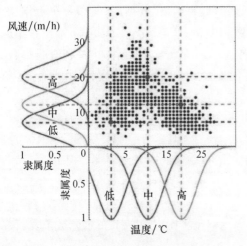

图 5.7 （见彩图）传统 FRB 系统示例
（星号 * 表示均值；圆点 · 表示数据样本）

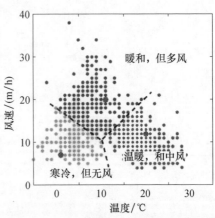

图 5.8 （见彩图）相同数据的实证 FRB 实例

5.5 处理分类变量

传统机器学习方法处理分类变量的常见做法是将它们映射到不同的整数。例如,可以使用:①数字"1"代表职业类别"司机";②数字"2"代表职业类别"工人";③数字"3"代表"厨师"等。

或者,可以使用"1 - of - C"编码方法[13]将类别变量映射到一系列正交二进制向量中。例如:

① "001"表示工作类别"司机";
② "010"代表"工人";
③ "100"代表"厨师"等。

然而,无论使用哪种映射,编码过程总是将来自不同类别的数据样本之间的真实差异最小化。这种最小化在高维问题中更为明显。在许多情况下不同类别的数据是不一致的,实际上是不可比较的。处理不同类别的最佳方法是分别处理它们,从而避免处理过程中彼此之间的人为干扰。

例如,使用上面描述的编码方法意味着,"司机"比"厨师"更接近"工人",但在现实中可能不是这样。

实证模糊集的一个独特特征是能够处理含有分类变量的问题。考虑一个 Z 维的分类变量向量,$v_l = [v_{l,1}, v_{l,2}, \cdots, v_{l,Z}]^T (l = 1, 2, \cdots, K)$;$v_{l,j}$ 为 v_l 的第 j 个分类变量;$\{\chi\}_K = \{\chi_1, \chi_2, \cdots, \chi_K\}$ 是数据集/数据流,其中每个数据样本 $\chi_l = [v_l^T, x_l^T]^T$ 中包含分类变量和数值变量 $v_i = [v_{l,1}, v_{l,2}, \cdots, v_{l,Z}]^T$ 是第 i 个数值原型 p_i 的分类变量所对应的向量;第 j 个分类变量的可能取值的集合记为 C_j,并且 $v_{l,j}$ 和 $v_{i,j}$ 从 C_j 中取值。例如,分类变量可能包含性别、职业和品牌等。

通过考虑数值变量和分类变量,引入一般形式的实证模糊规则为[6]

$$\text{IF}(v_l \sim v_i) \quad \text{THEN IF}(x_l \sim p_i) \quad \text{THEN}(y_l \sim \text{LT}_{\text{out},i}) \tag{5.8}$$

同样,一阶实证模糊规则也可以用以下更一般的形式来表述[6],即

$$\text{IF}(v_l \sim v_i) \quad \text{THEN IF}(x_l \sim p_i) \quad \text{THEN}(y_l = \bar{x}_l^T a_i) \tag{5.9}$$

式中:$\bar{x}_l = [1, x_l^T]^T$。

一般实证模糊规则中,分类输出部分(THEN IF),由一个布尔函数定义,仅限"真"或"假",表示为

$$B_i(\boldsymbol{v}_l) = \begin{cases} 1 & \boldsymbol{v}_l = \boldsymbol{v}_i \\ 0 & \boldsymbol{v}_l \neq \boldsymbol{v}_i \end{cases} \tag{5.10}$$

为了建立一般的实证模糊规则,每个类别至少需要一个原型。对于包含多个类别变量的数据,即 $v_{l,1}, v_{l,2}, \cdots, v_{l,Z}$ 至少需要 $\prod_{j=1}^{Z} b_j$ 个原型,其中 b_j 是 C_j 的原型。

实证 FRB 系统要求每个类别至少有一个原型。数据将按类别进行拆分并分别进行处理。这与传统方法大不相同,传统方法忽略了分类变量之间的实际差异。这对并行化非常方便。

为了说明这一点,使用前面示例中所采用的气候数据集进行可视化说明。因为气候数据集包含两个类别的数据样本,称为"0"和"1",而不是"冬季"和"夏季"。首先分离这两个类别,然后从每个类别中随机地选择 3 个数据样本作为原型,来建立实证模糊集。图 5.9 显示了随机选择的原型。

首先,利用已识别的原型,共识别出 6 个实证模糊集和各自的实证隶属函数;然后,基于这些实证模糊规则,建立了实证 FRB 系统的结构。由数据导出的实证模糊集的三维可视图如图 5.10 所示,相应的实证模糊规则由下式(5.11a)和式(5.11b)给出,即

IF($v \sim$ "0") THEN IF($\boldsymbol{x} \sim [3℃, 9\text{m/h}]^T$)OR
($\boldsymbol{x} \sim [4℃, 15\text{m/h}]^T$)OR($\boldsymbol{x} \sim [11℃, 22\text{m/h}]^T$) THEN($y$ is "Winter") (5.11a)

IF($v \sim$ "1") THEN IF($\boldsymbol{x} \sim [15℃, 7\text{m/h}]^T$)OR
($\boldsymbol{x} \sim [19℃, 13\text{m/h}]^T$)OR($\boldsymbol{x} \sim [23℃, 6\text{m/h}]^T$) THEN($y$ is "Summer") (5.11b)

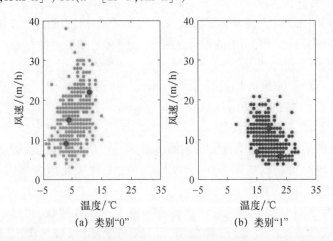

图 5.9　从两类数据样本中识别出的原型(星号"*"为原型)

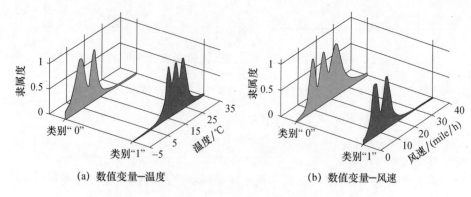

(a) 数值变量—温度 (b) 数值变量—风速

图 5.10 每个数值变量的实证模糊函数的三维图示

5.6 比较分析

与传统的 FRB 系统相比,使用欧几里得距离,实证隶属函数的形式是柯西函数,与通常使用的高斯函数非常相似[12]。但是,无须用户预先定义参数,而且这种类型的函数不是主观选择的结果,传统隶属函数可能是三角形、梯形等,而是客观结果,取决于采用的距离类型和实际数据。

此外,在定义隶属函数值的方式上(式(5.2)和式(5.3)),实证 FRB 系统与传统的 FRB 系统有很大的不同。为了构建传统的(Zadeh – Mamdani 或 Takagi – Sugeno 型)FRB 系统,人类专家需要定义如第 3 章中描述的多个参数。与之相比,实证模糊集简化了模糊集的设计过程。它们通过多变量数据点/向量定义,这些数据点/向量表示非参数、与形状无关的由数据样本组成的数据云焦点,这些数据样本与最近的焦点相关联,形成 Voronoi 细分图。[10]。这些焦点(原型)用作实证模糊集的前提条件(IF)部分,显著减少了人类专家所需的工作,同时大大提高了 FRB 系统的客观性。

实证模糊系统不需要假设实证隶属函数是连续函数的形式,如图 5.7 中呈现的两种传统类型模糊规则系统。实证隶属度函数从数据中导出,为离散形式[14-15],如图 5.11(a)所示。

然而,考虑到温度和风速这两个属性来自于一个连续域,也可以在原型周围定义柯西形式的连续隶属函数,如图 5.11(b)所示,形成包围实际离散数据点的包络。必须注意的是,在图 5.11 中,实证隶属度函数的每个特征都是可视化的。

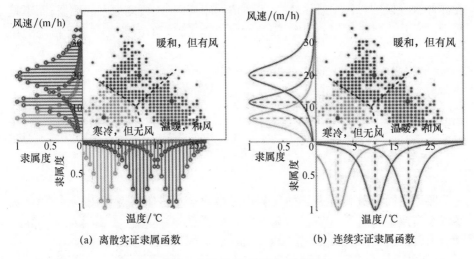

(a) 离散实证隶属函数　　　　(b) 连续实证隶属函数

图 5.11　（见彩图）实证 FRB 系统

不同于用于 Zadeh – Mamdani 和 Takagi – Sugeno 型的模糊规则系统的传统隶属函数，它们需要定义每个属性，实证模糊集是以向量形式直接从数据中提取隶属函数[6]。尽管如此，仍然可以提取 $n+1$ 维实证隶属函数，它基于特定数据的 n 个（$1 \leq n \leq N$）特征/属性，并类似于 $n+1$ 维 PDF[14-15]。此外，$n+1$ 维实证模糊集可以是离散的或连续的，也可以是离散与连续的组合。图 5.4 显示了 $n+1(n=2)$ 维离散和连续实证模糊集。

实证隶属函数与 PDF 的差别在于，前者的峰值（最大值）为 1：$\mu_i^\varepsilon(x) = 1$，它们可以用语言解释，如"低""中""高"等，基于投影的每个特征/属性与传统的模糊集相同，或与实证模糊集中的"接近原型 p_i"的方法相同。

相对于传统的 FRB 系统（Zadeh – Mamdani 和 Takagi – Sugeno），实证 FRB 系统处理高维问题更为方便且计算更为简单。它们有处理包含分类变量问题的独特能力。这要归功于一个事实：实证 FRB 系统只需识别原型，无论是由用户来识别（见 5.3 节）还是采用数据驱动方法（见 5.2 节），系统都从原型周围形成的数据云中，自动得出实证隶属函数。此外，借助所提出的实证模糊集和实证 FRB 系统，可以处理异构数据，以及连续和/或离散变量组合分类，如性别、职业、门的数目见 5.5 节。

实证模糊集和系统非常适合处理数据流。随着大量传感器、人员、社会、行业等数据规模和复杂性成指数级增长，数据越来越被视为未开发的资源，这为实时提取综合信息并提供给政策和商业决策提供了新的机会。实证方法拓展了已有的 FRB 系统的识别技术。事实上，传统的模糊集设计方法是在数据不具有如此大规模的时代发展起来的,主要适用于离线的、可能静态的数据,而不是数据流。从大量未标记的图像、表达客户选择或偏好的大数据中设计传统的模糊模型实际上是困难的。相比之下,提出的实证模糊集和系统提供了一个高效的、以数据为中心的(因此是实证的)工具,该工具既清晰又直观,无特定要求,它可以帮助人类专家和用户,而不是使他们过度工作或压垮他们。

5.7 基于实证模糊集的推荐系统示例

实证模糊集和 FRB 系统的便利性可以显著增进零售商使用该系统能力。举一个买房子的例子。当然,在购买一套特定的房子之前,会有各种可见和隐藏的因素影响客户的决定,如价格、到城市中心的距离、学校和主要道路、房间数量、环境、安全条件、邻里、房屋面积等。为了简单起见,仅考虑以下 4 个因素/特征:

(1) 价格;
(2) 房屋建筑面积;
(3) 到城市中心的距离;
(4) 到主要道路的距离。

如果地产中介机构想要利用传统 FRB 系统建立一个推荐系统,他们需要建立一些模糊集合来根据不同的特征对房屋进行分类。在这种情况下,特征语义术语包括(图 5.12)以下几个。

① 价格,如"经济""适中"和"昂贵";
② 房屋占地面积,如"小""中"和"大";
③ 到城市中心的距离,如"近""中""远";
④ 到主要道路的距离,如"近""中""远"。

建立这样的模糊集需要做大量的工作,然而,其结果是主观的,其原因是显而易见的。一个很大的问题就是参数化隶属函数。另一个问题是隶属函数的类型以及使用的语义术语的数目和变量的范围。

不同的地产经纪人及不同的客户,可能对这些特征有不同的理解。例如,一个中年客户可能认为 15 万英镑的房子是可以负担得起的。然而,一位退休客户可能会认为,一栋价值 10 万英镑的房子太贵了;或者,一个单身客户可能认为 $70m^2$ 的房子是"大"房子,但有两个孩子的一对夫妇可能认为这房子太"小"。

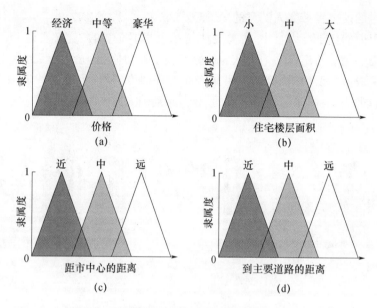

图 5.12 传统 FRB 系统的三角形隶属度函数

此外,偏好可能不是平稳单调的。没有科学的方法来决定每次使用的语言术语数量(3 个或更多或更少)。因此,手工制作的 FRB 系统很难设计和使用,这可能是它们尚未被广泛接受的主要原因。

相反,当使用实证式 FRB 系统时,地产经纪人只需要让客户选择一个或多个他们最满意的房子。这些房子可以是这个城市的任何真实的房子,不管它们是否被出售。这些房子也可能是客户理想中的房子。

例如,一个客户可以选择城市中具有不同特征的 3 套不同的房子。

(1)靠近市中心和主干道,带装修豪华的小房子,用 p_1 表示。

(2)靠近市中心但远离主干道,带豪华装修的中房子,用 p_2 表示。

(3)靠近主干道但远离市中心,带经济装修的大房子,用 p_3 表示。

然后,将所选房屋作为原型,依据数据库中所有可供出售房屋的归一化变量来形成数据云。由原型周围形成的数据云导出实证隶属函数,如图 5.13 所示。

根据每套可供出售房屋与原型的相似程度,地产经纪人可以很容易地为每位客户列出推荐房屋的清单。例如,经纪人可以快速识别对应隶属度在 0.9 以上($\mu^\varepsilon \geqslant 0.9$)的可供出售房屋,或隶属度最高的前 10 名候选房屋,然后向客户推荐。

所有这些都是通过问问每个客户一个简单的问题来实现的:"你能告诉我

你所见过的城市里最令人满意的房子吗?"

从上面的例子可以看出,不需要任何参数或不必要的工作,实证 FRB 推荐系统只需要用户给出一些他们认为最好的例子作为原型。然后,系统将根据原型自动形成数据云,并计算所有可用产品的相似度。然后,针对特定用户自动生成推荐列表,但同时这也是客观的、数据驱动的方式。

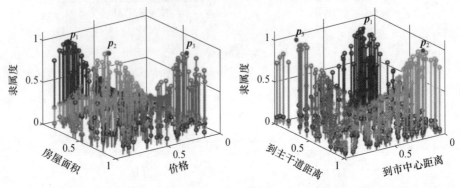

(a) 图示特征——价格、房屋面积　　(b) 图示特征——到市中心距离、到主干道距离

图 5.13　(见彩图)图示说明基于 4 个房屋归一化属性的实证隶属度函数
(实心点代表原型)

5.8 结　论

本章介绍了实证模糊集和基于实证模糊集的模糊规则系统,即实证模糊规则系统。同时也介绍了识别实证 FRB 系统的两种方法(主观的和客观的)。

与传统的模糊集和基于模糊规则系统相比,实证模糊集和 FRB 系统具有以下显著优势:

(1) 它们是以透明的、数据驱动的方式派生的,无须先验假设;
(2) 它们有效地结合了数据与人类导出模型;
(3) 它们具有非常强的可解释性和高度的客观性;
(4) 它们有助于专家,甚至绕过了人类专业知识的参与。

传统的模糊集和 FRB 系统容易遭遇"维度魔咒",对于复杂的高维问题,手工制作模糊集可能在解决具体问题时存在障碍,因为高维问题所需的模糊集数量成指数增长。

5.9 问 题

(1) 解释设计实证模糊集和系统的主观过程。传统的模糊集和基于模糊规则的系统有何区别?

(2) 描述设计实证模糊集和系统的客观过程。

(3) 实证模糊集和系统如何处理分类变量,如房间数目、车门数、性别、职业等。传统模糊集和系统是如何处理这些变量的?统计系统如何处理同样的问题?

(4) 给出实证模糊集系统应用领域的几个例子。

5.10 要 点

(1) 基于原型定义了实证模糊系统。它们的隶属度函数是从实证性观测数据中提取出来的,而不是由人类先验假设强加的。

(2) 实证模糊集可以用主观或客观的方法设计。

(3) 与传统模糊集系统相比,实证模糊集系统具有的优势如下。

① 它们是由透明、数据驱动的方式派生的,无须先验假设。

② 有效地将数据导出与专家导出模型相结合。

③ 具有较强的可解释性和客观性。

④ 人类专家的参与程度有显著的改善或者可以绕过。

(4) 实证模糊集可以处理类别变量,如性别、职业、房间数、门数等。

(5) 实证模糊集和系统的例子包括推荐系统、决策支持系统等。

参考文献

[1] E. H. Mamdani, S. Assilian, An experiment in linguistic synthesis with a fuzzy logic controller. Int. J. Man Mach. Stud. 7(1), 1–13 (1975)

[2] T. Takagi, M. Sugeno, Fuzzy identification of systems and its applications to modeling and control. IEEE Trans. Syst. Man. Cybern. 15(1), 116–132 (1985)

[3] R. R. Yager, D. P. Filev, Learning of fuzzy rules by mountain clustering, in SPIE Conference on Application of Fuzzy Logic Technology, 1993, pp. 246 – 254

[4] P. Angelov, R. Yager, A new type of simplified fuzzy rule-based system. Int. J. Gen Syst. 41(2), 163 – 185(2011)

[5] P. Angelov, Autonomous Learning Systems: From Data Streams to Knowledge in Real Time(Wiley, Ltd., 2012)

[6] P. P. Angelov, X. Gu, Empirical fuzzy sets. Int. J. Intell. Syst. 33(2), 362 – 395 (2017)

[7] C. C. Aggarwal, A. Hinneburg, D. A. Keim, On the surprising behavior of distance metrics in high dimensional space, in International Conference on Database Theory, 2001, pp. 420 – 434

[8] X. Gu, P. P. Angelov, J. C. Principe, A method for autonomous data partitioning, Inf. Sci. 460 – 461, 65 – 82 (2018)

[9] http://www.worldweatheronline.com

[10] A. Okabe, B. Boots, K. Sugihara, S. N. Chiu, Spatial Tessellations: Concepts and Applications of Voronoi Diagrams, 2nd edn. (Wiley, Chichester, England, 1999)

[11] P. Angelov, An approach for fuzzy rule-base adaptation using on-line clustering. Int. J. Approx. Reason. 35(3), 275 – 289 (2004)

[12] P. P. Angelov, D. P. Filev, An approach to online identification of Takagi-Sugeno fuzzy models, IEEE Trans. Syst. Man, Cybern. Part B Cybern. 34(1), 484 – 498 (2004)

[13] P. Cortez, A. Silva, Using data mining to predict secondary school student performance, in 5th Annual Future Business Technology Conference, 2008, pp. 5 – 12

[14] P. P. Angelov, X. Gu, J. Principe, D. Kangin, Empirical data analysis—a new tool for data analytics, in IEEE International Conference on Systems, Man, and Cybernetics, 2016, pp. 53 – 59

[15] P. Angelov, X. Gu, D. Kangin, Empirical data analytics. Int. J. Intell. Syst. 32(12), 1261 – 1284 (2017)

第6章　实证方法的异常检测

异常检测是数据预处理的第一步(在选择使用邻近度/距离度量类型后),可能是在归一化或标准化之前执行,也可能与归一化或者标准化结合使用,尤其是标准化。

异常检测是已被广泛研究并应用于各种不同领域的重要主题[1]。例如,保险和银行的数据分析[2-3];入侵内部[4]或恶意软件检测[5];技术系统故障检测[6];视频处理中新颖目标检测[7]等。然而,在机器学习中(尤其是自主学习系统中[8-9]),异常检测是预处理的一部分,要求删除或忽略异常数据项,以避免异常数据项影响数据驱动模型的质量[8]。很明显,异常度高或低的值会影响数据集或数据流的平均值、标准差、协方差和其他统计特征。

异常检测的另一个重要作用,特别对在线数据流和演变环境处理方面,某些异常会成为引起模型结构改变(动态进化)的触发器。实际上,在动态进化的数据流环境中,从一个离群点开始,逐步呈现并形成新的数据云或聚类,该离群点与任何先前存在的数据云或聚类无类。与现实生活非常相似,如果越来越多的数据样本与这个离群值非常相似,那么其角色将从离群点变为新数据云或聚类的发起者。

顾名思义,异常检测的目的是发现离群值和罕见事件[10]。从统计的角度来看,这是一种对分布尾部的分析。困难在于数据的分布很少成正态/高斯分布,或很少能通过理论分析中经常考虑的其他常见的平滑函数进行精确描述。这对得出异常/离群点的结论有重大影响。

在许多实际情况和应用中,如侦测犯罪活动、火灾报警、银行欺诈侦测、机器状态监测、人体监测、安全监视系统等,异常值起着关键作用。

在某种意义上,异常检测问题可以看作聚类的逆问题:聚类指具有最高数据密度、最典型的、最具代表性的数据点/向量,它很可能是一个集聚中心或原型[10];反之,远离所有其他数据样本、数据密度最低的数据点/向量,是一个潜在的离群点或异常值。

异常可分为以下3种类型[1,11]。

(1)点异常。这些是单个数据样本,表现出与其他数据有显著差异。这类异常是研究最广泛的一种异常[1]。

(2)上下文异常。这些数据样本仅在特定的上下文中(或前后关系中)是异常的,而非其他情况(见6.1节)。

(3)集体异常。这是相对于整个数据集异常的相关数据样本的集合。集体异常样本本身可能不是异常的,但它们在一起出现时是异常的。

通常也可以根据异常检测方法分类[1]如下。

(1)有监督异常检测方法。这类方法通常用标注了"正常"或"异常"的一个数据样本组成的训练集,来训练一个监督学习算法[12-15]。有监督异常检测方法严重依赖于先验知识和人类的专业知识,可能会出现类分布不平衡的问题。这种异常检测方法的类型,包括决策树[14]和一对多的SVM[15]。这些技术要求预先知道观测结果的标签,从而使算法以有监督的方式进行学习,并在训练后得到期望输出。因此,监督方法在检测异常值方面,通常比统计方法更准确、更有效。然而,在实际应用中,标签通常是很难获得的,而且获取它们的成本可能非常高。

(2)半监督异常检测方法。半监督方法通常假设训练集仅由正常数据样本组成。基于这一假设,他们从对应正常行为的训练集中学习一个模型,并使用该模型识别验证数据中的异常[16]。有些半监督方法使用逆向逻辑,假设训练集仅由异常组成[17]。半监督方法的主要问题是,几乎不可能在训练集中获得所有可能的正常(或异常)数据样本的代表性集合。也就是说,只能检测到预期的异常,但在实际应用中,非期望的异常才是最重要的。

(3)无监督异常检测方法。无监督方法不需要训练样本,因此比其他两种方法应用更加广泛。不同于监督和半监督两种方法,大多数无监督方法是根据密度或相似性,对数据样本进行评分,而不是给出标签。然而,许多现有的无监督异常检测方法[18-20],要求用户预先定义许多输入,即阈值、误差容忍度、最近邻数等,这些值的选择需要良好的先验领域知识,是主观的、特定问题相关的。这些方法的性能,很大程度上受这些选择值的影响。尽管有些无监督方法并不明确要求这些先验知识,但它们常通过假设蕴含隐性要求(如正常数据样本远比异常多)。这类最流行的无监督方法包括3σ原理(来源于切比雪夫不等式[21])、不同的密度估计方法,也包括核密度估计(KDE)和递归密度估计

(RDE)[22]方法。

这3种异常检测方法因训练集所用不同标签而不同,可以通过图6.1[23]中给出的流程图形象地说明。

异常检测技术传统上是基于数据集或数据流的统计分析[24-25],它们依赖于一些关于数据生成模型的先验假设(通常假设为高斯分布),并且需要一定程度的经验知识[24]或作出特别的决策,即关于阈值。然而,这些先验假设只在理想/理论情况下是正确的,即高斯、独立相同分布数据。然而在现实中,先验的知识往往不可获得。

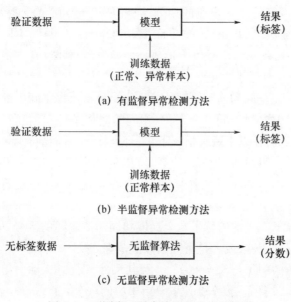

图6.1 不同类型异常检测方法流程框图

6.1 全局或局部上下文异常

异常是上下文相关的。数据项/向量可以被视为"正常",但在某些情况下,它被视为异常。例如,英国兰卡斯特的日最高温度为5℃是相当正常的;但是,如果在8月测量,则是异常的(低)。上下文与时间/季节相关。

异常检测与"正常态"的定义密切相关,与其边界(可能是清晰的,但也可能是模糊的)以及是否考虑全部或部分参考数据密切相关,即使该方法不是数据驱动和实证的,这与我们考虑的是数据的所有可能值还是数据的一部分相关。

使用日常生活中的一个简单例子可以很容易说明这一点。如果我们需要定义"正常"的支出模式、工资等，虽然对此有一个很好的想法，而且也可以获得相对容易的统计表示，但"细节决定一切"。例如，如果存在明显的异常（极高或极低的值），则必须在计算指向"正常"值的平均值之前，首先剔除异常值。此外，边界不一定是清晰的。这种明显的异常是全局性的，因为它们在所有数据或整个取值范围都是异常的。

设想一下，我们想要将已有的全国数据划分成每个县/区、城市的数据。现在，伦敦的"正常"值显然与兰卡斯特等地区的"正常"值不同。数据分割不必是地理上的，也可以是一个职业的划分，或者是基于年龄或受教育程度等。显然，足球运动员或医生的"正常"支出和工资会与图书馆员等不同。局部的（每个数据子集能在某一感兴趣维度上形成一个聚类，如薪酬、开支等方面）异常在概念上与上下文异常非常接近。主要区别在于，上下文可能由其他因素（如季节或时间）提供，而全局和局部之间的分离完全基于数据空间中的值（上述两个示例中的钱）。例如，对于同一个人，在相同的居住条件下，花费一定的金额或者得到一定的工资，在以下两种情况下，是否为反常，可能会有不同的结论：

（1）如果是在假期期间消费，或者是在25岁以下时获得工资；

（2）如果支出是在正常工作期间，或者在员工40多岁或50多岁时挣得工资。

这些都是上下文异常的例子。全局值和局部值之间的区分，完全是基于货币价值以及数据可用性，或者是可能的数值范围。

另一个简单的例子与汽车有关，涉及其尺寸、发动机、动力等。例如，如果在美国考虑汽车，"普通"汽车会比罗马市中心的汽车大得多。这又是一个上下文异常。然而，即使只是美国的汽车，也可能会出现全局异常，如Mini Cooper太小，但在不同类别/集群的家庭汽车、SUV中，也会出现局部异常。

异常检测算法的目的是从数据集中识别偏离正常数据集的异常数据样本。然而，在实践中，这种基本假设本身在许多情况下都是模棱两可的。

基于温度和风速读数的二维情况下的局部异常如图6.2所示。为了说明异常情况，图6.2仅使用了第5章提到的2010—2015年英国曼彻斯特夏季和冬季测量的数据（可从文献[26]下载）。

在本例中，4个全局异常（红色圈出）与大多数数据相离甚远。两个数据样本（绿色圈出）是局部异常（涉及各自的组/群，但不是全局异常）。最后一个小群（以洋红色圈出）是一组集体异常，也可以看作一个小型/微型集群。

与全局异常相比，局部异常和微型集群在许多情况下都不明显。传统的统计方法常常忽略局部异常。目前,几乎所有可用的无监督异常检测算法都是用于检测单个异常实例,即点异常检测[23],而不是微型集群和全局异常。

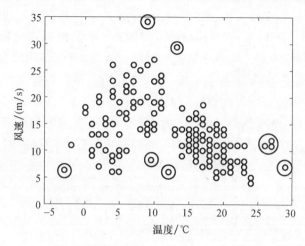

图6.2 (见彩图)气候数据全局(红色)、局部(绿色)和集体(洋红)异常的简单二维示例

6.2 基于密度估计的异常检测

异常检测本质上与数据密度 D 和聚类有关。事实上,聚类本身是一个将数据点分组在一起的过程,这些数据点在数据/特性/属性空间中紧密地结合在一起。因此,聚类自然出现在数据密度较高的数据空间区域,与之相反,异常是数据密度值最低的数据点[8]。

聚类与异常检测之间存在着较为复杂的关系,有点像"先有鸡还是先有蛋"的困境,但有一种或多或少清晰的解决方法。局部异常(见6.1节和图6.2)只能在聚类形成或声明后才能声明,因为在消除(全局)异常之前形成聚类会扭曲结果(集群边界)。因此,在对数据进行聚类之前,必须检测并删除/忽略异常,但同时,只能在聚类形成之后检测局部异常。

部分实用/务实的解决方案是将检测和移除全局异常(不依赖于聚类)作为预处理的第一步;然后,一旦异常数据被删除,就可以进行聚类;在此之后,可以通过数据分析、建模以及其他方法(分类、预测、控制等)进行检测并剔除局部异常点。

可以基于数据密度进行异常检测（和聚类）。传统的方法可以追溯到 Parzen 窗口和核密度估计[24]。这种方法非常流行，但它是离线的，需要所有数据都可用。最初在文献[27-28]中提出一种更有效的数据密度估计方法，即递归密度估计（recursive density estimation, RDE）。RDE 的正式名称首次在文献[28]中使用，并在文献[8]中得到进一步应用发展，它已是两项授权专利的一部分[22,29]。RDE 的核心是数据密度，如果使用欧几里得距离类型，那么数据密度具有第 5 章所示的柯西核函数形式。

数据密度在模型结构设计、聚类、分类、异常检测等相关问题中至关重要[8]。RDE 通常可以使用欧几里得、马哈拉诺比斯距离或余弦相似度。它只在内存中通过保留关键统计元参数更新数据密度，包括数据的均值 $\boldsymbol{\mu}_K$、平均标量积 X_K、当前时刻 K（时刻 $k = 1, 2, \cdots, K$ 代表数据项的顺序）。它只使用当前时刻数据样本 $\boldsymbol{x}_K$ 更新元参数，而不将观察结果保存在内存中，因此，它能够从潜在的、非平稳环境的数据流中检测异常。

在本节中，使用 4.4 节中描述的数据密度表达式（4.32），使用数据样本 $\boldsymbol{x}_K$ 估计的欧几里得距离，即

$$D_K(\boldsymbol{x}_K) = \frac{1}{1 + \frac{\|\boldsymbol{x}_K - \boldsymbol{\mu}_K\|^2}{X_K - \|\boldsymbol{\mu}_K\|^2}} \tag{6.1}$$

式（4.8）和式（4.9）给出了 $\boldsymbol{\mu}_K$ 和 X_K 的递归表达式。

对于数据流中每个新到达的数据样本，记为 $\boldsymbol{x}_K$，首先将 $\boldsymbol{\mu}_{K-1}$ 和 X_{K-1} 更新为 $\boldsymbol{\mu}_K$ 和 X_K，然后实时计算出 $\boldsymbol{x}_K$ 的数据密度 $D(\boldsymbol{x}_K)$。

接着计算出所有以前观测值 $\{\boldsymbol{x}_1, \boldsymbol{x}_2, \cdots, \boldsymbol{x}_K\}$ 的数据密度平均值，可更新为[8]

$$\overline{D}_K \leftarrow \frac{K-1}{K}\overline{D}_{K-1} + \frac{1}{K}D_K(\boldsymbol{x}_K); \qquad \overline{D}_1 \leftarrow 1 \tag{6.2}$$

数据密度的标准差更新为

$$(\sigma_K^D)^2 \leftarrow \frac{K-1}{K}(\sigma_{K-1}^D)^2 + \frac{1}{K}(\overline{D}_K - D_K(\boldsymbol{x}_K))^2; \qquad (\sigma_1^D)^2 \leftarrow 0 \tag{6.3}$$

我们可以使用切比雪夫不等式[21]，基于条件 6.1，实时地确定 $\boldsymbol{x}_{K+1}$ 是否为异常。

条件 6.1

$$\text{IF } (D_K(\boldsymbol{x}_K) < \overline{D}_K - n\sigma_K^D) \text{ THEN } (\boldsymbol{x}_K \text{ 是一个异常}) \tag{6.4}$$

式中：n 对应于众所周知的 $n\sigma$ 原理。

6.3 自主异常检测

检测异常通常需要人工干预,至少包括假设、定义阈值、特性/属性等。统计方法允许转为向更高级别的自主性和数据驱动的操作模式,这对实时和数据丰富的应用程序有着很高的需求。然而,检测异常仍然需要由人来确定假设、定义阈值和特征。

因此,开发自主异常检测方法是非常必要的。例如,最近报道的自主异常检测(AAD)方法[30]是无监督的、非参数的、不受用户和问题特定假设的约束[31-32]。AAD方法首先从数据中识别出潜在的异常,然后使用第7章介绍的自主数据分割(ADP)算法,形成数据云(类似集群的数据点分组,形成Voronoi格子[33],不同于超矩形、圆形或椭圆形等的非规划形状)。使用数据分割结果,从数据中识别出全局和局部异常。AAD算法的主要步骤在以下章节中介绍。使用的距离度量类型可以是不相同的,但为了方便起见我们使用欧几里得距离。

6.3.1 定义不同粒度级别下的局部区域

文献[34]中引入了"粒度"的概念。通常,根据问题的复杂性、可用的计算资源和特定的需求,可以在不同的特征级别(细节)处理特定的问题。一般来说,选择粒度越高,问题的细节就越细,学习系统就越能够抓取局部整体属性信息。同时,系统也消耗了越多的计算和内存资源,也可能出现过拟合。相反,在粒度较低的情况下,学习系统只能从数据中获取粗糙信息。尽管该系统的计算效率会更高,但其性能可能会因细节信息的丢失而受到影响[35]。

在 G 级粒度($G = 1, 2, 3, \cdots$)下,围绕每个数据样本/原型周围的局部影响区域平均半径 $R_{K,G}$,通过用下列表达式,以迭代方式计算,即

$$\begin{cases} R_{K,G} = \dfrac{\sum\limits_{y,z \in \{x\}_K; y \neq z; d^2(y,z) \leq R_{K,G-1}} d^2(y,z)}{M_{K,G}} \\ R_{K,0} = \bar{d}_K^2 \end{cases} \quad (6.5)$$

式中:$M_{K,G}$ 为数据样本对的数目,一对数之间的欧几里得平方距离小于 $R_{K,G-1}$;$R_{K,G-1}$ 为与 $G-1$ 级粒度对应的平均半径;$\bar{d}_K^2$ 为 $\{x\}_K$ 内任意两个数据样本之间

的平均距离,有

$$\overline{d}_K^2 = \frac{1}{K^2} \sum_{i=1}^{K} q_K(\pmb{x}_i) \tag{6.6}$$

与传统方法相比,用这种方法导出局部整体属性的信息具有很大优势。首先,$R_{K,G}$ 始终保证有效。预先定义阈值或事先硬性编码的数学原理,可能会遇到各种各样的问题,而且这种方法的性能往往无法保证。例如,在大多数情况下,先验知识是不可用的,硬编码原则对数据的性质过于敏感。相反,$R_{K,G}$ 直接从数据中派生出来,总是有意义的。不需要数据集/流的先验知识,可以根据特定问题的需求来决定粒度级别。较高的粒度级别允许 AAD 方法,基于更精细的细节,去检测局部异常,而较低的粒度级别,允许该方法,基于粗糙的细节进行检测。因此,用户可以自由选择,但同时也不会负担过重。此外,可以根据特定的需求更改粒度级别,从而始终适应系统。有些问题严重依赖于细节,而有些问题可能需求一般。

6.3.2　识别潜在的异常

在 AAD 算法的第一阶段,可利用式(4.40)得到 $\{\pmb{u}\}_L$ 处的离散多模态典型性 τ^M。通过将 τ^M 扩展到 $\{\pmb{x}\}_K$,可以获得每个数据样本 $\pmb{x}_i$ ($\pmb{x}_i \in \{\pmb{x}\}_K$)的多模态典型性,用 $\{\tau^M(\pmb{x})\}_K$ 表示。

切比雪夫不等式[21](见式(4.27))描述特定数据样本 $\pmb{x}_i$ ($\pmb{x}_i \in \{\pmb{x}\}_K$)的概率为远离全局均值 $\pmb{\mu}_K$ 的 n 倍标准差 σ_K。对于 $n=3$ 的特殊和最常用的情况,$\pmb{x}_i$ 与 $\pmb{\mu}_K$ 的距离大于 $3\sigma_K$ 的概率小于 $1/9$。换言之,平均而言 9 个数据样本中有最多一个可能是异常的。因此,AAD 方法假设 $\{\pmb{x}\}_K$ 内的有 $\frac{1}{n^2}$ 数据样本是潜在异常的(最坏情况)。然而,这并不意味着它们是实际的异常的。

AAD 方法首先从数据样本 $\{\pmb{x}\}_K$ 中,选择具有最小 τ^M 值的 $\frac{1}{2n^2}$ 个数据样本作为全局异常的候选者,记为 $\{\pmb{x}\}_{PA,1}$。这里,n 是一个小整数,对应基于切比雪夫不等式的 $n\sigma$ 规则中的 n。本书用 $n=3$,因为 3σ 规则是识别各种应用中全局异常最流行的方法之一[10,36-37]。然而,在传统的方法中,$n=3$ 确实直接影响对每个异常的检测。相比之下,在 AAD 方法中,这只是潜在全局异常选择的第一阶段。我们也不假设高斯/正态分布,认为它是任意的。

AAD 方法识别潜在的局部异常,用 $\{\pmb{x}\}_{PA,2}$ 表示;下一步,AAD 方法识别位于超球体中的每个唯一数据样本 u_i 周围的相邻唯一数据样本 $\{x^*\}_i \in \{x\}_K$，超球体以 u_i 为中心，$R_{K,G}$ 为半径，见条件 6.2。

条件 6.2

$$\text{IF } (d^2(u_i, x_j) \leq R_{K,G}) \quad \text{THEN } (\{x^*\}_i \leftarrow \{x^*\}_i + x_j) \quad (6.7)$$

式中：$j = 1, 2, \cdots, K$；$R_{K,G}$ 为一个数据驱动的距离阈值，它定义了 G 粒度级别下每个数据样本/原型的局部影响区域半径，允许 AAD 方法更有效地检测数据样本与数据密度的局部峰值的距离（典型性）。在 AAD 算法中，使用了 $G = 2$（第二级粒度）。

u_i 处的数据密度在超球体内进行局部计算，这是 Voronoi 细分的一个局部单元（使用欧几里得距离）[33]，围绕它进行以下操作，即

$$D_{K_i}^*(u_i) = \cfrac{1}{1 + \cfrac{\|u_i - \zeta_i\|^2}{\chi_i - \|\zeta_i\|^2}} \quad (6.8)$$

式中：ζ_i 和 χ_i 分别为 $\{x^*\}_i$ 和 $\{\|x^*\|\}_i$ 的平均值；$\{x^*\}_i$ 为位于 u_i 附近的局部区域的数据样本的集合；K_i 为 $\{x^*\}_i$ 内的数据样本数。

同时考虑到唯一数据样本 u_i 的出现频率和 u_i 周围局部区域的数据分布，u_i 的局部加权多模态典型性由下式给出（见 4.6 节），即

$$\tau_K^{M^*}(u_i) = \frac{K_i D_{K_i}^*(u_i)}{\sum_{j=1}^{L} K_j D_{K_j}^*(u_j)} \quad (6.9)$$

通过将 $\{u\}_L$ 处的局部加权多模态的典型性 τ^{M^*} 扩展到相应的原始数据集 $\{x\}_K$，得到 $\{\tau^{M^*}(x)\}_K$ 集合。AAD 方法将 $\{x\}_K$ 的数据样本中具有最小的 τ^{M^*} 的 $\frac{1}{2n^2}$ 个样本确定为 $\{x\}_{PA,2}$。

最后，通过组合 $\{x\}_{PA,1}$ 和 $\{x\}_{PA,2}$（不超过 $\frac{1}{n}$ 个数据），可得到一整套潜在异常 $\{x\}_{PA}$，根据切比雪夫不等式，它由可能的全局和局部异常的上限数组成。

6.3.3 形成数据云

在此阶段，检查所有已识别的潜在异常 $\{x\}_{PA}$，以查看它们是否能够使用 ADP 算法形成数据云，详见第 7 章。然而，在识别了最具代表性的原型之后以及开始形成数据云之前，进一步对 ADP 算法的最后阶段施加距离约束。

条件 6.3

$$\text{IF } \left(n^* = \underset{p \in \{p\}_{pA}}{\arg\min}(d(x_i, p))\right) \text{ AND } (d(x_i, p_{n^*}) \leq \omega_K) \quad (6.10)$$
$$\text{THEN } (\mathbf{C}_{n^*} \leftarrow \mathbf{C}_{n^*} + x_i)$$

式中：$x_i \in \{x\}_{PA}$；$\{p\}$ 为最具代表性的原型集合；$\{\mathbf{C}\}_{PA}$ 是围绕 $\{p\}_{PA}$ 形成的数据云；ω_K 为由式(7.8)~式(7.10)计算的数据驱动阈值。由于尚未引入 ADP 算法本身，我们将在第 7 章中讨论这个问题。

如果不满足条件 6.3，则 x_i 直接识别为异常，而不分配给任何数据云（$\{x\}_A \leftarrow \{x\}_A + x_i$），$\{x\}_A$ 表示所识别的异常集合。

基于 ADP 算法，从 $\{x\}_{PA}$ 形成数据云之后，表示为 $\{\mathbf{C}\}_{PA}$，AAD 算法进入其最后阶段。

6.3.4 识别局部异常

在最后阶段，通过条件 6.4 检查所有形成的数据云，以查看它们是否为次要数据云（集合表示为 $\{\mathbf{C}\}_A$）：

条件 6.4

$$\text{IF } (S_i < \bar{S}) \text{ THEN } (\{\mathbf{C}\}_A \leftarrow \{\mathbf{C}\}_A + \mathbf{C}_i) \quad (6.11)$$

式中：$\mathbf{C}_i \in \{\mathbf{C}\}_{PA}$，$S_i$ 为相应的支持；$\bar{S}$ 为 $\{\mathbf{C}\}_{PA}$ 内所有数据云的平均支持。一旦识别出 $\{\mathbf{C}\}_A$，就有了（$\{x\}_A \leftarrow \{x\}_A + \{\mathbf{C}\}_A$）。

6.4 故障检测

故障检测（fault detection，FD）是异常检测的一个具体示例子，它自身已形成了一个应用研究和工业实现的大领域。Isermann 对技术故障的定义如下[38]：

> 故障是指系统变量中至少有一个特征属性与其可接受的、通常的或者标准条件产生了不允许的偏差。

正如所看到的，异常的关键参照是"正常态"（通常或标准条件）。在工业过程中，故障通常也指意料之外的、涉及技术系统的一个或多个组件[39]，并且可能导致严重损失（停工、降低生产率甚至导致严重事故）[40]。

目前在工业中广泛使用两种 FD 方法：

（1）数据驱动（或基于过程历史）的 FD 方法；

第 6 章 实证方法的异常检测

(2) 基于模型的 FD 方法。

基于过程历史的方法,也与统计方法和信号处理密切相关。它们的主要优点是不需要繁重的人为干预,主要依赖于从实际物理过程中观察和测量的实证数据[41]。可以是离线或基于历史数据集,或实时在线数据流。数据驱动方法的另一个非常重要的优点是,它们可以应对不可预测的干扰和可能的数据漂移[41]。

基于模型的 FD 算法从工厂的模型开始,并且基于对模型偏差或残差的分析。该模型可以是基于基本原理、模糊规则系统、人工神经网络、统计学或者是这些方法的组合模型。这种方法的缺点是不可能总是拥有一个高质量的模型,这样的模型可能在没有征兆下开始偏离真实的数据,除非进行更新(调整)。但是,如果模型是基于新数据进行更新的,那么这是可行的。由于新数据也可能包含故障,因此问题变成了"先有鸡还是先有蛋"问题。基于模型的 FD 方法可以分为定量和定性方法。

基于定量模型的故障检测技术需要精确的过程数学描述符。另外,基于定性模型的方法需要来自专家的定性知识。

在两种传统类型的 FD 方法中,假设都起着非常强的作用。

(1) 在信号处理类算法中,这涉及阈值、数据分布类型(数据生成模型)、信号的随机性等。

(2) 在基于模型的算法中,这涉及模型本身。

目前,已经为数据驱动的 FD 开发了许多方法,包括各种形式的支持向量机[42-43]、极端学习机[44]、时间序列分析[45]、统计建模[46-49]、人工神经网络[50-51]和谱分解[52]等方法。基于规则的系统方法[53]介于数据驱动和定性方法之间。一个位于 FD 问题自身以及其他学习问题之前的一个重要问题是特征提取。特别是对于 FD,可能是至关重要的。用于 FD 上下文相关离线特征提取的典型方法包括核主成分分析或主成分分析[54]、在线特征选择[8]和遗传编程[55]。

在本书中,我们感兴趣的是数据驱动自主的 FD 方法,以及 FD 和基于数据密度和典型性的更一般的异常检测方法之间的联系,此内容已在第 4 章作过介绍。

如第 4 章中所描述,数据密度 D(以及各自的典型性 τ)可用于有效地检测故障。此外,递归密度估计方法[8,22,29]在计算能力、内存和时间方面有效,从而能实现实时故障检测[39,56]。

基于条件 6.1 的完全自主的 FD(其本身基于数据密度和/或典型性)和完全自主故障隔离(FI),可以基于聚类和/或 ALMMo-0 实现,文献[57]中有相应的证明。

6.5 结 论

本章描述了解决异常检测问题的实证方法。它与特定的模型、用户、问题参数无关,是一种完全由数据驱动的方法。它基于数据密度和/或前面第 4 章所描述的典型性。

我们进一步明确地区分了全局和局部、或者上下文异常,并提出一种自主异常检测方法,该方法包括两个阶段:第一阶段检测所有潜在的全局异常;第二阶段通过分析数据模式,形成数据云,并识别可能的局部异常(相对于这些数据云)。最后,利用标准偏心率和完全自主方法简化了著名的切比雪夫不等式,并对故障检测问题进行了概述。

正如我们在其他出版物中详细阐述的那样,局部异常识别方法也可以扩展到全自主的故障检测和隔离(FDI,检测和识别故障类型)。对于 FDI 实际应用问题而言,这是一个非常重要的新方法。实际的算法细节,将在第 3 篇第 10 章进一步描述,伪代码和 Matlab 实现在附录 B.1 和 C.1 中给出。这种新方法应用于异常检测、故障检测(FD)及其他问题,如人类行为分析、计算视觉等,更多的细节也可以在同行评论期刊和会议出版物中找到,如文献 [8,10,30,56 - 60]。

6.6 问 题

(1)全局异常和局部异常之间有什么区别?
(2)解释上下文异常,并举例说明。
(3)描述提出的 AAD 方法的两个阶段。
(4)通过标准化的偏心率来形成切比雪夫不等式。
(5)如何使用新提出的 AAD 方法解决 FDI 问题?

6.7 要 点

(1)采用实证方法描述异常检测。
(2)明确区分全局异常和局部异常。

(3)针对自主异常检测提出了两阶段方法:在第一阶段中检测所有潜在的全局异常;在第二阶段中通过形成数据云并识别可能的局部异常(根据这些数据云)来分析数据模式。

(4)通过标准化的偏心率,以更简单的形式重新表述切比雪夫不等式。

(5)这种新方法适用于自动故障检测和隔离以及其他问题。

参考文献

[1] V. Chandola, A. Banerjee, V. Kumar, Anomaly detection: a survey. ACM Comput. Surv. 41(3), p. Article 15 (2009)

[2] M. Kirlidog, C. Asuk, A fraud detection approach with data mining in health insurance. Procedia-Social Behav. Sci. 62, 989–994 (2012)

[3] E. W. T. Ngai, Y. Hu, Y. H. Wong, Y. Chen, X. Sun, The application of data mining techniques infinancial fraud detection: a classification framework and an academic review of literature. Decis. Support Syst. 50(3), 559–569 (2011)

[4] E. C. Ngai, J. Liu, M. R. Lyu, On the intruder detection for sinkhole attack in wireless sensor networks, in IEEE International Conference on Communications, 2006, pp. 3383–3389

[5] A. Shabtai, U. Kanonov, Y. Elovici, C. Glezer, Y. Weiss, 'Andromaly': a behavioral malware detection framework for android devices. J. Intell. Inf. Syst. 38(1), 161–190 (2012)

[6] R. Isermann, Model-based fault-detection and diagnosis-status and applications. Ann. Rev. Control 29(1), 71–85 (2005)

[7] L. Itti, P. Baldi, Aprincipled approach to detecting surprising events in video, in IEEE Computer Society Conference on Computer Vision and Pattern Recognition, 2005, pp. 631–637

[8] P. Angelov, Autonomous Learning Systems: From Data Streams to Knowledge in Real Time (Wiley, 2012)

[9] P. P. Angelov, X. Gu, J. C. Principe, Autonomous learning multi-model systems from data streams. IEEE Trans. Fuzzy Syst. 26(4), 2213–2224 (2016) 170 6 Anomaly Detection—Empirical Approach

[10] P. P. Angelov, Anomaly detection based on eccentricity analysis, in 2014 IEEE

Symposium Series in Computational Intelligence, IEEE Symposium on Evolving and Autonomous Learning Systems, EALS, SSCI 2014, 2014, pp. 1 – 8

[11] A. M. Tripathi, R. D. Baruah, Anomaly detection in data streams based on graph coloring density coefficients, in IEEE Symposium Series on Computational Intelligence (SSCI), 2016, pp. 1 – 7

[12] M. M. Breunig, H. -P. Kriegel, R. T. Ng, J. Sander, LOF: identifying density-based local outliers, in Proceedings of the 2000 ACM Sigmod International Conference on Management of Data, 2000, pp. 1 – 12

[13] N. Abe, B. Zadrozny, J. Langford, Outlier detection by active learning, in IACM International Conference on Knowledge Discovery and Data Mining, 2006, pp. 504 – 509

[14] S. S. Sivatha Sindhu, S. Geetha, A. Kannan, Decision tree based light weight intrusion detection using a wrapper approach. Expert Syst. Appl. 39(1), 129 – 141 (2012)

[15] L. M. Manevitz, M. Yousef, One-class SVMs for document classification. J. Mach. Learn. Res. 2, 139 – 154 (2002)

[16] R. Fujimaki, T. Yairi, K. Machida, An approach to spacecraft anomaly detection problem using kernel feature space, in The Eleventh ACM SIGKDD International Conference on Knowledge Discovery in Data Mining, 2005, pp. 401 – 411

[17] D. Dasgupta, F. Nino, A comparison of negative and positive selection algorithms in novel pattern detection, in IEEE International Conference on Systems, Man, and Cybernetics, 2000, pp. 125 – 130

[18] V. Hautam, K. Ismo, Outlier detection using k-nearest neighbour graph, in International Conference on Pattern Recognition, 2004, pp. 430 – 433

[19] H. Moonesinghe, P. Tan, Outlier detection using random walks, in Proceedings of the 18th IEEE International Conference on Tools with Artificial Intelligence (ICTAI'06), 2006, pp. 532 – 539

[20] M. Salehi, C. Leckie, J. C. Bezdek, T. Vaithianathan, X. Zhang, Fast memory efficient local outlier detection in data streams. IEEE Trans. Knowl. Data Eng. 28(12), 3246 – 3260 (2016)

[21] J. G. Saw, M. C. K. Yang, T. S. E. C. Mo, Chebyshev inequality with estimated mean and variance. Am. Stat. 38(2), 130 – 132 (1984)

[22] P. Angelov, Anomalous system state identification, US9390265 B2, 2016

[23] M. Goldstein, M. Goldstein, S. Uchida, A comparative evaluation of unsupervised anomaly detection algorithms for multivariate data. PLoS One 1 –31 (2016)

[24] C. M. Bishop, Pattern Recognition and Machine Learning (Springer, New York, 2006)

[25] A. Bernieri, G. Betta, C. Liguori, On-line fault detection and diagnosis obtained by implementing neural algorithms on a digital signal processor. IEEE Trans. Instrum. Measur. 45(5), 894 –899 (1996)

[26] http://www.worldweatheronline.com

[27] P. P. Angelov, D. P. Filev, An approach to online identification of Takagi-Sugeno fuzzy models. IEEE Trans. Syst. Man, Cybern. Part B Cybern. 34(1), 484 –498 (2004)

[28] R. Ramezani, P. Angelov, X. Zhou, A fast approach to novelty detection in video streams using recursive density estimation, in International IEEE Conference Intelligent Systems, 2008, pp. 14 –2 –14 –7

[29] P. Angelov, Machine learning (collaborative systems), 8250004, 2006

[30] X. Gu, P. Angelov, Autonomous anomaly detection, in IEEE Conference on Evolving and Adaptive Intelligent Systems, 2017, pp. 1 –8

[31] P. Angelov, X. Gu, D. Kangin, Empirical data analytics. Int. J. Intell. Syst. 32(12), 1261 –1284 (2017)

[32] P. P. Angelov, X. Gu, J. Principe, A generalized methodology for data analysis. IEEE Trans. Cybern. 48(10), 2981 –2993 (2018).

[33] A. Okabe, B. Boots, K. Sugihara, S. N. Chiu, Spatial Tessellations: Concepts and Applications of Voronoi Diagrams, 2nd edn. (Wiley, Chichester, England, 1999)

[34] W. Pedrycz, Granular Computing: Analysis and Design of Intelligent Systems (CRC Press, 2013) References 171

[35] X. Gu, P. P. Angelov, Self-organising fuzzy logic classifier. Inf. Sci. (Ny) 447, 36 –51 (2018)

[36] D. E. Denning, An intrusion-detection model. IEEE Trans. Softw. Eng. SE –13 (2), 222 –232 (1987)

[37] C. Thomas, N. Balakrishnan, Improvement in intrusion detection with advances in sensor fusion. IEEE Trans. Inf. Forensics Secur. 4(3), 542 –551 (2009)

[38] R. Isermann, Supervision, fault-detection and fault-diagnosis methods-an intro-

duction. Control Eng. Pract. 5(5),639－652（1997）

[39] C. G. Bezerra,B. S. J. Costa,L. A. Guedes,P. P. Angelov,An evolving approach to unsupervised and real-time fault detection in industrial processes. Expert Syst. Appl. 63,134－144（2016）

[40] V. Venkatasubramanian,R. Rengaswamy,S. N. Kavuri,K. Yin,A review of process fault detection and diagnosis:part III:process history based methods. Comput. Chem. Eng. 27(3),327－346（2003）

[41] R. E. Precup,P. Angelov,B. S. J. Costa,M. Sayed-Mouchaweh,An overview on fault diagnosis and nature-inspired optimal control of industrial process applications. Comput. Ind. 74,1－16（2015）

[42] S. Mahadevan,S. L. Shah,Fault detection and diagnosis in process data using one-class support vector machines. J. Process Control 19（10）,1627－1639（2009）

[43] P. Konar,P. Chattopadhyay,Bearing fault detection of induction motor using wavelet and support vector machines（SVMs）. Appl. Soft Comput. 11（6）,4203－4211（2011）

[44] P. K. Wong,Z. Yang,C. M. Vong,J. Zhong,Real-time fault diagnosis for gas turbine generator systems using extreme learning machine. Neurocomputing 128,249－257（2014）

[45] J. Hu,K. Dong,Detection and repair faults of sensors in sampled control system,in IEEE International Conference on Fuzzy Systems and Knowledge Discovery,2015,pp. 2343－2347

[46] H. Ma,Y. Hu,H. Shi,Fault detection and identification based on the neighborhood standardized local outlier factor method. Ind. Eng. Chem. Res. 52（6）,2389－2402（2013）

[47] Z. Yan,C. Y. Chen,Y. Yao,C. C. Huang,Robust multivariate statistical process monitoring via stable principal component pursuit. Ind. Eng. Chem. Res. 55（14）,4011－4021（2016）

[48] V. Chandola, A. Banerjee, V. Kumar, Outlier detection:a survey. ACM Comput. Surv（2017）

[49] V. Hodge,J. Austin,A survey of outlier detection methodologies. Artif. Intell. Rev. 22(2),85－126（2004）

[50] S. P. King,D. M. King,K. Astley,L. Tarassenko,P. Hayton,S. Utete,The use of

novelty detection techniques for monitoring high-integrity plant, in IEEE International Conference on Control Applications, 2002, pp. 221 – 226

[51] Y. Li, M. J. Pont, N. B. Jones, Improving the performance of radial basis function classifiers in condition monitoring and fault diagnosis applications where 'unknown' faults may occur. Pattern Recognit. Lett. 23, 569 – 577 (2002)

[52] R. Fujimaki, T. Yairi, K. Machida, An approach to spacecraft anomaly detection problem using kernel feature space, in ACM SIGKDD International Conference on Knowledge Discovery in Data Mining, 2005, pp. 401 – 410

[53] S. Ramezani, A. Memariani, A fuzzy rule based system for fault diagnosis, using oil analysis results. Int. J. Ind. Eng. Prod. Res. 22, 91 – 98 (2011)

[54] S. W. Choi, C. Lee, J. M. Lee, J. H. Park, I. B. Lee, Fault detection and identification of nonlinear processes based on kernel PCA. Chemom. Intell. Lab. Syst. 75(1), 55 – 67 (2005)

[55] G. Smits, A. Kordon, K. Vladislavleva, E. Jordaan, M. Kotanchek, Variable selection in industrial datasets using pareto genetic programming, in Genetic Programming Theory and Practice III (Springer, Boston, MA, 2006), pp. 79 – 92

[56] B. S. J. Costa, P. P. Angelov, L. A. Guedes, Fully unsupervised fault detection and identification based on recursive density estimation and self-evolving cloud-based classifier. Neurocomputing 150(Part A), 289 – 303 (2015)

[57] C. G. Bezerra, B. S. J. Costa, L. A. Guedes, P. P. Angelov, An evolving approach to unsupervised and real-time fault detection in industrial processes. Expert Syst. Appl. 63, 134 – 144 (2016) 172 6 Anomaly Detection—Empirical Approach

[58] C. G. Bezerra, B. S. J. Costa, L. A. Guedes, P. P. Angelov, A comparative study of autonomous learning outlier detection methods applied to fault detection, in IEEE International Conference on Fuzzy Systems, 2015, pp. 1 – 7

[59] B. S. J. Costa, P. P. Angelov, L. A. Guedes, Real-time fault detection using recursive density estimation. J. Control. Autom. Electr. Syst. 25(4), 428 – 437 (2014)

[60] B. Sielly, C. G. Bezerrat, L. A. Guedes, P. P. Angelov, C. Natal, Z. Norte, Online fault detection based on typicality and eccentricity data analytics, in International Joint Conference on Neural Networks, 2015, pp. 1 – 6

第 7 章 数据分别实证法

7.1 全局与局部

在概率论和统计学中,高斯函数是使用最广泛的概率分布模型。它提供了一种封闭解析形式的平滑可微函数,具有坚实的数学基础,并广泛用于自然科学和社会科学中表示实值随机变量。单模/单峰高斯分布具有两个参数(全局均值和标准差)。对于许多实际问题,由中心极限定理(central limit theorem,CLT)[1],这种函数可以是真实数据生成模型的可接受的近似值。

例如,如果考虑人的身高和体重数据,并且如果有大量的人员观测值,那么分布将倾向于单模高斯型。然而,对于许多问题(如温度、降雨、消费数据或人类行为),分布可以是多模的(具有多个峰值/局部最大值),并且可能显著不同于正常/单峰高斯分布。

例如,图 7.1 描绘了 2010—2015 年英国曼彻斯特夏季和冬季测量的温度读数的概率质量函数(PMF)、单模和多模概率密度函数(PDF)[2]其中多模态 PDF 是根据实际情况计算的。

实际的数据分布很少是单模态的,大多数为多模态[3-6]。数据的全局均值不能完全代表整个分布[7]。因此,在实践中对数据进行分析时,预处理部分分开处理,或者简单地假设,或者主观输入有多少个(或可能有多少个)数据模式局部区域。对于数据流,这自然是极端困难的,甚至是不可能的。这些局部数据模式子区域的数目可以来源于聚类[8]、期望最大化(EM)搜索算法[9-11]的结果,也可以是简单地由人工提供。然后,人们可以使用混合高斯[12-13]模型。

用一个简单的二维示例形象地说明局部和全局平均值,如图 7.2 所示,单峰分布不太可能适用于人们熟知的基准数据集,即聚类[14-15]。可清楚地看到,它存在 7 个局部数据群(数据样本由蓝色点表示;局部均值由较大的红点表示)。全局均值(由黑色星号表示)位于数据空间的中间。全局均值不是一个实际存在的数据点,而是一个抽象,与任何实际数据点相距一定距离,如图 7.2 所示。此外,人们可以看到(即使这是一个聚合数据集),集群的实际形状不完全是圆形或椭圆形。

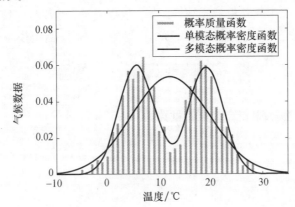

图 7.1　(见彩图)气候数据的概率质量函数、单模态概率密度函数和多模态概率密度函数对比

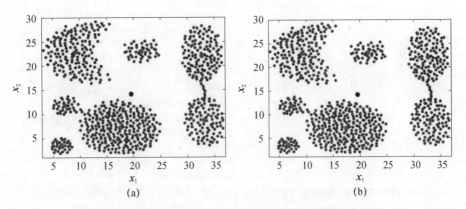

图 7.2　(见彩图)全局均值(黑色星号)与局部均值(红色星号)

虽然人们可以很容易地看出图 7.2 中的二维数据模式,但在实际问题中有更多的维度,并且通常是在线操作模式,这是一个非常困难的问题。即使在离线模式下,这本身也是一个单独的问题,通常作为预处理的一部分来完成,或者在某些情况下基于领域专家的主观知识。需要分别借助多模态的典型性和数据密度(见 4.6 节),用自主的方式识别峰值。

7.2 具有最高数据密度/典型性的点

如4.4节所述,数据密度是模式识别的核心范式,并作为主模式的指标[16-19]。此外,已证明全局均值点(图7.2中的黑色星号点)的数据密度最大,其值等于 $1^{[18]}$。实际上,对于欧几里得距离,单模态数据密度(离散和连续两种形式)通过式(4.32)和式(4.45)全局均值定义的。对于离散情况,单模态数据密度为

$$D_K(\pmb{x}_i) = \frac{1}{1 + \frac{\|\pmb{x}_i - \pmb{\mu}_K\|^2}{\sigma_K^2}} \quad \pmb{x}_i \in \{\pmb{x}\}_K \quad (7.1\text{a})$$

对于连续情况,单模态数据密度为

$$D_K^C(\pmb{x}) = \frac{1}{1 + \frac{\|\pmb{x} - \pmb{\mu}_K\|^2}{\sigma_K^2}} \quad \pmb{x} \in \mathbf{R}^N \quad (7.1\text{b})$$

从式(7.1a)和式(7.1b)中可以注意到,$D_K^C(\pmb{\mu}_K) = 1$,而 $D_K(\pmb{x}_m) = \max_{\pmb{x}_i \in \{\pmb{x}\}_K}(D_K(\pmb{x}_i))$ 可能并非精确地等于1,除非 $\pmb{x}_m = \pmb{\mu}_K$。一个数据密度的示例如图7.3所示。

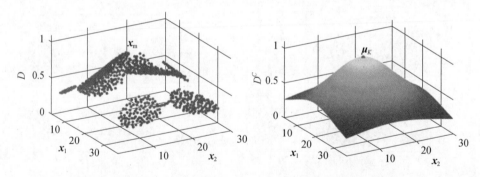

(a) 离散(红点代表$\pmb{x}_m$,$D_K(\pmb{x}_m) = \max_{\pmb{x}_i \in \{\pmb{x}\}_K}(D_K(\pmb{x}_i))$)　　(b) 连续(红点代表全局均值$\pmb{\mu}_K$,$D_K^C(\pmb{\mu}_K) = 1$)

图7.3　(见彩图)数据密度

式(4.33)和式(4.43)给出的单模态典型性(分别为离散和连续形式)直接取决于单模态数据密度(在其分子中;除以可以看作归一化常数的和/积分)。对于离散的情况,有

$$\tau_K(\pmb{x}_i) = \frac{D_K(\pmb{x}_i)}{\sum_{j=1}^K D_K(\pmb{x}_j)} \qquad \pmb{x}_i \in \{\pmb{x}\}_K \qquad (7.2\text{a})$$

并且,对于连续情况,单峰的典型性定义为

$$\tau_K^C(\pmb{x}) = \frac{D_K^C(\pmb{x})}{\int_{\pmb{x}} D_K^C(\pmb{x})\,\mathrm{d}\pmb{x}} \qquad \pmb{x} \in \pmb{R}^N \qquad (7.2\text{b})$$

同样地,$\tau_K(\pmb{x}_m) = \max\limits_{\pmb{x}_i \in \{\pmb{x}\}_K}(\tau_K(\pmb{x}_i))$,$\tau_K^C(\pmb{\mu}_K) = \max\limits_{\pmb{x} \in \pmb{R}^N}(\tau_K^C(\pmb{x}))$。然而,$\tau$ 和 $\tau^C \ll 1$,因为总和(对于离散情况)和积分(对于连续情况)等于 1。使用聚合数据集的典型性示例如图 7.4 所示。

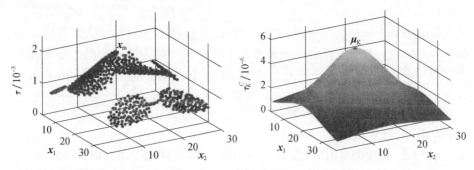

(a) 离散(红点代表 $\pmb{x}_m$, $\tau_K(\pmb{x}_m) = \max\limits_{\pmb{x}_i \in \{\pmb{x}\}_K}(\tau_K(\pmb{x}_i))$) (b) 连续(红点代表全局均值 $\pmb{\mu}_K$, $\tau_K^C(\pmb{\mu}_K) = \max\limits_{\pmb{x} \in \pmb{R}^N}(\tau_K^C(\pmb{x}))$)

图 7.4 (见彩图)聚合数聚的典型性示例

或者,通过使用多模态数据密度,可以在没有任何预处理技术的情况下识别数据模式的所有局部模式。然而,对于机器学习,一些泛化是必要的,有益于避免过度拟合和得到更简单的模型。因此,最好对大多数描述性的局部峰值进行"过滤"。

7.3 数据云

"数据云"的概念最初在文献[20]中引入,并与 AnYa 型 FRB 系统紧密相关。数据云[20]可以看作一种特殊类型的集群,但有一些独特的差异。数据云是非参数的,没有外部约束,并且它们的形状不是由所使用的距离度量的类型预定义或预先确定的(例如,在传统聚类中,由欧几里得距离导出的聚类的形状总是超球形的;使用马哈拉诺比斯距离形成的聚类总是超椭球的)。与传统定义的集群不同,数据云直接表示观察到的数据样本的局部整体属性。它们由与最靠近原型的、形成 Voronoi 划分的相关数据样本组成。数据云无须预定义任何参数;相反,一旦它们围绕原型形成,就可以从形成它们的数据中提取参数作为后验。

数据云用于构建 AnYa 类型的前提部分以及实证 FRB 系统。相比之下,模糊集理论[22-24]中使用的传统隶属函数和模糊集通常不代表实际数据分布,而代表一些期望/预期/估计或主观偏好[25]。

7.4 自主数据分割方法

现在将更详细地描述前面已经提到的自动数据划分(ADP)算法,这是最近引进的方法[26],是一种自主局部模式识别的数据分割方法。ADP 方法采用无参数的实证算子(见第 4 章),来揭示隐含在实证观测数据中的数据分布和整体特性。基于这些运算符,ADP 方法识别以局部最大数据密度表达的局部模式,并进一步将数据空间分割成数据云[8,20],形成 Voronoi 划分[21]。相对于当前先进的聚类/数据分割方法,ADP 算法具有以下优点[26]:

(1) 它不需要任何用户输入(先验假设、预定义问题及用户特定参数);
(2) 它不强制使用数据生成模型;
(3) 它将数据空间客观地划分为非参数的、任意形状的数据云。

ADP 算法具有两个版本,即离线的、进化的。

7.4.1 离线 ADP 算法

离线 ADP 算法适用于实证观测到的数据样本 $\{x\}_K$ 的离散多模态典型性 τ^M(归一化多模数据密度),并基于多模态典型性值和局部整体性质的观测结果的排序。排序是一个非线性和离散的算子,因此其他方法都避免使用它。然而,它可以提供一个不同的但非常重要的数据分布信息,平滑连续函数则忽略了这一点。

离线 ADP 算法在区分静态数据集时更加稳定和有效。离线 ADP 算法的主要过程包括以下的 3 个阶段。

1. 第 1 阶段:对数据和原型识别进行排序

在这个阶段,根据多模态典型性的值,ADP 方法将所有唯一数据样本 $\{u\}_L$

第 7 章 数据分别实证法

排序到一个索引列表中,用 $\{z\}_L$ 表示。然后依据排序识别原型。

首先,计算出所有唯一数据样本 $\{u\}_L$ 的多模态典型性(见式(4.40)),即

$$\tau_K^M(u_i) = \frac{D_K^M(u_i)}{\sum_{j=1}^{L} D_K^M(u_j)} \quad i = 1,2,\cdots,L, u_i \in \{u\}_L$$

选取具有最高多模态典型性值的唯一数据样本 u_{j^*} 作为 $\{z\}_L$ 的第一个元素,即

$$\begin{cases} z_1 \leftarrow u_{m^*} \\ m^* = \arg\max_{u_i \in \{u\}_L}(\tau_K^M(u_i)) \end{cases} \tag{7.3}$$

式中: z_1 为 $\{z\}_L$ 的第一个元素。

在识别出 z_1 后,将其设置为参考样品 $r \leftarrow z_1$,并将 z_1 从 $\{u\}_L$ 中移除。

然后,ADP 算法从剩余的 $\{u\}_L$ 中找出最接近 r 的唯一数据样本 $z_{j+1}(j \leftarrow 1)$,即

$$\begin{cases} z_{j+1} \leftarrow u_{n^*} \\ n^* = \arg\min_{u_i \in \{u\}_L}(d(u_i, r)) \end{cases} \tag{7.4}$$

类似地,将 z_{j+1} 从 $\{u\}_L$ 中删除,并设置为新的参考 $r \leftarrow z_{j+1}$。

通过重复上述过程 ($j \leftarrow j+1$),直到 $\{u\}_L = \phi$,得到排序过的唯一数据样本 $\{z\}_L$,以及它们相应的多模态典型性值的排序,用 $\{\tau^M(z)\}_L$ 表示。

本阶段结束时,依据条件 7.1,已识别出对应 $\{\tau^M(z)\}_L$ 局部最大值的所有唯一数据样本,并将其用作下一阶段创建 Voronoi 划分的原型。

条件 7.1

$$\text{IF } (\tau_K^M(z_i) > \tau_K^M(z_{i-1})) \text{ AND } (\tau_K^M(z_i) > \tau_K^M(z_{i+1})) \tag{7.5}$$
$$\text{THEN}(z_i \text{ 是局部最大值之一})$$

所有局部最大值的集合用 $\{z^*\}$ 表示。

为了说明,让我们考虑前几章中使用的 2010—2015 年间在英国曼彻斯特测得的实际气候数据[2]。图 7.5 描述了 $\{x\}_K$ 的多模态典型性值和 $\{\tau^M(z)\}_L$ 中的已识别局部最大值。数据空间内的原型如图 7.6 所示。

2. 第 2 阶段:创建 Voronoi 划分

一旦识别出局部极大值 $\{z^*\}$,它们就被用作表示数据局部模式的数据云的焦点/吸引子。然后,使用"最邻近"原则,将所有数据样本 $\{x\}_K$ 分配给最近的焦点,这自然会创建一个 Voronoi 划分[21]并形成数据云(数据云的集合由 $\{C\}$ 表示),即

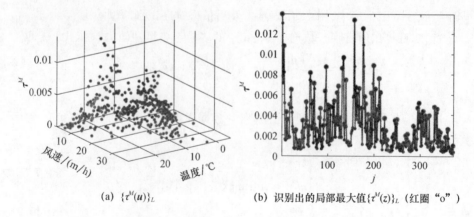

(a) $\{\tau^M(u)\}_L$ (b) 识别出的局部最大值 $\{\tau^M(z)\}_L$（红圈"o"）

图 7.5 （见彩图）多模态典型性与局部极大值

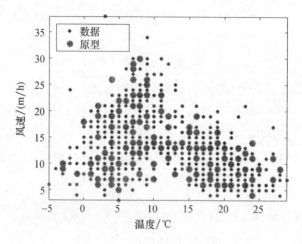

图 7.6 （见彩图）数据空间中已识别的原型

$$\begin{cases} \mathbf{C}_{n^*} \leftarrow \mathbf{C}_{n^*} + \mathbf{x}_j \\ n^* = \underset{z_j^* \in |z^*|}{\arg\min}(d(\mathbf{x}_j, \mathbf{z}_j^*)) \end{cases} \tag{7.6}$$

在所有的数据云都被识别之后（假设数据空间中有 M 个数据云），可以得到它们对应的中心，记为 c_i，和支持，记为 $S_i(i=1,2,\cdots,M)$。

3. 第3阶段:过滤局部模式

由于第二阶段识别的原型中可能包含一些不太具有代表性的原型，因此在本阶段，对最初的 Voronoi 划分进行过滤，以获得更大、更具描述性的数据云。根据粒度理论[27]，这相当于转移到更高/更精细的粒度级别（参见第6章）。

第 7 章 数据分别实证法

首先,通过各自的数据云($c_i \in \{c\}$)的支持度,进行加权计算获得数据云中心$\{c\}$的多模态典型性,即

$$\{\tau_K^M(c_i)\} = \frac{S_i D_K(c_i)}{\sum_{j=1}^{M} S_j D_K(c_j)} \tag{7.7}$$

为了识别多模态典型性的局部最大值,引入了如下数据模式的3个客观的导出量。

(1)任意一对现有数据云中心之间的平均距离,即数据密度的局部模式,用γ_K表示,即

$$\gamma_K = \frac{1}{M(M-1)} \sum_{j=1}^{M-1} \sum_{l=j+1}^{M} d(c_j, c_l) \tag{7.8}$$

(2)任意一对现有中心之间的平均距离$\overline{\omega}_K$,其距离小于γ_K(M_γ是此类对的数量),即

$$\overline{\omega}_K = \frac{1}{M_\gamma} \sum_{\substack{y,z \in \{c\}, y \neq z \\ d(y,z) \leq \gamma_K}} d(y,z) \tag{7.9}$$

(3)任意一对现有数据云中心之间的平均距离ω_K,其距离小于$\overline{\omega}_K$($M_{\overline{\omega}}$是此类对的数量),有

$$\omega_K = \frac{1}{M_{\overline{\omega}}} \sum_{\substack{y,z \in \{c\}, y \neq z \\ d(y,z) \leq \overline{\omega}_K}} d(y,z) \tag{7.10}$$

注意,γ_K、$\overline{\omega}_K$和ω_K与特定问题无关,而是数据驱动的和无参数的。量值ω_K可以看作强连接数据云之间距离的估计,表示整个数据集的局部整体属性。此外,不依赖于固定阈值,γ_K、$\overline{\omega}_K$和ω_K是从数据集中客观地派生出来的,始终是有意义的。使用相同的气候数据集,在图7.7中描述了γ_K、$\overline{\omega}_K$和ω_K之间的关系。

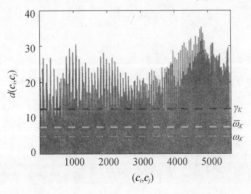

图7.7 (见彩图)γ_K、$\overline{\omega}_K$和ω_K的关系

根据它们的局部最大值识别的多模态典型性，按照以下条件，比较每个中心 $c_i \in \{c\}$ 与相邻数据云 $\{C^*\}_i (i = 1,2,\cdots,M)$ 的中心，用 $\{c^*\}_i$ 表示。

条件 7.2

$$\text{IF}\left(\tau_K^M(c_i) = \max(\tau_K^M(c_i), \{\tau_K^M(c^*)\}_i)\right) \tag{7.11}$$

$$\text{THEN}(c_i \text{ 是局部最大值之一})$$

式中：$\{\tau_K^M(c^*)\}_i$ 为在相邻数据云 $\{C^*\}_i$ 的中心处计算的多模态典型性的集合，由条件 7.3 确定 ($j = 1,2,\cdots,M$，且 $i \neq j$)。

条件 7.3

$$\text{IF}\left(d(c_i, c_j) \leq \frac{\omega_K}{2}\right) \quad \text{THEN}(C_j \in \{C^*\}_i) \tag{7.12}$$

邻近范围的准则（式(7.12)）是这样定义的，因为距离小于 γ_K 的两个中心可以被视为潜在相关；λ_K 是任何两个潜在相关数据云中心之间的平均距离。因此，如果 $d(c_i, c_j) \leq \frac{\omega_K}{2}$，$c_i$ 和 c_j 相互影响很大，那么两个相应数据云中的数据样本之间是高度相关的。因此，在空间距离的意义上，这两个数据云是相邻的。该准则还保证了，在过滤操作期间，由于 $\{C\}$ 的相应支持度对多模态典型性施加了加权乘法，只有与大（更重要）数据云显著重叠的小（不太重要）数据云才会被删除。

经过过滤运算，得到了具有多模典型性局部最大值的数据云中心，用 $\{c^{**}\}$ 表示。然后，$\{c^{**}\}$ 被用作原型（$\{z^*\} \leftarrow \{c^{**}\}$），用于创建第 2 阶段中描述的 Voronoi 划分，并在第 3 阶段再次过滤。

结合粒度理论[27]，每次重复过滤操作后，划分都会具有更高、更精细的特征细节级别。

重复第 2 和第 3 阶段，直到已有数据云中心之间的所有距离超过 $\omega_K/2$。最后得到局部最大值 τ^M 的剩余中心，用 $\{p\}$ 表示，并用它们作为焦点，通过创建 Voronoi 划分，形成数据云，见式(7.6)。数据云形成后，可以事后提取所形成数据云的相应中心、标准差、支持度、隶属和其他参数。

图 7.8 描述了每次过滤后，多模态典型性局部最大值的已识别原型。最终形成的数据云如图 7.9 所示。

第7章 数据分别实证法

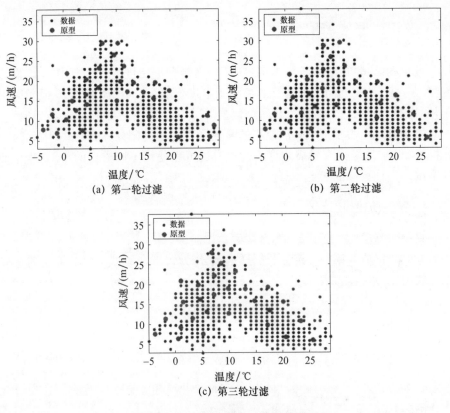

图7.8 （见彩图）每轮过滤后的原型

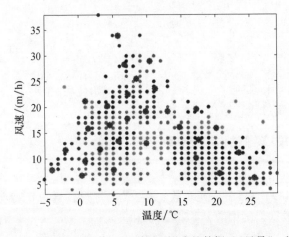

图7.9 （见彩图）围绕已识别原型形成的数据云（星号"*"）

7.4.2 进化 ADP 算法

进化的 ADP 算法用于数据流的处理,其与数据密度 D 一起工作。该算法能够"从零开始",也可以将进化和离线版本进行混合,其中离线 ADP 最初应用于相对较小的部分数据,然后在剩余数据上采用进化 ADP 算法。

如下所述。由于进化算法使用的是数据密度的递归计算表达式,因此为简化推导,以欧几里得距离描述算法;但是,也可以使用不同类型的距离/非相似性度量。进化算法的主要步骤包括 3 个阶段。

1. 第 1 阶段:初始化

只有当算法"从头开始"时,才需要这个阶段。

选取数据流的第一个观测数据样本 x_1 作为第一个原型。ADP 算法的全局元参数由 x_1 初始化如下:

$$\begin{cases} K \leftarrow 1 & (7.13\text{a}) \\ M \leftarrow 1 & (7.13\text{b}) \\ \boldsymbol{\mu}_K \leftarrow x_1 & (7.13\text{c}) \\ X_K \leftarrow \|x_1\|^2 & (7.13\text{d}) \end{cases}$$

用 $\mathbf{C}_1$ 表示的第一个数据云的元参数,初始化如下:

$$\begin{cases} \mathbf{C}_1 \leftarrow \{x_1\} & (7.14\text{a}) \\ c_{K,1} \leftarrow x_1 & (7.14\text{b}) \\ S_{K,1} \leftarrow 1 & (7.14\text{c}) \end{cases}$$

在系统结构和元参数(全局和局部)两者初始化后,ADP 算法基于到达的数据样本,开始自我进化其结构和更新参数。

2. 第 2 阶段:系统结构和元参数更新

对于每个新到达的数据样本 ($K \leftarrow K + 1$),标记为 x_K,首先使用方程式(4.8)和式(4.9)更新全局元参数 $\boldsymbol{\mu}_K$ 和 X_K。然后,计算 x_K 点处的数据密度以及所有现有数据云的中心,即 $D_K(x_K)$ 和 $D_K(c_{K-1,i})$,$(i = 1,2,\cdots,M)$。

检查条件 7.4,以决策 x_K 是否能够成为一个新的原型,并在其周围形成一个数据云(该条件首先在文献[28-31]中提出,其中 D 的定义不同)。

条件7.4

$$\begin{cases} \text{IF}\left(D_K(\boldsymbol{x}_K) > \max_{i=1,2,\cdots,M}(D_K(\boldsymbol{c}_{K-1,i}))\right) \\ \text{OR}\left(D_K(\boldsymbol{x}_K) < \min_{i=1,2,\cdots,M}(D_K(\boldsymbol{c}_{K-1,i}))\right) \end{cases} \quad (7.15)$$

$$\text{THEN}(\boldsymbol{x}_K \text{是一个新的原型})$$

如果满足上述条件,则以 $\boldsymbol{x}_K$ 为原型,添加新的数据云如下:

$$\begin{cases} M \leftarrow M+1 & (7.16a) \\ \boldsymbol{C}_M \leftarrow \{\boldsymbol{x}_K\} & (7.16b) \\ \boldsymbol{c}_{K,M} \leftarrow \boldsymbol{x}_K & (7.16c) \\ S_{K,M} \leftarrow 1 & (7.16d) \end{cases}$$

否则,会找到离 $\boldsymbol{x}_K$ 最近的数据云 $\boldsymbol{C}_{n^*}$ 的中心,记为 $\boldsymbol{c}_{K-1,n^*}$,检查条件7.5,以查看 $\boldsymbol{x}_K$ 是否与最近的数据云 $\boldsymbol{C}_{n^*}$ 相关联。

条件7.5

$$\text{IF}\left(d(\boldsymbol{x}_K, \boldsymbol{c}_{K-1,n^*}) \leq \frac{\gamma_K}{2}\right) \quad \text{THEN}(\boldsymbol{x}_K \text{ 分配给 } \boldsymbol{C}_{n^*}) \quad (7.17)$$

由于 ADP 算法是"一次通过"的类型,因此每次在新数据样本到达时,计算 γ_K 的内存和计算效率都较低。相反,由于所有数据样本之间的平均距离 $\sqrt{\overline{d}_K}$ 近似等于 $\gamma_K(\gamma_K \approx \sqrt{\overline{d}_K})$,可以用 $\sqrt{\overline{d}_K}$ 替换 γ_K,即[26,32]

$$\gamma_K \approx \sqrt{\overline{d}_K} = \sqrt{2(X_K - \|\boldsymbol{\mu}_K\|^2)} \quad (7.18)$$

如果满足条件7.5,$\boldsymbol{x}_K$ 与最近的数据云 $\boldsymbol{C}_{n^*}$ 关联。数据云的元参数 S_{K-1,n^*} 和 $\boldsymbol{c}_{K-1,n^*}$ 可以采用以下表达式更新,即

$$\begin{cases} S_{K,n^*} \leftarrow S_{K-1,n^*} + 1 & (7.19a) \\ \boldsymbol{c}_{K,n^*} \leftarrow \dfrac{S_{K-1,n^*}}{S_{K,n^*}}\boldsymbol{c}_{K-1,n^*} + \dfrac{1}{S_{K,n^*}}\boldsymbol{x}_K & (7.19b) \end{cases}$$

否则,应添加 $\boldsymbol{x}_K$ 作为一个新的原型,并通过式(7.16)表示的元参数集,形成一个新的数据云。

若当前处理周期中没有分配新数据样本,原型和数据云的元参数在下一个新观察数据样本到达之前保持不变。

3. 第3阶段:数据云的形成

当没有更多的数据样本时,使用式(7.6)将识别出来的局部模式(重命名为

{p})用于构建数据云,这些数据云的参数可以在事后提取。

7.4.3 处理 ADP 中的离群值

在原型周围形成所有数据云后,可能会注意到一些数据云的支持度等于1。这意味着除了原型本身外,没有与这些数据云关联的样本。这种类型的原型是离群值,它们分配到最近的正常数据云($S>1$)中,使用式(7.19a)和式(7.19b)更新元参数。

7.5 方法的局部最优性

在本节中,分析 ADP 算法解的局部最优性。

7.5.1 问题的数学公式

ADP 算法的局部优化问题,可通过以下数学规划问题来表达[33]。

问题 7.1

$$f(\boldsymbol{W},\boldsymbol{P}) = \sum_{i=1}^{M}\sum_{j=1}^{K} w_{i,j} d(\boldsymbol{x}_j, \boldsymbol{p}_i) \tag{7.20}$$

式中:p 为原型的数量;$\boldsymbol{P} = [\boldsymbol{p}_1, \boldsymbol{p}_2, \cdots, \boldsymbol{p}_M] \in \mathbf{R}^{N \times M}$($\boldsymbol{p}_i \in \{p\}$);$\boldsymbol{W} = [w_{i,j}]_{M \times K}$($i=1,2,\cdots,M, j=1,2,\cdots,K$)为一个 $M \times K$ 维实数矩阵,并有以下约束,即

$$w_{i,j} \geq 0;\quad \sum_{i=1}^{M} w_{i,j} = 1 \tag{7.21}$$

满足式(7.21)的 $\boldsymbol{W}$ 的集合用 $\{\boldsymbol{W}\}_o$ 表示。

问题 7.1 是一个非凸问题,$f(\boldsymbol{W},\boldsymbol{P})$ 的局部最小点不需要是全局最小[33]。文献[33]中证明了上述数学规划问题的全局,最优性的必要条件,可由前述著名的卡鲁什 - 库恩 - 塔克(Karush - Kuhn - Tucker)条件给出[34]。在平方欧几里得距离下,部分最优解总是定理 7.1 给出的局部最优解,如下所示。

定理 7.1 考虑问题 7.1,其中 $d(\boldsymbol{x}_j, \boldsymbol{p}_i) = (\boldsymbol{x}_j - \boldsymbol{p}_i)^{\mathrm{T}}(\boldsymbol{x}_j - \boldsymbol{p}_i)$,问题 7.1 的部分最优解是局部最小点。

因此,基于定理 7.1,可以尝试找到问题 7.1 的局部最优解,以得到局部最优解,而局部最优解的定义如下[35]。

定义 7.1 点 (W^*, P^*) 是在满足以下两个不等式的条件下,问题 7.1 的部分最优解:

$$f(W^*, P^*) \leq f(W, P^*) \quad \forall W \in \{W\}_0 \tag{7.22a}$$

$$f(W^*, P^*) \leq f(W^*, P) \quad \forall P \in \mathbf{R}^{N \times M} \tag{7.22b}$$

因此,通过解决以下两个问题,可以得到部分最优解[35]。

问题 7.2:给定 $\hat{P} \in \mathbf{R}^{N \times M}$,求 $W \in \{W\}_0$ 的最小 $f(W, \hat{P})$。

问题 7.3:给定 $\hat{W} \in \{W\}_0$,求 $P \in \mathbf{R}^{N \times M}$ 的最小 $f(\hat{W}, P)$。

如果 W^* 在 $\hat{P} = P^*$ 时求解问题 7.2,并且 P^* 在 $\hat{W} = W^*$ 时求解问题 7.3,则 (W^*, P^*) 是问题 7.1 的部分最优解。

▶ 7.5.2 数据分割方法的局部最优性分析

正如在 7.5.1 节中所给出的那样,如果 (W, P) 是问题 7.1 的部分最优解,则数据分割结果,即原型 $\{p\}$ 周围的 M 个数据云是局部最优的。

对于由 ADP 算法得到的原型 P,围绕它们创建的 Voronoi 划分 W 是问题 7.2 定义的最小解(见式(7.6))。然而,不能简单地保证解 (W, P) 是问题 7.3 的最小解,因为原型(焦点)p_i 不一定等于数据云 C_i 的中心(由 μ_i 表示)。算法过程中的其他贪婪步骤(即多个峰值、过滤)可能会使 $\{p\}$ 偏离围绕它们形成的数据云中心。

因此,可以很明显地得出结论,在 7.4 节中介绍的 ADP 算法所得到的数据分割结果不是局部优化的。然而,我们仍然可以通过对获得的分割结果进一步应用迭代过程来获得局部最优解,如使用著名的 K-means 聚类算法[36],它包括以下步骤。

步骤 1:将通过 7.4 节中介绍的 ADP 算法获得的初始原型 P 表示为 P^t($t = 0$,表示当前的迭代次数)。

步骤 2:通过设置 $\hat{P} \leftarrow P^t$,求解问题 7.2,得到 $W^t = [w_{i,j}^t]_{M \times K}$ 作为最优解,用以下表达式表示($j = 1, 2, \cdots, K$):

$$\begin{cases} w_{i,j}^t = 1 & i = \arg\min_{l=1,2,\cdots,M}(d(\mathbf{x}_j, \mathbf{p}_l)) \\ w_{i,j}^t = 0 & i \in \text{其他} \end{cases} \tag{7.23}$$

步骤 3:通过设置 $\hat{W} \leftarrow W^t$ 求解问题 7.3,找到新原型,记为 P^{t+1}。

问题 7.3 的解不像问题 7.2 那样明显,但是对于给定的 W^t,问题 7.3 等价于寻找 $P^{t+1} \in \mathbf{R}^{N \times M}$ 的问题,该问题是满足下列数学规划的问题,即

$$f_1(\boldsymbol{P}^{t+1}) = \min_{\boldsymbol{Z} \in \boldsymbol{R}^{N \times M}}(f_1(\boldsymbol{Z})) \tag{7.24}$$

其中,$f_1(\boldsymbol{Z}) = f_1(\boldsymbol{W}^t, \boldsymbol{Z})$,并且 $f_1(\boldsymbol{Z})$ 可以重新表示为

$$f_1(\boldsymbol{Z}) = \sum_{\forall j \in \{h \mid w_{1,h}^t = 1\}} d(\boldsymbol{x}_j, \boldsymbol{z}_1) + \sum_{\forall j \in \{h \mid w_{2,h}^t = 1\}} d(\boldsymbol{x}_j, \boldsymbol{z}_2) + \cdots + \sum_{\forall j \in \{h \mid w_{M,h}^t = 1\}} d(\boldsymbol{x}_j, \boldsymbol{z}_M)$$
$$= f_2(\boldsymbol{z}_1) + f_2(\boldsymbol{z}_2) + \cdots + f_2(\boldsymbol{z}_M) \tag{7.25}$$

式中:$f_2(\boldsymbol{z}_i) = \sum_{\forall j \in \{h \mid w_{i,h}^t = 1\}} d(\boldsymbol{x}_j, \boldsymbol{z}_i), i = 1, 2, \cdots, M$。

式(7.25)进一步将 $f_1(\boldsymbol{Z})$ 最小化问题简化为寻找到 $\boldsymbol{P}_i^{t+1} \in \boldsymbol{R}^N (i = 1, 2, \cdots, M)$ 的问题,用作寻找 $f_2(\boldsymbol{z}_i)$ 的最小化解,即

$$f_2(\boldsymbol{p}_i^{t+1}) = \min_{\boldsymbol{z}_i \in \boldsymbol{R}^N}(f_2(\boldsymbol{z}_i)) \tag{7.26}$$

对于使用平方欧几里得距离 $d(\boldsymbol{x}_j, \boldsymbol{p}_i^{t+1}) = (\boldsymbol{x}_j - \boldsymbol{p}_i^{t+1})^{\mathrm{T}}(\boldsymbol{x}_j - \boldsymbol{p}_i^{t+1}) = \sum_{l=1}^{N}(x_{j,l} - p_{i,l}^{t+1})^2$ 的情况,$f_2(\boldsymbol{z}_i)$ 是一个凸函数,并对于 $\boldsymbol{z}_i \in \boldsymbol{R}^N$ 是可微的。因此,$f_2(\boldsymbol{z}_i)$ 的局部最优解对应于 $f_2(\boldsymbol{z}_i)$ 具有最小值的点。每个维度的 $f_2(\boldsymbol{z}_i)$ 的偏导数表示为

$$\frac{\partial f_2(\boldsymbol{z}_i)}{\partial z_{i,l}} = \sum_{\forall j \in \{h \mid w_{i,h}^t = 1\}} \frac{\partial d(\boldsymbol{x}_j, \boldsymbol{z}_i)}{\partial z_{i,l}} \tag{7.27}$$

由于 $d(\boldsymbol{x}_j, \boldsymbol{z}_i) = (\boldsymbol{x}_j - \boldsymbol{z}_i)^{\mathrm{T}}(\boldsymbol{x}_j - \boldsymbol{z}_i)$,则

$$\frac{\partial f_2(\boldsymbol{z}_i)}{\partial z_{i,l}} = 2 \sum_{\forall j \in \{h \mid w_{i,h}^t = 1\}} (z_{i,l} - x_{j,l}) \tag{7.28}$$

根据费马定理,如果 $\boldsymbol{z}_i = \boldsymbol{p}_i^{t+1} = [p_{i,1}^{t+1}, p_{i,2}^{t+1}, \cdots, p_{i,N}^{t+1}]^{\mathrm{T}}$,且 $\frac{\partial f_2(\boldsymbol{z}_i)}{\partial z_{i,l}} = (l = 1, 2, \cdots, N)$,可以得到下面的公式,即

$$\sum_{\forall j \in \{h \mid w_{i,h}^t = 1\}} (p_{i,l}^{t+1} - x_{j,l}) = p_{i,l}^{t+1} \cdot \sum_{j=1}^{K} w_{i,j}^t - \sum_{\forall j \in \{h \mid w_{i,h}^t = 1\}} x_{j,l} \tag{7.29}$$

正如式(7.29)所表明的那样,$\boldsymbol{p}_i^{t+1}$ 是围绕 $\boldsymbol{p}_i^t$ 形成的数据云所关联的数据样本的平均值,即

$$\boldsymbol{p}_i^{t+1} = \frac{1}{\sum_{j=1}^{K} w_{i,j}^t} \sum_{\forall j \in \{h \mid w_{i,h}^t = 1\}} \boldsymbol{x}_j \quad i = 1, 2, \cdots, M \tag{7.30}$$

步骤4: 通过将 $\boldsymbol{P}^{t+1}$ 设为 $\hat{\boldsymbol{P}}$ 来求解问题7.2,得到 $\boldsymbol{W}^{t+1}$ 为最优解。

步骤5: 如果 $f(\boldsymbol{W}^{t+1}, \boldsymbol{P}^{t+1}) = f(\boldsymbol{W}^t, \boldsymbol{P}^t)$,则到达最优,停止迭代,并赋值 $(\boldsymbol{W}^*, \boldsymbol{P}^*) \leftarrow (\boldsymbol{W}^{t+1}, \boldsymbol{P}^{t+1})$;否则 $t \leftarrow t + 1$,迭代过程返回到步骤3。

上述迭代过程保证了问题7.1的部分最优解,通过下面的定理7.2保证[33]。

定理7.2 在有限次数的迭代中,(W,P)收敛到部分最优解(W^*,P^*)。

简而言之,以类似于文献[33]中描述的,通过一个迭代过程最小化目标函数的过程,ADP算法通过少量迭代过程总是可以收敛到局部最优分割上。

继续图7.9中给出的例子,通过应用迭代优化过程,最终可以实现图7.10(a)所示的局部优化原型,图中还比较了它们与原始原型的位置,以及每次迭代后计算出的$f(W,P)$的值,如图7.10(b)所示。

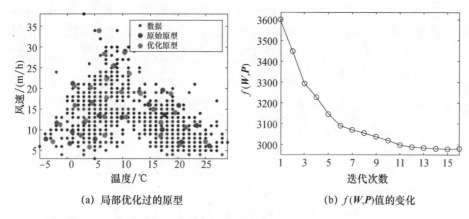

(a) 局部优化过的原型　　　　(b) $f(W,P)$值的变化

图7.10　(见彩图)数据分割结果的局部优化过程

7.6　提出的方法的重要性

本节提出了一种非参数的数据分割算法,称为 ADP。与传统的聚类方法相比,它具有以下特点:

(1) 它是自主的、自组织的以及完全数据驱动的;
(2) 它不受用户和问题特定参数的限制;
(3) 它基于实证观测数据的整体属性和相互分布。

更具体地说,ADP算法是基于秩(排序)运算符、本质不同的数据处理方法。在聚类中通常避免使用秩运算,因为它是非线性运算符,没有连续的导数(不平滑),而大多数聚类算法更喜欢线性均值运算符。秩运算符的特殊性在创建更简约的分割时起着核心作用,特别是在使用无参数的局部模式定义进行增强时。对于离线 ADP 算法依据其在数据密度和相互距离方面的排序,从数据样本中识别原型,并使用原型聚集它们周围的数据样本,创建 Voronoi 划分[21]。对于进化 ADP 算法,由于其基于原型的特性,它与其他在线方法相比,具有更灵活的进化结构。此外,它还取代了其他在线方法中常用的预定义阈值,采用从数据中获得的动态变化阈值。因此,与其他方法相比,ADP 算法能够获得更稳定、更有效和更客观的分割。

对于通过局部划分识别隐含的数据模式的任何数据分割/聚类算法,局部最优解对于整体方法的正确性和有效性非常重要。7.5.2 节中描述的局部优化算法是至关重要的,因为它能够保证 ADP 算法以及其他具有类似操作机制的方法,在迭代次数较少的情况下,获得分割结果的局部最优性。而且,其应用并不限于数据分割/聚类。该算法也适用于具有基于原型前提条件部分的自主学习多模态系统(见第 8 章)。也可以使用替代的数据分割方法,如文献[37]中介绍的自组织方向感知数据分割方法。

7.7 结 论

本章介绍了一种新的方法,将数据自动分割成数据云以形成 Voronoi 划分。这可以看作是聚类,但它有一些特定的区别,主要是在数据以云的形状以及特定的形成方式上。聚类和数据分割两者的目标都是将大量的原始数据转换为可管理的、更小的、更具代表性的、具有一定语义的聚合。

所提出的新 ADP 算法有离线、在线和进化两种形式。

此外,还阐述并提出了一种算法,来保证所导出结构的局部最优性。

作为这些提出方法的结果,可以从原始数据开始,最终得到表示焦点/原型的数据云的局部最优结构,这种焦点的原型是以数据密度和典型性表征的峰值,即数据密度和典型性的局部最大值的点。该结构可用于分析、构建多模分类器、预测器、控制器或故障隔离方法。

在此基础上,后面章节将专注于求解问题,以这种新的、实证的方式,即实际观察数据驱动的,而非预定义的限制性假设并强加于模型结构,来解决问题。

7.8 问 题

(1) ADP 算法与传统的聚类算法有何不同?
(2) 数据云与传统聚类有何不同?
(3) 离线 ADP 算法与在线 ADP 算法有何不同?

7.9 要点

(1) 提出了一种新的数据分割方法,其形成数据云;它类似于聚类,但又不同于传统的聚类。

(2) 提出的 ADP 算法是基于数据密度和典型性的,是自主的而不受假设的限制。

(3) 由 ADP 算法形成的 Voronoi 划分是,导致了不规则形状的数据云;数据云的原型/焦点是数据密度/典型性的局部峰值。

(4) 新的 ADP 算法有离线和在线两种形式。

(5) 数据云可用于形成更复杂的模型结构,如分类器、预测器、控制器,或直接用于数据分析或故障隔离。

参考文献

[1] G. A. Brosamler, An almost everywhere central limit theorem. Math. Proc. Cambridge Philos. Soc. 104(3), 561 – 574 (1988)

[2] http://www.worldweatheronline.com

[3] S. Y. Shatskikha, Multivariate Cauchy distributions as locally Gaussian distributions. J. Math. Sci. 78(1), 102 – 108 (1996)

[4] C. Lee, Fast simulated annealing with a multivariate Cauchy distribution and theconfiguration's initial temperature. J. Korean Phys. Soc. 66(10), 1457 – 1466 (2015)

[5] S. Nadarajah, S. Kotz, Probability integrals of the multivariate t distribution. Can. Appl. Math. Q. 13(1), 53 – 84 (2005)

[6] A. Corduneanu, C. M. Bishop, in Variational Bayesian Model Selection for Mixture Distributions, Proceedings of Eighth International Conference on Artificial IntelligentStatistics (2001), pp. 27 – 34

[7] E. Tu, L. Cao, J. Yang, N. Kasabov, A novel graph-based k-means for nonlinear manifoldclustering and representative selection. Neurocomputing 143, 109 – 122 (2014)

[8] P. Angelov, Autonomous Learning Systems: From Data Streams to Knowledgein Real Time(Wiley, New York, 2012)

[9] M. Aitkin, D. B. Rubin, Estimation and hypothesis testing in finite mixture models. J. R. Stat. Soc. Ser. B (Methodol.) 47(1), 67 – 75 (1985)

[10] C. E. Lawrence, A. A. Reilly, An expectation maximization (EM) algorithm for the identification and characterization of common sites in unaligned biopolymer sequences. Proteins Struct. Funct. Bioinforma. 7(1), 41 – 51 (1990)

[11] J. A. Bilmes, A gentle tutorial of the EM algorithm and its application to parameter estimationfor gaussianmixture and hidden markov models. Int. Comput. Sci. Inst. 4(510), 126 (1998)

[12] D. A. Reynolds, T. F. Quatieri, R. B. Dunn, Speaker verification using adapted Gaussianmixture models. Digit. Signal Process. 10(1), 19 – 41 (2000)

[13] C. E. Rasmussen, The infinite Gaussian mixture model. Adv. Neural. Inf. Process. Syst. 12(11), 554 – 560 (2000)

[14] A. Gionis, H. Mannila, P. Tsaparas, Clustering aggregation. ACM Trans. Knowl. Discov. Data 1(1), 1 – 30 (2007)

[15] http://cs.joensuu.fi/sipu/datasets/

[16] P. Angelov, X. Gu, D. Kangin, Empirical data analytics. Int. J. Intell. Syst. 32(12), 1261 – 1284(2017)

[17] P. P. Angelov, X. Gu, J. Principe, D. Kangin, in Empirical Data Analysis—A New Tool for Data Analytics, IEEE International Conference on Systems, Man, and Cybernetics (2016), pp. 53 – 59

[18] P. Angelov, Fuzzily connected multimodel systems evolving autonomously from datastreams. IEEE Trans. Syst. Man, Cybern. Part B Cybern. 41(4), 898 – 910 (2011)

[19] P. Angelov, R. Yager, Density-based averaging—a new operator for data fusion. Inf. Sci. (Ny) 222, 163 – 174 (2013)

[20] P. Angelov, R. Yager, A new type of simplified fuzzy rule-based system. Int. J. Gen Syst. 41(2), 163 – 185 (2011)

[21] A. Okabe, B. Boots, K. Sugihara, S. N. Chiu, Spatial Tessellations: Concepts and Applications of Voronoi Diagrams, 2nd edn. (Wiley, Chichester, 1999)

[22] L. A. Zadeh, Outline of a new approach to the analysis of complex systems and decisionprocesses. IEEE Trans. Syst. Man Cybern. 1, 28 – 44 (1973)

[23] E. H. Mamdani, S. Assilian, An experiment in linguistic synthesis with a fuzzy logiccontroller. Int. J. Man Mach. Stud. 7(1), 1-13 (1975)

[24] T. Takagi, M. Sugeno, Fuzzy identification of systems and its applications to modeling andcontrol. IEEE Trans. Syst. Man. Cybern. 15(1), 116-132 (1985)

[25] P. P. Angelov, X. Gu, J. C. Principe, Autonomous learning multi-model systems from datastreams. IEEE Trans. Fuzzy Syst. 26(4), 2213-2224 (2018)

[26] X. Gu, P. P. Angelov, J. C. Principe, A method for autonomous data partitioning. Inf. Sci. (Ny) 460-461, 65-82 (2018)

[27] W. Pedrycz, Granular Computing: Analysis and Design of Intelligent Systems (CRC Press, Boca Raton, 2013)

[28] P. P. Angelov, D. P. Filev, An approach to online identification of Takagi-Sugeno fuzzymodels. IEEE Trans. Syst. Man Cybern. Part B Cybern. 34(1), 484-498 (2004)

[29] P. Angelov, An approach for fuzzy rule-base adaptation using on-line clustering. Int. J. Approx. Reason. 35(3), 275-289 (2004)

[30] P. P. Angelov, D. P. Filev, N. K. Kasabov, Evolving Intelligent Systems: Methodology andApplications (2010)

[31] P. Angelov, D. Filev, in On-line Design of Takagi-Sugeno Models, in International FuzzySystems Association World Congress (Springer, Berlin, 2003), pp. 576-584

[32] X. Gu, P. P. Angelov, Self-organising fuzzy logic classifier. Inf. Sci. (Ny) 447, 36-51 (2018)

[33] S. Z. Selim, M. A. Ismail, K-means-type algorithms: a generalized convergence theorem andcharacterization of local optimality. IEEE Trans. Pattern Anal. Mach. Intell. PAMI-6(1), 81-87 (1984)

[34] H. W. Kuhn, A Tucker, in Nonlinear Programming, Proceedings of the Second Symposiumon Mathematical Statistics and Probability (1951), pp. 481-492

[35] R. E. Wendell, A. P. Hurter Jr., Minimization of a non-separable objective function subject todisjoint constraints. Oper. Res. 24(4), 643-657 (1976)

[36] J. B. MacQueen, Some methods for classification and analysis of multivariate observations. 5th Berkeley Symp. Math. Stat. Probab. 1(233), 281-297 (1967)

[37] X. Gu, P. Angelov, D. Kangin, J. Principe, Self-organised direction awaredata partitioningalgorithm. Inf. Sci. (Ny) 423, 80-95 (2018)

第8章 自主学习多模型系统

8.1 ALMMo 系统概念介绍

多模型系统的概念本身并不新鲜[1-3],它利用数百年前的"分而治之"原则[1-3],已应用于机器学习中。多模型系统的例子包括基于模糊规则的系统[2-3]和人工神经网络[1]等。然而,关于局部模型的结构、数量及其设计和更新是离线的,并且需要人类专家的密切参与完成[1-2],直到出现自主学习系统的概念[3]。本书中描述的实证方法,可以看作文献[3]中概述的自主学习系统概念的进一步发展。第7章描述的自主数据分割概念,将数据空间划分为局部子空间。这构成了自主学习多模型 ALMMo[4-5] 系统的基础。

自主学习多模型(autonomous learning multi-model, ALMMo)系统是一种处理复杂问题的有效工具,它将复杂问题分解为一组简单问题,随后再加以组合。多模型系统已在各种实际应用中证明了其能力,并已广泛应用于各种用途,如控制、分类、预测等[1-3,6-13]。我们认为可以将 ALMMo 系统看作一组 AnYa 型 FRB 系统[14],也可以看作神经模糊系统(具有特殊结构和功能的 ANN,具有高度的透明性和可解释性)。ALMMo 系统可以是零阶 ALMMo-0、一阶 ALMMo-1、高阶 ALMMo。

所有3种类型的前提(IF)部分结构由数据云所组成[15],这些数据云定义为围绕在原型(实际数据样本/点)周围,并形成 Voronoi 划分。ALMMo 系统的前提(IF)部分的设计,只涉及识别原型(数据云的焦点)。原型(根据前面描述的 ADP 方法)表示数据的局部模式,采用数据密度和典型性术语。

零阶 ALMMo 的推论(THEN)部分是较为简单的,因为它包含表示类或单例的标签值。ALMMo-1(一阶)系统的推论(THEN)部分旨在识别参数值(线性模型的系数),这些参数旨在使模型预测值与真实值之间的误差最小化。这是一个典型的最小二乘误差最小化问题[16]。有不同的方法来解决这个问题,如最小均方方法[17]或递归最小二乘方法[18]。然而,它们只能为单线性模型提供答案,ALMMo-1结构(因为它是AnYa型的FRB系统)则是一个局部有效线性模型的模糊混合,这就需要为此开发一种新的方法。为了解决这个问题,第一作者引入了模糊加权递归最小二乘方法[19]。

顾名思义,ALMMo 系统能够以非迭代的方式,基于数据流,自组织和自进化其多模型架构。ALMMo 与现有方法和方案的区别如下:

(1) 系统采用非参数实证量来揭示潜在的数据模式,如第4章所述;

(2) 系统结构由数据云(其形状不是预先定义的几何图形)和以数据驱动方式识别的自更新局部模式组成;

(3) 它能够以自然的方式,处理分类与连续数据[14]组合的异构数据。

ALMMo 系统涉及数据流处理的复杂学习系统的基础,它可以扩展到不同问题和应用,包括分类、预测、控制、图像处理等。

8.2 零阶 ALMMo 系统

这里介绍的零阶自主学习多模型(ALMMo-0)系统[5],是基于零阶 AnYa 型 FRB 系统[3,14],具有与文献[20]相似的多模型架构,但是使用第7章描述的 ADP 方法进行识别。由于系统结构的前馈特性,无须训练任何参数。因此,ALMMo-0 非常适合于无监督和半监督问题。

对于分类问题,ALMMo-0 能够从实证观察数据中自动识别原型,并形成每个类的数据云。然后,使用 AnYa 型的模糊 IF…THEN 规则,建立对应于不同类别的子系统。本节针对分类问题,介绍 ALMMo-0 系统,但是 ALMMo-0 也可以应用于预测、控制等。在这些问题中,输出表示单一值,并且去模糊化产生整体输出(类别标签)。

▶▶ 8.2.1 架构

ALMMo-0 架构是基于零阶 AnYa 型模糊规则[3,14]。其总体结构说明如图8.1所示,其中,还给出了零阶 AnYa 型模糊规则的放大结构。

同样,尽管 ALMMo-0 可以用于预测、控制和其他问题,但分类是最自然地对应于 ALMMo-0 的问题。一般来说,模糊规则的数目 $M \geq C$。然而,对于分类器,边界条件($M = C$)也是可能的/可接受的。

在训练阶段(图 8.1(a)),在分类问题中,由于 ALMMo-0 系统的多模型架构,每个子系统仅使用对应类的数据样本进行训练。

对于由 C 个不同类所组成的数据集或数据流,存在 C 个独立训练的子系统(每个类一个)。这些子系统可以在不影响其他子系统的情况下进行更新或删除。每个子系统包含一个 AnYa 类型的模糊规则,该规则的表达式是围绕原型产生的,或者从相应类的数据样本中学习得到。每个模糊规则都可以看作许多单例模糊规则的组合,这些单例模糊规则建立在由析取(逻辑"或")运算符($i = 1,2,\cdots,C$)连接的原型之上,即

$$R_i : \text{IF } (\boldsymbol{x} \sim \boldsymbol{p}_{i,1}) \text{ OR } (\boldsymbol{x} \sim \boldsymbol{p}_{i,2}) \text{ OR}\cdots\text{OR } (\boldsymbol{x} \sim \boldsymbol{p}_{i,M_i}) \text{ THEN (类 } i\text{)} \quad (8.1)$$

式中:$\boldsymbol{p}_{i,j}$ 为第 i 个模糊规则的第 j 个原型;M_i 为识别出的原型数量。

在验证阶段(图 8.1(b)),每当一个新的数据样本 $\boldsymbol{x}_K$ 到来时,它就会被对应不同类的零阶 AnYa 型模糊规则进行评估。每个模糊规则都会推荐一个局部决策,采用"赢者通吃"原则,按模糊置信水平选出与 $\boldsymbol{x}_K$ 最相似的一个原型。然后,总体决策将平衡这些局部决策,并此数据样本生成估计标签。

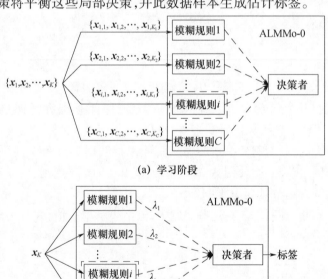

(a) 学习阶段

(b) 验证阶段

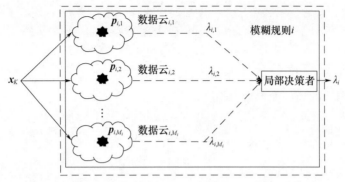

(c) 第i个模糊规则的架构放大（为（a）和（b）中虚线的矩形框）

图 8.1 ALMMo - 0 的多模态架构

ALMMo - 0 系统的学习和验证过程,将在 8.2.2 节和 8.2.3 节中详细介绍。

8.2.2 学习过程

ALMMo - 0 系统可从数据流的起点,"从头开始"在线学习。它还可以先被离线方式的静态数据初始化,进而基于新达到的流式数据样本来更新自身的系统框架及其超参数,获得更具鲁棒性的结果。本小节将介绍这两种操作模式。由于 ALMMo - 0 的多模态架构,每个模糊规则都是并行训练的,因此可认为学习过程的执行是针对第 i 个子系统的 ($i = 1,2,\cdots,C$)。第 i 类的数据样本表示为 $\{x\}_{i,K_i} = \{x_{i,1}, x_{i,2}, \cdots, x_{i,K_i}\}$ ($\{x\}_{i,K_i} \in \{x\}_K$),其中 K_i 为 $\{x\}_{i,K_i}$ 数据样本的数目。考虑所有的类别,有 $\sum_{i=1}^{C} K_i = K$。

在 ALMMo - 0 系统的学习阶段,对每个观测数据样本 $x_{i,j}$ ($i = 1,2,\cdots,C$)进行归一化,有

$$x_{i,j} \leftarrow \frac{x_{i,j}}{\|x_{i,j}\|} \tag{8.2}$$

这种类型的归一化,可以将任意两个数据样本之间的欧几里得距离转换为余弦非相似性,并增强 ALMMo - 0 系统处理高维数据的能力[21]。

1. 系统初始化

用数据流中第 i 类的第一个数据样本,初始化第 i 个子系统,记为 $x_{i,1}$,全局元参数集设置如下:

$$\begin{cases} K_i \leftarrow 1 & (8.3a) \\ M_i \leftarrow 1 & (8.3b) \\ \boldsymbol{\mu}_i \leftarrow \boldsymbol{x}_{i,1} & (8.3c) \\ X_i \leftarrow 1 & (8.3d) \end{cases}$$

第一个数据云的局部元参数，设置如下：

$$\begin{cases} \mathbf{C}_{i,1} \leftarrow \{\boldsymbol{x}_{i,1}\} & (8.4a) \\ \boldsymbol{p}_{i,1} \leftarrow \boldsymbol{x}_{i,1} & (8.4b) \\ S_{i,1} \leftarrow 1 & (8.4c) \\ r_{i,1} \leftarrow r_0 & (8.4d) \end{cases}$$

式中：K_i 为第 i 个子系统观测到的数据样本数目（当前时刻）；M_i 为第 i 子系统内的原型数目；$\boldsymbol{\mu}_i$ 为第 i 类观测数据样本的全局均值；X_i 为平均标量积，由于归一化，其始终等于 1（式（8.2））；$\mathbf{C}_{i,1}$ 为第一个数据云；$\boldsymbol{p}_{i,1}$ 为第一个原型；$S_{i,1}$ 为相应的支持；$r_{i,1}$ 为影响区半径；r_0 为稳定新形成的数据云初始状态的一个小值；更具体地，用默认值[21] $r_0 = \sqrt{2(1-\cos 30°)}$。

必须强调的是，r_0 是一个与问题无关的参数，不需要先验知识来确定。它是为了防止新形成的数据云吸引不够接近的数据样本。它定义了一种吸引和可区分的接近程度。实际上，r_0 的值可以根据用户的偏好进行调整，以满足各种各样的问题和特定的需求。文献[22]给出了另一种基于数据的相互分布和设置现有数据云的影响区半径以导出 r_0 的方法。

然后，按以下方式初始化 AnYa 模糊规则，即

$$R_i: \text{IF } (\boldsymbol{x} \sim \boldsymbol{p}_{i,1}) \text{ THEN }(\text{类 } i) \quad (8.5)$$

2. 系统更新

子系统初始化后，对每个新到达的数据样本（$K_i \leftarrow K_i + 1$），首先使用式（4.8），依据 $\boldsymbol{x}_{i,K_i}$ 将全局均值 $\boldsymbol{\mu}_i$ 更新为 $\boldsymbol{\mu}_{i,K_i}$。数据样本 $\boldsymbol{x}_{i,K_i}$ 的单模态数据密度 D 和所有已识别的原型 $\boldsymbol{p}_{i,j}(j = 1,2,\cdots,M_i)$ 由式（4.32）计算。

然后，检查条件 7.4，以查看 $\boldsymbol{x}_{i,K_i}$ 是否成为需添加到模糊规则中的新原型[3]。如果条件 7.4 触发，将在 $\boldsymbol{x}_{i,K_i}$ 周围形成一个新的数据云，更新其参数方式如下：

$$\begin{cases} M_i \leftarrow M_{i+1} & (8.6a) \\ \mathbf{C}_{i,M_i} \leftarrow \{\boldsymbol{x}_{i,K_i}\} & (8.6b) \\ \boldsymbol{p}_{i,M_i} \leftarrow \boldsymbol{x}_{i,K_i} & (8.6c) \\ S_{i,M_i} \leftarrow 1 & (8.6d) \\ r_{i,M_i} \leftarrow r_0 & (8.6e) \end{cases}$$

按初始化公式(8.6a)~式(8.6e),一个新的原型 p_{i,M_i} 被加入到模糊规则中。

如果不满足条件7.4,则 ALMMo-0 子系统继续寻找针对 $x_{i,K}$ 最接近的原型 p_{i,n^*},这通过式(7.6)实现。在将 x_{i,K_i} 分配给最近的数据云 C_{i,n^*} 之前,条件 8.1 用于检查 x_{i,K_i} 是否足够接近。

条件 8.1

$$IF(\|x_{i,K_i^*} - p_{i,n^*}\| \leq r_{i,n^*}) \quad THEN(C_{i,n^*} \leftarrow C_{i,n^*} + x_{i,K_i}) \quad (8.7)$$

如果满足条件8.1,则最近数据云 C_{i,n^*} 的元参数更新如下:

$$\begin{cases} S_{i,n^*} \leftarrow S_{i,n^*} + 1 & (8.8a) \\ p_{i,n^*} \leftarrow \dfrac{S_{i,n^*}-1}{S_{i,n^*}} p_{i,n^*} + \dfrac{1}{S_{i,n^*}} x_{i,K_i} & (8.8b) \\ r_{i,n^*} \leftarrow \sqrt{\dfrac{1}{2}(r_{i,n^*}^2 + (1 - \|p_{i,n^*}\|^2))} & (8.8c) \end{cases}$$

并对模糊规则进行相应的更新。以这种自适应方式更新 C_{i,n^*} 的影响区域半径,以允许数据云收敛到数据样本密集分布的局部区域;相反,如果不满足条件 8.1,则用式(8.6a)~式(8.6e)围绕 x_{i,K_i} 形成一个新的数据云 C_{i,M_i},并用式(8.1)添加一个新的原型到模糊规则中。

当系统结构和元参数被 x_{i,K_i} 更新后,学习算法为下一个新到达的数据样本,开始一个新的处理周期。未接收新数据成员时,数据云的元参数保持不变。

▶ 8.2.3 验证过程

在验证过程中,如图 8.1 所示,涉及决策每个测试数据标签的两级决策过程,包括局部以及全局的决策过程。两个决策都遵循"赢者通吃"的原则。然而,也可以考虑其他原则,即"少数赢者通吃"。

每个新到达的数据样本 x 被发送给每个模糊规则 R_i,获得一个由 $\lambda_i(i=1,2,\cdots,C)$ 表示的激发强度(或置信水平得分),该激发强度由局部决策者,在该模糊规则[5]中选出与 x_K 最相似的原型来产生,即

$$\lambda_i = \max_{j=1,2,\cdots,M_i}(\lambda_{i,j}) \quad (8.9)$$

式中:$\lambda_{i,j} = e^{-\|x - p_{i,j}\|^2}$,$p_{i,j} \in \{p\}_i$。

然而,必须强调的是,表示 λ 的指数函数只是为了扩大 x 与不同原型 $p_{i,j}$($p_{i,j} \in \{p\}_i$)在余弦非相似性方面的微小差异。可以考虑替代函数,即柯西函数。

最后,基于 C 模糊规则的激发强度,分别(每个规则一个)按照"赢者通吃"原则,由总体决策者确定 x 的标签,即

$$\text{Label} = \underset{i=1,2,\cdots,C}{\arg\max} \lambda_i \tag{8.10}$$

8.2.4 ALMMo-0 系统的局部最优性

本节研究 ALMMo-0 系统的局部最优性。由于 ALMMo-0 系统的推论部分(THEN)和前提部分(IF)(基于原型)都是非参数性质的,因此 ALMMo-0 系统的局部最优仅取决于原型(最具代表性的数据样本)在数据空间中的最优位置。因此,将此问题归结为寻找一个局部最优分割。从机器学习的角度来看,这可以看作局部最优聚类。这种情况的形式化数学条件,可以用 7.5.1 节中描述的数学规划问题来描述[23]。

考虑到 ALMMo-0 系统将第 i 类 $\{x\}_{i,K_i}$ 的数据样本划分成 M_i 数据云,则将 ALMMo-0 的问题 7.1 重新表述如下[23]。

问题 8.1

$$f(\boldsymbol{W}_i, \boldsymbol{P}_i) = \sum_{l=1}^{M_i} \sum_{j=1}^{K_i} w_{i,l,j} d(\boldsymbol{x}_{i,j}, \boldsymbol{p}_{i,j}) \tag{8.11}$$

问题 8.1 实际上与问题 7.1 相同;唯一的区别是问题 8.1 的最优解仅适用于 $\{x\}_{i,K_i}$,而不适用于整个数据集 $\{x\}_K$。因此,可以直接借用 7.5 节中提出的所有定理、原理、分析和结论,并将其用于问题 8.1 中,但要记住我们提到的唯一区别。

基于定理 7.1,如果问题 8.1 的 $(\boldsymbol{W}_i, \boldsymbol{P}_i)$ 是部分最优解,我们知道数据划分结果 $\{\boldsymbol{C}\}_i$ 是局部最优的。从静态数据集训练的 ALMMo-0 系统,如 7.5.2 节所述,由于算法过程中使用贪婪步骤(即多峰值、滤波),无法保证划分结果的局部最优性。对于递归"一次通过"和非迭代的在线学习过程(无论是"从头开始"还是离线),也不能保证 $(\boldsymbol{W}_i, \boldsymbol{P}_i)$ 都能解决数据模式潜在移位和/或问题 7.2 和问题 7.3 所对应的漂移[24]。尽管如此,通过使用 7.5.2 节中提出的优化方法,仍可以获得 ALMMo-0 系统的局部最优原型(前提 IF 部分)。

8.3 用于分类和回归的一阶 ALMMo

本节介绍的用于处理流数据的、自主学习多模型系统 ALMMo-1[4],是基于一阶 AnYa 型 FRB 的系统[3,14]。类似于 ALMMo-0,它的结构是建立在数据云上的;所有的元参数都是直接从实证观测数据中提取的,不需要用户或问题特定的参数,也不需要先验知识,可以递归地更新。因此,该系统还具有节省内存和高效计算的特点。其系统结构能够在线进化,以跟随流数据情况下数据模式可能的移位和/或漂移。本节聚焦于回归方面,并给出了一般架构、结构识别和推论参数的识别。在接下来的部分中使用欧几里得距离,但是,也可以考虑其他类型的距离度量和非相似性。

8.3.1 架构

在 ALMMo-1 中,系统结构由许多一阶 AnYa 型模糊规则组成[14]。其前提(IF)部分的设计涉及识别数据云的原型(焦点)。其推论(THEN)部分的识别旨在确定局部线性模型的推论参数的最佳值[3,14]。ALMMo-1 系统的结构如图 8.2 所示[4,14]。

ALMMo-1 系统中的每个线性模型(假设第 i 个模型),由一个具有原型 P_i 及参数向量 $a_{K,i}$ 的一阶 AnYa 型模糊规则组成,其形式为

$$R_i: \text{IF } (x_K \sim p_i) \text{ THEN } (y_{K,i} = f_{A,j}(x_K, a_{K,i})) \tag{8.12}$$

式中:~表示相似性或模糊满意度/隶属度[14]; $x_K = [x_{K,1}, x_{K,2}, \cdots, x_{K,N}]^T \in \mathbf{R}^N$ 为输入向量; $y_{K,j}$ 为第 i 条规则的输出; $f_{A,i}(\cdot)$ 为 R_i 的推论部分的线性输出函数,即

$$f_{A,j}(x_K, a_{K,i}) = \bar{x}_K^T a_{K,i} \tag{8.13}$$

式中: $\bar{x}_K^T = [1, x_K^T]$; $a_{K,i} = [a_{K,i,0}, a_{K,i,1}, a_{K,i,2}, \cdots, a_{K,i,N}]^T$。

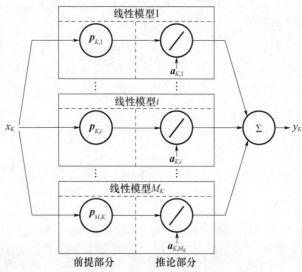

图 8.2 ALMMo-1 系统一般架构

在第 k 个时刻,ALMMo-1 的整个系统输出的数学建模为[4,14,19]

$$y_K = f_A(\boldsymbol{x}_K, \boldsymbol{a}_K) = \sum_{i=1}^{M_k} \lambda_{K,i} f_{A,i}(\boldsymbol{x}_K, \boldsymbol{a}_{K,i}) \tag{8.14}$$

式中:y_K 为总输出;$f_A(\cdot)$ 为 ALMMo-1 系统旨在近似的非线性函数;$\lambda_{K,i}$ 为第 i 个模糊规则的触发强度;M_K 为模糊规则的数目。

不同于其他自主学习系统[14,19-20],ALMMo-1 中每个规则的触发强度,定义为每个规则局部归一化的数据密度,即

$$\lambda_{K,i} = \frac{D_{K,i}(\boldsymbol{x}_K)}{\sum_{j=1}^{M_K} D_{K,j}(\boldsymbol{x}_K)} \tag{8.15}$$

其中

$$D_{K,i}(\boldsymbol{x}_K) = \frac{1}{1 + \frac{S_{K,i}^2 \| \boldsymbol{x}_K - \boldsymbol{p}_{K,j} \|^2}{(S_{K,i+1})(S_{K,\chi_{K,j}} + \| \boldsymbol{x}_K \|^2) - \| \boldsymbol{x}_K + S_{K,i} \boldsymbol{p}_{K,j} \|^2}} \tag{8.16}$$

式中:$\boldsymbol{p}_{K,i}$、$\chi_{K,i}$ 和 $S_{K,i}$ 为第 i 个数据云 $\boldsymbol{C}_i$ 的原型(中心)、平均标量积和支持度;$\boldsymbol{p}_{K,i}$ 和 $\chi_{K,i}$ 由式(4.8)和式(4.9)递归更新。

或者,ALMMo-1 的整个系统输出可以用更紧凑的形式重新表述为

$$y_K = f_A(\boldsymbol{x}_K, \boldsymbol{a}_K) = \boldsymbol{X}_K^T \boldsymbol{A}_K \tag{8.17}$$

式中:$\boldsymbol{X}_K^T = [\lambda_{K,1} \bar{\boldsymbol{x}}_K^T, \lambda_{K,2} \bar{\boldsymbol{x}}_K^T, \cdots, \lambda_{K,M_K} \bar{\boldsymbol{x}}_K^T]$;$\boldsymbol{A}_K = [\boldsymbol{a}_{K,1}^T, \boldsymbol{a}_{K,1}^T, \cdots, \boldsymbol{a}_{K,M_K}^T]^T$。

▶ 8.3.2 学习过程

本节将详细介绍 ALMMo-1 系统的学习过程,主要包括结构识别和参数识别两个阶段。

1. 结构识别

1)系统初始化

对于首先到达的数据样本 $\boldsymbol{x}_1$,ALMMo-1 系统的全局元参数,初始化如下:

$$\begin{cases} K \leftarrow 1 & (8.18a) \\ \boldsymbol{\mu}_K \leftarrow \boldsymbol{x}_1 & (8.18b) \\ X_K \leftarrow \| \boldsymbol{x}_1 \|^2 & (8.18c) \\ M_K \leftarrow 1 & (8.18d) \end{cases}$$

式中：$\boldsymbol{\mu}_K$ 和 X_K 分别为 $\{\boldsymbol{x}\}_K$ 和 $\{\boldsymbol{x}^{\mathrm{T}}\boldsymbol{x}\}_K$ 的全局均值。

用 $\mathbf{C}_1$ 表示的第一个数据云的元参数，初始化如下：

$$\begin{cases} \mathbf{C}_1 \leftarrow \{\boldsymbol{x}_1\} & (8.19\mathrm{a}) \\ \boldsymbol{p}_{K,1} \leftarrow \boldsymbol{x}_1 & (8.19\mathrm{b}) \\ \chi_{K,1} \leftarrow \|\boldsymbol{x}\|^2 & (8.19\mathrm{c}) \\ S_{K,1} \leftarrow 1 & (8.19\mathrm{d}) \end{cases}$$

用与式(8.12)相同的形式，初始化相应的模糊规则 $\boldsymbol{R}_1$，其中 $\boldsymbol{p}_{K,1}$ 是其前提 (IF) 部分；其推论部分的初始化将在 8.3.2 节的 2 中给出。

2) 结构更新

对于每个新观测的数据样本 $\boldsymbol{x}_K (K \leftarrow K+1)$，通过式(4.8)和式(4.9)，基于 $\boldsymbol{x}_K$，$\boldsymbol{\mu}_{K-1}$ 和 X_{K-1} 更新为 $\boldsymbol{\mu}_K$ 和 X_K。使用式(4.32)计算 $\boldsymbol{x}_K$ 处的数据密度，所有先前确定的原型用 $\boldsymbol{p}_{K-1,j}(j=1,2,\cdots,M_K)$ 表示。

然后，用条件 7.4 检查 $\boldsymbol{x}_K$ 是否是新的原型。如果条件 7.4 被触发，则在 $\boldsymbol{x}_K$ 附近形成新的数据云。同时，还需要检查新形成的数据云，是否与现有的数据云重叠。条件 8.2 用于解决这种情况 $(j=1,2,\cdots,M_{K-1})$。

条件 8.2

$$\mathrm{IF}\left(D_{K,j}(\boldsymbol{x}_K) \geq \frac{1}{1+n^2}\right) \mathrm{THEN}\ (\mathbf{C}_j\ \text{与新数云重叠}) \quad (8.20)$$

式中：$D_{K,j}(\boldsymbol{x}_K)$ 由式(8.16)计算。

考虑 $D_{K,j}(\boldsymbol{x}_K) \geq \frac{1}{1+n^2}$ 的理由来源于众所周知的数据密度形式的切比雪夫不等式[25](式(4.30))。这里使用 $n=0.5$，相当于 $D_{K,j}(\boldsymbol{x}_K) \geq 0.8$，它定义了 $\boldsymbol{x}_K$ 与 $\boldsymbol{p}_{K-1,j}$ 距离小于 $\frac{\sigma}{2}$，这意味着 $\boldsymbol{x}_K$ 与 $\boldsymbol{p}_{K-1,j}$ 强关联。

如果满足条件 7.4，而不满足条件 8.2，则会向系统中添加一个以 $\boldsymbol{x}_K$ 为原型的新数据云如下：

$$\begin{cases} M_K \leftarrow M_{K+1}+1 & (8.21\mathrm{a}) \\ \mathbf{C}_{M_K} \leftarrow \{\boldsymbol{x}_K\} & (8.21\mathrm{b}) \\ \boldsymbol{p}_{K,M_K} \leftarrow \boldsymbol{x}_K & (8.21\mathrm{c}) \\ \chi_{K,M_K} \leftarrow \|\boldsymbol{x}_K\|^2 & (8.21\mathrm{d}) \\ S_{K,M_K} \leftarrow 1 & (8.21\mathrm{e}) \end{cases}$$

反之，如果条件 7.4 和条件 8.2 都满足，则最邻近的重叠数据云（用 $\mathbf{C}_{n^*}$ 表示）与新数据云合并如下：

$$\begin{cases} M_K \leftarrow M_{K+1} + 1 & (8.22a) \\ \mathbf{C}_{n^*} \leftarrow \mathbf{C}_{n^*} + \mathbf{x}_K & (8.22b) \\ \mathbf{p}_{K,n^*} \leftarrow \dfrac{\mathbf{p}_{K-1,n^*} + \mathbf{x}_K}{2} & (8.22c) \\ \chi_{K,n^*} \leftarrow \dfrac{\chi_{K-1,n^*} + \|\mathbf{x}_K\|^2}{2} & (8.22d) \\ S_{K,n} \leftarrow \left[\dfrac{S_{K-1,n^*} + 1}{2}\right] & (8.22e) \end{cases}$$

通过使用式(8.22a)~式(8.22e)将重叠的数据云与新形成的数据云合并，ALMMo-1 系统的结构将保持不变，从而提高计算和内存效率。

如果不满足条件7.4，则系统将找到距离 $\mathbf{x}_K$ 最近的数据云 $\mathbf{C}_{n^*}$，并更新 $\mathbf{C}_{n^*}$ 对应的元参数（$M_K \leftarrow M_{K-1}$），即

$$\begin{cases} \mathbf{C}_{n^*} \leftarrow \mathbf{C}_{n^*} + \mathbf{x}_K & (8.23a) \\ S_{K,n} \leftarrow S_{K-1,n^*} + 1 & (8.23b) \\ \mathbf{p}_{K,n^*} \leftarrow \dfrac{S_{K-1,n^*}}{S_{K,n^*}} \mathbf{p}_{K-1,n^*} + \dfrac{1}{S_{K,n^*}} \mathbf{x}_K & (8.23c) \\ \chi_{K,n^*} \leftarrow \dfrac{S_{K-1,n^*}}{S_{K,n^*}} \chi_{K-1,n^*} + \dfrac{1}{S_{K,n^*}} \|\mathbf{x}_K\|^2 & (8.23d) \end{cases}$$

其他数据云的元参数在下一个处理周期保持不变。原型 $\mathbf{p}_{K,i}$（$i=1,2,\cdots,M_K$）用于更新 ALMMo-1 系统规则库的前提部分。

3）在线质量监测

由于 ALMMo-1 系统的目标是流数据的处理，因此实时监控动态进化结构的质量对于保证学习系统的计算和存储效率是非常重要的。

ALMMo-1 系统规则库中模糊规则的质量可以用它们的效用来表征[3]。在 ALMMo-1 系统中，数据云 $\mathbf{C}_i$ 的效用 $\eta_{K,i}$ 对应的是模糊规则的触发强度的累积和，相当于它在规则生命周期内（从生成 $\mathbf{C}_i$ 的时刻到当前时刻）对整体输出的贡献。它是各个模糊规则相对于其他规则的重要性的度量，即

$$\begin{cases} \eta_{K,i} = \dfrac{1}{K - I_i} \Lambda_{K,i} \\ \eta_{I_i,i} = 1 \end{cases} \quad i = 1,2,\cdots,M_K \quad (8.24)$$

式中：I_i 为 $\mathbf{C}_i$ 初始化的时刻；$\Lambda_{K,i}$ 为第 i 个模糊规则的累积触发强度，可表示为

$$\Lambda_{K,i} = \sum_{l=I_i}^{K} \lambda_{l,i} \quad (8.25)$$

式中：$\lambda_{l,i}$ 对应第 l 时刻，由式（8.15）计算。

基于条件 8.3，删除低效用[3,14]数据云及其对应的模糊规则，简化规则库，更新系统。

条件 8.3

$$\text{IF } (\eta_{K,i} < \eta_0) \text{ THEN }(\text{移除 } \mathbf{C}_i \text{ 和 } \mathbf{R}_i) \tag{8.26}$$

式中：η_0 为一个小的容差常数，$\eta_0 \ll 1$。

如果 $\mathbf{C}_i$ 满足条件 8.3，则从规则库中删除相应的模糊规则 $\mathbf{R}_i$，并删除相应的推论参数。

2. 参数识别

在本小节中描述了 ALMMo-1 系统的参数识别过程。推论部分的参数可以全局或局部地学习，与进化的 Takagi-Sugeno（eTS）系统的情况相同[19]。下面将分别介绍全局学习和局部学习两种方法，另外还介绍在线输入选择机制。

1）局部推论参数学习方法

系统的第一数据云 $\mathbf{C}_1$，由第一数据样本 $\mathbf{x}_1$ 初始化，第一模糊规则的相应推论参数，即推论参数向量 $\mathbf{a}_{1,1}$ 和协方差矩阵 $\mathbf{\Theta}_{1,1}$，设置如下：

$$\begin{cases} \mathbf{a}_{1,1} \leftarrow \mathbf{0}_{(N+1)\times 1} & (8.27\text{a}) \\ \mathbf{\Theta}_{1,1} \leftarrow \Omega_0 \mathbf{I}_{(N+1)\times 1} & (8.27\text{b}) \end{cases}$$

式中：$\mathbf{0}_{(N+1)\times 1}$ 为 $(N+1)\times 1$ 维零向量；$\mathbf{I}_{(N+1)\times(N+1)}$ 是 $(N+1)\times(N+1)$ 维恒等式矩阵；Ω_0 为初始化协方差矩阵的常数。

在结构识别阶段，当新到达的数据样本 $\mathbf{x}_K$ 加入新的模糊规则时，相应的后续参数如下：

$$\begin{cases} \mathbf{a}_{K-1,M_K} \leftarrow \dfrac{1}{M_{K-1}} \sum_{j=1}^{M_{K-1}} \mathbf{a}_{K-1,j} & (8.28\text{a}) \\ \mathbf{\Theta}_{K-1,M_K} \leftarrow \Omega_0 \mathbf{I}_{(M+1)\times(M+1)} & (8.28\text{b}) \end{cases}$$

如果当条件 7.4 和条件 8.2 满足时，现有的模糊规则（表示为第 n^* 条规则）被新的规则替换，则新规则将继承旧的推论参数，即 $\mathbf{a}_{K-1,n^*}$ 和 $\mathbf{\Theta}_{K-1,n^*}$ 保持不变[19]。

在对 ALMMo-1 系统的前提和推论部分进行修正后，采用模糊加权递归最小二乘法（fuzzily weight recursive least square，FWRLS）[19]对每个模糊规则的推论参数（$\mathbf{a}_{K-1,i}$ 和 $\mathbf{\Theta}_{K-1,i}, i=1,2,\cdots,M_K$）进行局部更新如下：

$$\begin{cases} \mathbf{\Theta}_{K,i} \leftarrow \mathbf{\Theta}_{K-1,i} - \dfrac{\lambda_{K,i}\mathbf{\Theta}_{K-1,i}\bar{\mathbf{x}}_K\bar{\mathbf{x}}_K^{\mathrm{T}}\mathbf{\Theta}_{K-1,i}}{1+\lambda_{K,i}\bar{\mathbf{x}}_K^{\mathrm{T}}\mathbf{\Theta}_{K-1,i}\bar{\mathbf{x}}_K} & (8.29\text{a}) \\ \mathbf{a}_{K,i} \leftarrow \mathbf{a}_{K-1,i} + \lambda_{K,i}\mathbf{\Theta}_{K,i}\bar{\mathbf{x}}_K(y_K - \bar{\mathbf{x}}_K^{\mathrm{T}}\mathbf{a}_{K-1,i}) & (8.29\text{b}) \end{cases}$$

式中：y_K 为系统的参考输出。

2）全局推论参数学习方法

对于全局学习方法，对应于第一个数据云 C_1 初始化 ALMMo-1 系统的推论参数如下：

$$\begin{cases} \boldsymbol{a}_{1,1} \leftarrow \boldsymbol{0}_{(N+1)\times 1} & (8.30a) \\ \boldsymbol{A}_1 \leftarrow [\boldsymbol{a}_{1,1}^T]^T & (8.30b) \\ \boldsymbol{\Theta}_1 \leftarrow \Omega_0 \boldsymbol{I}_{(N+1)\times(N+1)} & (8.30c) \end{cases}$$

然后，在结构识别阶段的第 K 时刻，当在数据样本 $\boldsymbol{x}_k$ 周围加入一个新的模糊规则时，相应的推论参数增加如下[19]：

$$\begin{cases} \boldsymbol{a}_{K-1,M_K} \leftarrow \dfrac{1}{M_{K-1}}\sum_{j=1}^{M_{K-1}} \boldsymbol{a}_{K-1,j} & (8.31a) \\ \boldsymbol{A}_{K-1} \leftarrow [\boldsymbol{A}_{K-1}^T, \boldsymbol{a}_{K-1,M_K}^T]^T & (8.31b) \\ \boldsymbol{\Theta}_K \leftarrow \begin{bmatrix} \boldsymbol{\Theta}_K & \boldsymbol{0}_{(M_{K-1}\cdot(N+1))\times(N+1)} \\ \boldsymbol{0}_{(N+1)\times(M_{K-1}\cdot(N+1))} & \Omega_0 \boldsymbol{I}_{(N+1)\times(N+1)} \end{bmatrix} & (8.31c) \end{cases}$$

在修改 ALMMo-1 系统的结构后，采用 FWRLS[19] 方法，对每个模糊规则的推论参数（$\boldsymbol{A}_{K-1}$ 和 $\boldsymbol{\Theta}_{K-1}$）进行全局更新如下：

$$\begin{cases} \boldsymbol{A}_K \leftarrow \boldsymbol{A}_{K-1} + \beta_K \boldsymbol{\Theta}_{K-1} \boldsymbol{X}_K (y_K - \boldsymbol{X}_K^T \boldsymbol{A}_{K-1}) & (8.32a) \\ \boldsymbol{\Theta}_K \leftarrow \boldsymbol{\Theta}_{K-1} - \beta_K \boldsymbol{\Theta}_{K-1} \boldsymbol{X}_K \boldsymbol{X}_K^T \boldsymbol{\Theta}_{K-1}^T & (8.32b) \\ \beta_K \leftarrow \dfrac{1}{1 + \boldsymbol{X}_K^T \boldsymbol{\Theta}_{K-1,i} \boldsymbol{X}_K} & (8.32c) \end{cases}$$

一般地，使用每个子模型的 FWRLS 算法（模糊规则），局部更新系统的推论参数受系统结构进化的影响明显小于全局更新的影响，计算成本也显著降低[3,19]。

3）在线输入选择

在许多实际情况下，许多属性是相互关联的。因此，引入在线输入选择机制十分重要，它可以进一步简化计算和存储资源，提高系统的整体性能。因此，条件 8.4 引入到 ALMMo-1 中，以处理与文献[3]中相同的问题。

条件 8.4

$$\text{IF } \left(\bar{\alpha}_{K,i,j} < \dfrac{\varphi_0}{M_K} \sum_{l=1}^{M_K} \bar{\alpha}_{K,l,j} \right) \text{ THEN }（从 \boldsymbol{R}_i 中移除第 j 组） \quad (8.33)$$

式中 $j = 1,2,\cdots,N; i = 1,2,\cdots,M_K; \varphi_0$ 为一个小常数，$\varphi_0 \in [0.03, 0.05]$；$\bar{\alpha}_{K,i,j}$ 为第 K 时刻后续参数值的归一化累积和，即

$$\overline{\alpha}_{K,i} < \frac{\alpha_{K,i}}{\sum_{j=1}^{N} \alpha_{K,i,j}} \qquad (8.34)$$

式中:$\overline{\alpha}_{K,i} = [\overline{\alpha}_{K,i,1}, \overline{\alpha}_{K,i,2}, \cdots, \overline{\alpha}_{K,i,N}]^{\mathrm{T}}$;$\alpha_{K,i} = [\alpha_{K,i,1}, \alpha_{K,i,2}, \cdots, \alpha_{K,i,N}]^{\mathrm{T}}$,是由以下公式计算的 R_i 的后续参数值的累积和,即

$$\alpha_{K,i} \leftarrow \alpha_{K-1,i} + |\alpha_{K,i}|; \alpha_{l_i,i} \leftarrow |\alpha_{l_i,i}| \qquad (8.35)$$

如果 R_i 的第 j 集满足条件8.4,则将其从模糊规则中移除,并通过移除相应的列和行来降低协方差矩阵的维数。

8.3.3 验证过程

一旦更新了 ALMMo-1 系统的结构和元参数,系统就准备好使用下一个数据样本。当下一个数据样本 $x_K(K \leftarrow K+1)$ 出现时,系统生成输出如下:

$$\hat{y}_K = \hat{f}_A(x_K) = X_K^{\mathrm{T}} A_{K-1} \qquad (8.36)$$

式中:$\hat{f}_A(\cdot)$ 为 $f_A(\cdot)$ 的近似。

系统完成预测后,将根据 x_K 和系统误差 ($e_K = y_K - \hat{y}_K$) 更新系统结构和参数。

8.3.4 稳定性分析

本节给出了 ALMMo-1 系统稳定性的理论证明。在下面的分析中考虑了全局结果参数学习方法,但是证明可以扩展到局部学习方法。

根据模糊系统的通用逼近性质[26],存在逼近非线性动态函数 $f_A(\cdot)$ 的最优参数向量 A^*:

$$y_K = X_K^{\mathrm{T}} A^* + e_{A,K} \qquad (8.37)$$

式中:$e_{A,K}$ 为固有的近似误差。

ALMMo-1 系统能够动态地进化其结构。随着模糊规则数的增加,固有逼近误差可以任意减小。因此,合理的假设是,近似 $f_A(\cdot)$ 引起的误差 $e_{A,K}$ 限定在有界常值 e_0 范围内,由下式给出,即

$$|e_{A,K}| \leqslant e_0 \qquad (8.38)$$

将式(8.36)结合式(8.37),系统误差为

$$e_K = y_K - \hat{y}_K = X_K^{\mathrm{T}} \widetilde{A}_{K-1} + l_K \qquad (8.39)$$

式中：$\widetilde{A}_{K-1} = A^* - A_{K-1}$

以下引理为证明推导[27-28]。

引理 8.1[27]   定义 $V(s_K): \mathbf{R}^N \to \mathbf{R} \geqslant 0$ 是一个非线性的李雅普诺夫（Lyapunov）函数。如果存在 K_∞ 函数 $\delta_1(\cdot)$、$\delta_2(\cdot)$ 和 K 函数 $\delta_3(\cdot)$[29]，对于任何 $s_K \in \mathbf{R}^N, \exists \sigma \in \mathbf{R}$，满足

$$\begin{cases} \delta_1(s_K) \leqslant V_K \leqslant \delta_2(s_K) & (8.40\text{a}) \\ V_{K+1} - V_K = \Delta V_K \leqslant -\delta_3(\|s_K\|) + \delta_3(\sigma) & (8.40\text{b}) \end{cases}$$

式中：$V_K = V(s_K)$；$V_{K+1} = V(s_{K+1})$。

则非线性系统是均匀稳定的。

定理 8.1[28]   考虑由式(8.17)描述的 ALMMo-1 系统，其自进化结构和参数更新机制由 8.3.2 节描述，系统的均匀稳定性得到保证。系统输出 $\hat{y}_k$ 和参考输出 y_k 之间的误差收敛到零的小邻域，其中平均识别误差满足以下不等式，即

$$\lim_{K \to \infty} \frac{1}{K} \sum_{i=1}^{K} e_i^2 \leqslant \left(\frac{e_0}{\zeta}\right)^2 \quad (8.41)$$

式中：ζ 为 β_K 下限，满足 $\zeta = \min\beta_K$；e_0 为 $e_{A,K}$ 的上限（式(8.38)）。

此外，参数误差 $\|\widetilde{A}_{K-1}\|$ 有界，满足 $\|\widetilde{A}_{K-1}\| \leqslant \|\widetilde{A}_0\|$。

证明：考虑以下李雅普诺夫（Lyapunov）函数，即

$$V_K = \widetilde{A}_{K-1}^{\mathrm{T}} \Theta_{K-1}^{-1} \widetilde{A}_{K-1} \quad (8.42)$$

按照矩阵求逆引理[30]，

$$(W + YZY^{\mathrm{T}})^{-1} = W^{-1} - \frac{W^{-1} Y Y^{\mathrm{T}} W^{-1}}{Z^{-1} + Y^{\mathrm{T}} W^{-1} Y} \quad (8.43)$$

设 $W^{-1} = \Theta_{K-1}, Y = X_K, Z^{-1} = 1$，有

$$\Theta_K^{-1} = \Theta_{K-1}^{-1} + X_K X_K^{\mathrm{T}} \quad (8.44)$$

组合式(8.42)和式(8.44)，可得[28]

$$\begin{aligned} V_{K+1} &= \widetilde{A}_K^{\mathrm{T}} \Theta_K^{-1} \widetilde{A}_K = \widetilde{A}_K^{\mathrm{T}} (\Theta_K^{-1} + X_K X_X^{\mathrm{T}}) \widetilde{A}_K \\ &= \widetilde{A}_K^{\mathrm{T}} \Theta_{K-1}^{-1} \widetilde{A}_K + (X_X^{\mathrm{T}} \widetilde{A}_K)^2 \\ &= (\widetilde{A}_{K-1} - \beta_K \Theta_{K-1} X_K e_K)^{\mathrm{T}} \Theta_{K-1}^{-1} (\widetilde{A}_{K-1} - \beta_K \Theta_{K-1} X_K e_K) + (X_K^{\mathrm{T}} \widetilde{A}_K)^2 \\ &= V_K - 2\beta_K \widetilde{A}_{K-1} X_K e_K + \widetilde{A}_{K-1}^{\mathrm{T}} \Theta_{K-1} \widetilde{A}_{K-1} \beta_K^2 e_K^2 + (X_X^{\mathrm{T}} \widetilde{A}_K)^2 \end{aligned} \quad (8.45)$$

另外，根据式(8.32a)和式(8.39)，可得

$$\begin{aligned}
X_K^T \widetilde{A}_K + e_{A,K} &= X_K^T(A^* - A_K) + e_{A,K} \\
&= X_K^T A^* - X_K^T A_K + e_{A,K} \\
&= X_K^T A^* - X_K^T(A_{K-1} + \beta_K \Theta_{K-1} X_K e_K) + e_{A,K} \\
&= X_K^T A^* - X_K^T A_{K-1} - \left(\frac{X_K^T \Theta_{K-1} X_K e_K}{1 + X_K^T \Theta_{K-1} X_K}\right) + e_{A,K} \\
&= \beta_K e_K
\end{aligned} \quad (8.46)$$

将式(8.46)代入式(8.45),可得

$$V_{K+1} = V_K - (X_K^T \widetilde{A}_K)^2 - X_K^T \Theta_{K-1} X_K (X_X^T \widetilde{A}_K + e_{A,K})^2 - 2X_K^T \widetilde{A}_K e_{A,K} \quad (8.47)$$

由于 $X_K^T \Theta_{K-1} X_K (X_K^T \widetilde{A}_K + e_{A,K})^2 > 0$,式(8.47)可进一步简化为

$$\begin{aligned}
V_{K+1} &\leq V_K - (X_K^T \widetilde{A}_K)^2 - 2X_K^T \widetilde{A}_K e_{A,K} \\
&\leq V_K + e_{A,K}^2 - (X_K^T \widetilde{A}_K + e_{A,K})^2 \\
&\leq V_K + e_{A,K}^2 - \beta_K^2 e_K^2
\end{aligned} \quad (8.48)$$

结合式(8.38),式(8.48)可表示为

$$V_{K+1} - V_K = \Delta V_K \leq e_o^2 - \beta_K^2 e_K^2 \quad (8.49)$$

对于 K_∞ 函数 $\delta_1(\cdot)$ 和 $\delta_2(\cdot)$ [29],有

$$\begin{cases} \delta_1(\widetilde{A}_{K-1}) = M_{K-1}(N+1)\min(\|\widetilde{A}_{K-1}\|^2) & (8.50a) \\ \delta_2(\widetilde{A}_{K-1}) = M_{K-1}(N+1)\max(\|\widetilde{A}_{K-1}\|^2) & (8.50b) \end{cases}$$

以下不等式成立,即

$$M_{K-1}(N+1)\min(\|\widetilde{A}_{K-1}\|^2) \leq V_K \leq M_{K-1}(N+1)\max(\|\widetilde{A}_{K-1}\|^2) \quad (8.51)$$

从不等式(8.49)和式(8.51)可以得出结论,它们都满足引理8.1。从而保证了ALMMo-1系统的均匀稳定性。

通过将不等式(8.49)的两边从1到K相加,得到[28]

$$\sum_{i=1}^{K}(\beta_i^2 e_i^2 - e_o^2) \leq V_1 - V_K \quad (8.52)$$

由于 $V_K > 0$(见不等式(8.51)),不等式(8.52)重新写为

$$\frac{1}{K}\sum_{i=1}^{K}\beta_i^2 e_i^2 \leq \frac{1}{K}V_1 + e_o^2 \quad (8.53)$$

当 $K \to \infty$,可以得到

$$\lim_{K \to \infty} \frac{1}{K}\sum_{i=1}^{K}\beta_i^2 e_i^2 \leq e_o^2 \quad (8.54)$$

此外，考虑 $\zeta = \min(\beta_K)$，可以得到最终的不等式(8.41)。并且由于 $V_1 \geq V_K$，这表明[28]

$$\widetilde{\boldsymbol{A}}_{K-1}^{\mathrm{T}} \boldsymbol{\Theta}_{K-1}^{-1} \widetilde{\boldsymbol{A}}_{K-1} \leq \widetilde{\boldsymbol{A}}_0^{\mathrm{T}} \boldsymbol{\Theta}_0^{-1} \widetilde{\boldsymbol{A}}_0 \tag{8.55}$$

从式(8.44)和式(8.55)可以很容易地看出

$$\lambda_{\min}(\boldsymbol{\Theta}_{K-1}^{-1}) \geq \lambda_{\min}(\boldsymbol{\Theta}_0^{-1}) \tag{8.56}$$

式中：$\lambda_{\min}(\cdot)$ 为矩阵的最小特征值。

结合不等式(8.55)、不等式(8.56)可以进一步转化为[28]

$$\begin{cases} \lambda_{\min}(\boldsymbol{\Theta}_0^{-1}) \parallel \widetilde{\boldsymbol{A}}_{K-1} \parallel^2 \leq \lambda_{\min}(\boldsymbol{\Theta}_{K-1}^{-1}) \parallel \widetilde{\boldsymbol{A}}_{K-1} \parallel^2 \\ \leq \widetilde{\boldsymbol{A}}_{K-1}^{\mathrm{T}} \boldsymbol{\Theta}_{K-1} \widetilde{\boldsymbol{A}}_{K-1} \leq \widetilde{\boldsymbol{A}}_0^{\mathrm{T}} \boldsymbol{\Theta}_0 \widetilde{\boldsymbol{A}}_0 \leq \lambda_{\min}(\boldsymbol{\Theta}_0^{-1}) \parallel \widetilde{\boldsymbol{A}}_0 \parallel^2 \end{cases} \tag{8.57}$$

可以得出结论，以下不等式成立[28]，即

$$\parallel \widetilde{\boldsymbol{A}}_{K-1} \parallel \leq \parallel \widetilde{\boldsymbol{A}}_0 \parallel \tag{8.58}$$

定理8.1指出ALMMo-1系统的平均识别误差收敛到一个小的接近于零的值。近似误差是由参数误差引起的。在理想情况下，当系统的参数收敛到最佳值时，近似误差变为零。然而，在实际中，由于问题的复杂性，很难实现近似于零的误差，因此，近似误差只能收敛到零附近非常小的值。

假设第K个时刻，数据云的数目M_K是由自主数据分割(ADP)方法确定的。下面的定理[28]证明了，在规则库中添加新规则，不会影响稳定性和收敛性。

定理8.2[28] 考虑式(8.13)所描述的ALMMo-1系统，当添加新规则时($M_K \leftarrow M_{K-1} + 1$)，参数$\boldsymbol{A}_K$和$\boldsymbol{\Theta}_K$由式(8.29a)更新，系统的稳定性仍有保证。

证明：考虑以下李雅普诺夫(Lyapunov)函数，即

$$V_K = \widetilde{\boldsymbol{A}}_{K-1}^{\mathrm{T}} \boldsymbol{\Theta}_{K-1}^{-1} \widetilde{\boldsymbol{A}}_{K-1} \tag{8.59}$$

将新规则添加到规则库后($M_K \leftarrow M_{K-1} + 1$)，式(8.59)转换为

$$\begin{aligned} V_{K+1} &= \widetilde{\boldsymbol{A}}_K^{\mathrm{T}} \boldsymbol{\Theta}_K^{-1} \widetilde{\boldsymbol{A}}_K \\ &= \begin{bmatrix} \widetilde{\boldsymbol{A}}_{K-1} \\ \hat{\boldsymbol{a}}_{K-1,M_K} \end{bmatrix}^{\mathrm{T}} \begin{bmatrix} \boldsymbol{\Theta}_{K-1} & \boldsymbol{0}_{(M_{K-1}\cdot(N+1))\times(N+1)} \\ \boldsymbol{0}_{(N+1)\times(M_{K-1}\cdot(N+1))} & \Omega_o \boldsymbol{I}_{(N+1)\times(N+1)} \end{bmatrix}^{-1} \begin{bmatrix} \widetilde{\boldsymbol{A}}_{K-1} \\ \hat{\boldsymbol{a}}_{K-1,M_K} \end{bmatrix} \\ &= \widetilde{\boldsymbol{A}}_{K-1}^{\mathrm{T}} \boldsymbol{\Theta}_{K-1} \widetilde{\boldsymbol{A}}_{K-1} + \frac{1}{\Omega_o} \hat{\boldsymbol{a}}_{K-1,M_K}^{\mathrm{T}} \hat{\boldsymbol{a}}_{K-1,M_K} = V_K \end{aligned} \tag{8.60}$$

式中：$\hat{\boldsymbol{a}}_{K-1,M_K} = \boldsymbol{a}_{K-1,M_K} - \boldsymbol{a}_{M_K}^*$；$\boldsymbol{a}_{M_K}^*$ 为 $\boldsymbol{a}_{K-1,M_K}$ 的最佳值。

因此，很明显，新添加的数据云对李雅普诺夫函数V_K没有影响。基于定理8.1，ALMMo-1系统的稳定性得到保证。

稳定性证明特别适用于本节所述的 ALMMo-1 系统。然而,稳定性分析也适用于满足等式(8.13)的其他更一般的 FRB 系统,这些系统具有结构学习和 FWRLS 参数更新的方法。

8.4 结 论

本章介绍了自主学习多模型(ALMMo)系统。ALMMo 是第一作者前期研究向 AnYa 型神经模糊系统的进阶,并且可以被看作一个自发展的、自进化的、稳定的、局部最优得到证明的通用近似器。本章从这个概念开始,然后更详细地介绍零阶和一阶 ALMMo。描述了架构,然后是学习方法。用李雅普诺夫定理给出了一阶 ALMMo 系统稳定性的理论证明。进一步给出了满足 Karush-Kuhn-Tucker 条件的局部最优性理论证明。

ALMMo 系统不需要任何带参数的数据生成模型,因此具有非参数、非迭代和无假设的优点。因此,能够以客观的方式选择原型,从而保证性能和效率。它们可自我发展、自我学习、自主进化。一阶 ALMMo 系统也是稳定的。

第 12 章详细介绍了 ALMMo 系统的应用,附录 B.3 和 B.4 给出了 ALMMo-0 和 ALMMo-1 的伪代码,附录 C.3 和 C.4 分别描述了 Matlab 的实现。

8.5 问 题

(1) ALMMo-0 和 ALMMo-1 有什么区别? 与高阶 ALMMo 有什么区别?
(2) 收敛性和稳定性条件基于什么理论? 它适用于哪种类型的 ALMMo?
(3) 局部最优性的性质基于什么条件? 它适用于哪种类型的 ALMMo?
(4) 每种特定类型的 ALMMo 适用于哪种类型的机器学习、模式识别和控制问题?

8.6 要 点

(1) ALMMo 是一种整体非线性、局部线性的自学习、自组织系统。
(2) ALMMo 可以是零阶、一阶或更高阶,ALMMo-0 通常(但不一定限于)

执行分类，ALMMo-1同时适用于预测器、分类器和控制器。

（3）ALMMo-1在理论上证明和保证了它的收敛性和稳定性；在理论上证明了在迭代次数很少的情况下，任何阶ALMMo系统的前提/先导/IF部分都可以进行局部优化。

（4）ALMMo建立在第一作者之前介绍的AnYa型神经模糊系统的基础上。

参考文献

[1] K. S. S. Narendra, J. Balakrishnan, M. K. K. Ciliz, Adaptation and learning using multiplemodeLS, switching, and tuning. IEEE Control Syst. Mag. 15(3), 37–51 (1995)

[2] T. Takagi, M. Sugeno, Fuzzy identification of systems and its applications to modeling and control. IEEE Trans. Syst. Man. Cybern. 15(1), 116–132 (1985)

[3] P. Angelov, Autonomous learning systems: from data streams to knowledge in real time (Wiley, New York, 2012)

[4] P. P. Angelov, X. Gu, J. C. Principe, Autonomous learning multi-model systems from datastreams. IEEE Trans. Fuzzy Syst. 26(4), 2213–2224 (2018)

[5] P. P. Angelov, X. Gu, Autonomous learning multi-model classifier of 0-order (ALMMo-0), in IEEE International Conference on Evolving and Autonomous Intelligent Systems (2017), pp. 1–7

[6] X. Gu, P. P. Angelov, A. M. Ali, W. A. Gruver, G. Gaydadjiev, Online evolving fuzzyrule-based prediction model for high frequency trading financial data stream, in IEEE Conference on Evolving and Adaptive Intelligent Systems (EAIS) (2016), pp. 169–175

[7] P. Angelov, Fuzzily connected multimodel systems evolving autonomously from datastreams, IEEE Trans. Syst. Man, Cybern. Part B Cybern. 41(4), 898–910 (2011)

[8] J. J. Macias-Hernandez, P. Angelov, X. Zhou, Soft sensor for predicting crude oil distillationside streams using Takagi Sugeno evolving fuzzy modeLS, in IEEE International Conference on Systems, Man and Cybernetics. ISIC, vol. 44, no. 1524 (2007), pp. 3305–3310

[9] P. Angelov, P. Sadeghi-Tehran, R. Ramezani, An approach to automatic realtime

noveltydetection, object identification, and tracking in video streams based on recursive density estimation and evolving Takagi-Sugeno fuzzy systems. Int. J. Intell. Syst. 29(2), 1 – 23 (2014)

[10] X. Zhou, P. Angelov, Real-time joint landmark recognition and classifier generation by an evolving fuzzy system. IEEE Int. Conf. Fuzzy Syst. 44(1524), 1205 – 1212 (2006)

[11] X. Zhou, P. Angelov, Autonomous visual self-localization in completely unknown environment using evolving fuzzy rule-based classifier, in IEEE Symposium on Computational Intelligence in Security and Defense Applications (2007), pp. 131 – 138

[12] P. Angelov, A fuzzy controller with evolving structure. Inf. Sci. (Ny) 161(1 – 2), 21 – 35 (2004)

[13] R. E. Precup, H. I. Filip, M. B. Rədac, E. M. Petriu, S. Preitl, C. A. Dragoş, On-line identification of evolving Takagi-Sugeno-Kang fuzzy modeLS for crane systems. Appl. Soft Comput. J. 24, 1155 – 1163 (2014)

[14] P. Angelov, R. Yager, A new type of simplified fuzzy rule-based system. Int. J. Gen Syst. 41 (2), 163 – 185 (2011)

[15] A. Okabe, B. Boots, K. Sugihara, S. N. Chiu, Spatial tessellations: concepts and applications of Voronoi diagrams, 2nd edn. (Wiley, Chichester, 1999)

[16] S. M. Stiglerin, Gauss and the invention of least squares. Ann. Stat. 9(3), 465 – 474 (1981)

[17] S. Haykin, B. Widrow (eds.) Least-mean-square adaptive filters (Wiley, New York 2003)

[18] S. Haykin, Adaptive filter theory. (Prentice-Hall, Inc., 1986)

[19] P. P. Angelov, D. P. Filev, An approach to online identification of Takagi-Sugeno fuzzy modeLS, IEEE Trans. Syst. Man, Cybern. Part B Cybern. 34(1), 484 – 498 (2004)

[20] P. Angelov, X. Zhou, Evolving fuzzy-rule based classifiers from data streams. IEEE Trans. Fuzzy Syst. 16(6), 1462 – 1474 (2008)

[21] X. Gu, P. P. Angelov, D. Kangin, J. C. Principe, A new type of distance metric and its use forclustering. Evol. Syst. 8(3), 167 – 178 (2017)

[22] X. Gu, P. P. Angelov, Self-organising fuzzy logic classifier. Inf. Sci. (Ny) 447, 36 – 51 (2018)

[23] S. Z. Selim, M. A. Ismail, K-means-type algorithms: a generalized convergence theorem andcharacterization of local optimality. IEEE Trans. Pattern Anal. Mach. Intell., PAMI-6, no.1, pp. 81-87, 1984

[24] E. Lughofer, P. Angelov, Handling drifts and shifts in on-line data streams with evolvingfuzzy systems. Appl. Soft Comput. 11(2), 2057-2068 (2011)

[25] J. G. Saw, M. C. K. Yang, T. S. E. C. Mo, Chebyshev inequality with estimated mean andvariance. Am. Stat. 38(2), 130-132 (1984)

[26] L. X. Wang, J. M. Mendel, Fuzzy basis functions, universal approximation, and orthogonalleast-squares learning. IEEE Trans. Neural Netw. 3(5), 807-814 (1992)

[27] J. De Jesus Rubio, P. Angelov, J. Pacheco, Uniformly stable backpropagation algorithm totrain a feedforward neural network. IEEE Trans. Neural Netw. 22(3), 356-366 (2011)

[28] H.-J. Rong, P. Angelov, X. Gu, J.-M. Bai, Stability of evolving fuzzy systems based on data clouds. IEEE Trans. Fuzzy Syst. https://doi.org/10.1109/tfuzz.2018.2793258 (2018)

[29] W. Yu, X. Li, Fuzzy identification using fuzzy neural networks with stable learning algorithms. IEEE Trans. Fuzzy Syst. 12(3), 411-420 (2004)

[30] N. J. Higham, Accuracy and stability of numerical algorithms, 2nd edn. (Siam, Philadelphia, 2002)

第9章 基于透明深度规则的分类器

传统的基于模糊规则的分类器通过提供透明的、可解释的结构,在不同的应用中成功、广泛地实现了分类[1-2],但无法达到深度学习分类器的性能水平。它们的设计还需要手工设计隶属度函数、设置假设及选择参数。

本章提出了一种新型多层架构基于深度规则(deep rule-based,DRB)的分类器。结合计算机视觉技术,设计的 DRB 分类器用于图像分类,并以大量、并行的零阶模糊规则集[2-3]作为学习引擎。DRB 分类器以其基于原型的特性,从数据中高效地生成一个透明的、人类可理解的 FRB 系统结构,同时提供极高的分类精度。它们的训练过程是自主的、非迭代的、非参数的、在线的,并且可以"从头开始"。

更重要的是,DRB 分类器可以像人类一样,从每类的第一个图像开始分类。DRB 分类器也可以在半监督学习模式下工作,一开始只有其中一小部分(如5%)的数据被标记,并且所有后续的数据都未标记。也就是说,该分类器从一个小的训练集开始,然后以完全无监督的模式继续工作。这种操作模式增强了 DRB 分类器处理未标记图像的能力,并允许分类器在没有人工参与的情况下主动学习新类别。

因此,所提出的 DRB 分类器能够动态地进化自身的结构,并学习新的信息(这同样与人类非常相似)。因此,DRB 分类器具有拟人特征[4]。由于 DRB 分类器基于原型的特性,半监督学习过程是完全透明的,并且可以人工解释。这些也是人类的特征(人们可以解释为什么一张脸对应着一个特定的人,如因为鼻子、耳朵、头发等,或者因为他与其他人相似),同样,如果看汽车或房子的图像等,可以说"它看起来像一辆跑车"或"它看起来像一座高层建筑",具体像什么取决于我们从数据中选择的原型。DRB 分类器可以对样本外的图像进行分类,也支持逐个样本或逐批递归的在线学习。

本章将详细描述所提出的 DRB 分类器。

9.1 基于原型的分类器

基于相似性,对未标记数据样本进行分类的最为简单和广泛使用的方法之一是最近邻方法[5],通常也称为 k - 最近邻,其中 k 表示将要考虑的最近邻的预定义整数(忽略所有其他数据)。然而,传统的最近邻方法忽略了全局数据空间,只考虑了一个预先定义的数据样本数 k。此外,从某种意义上说,它并不高效,因为它要求存储和访问所有的数据样本,这可能导致内存和时间不允许,使计算效率低下。可以把基于原型的分类器[6]看作一个极端例子,其反面是基于密度分类器的大量分组。

人们可以把流行的支持向量机(SVM)[7]分类器看作一种原型分类器,因为支持向量(SV)是真实的数据点,也就是原型。不同于简单的 kNN,SVM 不需要存储和访问所有数据,而是根据数据分布模型形式选择 SV。事实上,SVM 比 kNN 更复杂(而且通常更有效),kNN 分类器本身并不超出原型中包含的逐点信息来概括出局部领域和全局领域。第 8 章介绍的零阶自主学习多模型(ALMMo - 0)系统也是基于原型的,建立在早期的 eClass0[2]、simpl_eClass0[8]和 TEDAClass - 0[9]的基础上。其他著名的基于原型的分类器还有学习向量量化(LVQ)[10]。

原型在基于原型的系统中起着重要的作用,它决定了分类器的性能,以及从数据中获得的知识的有效性和正确性。

不同类型的基于原型的分类器之间的主要区别在于原型识别过程,这导致了在性能、计算效率和系统透明度上的差异。例如,如果使用"赢家通吃"的方法,所提出的 DRB 分类器与 $k = 1$ 的 kNN 方法有着一定程度的相似性。然而,它更加复杂和强大,因为存在以下几点原因:

(1) 它使用模糊集来确定每个原型的相似度(在[0,1]范围内的真实值);

(2) 原型由各个数据分布的典型性峰值确定,因此是最有可能、最典型、最有代表性的数据点/向量;

(3) 由于使用了从数据中提取原型的自动数据分割(ADP)算法,原型的数量很小(远小于数据点总数,$M \ll K$)。

9.2 DRB 分类器概念

在实际应用中,尤其是在医疗和生物领域,人们更喜欢保存一些最具代表性的样本(原型),而不是保存所有记录[11]。因此,对于一个学习算法,能够从数据中选出最具代表性的数据样本是至关重要的。

基于 DRB 原型的分类器[12]由一小组原型组成,这些原型是数据空间中最典型和最具代表性的数据样本,分别代表典型性和数据密度分布的局部模式。

DRB 分类器是当前深度卷积神经网络(DCNN)[13-15]的一种强有力的替代方法。它采用了一些标准的图像预处理和变换技术(归一化、旋转、缩放和分割),以提高计算机视觉领域的泛化能力,并利用计算机视觉领域中众所周知的特征描述符(如 GIST[16]和方向梯度直方图(HOG))[17]或其他编码器(如由预先训练的 VGG - VD - 16[18]表示的高级特征描述符和编码器),从训练图像中提取特征向量。在效果上,这将现实问题(图像)转换为特征向量定义的特定数据空间内的数学描述,即

$$I \to x \in \mathbf{R}^N \qquad (9.1)$$

从机器学习的观点来看,这些步骤等同于预处理和特征提取(见第 2 章)。从分类本身出发,提出的 DRB 分类器在 $N+1$ 维空间中工作,其中额外的第 $N+1$ 维是典型性或数据密度。因此,如图 4.16 所示,从数据(图像)中形成典型性的 $N+1$ 维"山峰"。每幅图像对应一个 N 维点,对数据应用 ADP 方法时,最典型和最具代表性的图像自然形成"山峰"的顶点。这可以在线模式下完成,并且是非迭代和非参数的。

如果想局部优化最佳(局部)原型的选择,结果将是 7.5.2 节中介绍的少量迭代。在选择了原型(最典型和最具代表性的真实图像)之后,按照第 8 章的介绍,围绕这些原型就形成了透明与直观的"IF…THEN"规则。这些规则是 AnYa 型的,形成了一个零阶的 ALMMo 系统,但它们有大量原型,因此可以看作一个大规模并行的神经模糊系统[13-15],或者通过广泛使用析取(逻辑"OR"算子)来压缩成非常紧凑、易于理解和解释的 AnYa 型模糊规则。有趣的是,传统的模糊集和系统文献以及实践(应用)几乎完全基于合取(逻辑 AND)连接的使用。

9.3　DRB 分类器的一般架构

所提出的 DRB 分类器(图 9.1)的一般架构由以下几层组成[12]:
(1)预处理层(预处理模块);

(2) 特征提取层(特征描述符);

(3) 基于模糊规则的层(AnYa 型 IF…THEN 模糊规则的大规模并行集成);

(4) 总体决策者。

该体系架构简单,完全由数据驱动且完全自动化。这与传统的"黑匣子"深度学习方法(如基于 DCNN 的方法)形成了鲜明的对比,深度学习方法具有数千万或数亿个参数,难以解释,需要使用图形处理单元(GPU)[17,19]等加速器进行数十小时的训练。同时,DRB 分类器能够对各种基准问题进行高精度的分类,超过现有的方法,包括视觉文字包(BOVM)、SVM 和传统的深度学习(DCNN)。

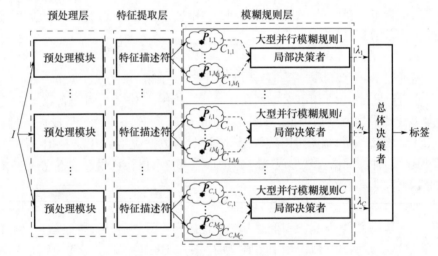

图 9.1　DRB 分类器的一般架构[12]

1. 预处理层

DRB 分类器第一层中的预处理模块仅涉及基本的预处理技术,如归一化、缩放、旋转和图像分割。因此,它由许多个用于各种目的的子层组成。这类似于历史上的第一个 DCNN,如 Fukuda 的神经认知机[20]。一些最广泛使用的图像变换技术见 2.2.4 节。

DRB 分类器中预处理层的主要目的如下:

(1) 提高分类器的泛化能力;

(2) 提高特征描述符从图像中提取和凝炼有用信息的效率。

实际上,如何使用预处理模块的子结构和预处理技术可能取决于问题和用户的具体要求。本书只展示了非常普通的架构,人们可以借助对问题领域的深度了解,设计一个更有效的预处理模块。

2. 特征提取层

对于特征提取层,DRB 分类器可以采用计算机视觉领域中常用的各种特征描述符。不同的特征描述符有不同的优点和缺点(见 2.2.4 节)。本书使用了两个低级特征描述符,即 GIST[16]和 HOG[17],以及一个高级特征描述符(预先训练的 VGG – V – 16[18])。但是,也可以使用其他特性描述符。为特定问题选择最合适的特征描述符,需要针对特定问题的先验知识。根据具体问题,对高级特征描述符进行精调,可以进一步提高性能。

一旦提取和存储了图像的全局(低级或高级)特征,就不需要再重复相同的过程。例如,使用 GIST 时的特征数为 512 个[21],使用 VGG – VD – 16 时的特征向量数为 4096 个[22]。因此,GIST 功能描述符中 $N = 512$,而 VGG – VD – 16 中 $N = 4096$。DRB 分类器也可以考虑其他特征描述符,如 HOG[23]、尺度不变特征变换(SIFT)[24]、GoogLeNet[25]、AlexNet[26]等。还可以将它们组合起来,得到具有更高描述能力的集成特征向量。

3. 模糊规则层

DRB 分类器的第三层,也是最重要的一层,是零阶 AnYa 型模糊规则的大规模并行集成 ALMMo – 0[27] 系统。通过将一个简短的"一次通过"式的训练过程[13-15]作为其"核心",DRB 分类器自动生成一组完全可理解的模糊规则,这些模糊规则由许多(可能是大量的)原型组成。原型的数量不是预先定义的,取决于数据的多样性,如果所有图像都非常相似,或是符合正态/高斯分布,则可能仅有一个原型,依此类推,遵循第 7 章中描述的 ADP 过程。每一个具有单个原型的、大规模并行的模糊规则,可以用更紧凑形式的模糊规则来表示,这些模糊规则使用析取运算符(逻辑或"OR")[15]将每个类的所有原型连接起来。通过非迭代的"一次通过"的过程直接从训练数据中识别原型,作为最具代表性的原型,即典型性分布的局部峰值[28]。

9.4 节将介绍大规模并行 FRB 分类器的学习过程。

4. 总体决策者

最后一层是总体决策者,根据每一类的"IF…THEN"模糊规则的部分建议,来决定优胜类标签。每一类的模糊规则生成一个由每个规则的局部决策者给出的置信水平(触发度)。该层仅在验证阶段使用,而不是在训练阶段使用,因为 DRB 分类器是按类和规则分别进行训练的,而规则本身提供了另一个层次的并行化。总体决策者采用"赢者通吃"原则,与局部(每类)决策者相同。因此,DRB 分类器在验证过程中实际上使用了两阶段决策结构(图 9.1(c)),这将在 9.4.2 节中详细介绍。

在 DRB 分类器中,由零阶 AnYa 型[27]模糊规则组成的非参数规则库,是主要的学习"引擎",即

$$R_i: \text{IF } (\mathbf{I} \sim \mathbf{P}_{i,1}) \text{ OR } (\mathbf{I} \sim \mathbf{P}_{i,2}) \text{ OR} \cdots \text{OR } (\mathbf{I} \sim \mathbf{P}_{i,M_i}) \text{ THEN } (\text{Class } i) \quad (9.2)$$

式中:$i = 1, 2, \cdots, C$;$\mathbf{P}_{i,j}$ 为第 i 类的第 j 个原型图像;$j = 1, 2, \cdots, M_i$;M_i 为模糊规则中原型的数量;图像 $\mathbf{I}$ 和 $\mathbf{P}_{i,j}$ 的特征向量分别用 x 和 $p_{i,j}$ 表示。

不同于广泛使用的主流深度学习,规则库使 DRB 分类器具有可解释性和透明性,便于人类理解(甚至对非专家也如此)。例如,考虑一个著名的对象分类图像集 Caltech 101[29],它有"蝴蝶""海豚""直升机""莲花""熊猫"和"手表"等类别。图 9.2 描述了由"IF···THEN"AnYa 型模糊规则形成的 DRB 分类器。

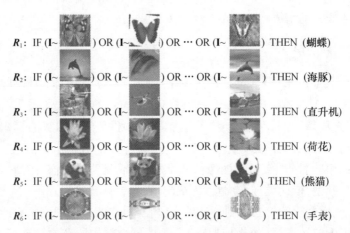

图 9.2 (见彩图)使用 Caltech 101 数据集的 AnYa 型模糊规则形成的 DRB 分类器

DRB 分类器规则库中的每个 AnYa 型模糊规则[27]都包含一些从相应类的图像中识别出的原型,这些原型由局部决策者使用"赢者通吃"原则相关联。因此,每个规则都可以表示为一系列由逻辑"或"运算符连接起来的简单的模糊规则,如图 9.3 所示。图 9.2 中的最初模糊规则 R_1 用于证实该概念。显然,大规模的并行化是可能的。

图 9.3 （见彩图）简单的 AnYa 模糊规则示例

9.4 DRB 的功能

如 9.3 节所述，DRB 分类器的学习过程是通过一个完全在线的学习算法进行的，该算法本质上是对 8.2.2 节中介绍的 ALMMo-0 学习过程的改进，也能够"从零开始"。通过一个非常有效且高度并行的学习过程，DRB 系统自动从图像集/流中识别原型图像，并在前几节所述的 $N+1$ 维特征空间中围绕每个类的原型创建 Voronoi 划分[30]。对于由 C 类组成的训练图像集/流，并行训练（每类一个）C 个独立的零阶 FRB 系统。

在本节中，将更详细地描述 DRB 分类器的学习和验证过程。当 DRB 分类器从高维的特征空间识别图像原型时，对于每个图像（用 I 表示），其对应的特征向量 x 通过其范数 $\|x\|$ 进行归一化，即 $x \leftarrow \frac{x}{\|x\|}$ 作为处理前的默认值（见式(8.2)）。这种归一化过程有效地增强了 DRB 分类器处理高维特征向量的能力[31]。

9.4.1 学习过程

在 DRB 分类器的学习过程中，原型被识别为从图像空间[13-15]导出的 $N+1$ 维特征空间中数据密度的峰值。基于这些原型，生成了相应的模糊规则。与 ALMMo-0 系统一样，DRB 分类器的学习过程是高度并行的，每个类甚至每个规则使用一个原型（在采用逻辑"或"压缩之前）。由于 DRB 使用的学习算法是 ALMMo-0 所使用算法的扩展（见 8.2.2 节），故称为 DRB 学习算法，总结如下[12]。

1. 系统初始化

第 i 条模糊规则由对应的类的第一幅图像(以 $\mathbf{I}_{i,1}$ 表示)初始化,具有以 $\mathbf{x}_{i,1}$ 表示($\mathbf{x}_{i,1} = [x_{i,1,1}, x_{i,1,2}, \cdots, x_{i,1,N}]^T$)的特征向量。第 i 个子系统的元参数和子系统内的最初数据云,以 $\mathbf{C}_{i,1}$ 表示,分别初始化如下:

$$K_i \leftarrow 1 \tag{9.3a}$$

$$M_i \leftarrow 1 \tag{9.3b}$$

$$\boldsymbol{\mu}_i \leftarrow \mathbf{x}_{i,1} \tag{9.3c}$$

$$\mathbf{P}_{i,1} \leftarrow \mathbf{I}_{i,1} \tag{9.3d}$$

$$\mathbf{C}_{i,1} \leftarrow \{\mathbf{I}_{i,1}\} \tag{9.3e}$$

$$\boldsymbol{p}_{i,1} \leftarrow \mathbf{x}_{i,1} \tag{9.3f}$$

$$S_{i,1} \leftarrow 1 \tag{9.3g}$$

$$r_{i,1} \leftarrow r_o \tag{9.3h}$$

式中:$\mathbf{P}_{i,1}$ 为模糊规则的最初图像原型;$\boldsymbol{\mu}_i$ 为第 i 类观测图像的所有特征向量的全局均值;$\boldsymbol{p}_{i,1}$ 是与 $\mathbf{P}_{i,1}$ 对应的特征原型;$\mathbf{P}_{i,1}$ 本质上是 $\mathbf{C}_{i,1}$ 中图像特征向量的均值;$r_o = \sqrt{2(1 - \cos 30°)} \approx 0.5176$ 为相似度(向量之间角度小于 30° 表示高度相似;默认情况下,对于所有问题和图像,使用这个非特定用户和问题指定的参数)。

对于第一个图像原型 $\mathbf{P}_{i,1}$,模糊规则初始化为

$$R_i : \text{IF } (\mathbf{I} \sim \mathbf{P}_{i,1}) \text{ THEN } (\text{Class } i) \tag{9.4}$$

2. 系统递归更新

对于新到达的属于第 i 类的第 K_i^{th} ($K_i^{th} \leftarrow K_i^{th} + 1$) 个训练图像($\mathbf{I}_{i,K_i}$),使用式(4.8),用 $\mathbf{I}_{i,K_i}$ 的特征向量(以 $\mathbf{x}_{i,K_i}$ 表示)首先更新全局均值 $\boldsymbol{\mu}_i$。

然后,根据式(4.32)[32-33]计算原型 $\mathbf{P}_{i,j}$ ($j = 1,2,\cdots, M_i$) 处的数据密度和图像 $\mathbf{I}_{i,K}$ ($\mathbf{Z} = \mathbf{P}_{i,1}, \mathbf{P}_{i,2}, \cdots, \mathbf{P}_{i,M}, \mathbf{I}_{i,K}$; $z = \boldsymbol{p}_{i,1}, \boldsymbol{p}_{i,2}, \cdots, \boldsymbol{p}_{i,M}, \mathbf{x}_{i,K}$; z 为 $\mathbf{Z}$ 所对应的特征向量):

$$D_{K_i}(\mathbf{Z}) = \frac{1}{1 + \frac{\|z - \boldsymbol{\mu}_i\|^2}{1 - \|\boldsymbol{\mu}_i\|^2}} \tag{9.5}$$

再检查条件 9.1,看 $\mathbf{I}_{i,K_i}$ 是否为新的原型[34],这是对条件 7.4 的修改。

条件 9.1

$$\begin{cases} \text{IF } (D_{K_i}(\mathbf{I}_{i,K_i}) > \max_{j=1,2,\cdots,M_i}(D_{K_i}(\mathbf{P}_{i,j}))) \\ \text{OR } (D_{K_i}(\mathbf{I}_{i,K_i}) < \min_{j=1,2,\cdots,M_i}(D_{K_i}(\mathbf{P}_{i,j}))) \end{cases} \tag{9.6}$$

$$\text{THEN } (\mathbf{I}_{i,K_i} \text{ 是一个新的图像原型})$$

第9章 基于透明深度规则的分类器

一旦满足条件9.1，$\mathbf{I}_{i,K_i}$将设置为新的原型，并初始化新的数据云，即

$$\begin{cases} M_i \leftarrow M_i + 1 & (9.7\text{a}) \\ \mathbf{P}_{i,M_i} \leftarrow \mathbf{I}_{i,K_i} & (9.7\text{b}) \\ \mathbf{C}_{i,M_i} \leftarrow \{\mathbf{I}_{i,K_i}\} & (9.7\text{c}) \\ \mathbf{p}_{i,M_i} \leftarrow \mathbf{x}_{i,K_i} & (9.7\text{d}) \\ S_{i,M_i} \leftarrow 1 & (9.7\text{e}) \\ r_{i,M_i} \leftarrow r_o & (9.7\text{f}) \end{cases}$$

如果不满足条件9.1，则可通过下式识别最邻近$\mathbf{I}_{i,K_i}$的原型，记为$\mathbf{P}_{i,n*}$，有

$$n* = \underset{j=1,2,\cdots,M_i}{\arg\min}(\|\mathbf{p}_{i,j} - \mathbf{x}_{i,K_i}\|) \quad (9.8)$$

在$\mathbf{I}_{i,K_i}$分配给$\mathbf{C}_{i,n*}$之前，检查条件9.2（条件8.1的修改），以查看$\mathbf{I}_{i,K_i}$是否位于$\mathbf{P}_{i,n*}$的影响区域。

条件9.2

$$\text{IF}(\|\mathbf{p}_{i,n*} - \mathbf{x}_{i,K_i}\| \leq r_{i,n*}) \quad \text{THEN}(\mathbf{C}_{i,n*} \leftarrow \mathbf{C}_{i,n*} + \mathbf{I}_{i,K_i}) \quad (9.9)$$

如果满足条件9.2，则表示$\mathbf{I}_{i,K_i}$在最邻近的数据云$\mathbf{C}_{i,n*}$的影响范围内，并分配给围绕图像原型$\mathbf{P}_{i,n*}$的数据云，元参数更新如下：

$$\begin{cases} \mathbf{p}_{i,n*} \leftarrow \dfrac{S_{i,n*}}{S_{i,n*}+1}\mathbf{p}_{i,n*} + \dfrac{1}{S_{i,n*}+1}x_{i,K_i} & (9.10\text{a}) \\ S_{i,n*} \leftarrow S_{i,n*} + 1 & (9.10\text{b}) \\ r_{i,n*} \leftarrow \sqrt{\dfrac{1}{2}(r_{i,n*})^2 + \dfrac{1}{2}(1 - \|\mathbf{p}_{i,n*}\|^2)} & (9.10\text{c}) \end{cases}$$

图像原型$\mathbf{P}_{i,n*}$保持不变；否则，$\mathbf{I}_{i,K_i}$将成为一个新的原型，并且新的数据云将由式(9.7a)~式(9.7f)初始化。在$\mathbf{I}_{i,K_i}$经过处理后，DRB系统将相应地更新模糊规则，然后读取下一个图像，系统开始新的处理周期。算法的应用和实现分别参见第13章、附录B.5和C.5中的说明。

9.4.2 决策

在本节中，将对DRB分类器所采用的两阶段决策机制进行更为详细的描述。

1. 局部决策

在系统识别过程之后（见9.4.1节），DRB系统为每类生成C个大规模并

行模糊规则。在分类器的验证/使用阶段,对于每个测试图像 $\mathbf{I}$,每个 AnYa 类型的"IF...THEN"模糊规则,通过基于特征向量 $\mathbf{I}$ 的局部决策者 $\boldsymbol{x}$,生成触发强度(置信水平)$\lambda_i(\mathbf{I})$($i=1,2,\cdots,C$)。

$$\lambda_i(\mathbf{I}) = \max_{j=1,2,\cdots,M_i}(\exp(-\|\boldsymbol{p}_{i,j} - \boldsymbol{x}\|^2)) \tag{9.11}$$

因此,可以从规则库(每个规则一个)中获得总的 C 个触发强度,用 $\boldsymbol{\lambda}_i(\mathbf{I}) = [\lambda_1(\mathbf{I}),\lambda_2(\mathbf{I}),\cdots,\lambda_C(\mathbf{I})]$ 表示,这是传递给 DRB 分类器的总体决策者的输入。

2. 总体决策

对于单个 DRB 分类器,测试样本的类标签(类别)由总体决策层给出,即最后一层给出,遵循"赢者通吃"原则,即

$$\text{Label} = \underset{i=1,2,\cdots,C}{\operatorname{argmax}}(\lambda_i(\mathbf{I})) \tag{9.12}$$

在人脸识别、遥感、目标识别等应用中,局部信息比全局信息起着更重要的作用,人们可以考虑将(训练和验证)图像分割成较小的片段,以获得更多的局部信息。在这种情况下,DRB 系统将使用训练图像的片段而不是完整图像进行训练,测试图像的总体标签作为 DRB 子系统赋予片段的所有触发强度的集成,以 $\boldsymbol{s}_t(t=1,2,\cdots,T)$ 表示,即

$$\text{Label} = \underset{i=1,2,\cdots,C}{\operatorname{argmax}}\left(\sum_{t=1}^{T}\lambda_i(\boldsymbol{s}_t)\right) \tag{9.13}$$

式中:$\boldsymbol{s}_t$ 为图像 $\mathbf{I}$ 的第 t 个片段;T 为片段总数。

如果使用 DRB 集成分类器[1],则将测试图像的标签视为 DRB 系统对图像[13]的所有触发强度的集成,即

$$\text{Label} = \underset{i=1,2,\cdots,C}{\operatorname{argmax}}\left(\frac{1}{H}\sum_{n=1}^{H}\lambda_{n,i}(\mathbf{I}) + \max_{n=1,2,\cdots,H}(\lambda_{n,i}(\mathbf{I}))\right) \tag{9.14}$$

式中:H 为集成 DRB 系统的数目。

相对于许多其他工作中使用的简单投票机制不同,DRB 集成分类器所做的总体决策综合了更多的信息,即通过综合考虑总体触发强度和最大触发强度。

然而,必须强调的是,DRB 系统是一种具有简单架构和基本原则的通用方法。可以根据不同的目标向 DRB 中添加许多不同的修改和扩展。在本书中,主要侧重于提供一般原则和演示概念。更多的细节可以参考有关的期刊和会议论文集,如文献[12-15]。

9.5　半监督 DRB 分类器

本章前几节所述的 DRB 分类器,将在离线和在线场景[12-14]的半监督学习策略方向上进一步扩展。本节提出了 DRB 分类器的一种策略,从未标记的训练图像中主动学习新类。由于 DRB 分类器基于原型的特性,半监督学习过程是完全透明的和可解释的。它不仅可以对样本之外的图像进行分类,还支持逐个样本或逐块递归地在线训练。此外,与其他半监督方法不同,半监督 DRB(SS_DRB)分类器能够在没有人类专家参与的情况下主动学习新的类,从而完成自我进化[34]。

与现有的半监督分类器[35-46]相比,SS_DRB 分类器由于其基于原型的特性[12-14],而具有以下特点:

(1) 半监督学习过程是完全透明和可解释的;
(2) 它可以在线进行逐个样本或逐块训练;
(3) 它可以对样本之外的图像进行分类;
(4) 它能够学习新的类别(自我进化)。

下面,将介绍 DRB 分类器在离线和在线场景下的半监督学习策略,并且提出了一种利用 DRB 分类器从未标记的训练图像中主动学习新类的策略。

9.5.1　静态数据集的半监督学习

在离线场景中,所有未标记的训练图像都作为一个静态数据集,DRB 分类器在完成基于标记图像的学习过程后,开始从这些图像中学习。

首先,将未标记的训练图像定义为集合 $\{\mathbf{V}\}$,未标记的训练图像数量为 K。离线 SS_DRB 学习算法的主要步骤如下。

步骤 1:使用式(9.11),为每个未标记的训练图像提取最接近原型的触发强度向量,用 $\boldsymbol{\lambda}(\mathbf{V}_j) = [\lambda_1(\mathbf{V}_j), \lambda_2(\mathbf{V}_j), \cdots, \lambda_C(\mathbf{V}_j)]$ $(j = 1, 2, \cdots, K)$ 表示。

步骤 2:找出满足条件 9.3 的所有未标记的训练图像。

条件 9.3

$$\text{IF}(\lambda_{\max*}(\mathbf{V}_j) > \Omega_1 \cdot \lambda_{\max**}(\mathbf{V}_j)) \quad \text{THEN}(\mathbf{V}_j \in \{\mathbf{V}\}_0) \quad (9.15)$$

式中:$\lambda_{\max*}(\mathbf{V}_j)$ 为 $\mathbf{V}_i$ 获得的最高触发强度;$\lambda_{\max**}(\mathbf{V}_j)$ 为第二高;$\Omega_1(\Omega_1 > 1)$

为自由参数；$\{V\}_0$ 为满足条件 9.3 的未标记训练图像的集合。然后从 $\{V\}$ 中移除 $\{V\}_0$。

对于 $\{V\}_0$ 中未标记的训练图像，DRB 分类器对它们所属的类有很高的信心，可以用来更新系统的结构和元参数。另外，对于 $\{V\}$ 中的剩余图像，DRB 分类器对其所属类的判断置信水平不高，因此这些图像不能用于更新。

与其他研究工作[16,47-48]中使用的伪标记机制相比，条件 9.3 不仅考虑了未标记图像与所有已识别原型之间的相互距离，而且考虑了未标记图像本身的可分辨性，因此具有更精确的伪标记过程。

步骤 3：依据 $(\lambda_{\max *}(V) - \lambda_{\max * *}(V))(V \in \{V\}_0)$ 的值对 $\{V\}_0$ 中的元素按降序排列，并将排列好的集合表示为 $\{V\}_1$。

一般来说，$\lambda_{\max *}(V)$ 越高，图像 V 越相似于特定的 DRB 分类器原型。同时，$(\lambda_{\max *}(V) - \lambda_{\max * *}(V))$ 的差值越大，DRB 分类器做出的决策越准确。由于 DRB 分类器以一种逐个样本的方式从数据流中学习，通过预先对 $\{V\}_0$ 进行排序，该分类器将首先使用与先前识别的原型最相似，并且在关于它们的标签的决策中模糊性较少的图像来更新自己，然后使用不太熟悉的图像来更新自己，这保证了更有效的学习。

步骤 4：使用 9.4.1 节中介绍的 DRB 学习算法，用集合 $\{V\}_1$ 更新 DRB 分类器。然后 SS_DRB 分类器返回到步骤 1，并重复整个过程，直到 $\{V\}$ 中没有满足条件 9.3 的未标记训练图像为止。

如果 DRB 分类器不是为了学习新类别而设计的，那么一旦离线半监督学习过程完成，使用式(9.11)和式(9.12)估计所有未标记的训练图像的标签，遵循"赢者通吃"的原则；否则，DRB 分类器将首先生成满足条件 9.3 的图像伪标签，然后通过剩余的未标记图像学习新的类（自我进化）。主动学习策略将在 9.5.3 节中详细介绍。

SS_DRB 分类器的一个显著特征是，由于其基于原型的特性和"一次通过"类型（非迭代）的学习过程，它对不正确的伪标注图像具有鲁棒性。错误的伪标注图像可能会以两个方式影响 SS_DRB 分类器：

(1) 它们会稍微改变一些原型的位置；

(2) 它们可以通过分配错误的伪标签，来创建新的错误原型。

然而，SS_DRB 分类器对少量错误的伪标记图像具有很强的容错度，因为在 IF…THEN 规则库中错误不会传播到前面已存在的大多数原型中，详见文献[49]。

9.5.2 数据流的半监督学习

通常在实践中,在学习算法处理完可用的静态数据之后,新的数据会以数据流(视频或时间序列)的形式持续到达。先前介绍的半监督方法[35-36,45-46,37-44]由于其工作机制,仅限于离线应用。DRB 分类器[13-15]具有基于原型的性质和进化机制[2,34],因此也可以进行在线半监督学习。

在借助带标记的训练图像的监督训练过程后,DRB 分类器可以在逐样本或逐块的基础上进行在线半监督学习。由于在线学习过程是对离线学习过程的修正,如 9.5.1 节所述,在本节中,只介绍两种类型的半监督学习过程的主要过程。

1. 逐样本在线 SS_DRB 学习算法的主要步骤

步骤1:利用条件9.3 和 DRB 训练算法,从可用的未标记新图像 V_{K+1} 学习;

步骤2(可选):应用主动学习算法,从 U_{K+1} 中主动学习新的类别,使得这个算法是进化[34]的;

步骤3:DRB 分类器返回到步骤1,并处理下一个图像 $(K \leftarrow K+1)$。

2. 逐块在线 SS_DRB 学习算法的主要步骤(初始 $j \leftarrow 1$)

步骤1:使用离线 SS_DRB 学习算法,从未标记图像 $\{V\}_H^j$ 的可用块中学习,其中 H 是块大小;

步骤2(可选):应用主动学习算法,从 $\{V\}_H^j$ 剩余图像中,进化新类;

步骤3:DRB 分类器返回到步骤1,并处理下一个块 $(j \leftarrow j+1)$。

需要注意的是,与其他任何增量方法一样,这里所提出的半监督学习是与顺序相关的。这意味着图像的顺序将影响在线模式下的结果。

9.5.3 新类的主动学习、进化 DRB

在实际情况中,由于各种原因,如先验知识的不足或数据模式的改变,被标注的训练样本可能无法包含某些类别。例如,预先训练过的 VGG-VD-16[50]将图 9.4 所示的著名的 UCMerced 数据集[51-52]中的 3 幅遥感图像(第一行原始图像,真实的标签:"高速公路""棒球场"和"农田")错误地分类为"日晷""卷笔刀"和"挂钟"。第二行原始图像(取自之前使用的 Caltech 101 数据集)也被错误分类,分类器没有使用这些类别的图像进行训练。还可以注意到,相对于第一组错误分类的置信水平小于 0.1,第二组错误分类的置信水平要高得多（0.217~0.355）。

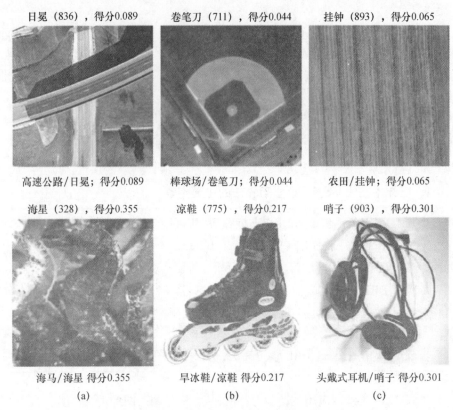

图 9.4 （见彩图）被 DCNN[50] 错误分类的图像
（"/"左侧的类标签代表真实类别；"/"右侧是 DCNN 的输出；数值是置信水平得分）

从图 9.4 中的例子可以看出,分类器能够主动学习新的类别是至关重要的,这不仅保证了学习过程的有效性,减少了对先验知识的需求,而且使人类专家能够监控数据模式的变化。此外,这是另一个拟人化特征（事实上,人类能够在整个生命过程中持续学习）。

因此,SS_DRB 分类器的主动学习算法介绍如下。

对于未标记的训练图像 $\mathbf{V}_j$,如果满足条件 9.4,则意味着 DRB 分类器之前没有看到过任何类似的图像,因此添加一个新的类。

条件 9.4

$$\text{IF } (\lambda_{\max *}(\mathbf{V}_j) \leq \Omega_2) \text{ THEN } (\mathbf{V}_j \in (C+1) \text{ 类}) \quad (9.16)$$

式中：Ω_2 为阈值的自由参数。

相应地，在规则库中添加一个新的模糊规则并将该训练图像作为新类的第一个原型。一般来说，Ω_2 越低，在向规则库添加新规则时，SS_DRB 分类器的行为就越保守。

对于离线学习场景，在离线半监督学习后，$\{V\}$ 中可能有许多未标记的图像，用 $\{V\}_2$ 重新表示。其中一些可以满足条件 9.4，它们的集合用 $\{V\}_3$ 表示，$\{V\}_3 \subseteq \{V\}_2$。由于 $\{V\}_2$ 中的许多图像实际上属于一些未知类，为了对这些图像进行分类，DRB 分类器需要以自主和主动的方式向现有规则库添加一些新的"IF…THEN"模糊规则。

主动学习算法从选择具有最小的 λ_{max*} 图像开始，记为 $\mathbf{V}_{min}$（$\mathbf{V}_{min} \in \{V\}_3$），并添加一个以 $\mathbf{V}_{min}$ 作为相应的原型的模糊规则。然而，在添加另一个新的模糊规则之前，DRB 分类器对 $\{V\}_2$ 中剩余的未选图像重复离线半监督学习过程，以找到与新添加的模糊规则相关的其他未识别原型。这可能会解决添加太多规则的潜在问题。当新形成的模糊规则完全更新后，DRB 分类器将开始添加下一个新规则。

通过主动学习策略，DRB 分类器能够主动地从未标记的训练图像中学习，获得新的知识、定义新的类，并相应地添加新的规则。人类专家还可以检查新的模糊规则，然后通过简单地检查原型，为新类提供有意义的标签。这比传统的方法要简单得多，因为它只涉及聚合的原型数据，而不涉及大容量的原始数据，更方便用户。必须强调的是，识别出新类别并用人类可理解的标签对它们进行标记，并不是 DRB 分类器工作的强制性要求，因为在许多应用中，图像的类别是基于公共知识可预测的。例如，对于手写数字识别问题，将有 10 个类别的图像（从"0"到"9"）；对于斯拉夫语[53]字符识别问题，将有 60 个类别的图像（从"а"到"я"和"А"到"Я"）；希腊字母有 48 类（从"α"到"ω"和从"A"到"Ω"）；而拉丁字母表有 52 类（从"a"到"z"和"A"到"Z"）等。

9.6 分布式协作 DRB 分类器

在实际应用中，分布式协作系统允许多个代理参与通常来自远程位置的共享活动。系统中的所有代理都为实现一个共同的目标而协同工作，并相互密切地交互以共享信息。分布式协作系统通过并行化为多个处理单元，为处理超大规模数据提供了一种可行的解决方案[54]。然而，当前机器学习算法的学习过程，包括最先进的 DCNN，需要迭代求解，因此难以并行化和扩展。在 DCNN 中，可以大胆地应用并行计算,但这涉及图像处理(最大池化),而 DRB 分类器允许很大程度的并行化到每个单独的模糊规则和原型。

由于基于原型的性质和非迭代学习过程,DRB 分类器可以独立地并行分布处理同一问题的不同块,同时只交换关键信息,即原型和其他元参数,来协同地获得最终解决方案,这比交换整个图像集要高效得多。

图9.5 给出了两种不同类型的分式式 DRB 分类器架构,用于从非常大的图像集中进行协作学习。在图中,图像分配器将图像分割成不同的块。融合中心将不同 DRB 分类器得到的部分结果进行融合。所有 DRB 分类器的功能完全相同,只是输入和输出不同[54,18]。

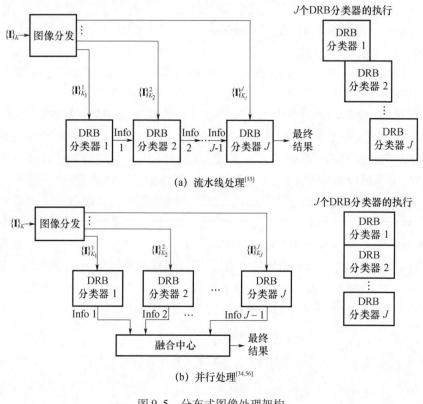

图 9.5 分布式图像处理架构

9.6.1 流水线处理

流水线架构(图 9.5(a))由一系列 DRB 分类器组成,这些分类器顺序地从

相应的图像块 $\{\mathbf{I}\}_{K_1}^1, \{\mathbf{I}\}_{K_2}^2, \cdots, \{\mathbf{I}\}_{K_J}^J$ 中学习,这些图像块来自原始图像集 $\{\mathbf{I}\}_K$。每个 DRB 分类器从前一个分类器接收元参数(部分结果),然后用自己的图像块更新元参数,并将其传递给下一个 DRB 分类器。最终的 DRB 分类器,即第 J 个分类器产生最终的输出。

该架构减少了每个 DRB 分类器处理的图像数量,从而提高了整体处理效率,减轻了计算和内存负担。此外,该架构保留了顺序算法中的处理顺序,并且可以保证就像所有图像都由单个 DRB 分类器处理一样[55]完全相同的结果。

9.6.2 并行处理

并行架构(图 9.5(b))允许学习过程完全并行化[34,56]。当图像块 $\{\mathbf{I}\}_{K_1}^1$,$\{\mathbf{I}\}_{K_2}^2, \cdots, \{\mathbf{I}\}_{K_J}^J$ 由原始图像集 $\{\mathbf{I}\}_K$ 导出后,并行地发送给各个 DRB 分类器处理。融合中心接收 DRB 分类器输出的部分结果,并将它们合并在一起,以产生最终的输出。

与流水线架构相比,该结构允许更高的计算效率和存储效率,但不能像图 9.5(a)[55]所示的方案那样保证所有图像都由单个 DRB 分类器处理。

9.7 结 论

本章简要回顾了基于原型的分类器,如 kNN、SVM、eClass0、ALMMo－0,并详细描述了 DRB 分类器。

由于 DRB 分类器基于原型的性质,它不需要先验假设数据分布的类型、数据的随机或确定特性,也不需要对模型结构、隶属函数、层数等做出特别的决策。同时,基于原型的特征使得 DRB 分类器具有非参数、非迭代、自组织、自进化和高度并行的特点。

DRB 分类器的训练是对 ALMMo－0 学习算法的一种改进,训练过程高度并行、显著加快,并且可以"从头开始"。DRB 分类器具有基于原型的特性,能够以完全在线、自主、非迭代和非参数的方式,从训练图像中识别出多个原型,并在此基础上建立大规模并行的模糊分类规则库。DRB 分类器的训练和验证过程,只涉及已识别原型和未标记样本之间的视觉相似性,并且只需遵守非常一般的原则。

除了 DRB 分类器的独特功能外,相对于现有的半监督方法,SS_DRB 分类器具有以下独特功能：

（1）学习过程可以按逐个样本或逐个数据块进行；

（2）能够完成样本之外的分类；

（3）能够以主动方式学习新类，并能自进化其系统结构；

（4）在学习过程中不涉及任何迭代。

9.8 问 题

（1）提供基于原型的分类方法的例子。所提出的 DRB 分类器与它们有什么不同？

（2）DRB 分类器的主要优点是什么？

（3）DRB 分类器与 ALMMo 系统有何关系？

（4）简述 DRB 分类器的半监督版本是如何工作的。对于所提供的数据，半监督 DRB 分类器采用哪两种工作类型？

9.9 要 点

（1）DRB 分类器是基于原型的，因此，它是非迭代的、自组织的、高度透明的，并且没有预先定义的参数，也没有对数据生成和随机性模型的先验假设。

（2）DRB 分类器的训练是高度并行的，可以从零开始，而且非常快。

（3）DRB 分类器可以看作 ALMMo 的一个扩展。

（4）它有一个半监督版本，可以在逐个样本或逐块模式下工作。

（5）能够完成样本之外的分类和主动学习。

参考文献

[1] L. Kuncheva, Combining Pattern Classifiers: Methods and Algorithms (Wiley, Hoboken, New Jersey, 2004)

[2] P. Angelov, X. Zhou, Evolving fuzzy-rule based classifiers from data streams. IEEE Trans. Fuzzy Syst. 16(6), 1462–1474 (2008)

[3] P. P. Angelov, X. Gu, Autonomous learning multi-model classifier of 0-order (ALMMo-0), in IEEE International Conference on Evolving and Autonomous Intelligent Systems (2017), pp. 1–7

[4] P. P. Angelov, X. Gu, Towards anthropomorphic machine learning. IEEE Comput., (2018)

[5] T. Cover, P. Hart, Nearest neighbor pattern classification. IEEE Trans. Inf. Theory 13(1), 21–27 (1967)

[6] E. Pękalska, R. P. W. Duin, P. Paclík, Prototype selection for dissimilarity-based classifiers. Pattern Recognit. 39(2), 189–208 (2006)

[7] N. Cristianini, J. Shawe-Taylor, An Introduction to Support Vector Machines and Other Kernel-Based Learning Methods (Cambridge University Press, Cambridge, 2000)

[8] R. D. Baruah, P. P. Angelov, J. Andreu, Simpl_eClass: simplified potential-free evolving fuzzy rule-based classifiers, in IEEE International Conference on Systems, Man, and Cybernetics (SMC) (2011), pp. 2249–2254

[9] D. Kangin, P. Angelov, J. A. Iglesias, Autonomously evolving classifier TEDA-Class. Inf. Sci. (Ny) 366, 1–11 (2016)

[10] T. Kohonen, Self-organizing Maps (Springer, Berlin, 1997)

[11] P. Perner, Prototype-based classification. Appl. Intell. 28(3), 238–246 (2008)

[12] P. P. Angelov, X. Gu, Deep rule-based classifier with human-level performance and characteristics. Inf. Sci. (Ny) 463–464, 196–213 (2018)

[13] P. P. Angelov, X. Gu, MICE: Multi-layer multi-model images classifier ensemble, in IEEE International Conference on Cybernetics (2017), pp. 436–443

[14] P. Angelov, X. Gu, A cascade of deep learning fuzzy rule-based image classifier and SVM, in International Conference on Systems, Man and Cybernetics (2017), pp. 1–8

[15] X. Gu, P. Angelov, C. Zhang, P. Atkinson, A massively parallel deep rule-based ensemble classifier for remote sensing scenes. IEEE Geosci. Remote Sens. Lett. 15(3), 345–349 (2018)

[16] J. Zhang, X. Kong, P. S. Yu, Predicting social links for new users across aligned heterogeneous social networks, in IEEE International Conference on Data Mining (2013), pp. 1289–1294

[17] D. Ciresan, U. Meier, J. Schmidhuber, Multi-column deep neural networks for

image classification, in Conference on Computer Vision and Pattern Recognition (2012), pp. 3642 – 3649

[18] P. Angelov, Machine learning (collaborative systems), 8250004 (2006)

[19] D. C. Cireşan, U. Meier, L. M. Gambardella, J. Schmidhuber, Convolutional neural network committees for handwritten character classification, in International Conference on Document Analysis and Recognition, vol. 10 (2011), pp. 1135 – 1139

[20] K. Fukushima, Neocognitron for handwritten digit recognition. Neurocomputing 51, 161 – 180 (2003)

[21] A. Oliva, A. Torralba, Modeling the shape of the scene: a holistic representation of the spatial envelope. Int. J. Comput. Vis. 42(3), 145 – 175 (2001)

[22] G.-S. Xia, J. Hu, F. Hu, B. Shi, X. Bai, Y. Zhong, L. Zhang, AID: a benchmark dataset for performance evaluation of aerial scene classification. IEEE Trans. Geosci. Remote Sens. 55 (7), 3965 – 3981 (2017)

[23] N. Dalal, B. Triggs, Histograms of oriented gradients for human detection, in IEEE Computer Society Conference on Computer Vision and Pattern Recognition (2005), pp. 886 – 893

[24] D. G. Lowe, Distinctive image features from scale-invariant keypoints. Int. J. Comput. Vis. 60 (2), 91 – 110 (2004)

[25] C. Szegedy, W. Liu, Y. Jia, P. Sermanet, S. Reed, D. Anguelov, D. Erhan, V. Vanhoucke, A. Rabinovich, C. Hill, A. Arbor, Going deeper with convolutions, in IEEE Conference on Computer Vision and Pattern Recognition (2015), pp. 1 – 9

[26] A. Krizhevsky, I. Sutskever, G. E. Hinton, ImageNet classification with deep convolutional neural networks, in Advances in Neural Information Processing Systems (2012), pp. 1097 – 1105

[27] P. Angelov, R. Yager, A new type of simplified fuzzy rule-based system. Int. J. Gen Syst 41 (2), 163 – 185 (2011)

[28] P. P. Angelov, X. Gu, J. Principe, A generalized methodology for data analysis. IEEE Trans. Cybern. 48(10), 2987 – 2993 (2018).

[29] http://www.vision.caltech.edu/Image_Datasets/Caltech101/

[30] A. Okabe, B. Boots, K. Sugihara, S. N. Chiu, Spatial Tessellations: Concepts and Applications of Voronoi Diagrams, 2nd edn. (Wiley, Chichester, England, 1999)

[31] X. Gu, P. P. Angelov, Self-organising fuzzy logic classifier. Inf. Sci. (Ny) 447, 36–51 (2018)

[32] P. Angelov, X. Gu, D. Kangin, Empirical data analytics. Int. J. Intell. Syst. 32(12), 1261–1284 (2017)

[33] P. P. Angelov, X. Gu, J. Principe, D. Kangin, Empirical data analysis—a new tool for data analytics, in IEEE International Conference on Systems, Man, and Cybernetics (2016), pp. 53–59

[34] P. Angelov, Autonomous Learning Systems: From Data Streams to Knowledge in Real Time. Wiley, New York (2012)

[35] X. Zhu, Z. Ghahraman, J. D. Lafferty, Semi-supervised learning using gaussian fields and harmonic functions, in International Conference on Machine Learning (2003), pp. 912–919

[36] D. Zhou, O. Bousquet, T. N. Lal, J. Weston, B. Schölkopf, Learning with local and global consistency. Adv. Neural. Inform. Process Syst., pp. 321–328 (2004)

[37] V. Sindhwani, P. Niyogi, M. Belkin, Beyond the point cloud: from transductive to semi-supervised learning, in International Conference on Machine Learning, vol. 1 (2005), pp. 824–831

[38] F. Noorbehbahani, A. Fanian, R. Mousavi, H. Hasannejad, An incremental intrusion detection system using a new semi-supervised stream classification method. Int. J. Commun Syst 30(4), 1–26 (2017)

[39] O. Chapelle, A. Zien, Semi-supervised classification by low density separation, in AISTATS (2005), pp. 57–64

[40] M. Guillaumin, J. J. Verbeek, C. Schmid, Multimodal semi-supervised learning for image classification, in IEEE Conference on Computer Vision & Pattern Recognition (2010), pp. 902–909

[41] J. Wang, T. Jebara, S. F. Chang, Semi-supervised learning using greedy Max-Cut. J. Mach. Learn. Res. 14, 771–800 (2013)

[42] F. Wang, C. Zhang, H. C. Shen, J. Wang, Semi-supervised classification using linear neighborhood propagation, in IEEE Conference on Computer Vision & Pattern Recognition (2006), pp. 160–167

[43] S. Xiang, F. Nie, C. Zhang, Semi-supervised classification via local spline regression. IEEE Trans. Pattern Anal. Mach. Intell. 32(11), 2039–2053 (2010)

[44] B. Jiang, H. Chen, B. Yuan, X. Yao, Scalable graph-based semi-supervised

learning through sparse bayesian model. IEEE Trans. Knowl. Data Eng. (2017). https://doi.org/10.1109/TKDE.2017.2749574

[45] J. Thorsten, Transductive inference for text classification using support vector machines. Int. Conf. Mach. Learn. 9,200–209 (1999)

[46] O. Chapelle, V. Sindhwani, S. Keerthi, Optimization techniques for semi-supervised support vector machines. J. Mach. Learn. Res. 9,203–233 (2008)

[47] K. Wu, K.-H. Yap, Fuzzy SVM for content-based image retrieval: a pseudo-label support vector machine framework. IEEE Comput. Intell. Mag. 1(2),10–16 (2006)

[48] D.-H. Lee, Pseudo-label: the simple and efficient semi-supervised learning method for deep neural networks, in ICML 2013 Workshop: Challenges in Representation Learning (2013), pp. 1–6

[49] X. Gu, P. P. Angelov, Semi-supervised deep rule-based approach for image classification. Appl. Soft Comput. 68,53–68 (2018)

[50] K. Simonyan, A. Zisserman, Very deep convolutional networks for large-scale image recognition, in International Conference on Learning Representations (2015), pp. 1–14

[51] Y. Yang, S. Newsam, Bag-of-visual-words and spatial extensions for land-use classification, in International Conference on Advances in Geographic Information Systems (2010), pp. 270–279

[52] http://weegee.vision.ucmerced.edu/datasets/landuse.html

[53] P. T. Daniels, W. Bright (eds.) The World's Writing Systems. Oxford University Press on Demand (1996)

[54] D. Kangin, P. Angelov, J. A. Iglesias, A. Sanchis, Evolving classifier TEDAClass for big data. Procedia Comput. Sci. 53(1),9–18 (2015)

[55] P. Angelov, Machine learning (collaborative systems), US 8250004,2012

[56] X. Gu, P. P. Angelov, G. Gutierrez, J. A. Iglesias, A. Sanchis, Parallel computing TEDA for high frequency streaming data clustering, in INNS Conference on Big Data (2016), pp. 238–253

第3篇 方法应用

第10章 自主异常检测的应用

传统的异常检测方法需要人工干预,如先验假设、阈值、特征等。相比之下,自主异常检测(AAD)方法是无监督、非参数、无假设的[1]。

本章介绍了AAD算法的实现和应用。详细的算法过程可参考6.3节。

10.1 算法总结

AAD算法的主要步骤包括以下步骤。

步骤1:依据数据的多模态典型性 τ^M,识别全局异常候选项 $\{x\}_{PA,1}$。

步骤2:依据数据的局部加权多模态典型性 τ^{M*},识别局部异常的候选项 $\{x\}_{PA,2}$。

步骤3:将候选项 $\{x\}_{PA} \leftarrow \{x\}_{PA,1} + \{x\}_{PA,2}$ 组合在一起,应用自主数据分割(ADP)算法形成数据云 $\{C\}_{PA}$,并从 $\{x\}_{PA}$ 中识别出异常 $\{x\}_A$。

步骤4:识别异常数据云,记为 $\{C\}_A$,并获得异常 $\{x\}_A \leftarrow \{x\}_A + \{C\}_A$ 作为AAD算法的最终输出。

AAD算法的主要流程如图10.1所示。该算法的伪代码见附录B.1,Matlab的实现见附录C.1。

可以看出,与步骤1和步骤2相对应的处理过程A和处理过程B可以并行进行,以加快整个异常检测过程,是图10.2所示的流程图。然而,本书实现AAD不需要并行化的AAD算法。

10.2 数值示例

本节将详细介绍几个数值示例,以验证AAD算法在自主异常检测方面的性能。

10.2.1 评估数据集

本节采用以下数据集来评估 AAD 算法在异常检测方面的性能：
（1）合成高斯数据集；
（2）用户知识建模数据集[2]（可从文献[3]中下载）；
（3）葡萄酒质量数据集[4]（可从文献[5]中下载）；
（4）枯萎病数据集[6]（可从文献[7]中下载）。

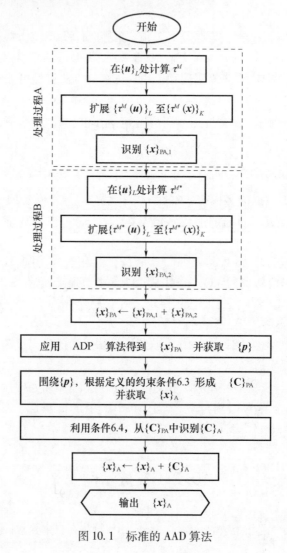

图 10.1 标准的 AAD 算法

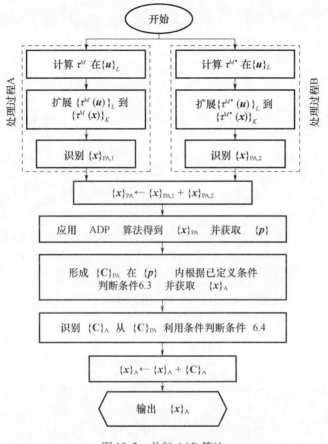

图 10.2　并行 AAD 算法

1. 合成高斯数据集

合成高斯数据集包含具有两种属性的 720 个数据样本。有一个较大的集群和两个较小的集群,对 700 个数据样本进行分组。此外,共识别出 18 个样本形成的 4 个集体异常集和 2 个单点异常。从数据 $(\boldsymbol{\mu}, \boldsymbol{\Sigma}, S)$ 中提取的 3 个主要集群的模型如下(其模型形式为 $\boldsymbol{x} \sim N(\boldsymbol{\mu}, \boldsymbol{\Sigma})$,具有支持集 S)。

(1) 主集群 1:$\boldsymbol{x} \sim N\left(\begin{bmatrix}0.00, 3.00\end{bmatrix}, \begin{bmatrix}0.16 & 0.00 \\ 0.00 & 0.16\end{bmatrix}\right)$,300 个样本。

(2) 主集群 2:$\boldsymbol{x} \sim N\left(\begin{bmatrix}2.50, 3.00\end{bmatrix}, \begin{bmatrix}0.09 & 0.00 \\ 0.00 & 0.09\end{bmatrix}\right)$,200 个样本。

（3）主集群3：$x \sim N\left(\begin{bmatrix}2.50, 0.00\end{bmatrix}, \begin{bmatrix}0.09 & 0.00 \\ 0.00 & 0.09\end{bmatrix}\right)$，200个样本。

4个集体异常集的模型如下。

（1）异常集1：$x \sim N\left(\begin{bmatrix}0.00, 1.00\end{bmatrix}, \begin{bmatrix}0.09 & 0.00 \\ 0.00 & 0.09\end{bmatrix}\right)$，5个样本。

（2）异常集2：$x \sim N\left(\begin{bmatrix}4.50, 1.00\end{bmatrix}, \begin{bmatrix}0.09 & 0.00 \\ 0.00 & 0.09\end{bmatrix}\right)$，4个样本。

（3）异常集3：$x \sim N\left(\begin{bmatrix}4.50, 4.00\end{bmatrix}, \begin{bmatrix}0.04 & 0.00 \\ 0.00 & 0.04\end{bmatrix}\right)$，5个样本。

（4）异常集4：$x \sim N\left(\begin{bmatrix}1.00, -1.00\end{bmatrix}, \begin{bmatrix}0.04 & 0.00 \\ 0.00 & 0.04\end{bmatrix}\right)$，4个样本。

两个单点的异常是：异常样本1，即[2.00,5.00]；异常样本2，即[1.50,5.00]。

该数据集如图10.3所示，异常用椭圆和圆圈起来。需要强调的是，传统方法通常很难检测到接近数据集全局平均值的集体和单个异常。

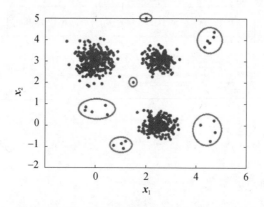

图10.3 合成高斯数据集的视图

2. 用户知识建模数据集

用户知识建模数据集包含403个样本，每个数据样本有以下5个属性。

（1）目标对象材料的学习时间程度；

（2）目标对象材料的用户重复次数；

（3）与目标对象相关对象的用户研究时间程度；

（4）用户对具有目标对象相关对象的测试成绩；

(5) 用户对目标对象的测试成绩。

还包含一个标签。用户知识分为以下 4 个级别:

(1) "高":130 个数据样本;

(2) "中":122 个数据样本;

(3) "低":129 个数据样本;

(4) "非常低":50 个数据样本。

此数据集中有以下 7 个异常:

(1) "非常低"类别中的 1 个异常;

(2) "低"类别中的 2 个异常;

(3) "中"类别中的 4 个异常。

3. 葡萄酒质量数据集

葡萄酒质量数据集与葡萄牙语为"Vinho Verde"的红、白葡萄酒质量有关[4]。该数据集由两部分组成:

(1) 红葡萄酒数据集,有 1599 个数据样本;

(2) 白葡萄酒数据集,有 4898 个数据样本。

红葡萄酒和白葡萄酒数据集中的每个数据样本,都有 11 个属性,即固定的酸度、挥发性酸度、柠檬酸、残余糖份、氯化物、游离二氧化硫、总二氧化硫、密度、酸碱度、硫酸盐、酒精。还包含一个标签,即质量分数从"3"到"8"。

两个数据集都不平衡,因为普通葡萄酒比优质或劣质葡萄酒多得多。

在红酒数据集中,有 10 个数据样本得分为"3",53 个数据样本得分为"4",681 个数据样本得分为"5",638 个数据样本得分为"6",199 个数据样本得分为"7",18 个数据样本得分为"8"。各类存在异常的数量如下:

(1) 得分 3:1 数据样本;

(2) 得分 4:3 数据样本;

(3) 得分 5:39 数据样本;

(4) 得分 6:25 数据样本;

(5) 得分 7:2 数据样本;

(6) 得分 8:2 数据样本。

在红酒数据集中总共有 72 个异常。

在白葡萄酒数据集中,有 20 个数据样本得分为"3",163 个数据样本得分为"4",1457 个数据样本得分为"5",2198 个数据样本得分为"6",880 个数据样本得分为"7",175 个数据样本得分为"8"。每类存在异常的数量如下:

（1）得分3：1 数据样本；
（2）得分4：5 数据样本；
（3）得分5：59 数据样本；
（4）得分6：103 数据样本；
（5）得分7：44 数据样本；
（6）得分8：10 数据样本。

在白葡萄酒数据集中总共有222个异常。

4. 枯萎病数据集

枯萎病数据集来自一项遥感研究，主要是从"快鸟"遥感卫星图像中检测患病的树木[6]。数据集中具有以下两类：

（1）"病树"类，有74个样本；
（2）"其他土地覆盖"类，有4265个样本。

每个样本具有5个属性，即灰度共生矩阵平均纹理；平均绿光谱值；平均红光谱值；平均近红外值；标准偏差。以及一个标签（"其他土地覆盖"或"病树"）。"其他土地覆盖"类有异常134个，"病树"类无异常。

▶ 10.2.2 性能评估

在本书中介绍的数值实验中，默认使用$n=3$（对应于"3σ"规则）和第二级粒度（$G=2$）。

1. 高斯数据集上的数值实验

使用AAD方法，在第一阶段（见6.3.2节），从高斯数据集中识别出63个潜在异常$\{x\}_{PA}$，如图10.4所示，用浅色点"·"标记。

在第二阶段，如6.3.3节所述，从$\{x\}_{PA}$形成9个数据云。同时，由于条件6.3施加的约束，有14个潜在的异常从这些数据云中分离出来。由$\{x\}_{PA}$形成的数据云如图10.5所示，其中不同颜色的点代表不同的数据云；黑色的点代表分离出来的潜在异常。

图10.6显示了最终阶段识别的异常，其中异常以红点表示。AAD算法总共识别出了42个异常。

图10.4～图10.6表明，AAD算法成功地识别了所有异常。这是因为同时考虑了数据样本的相互分布和整体特性。

为了进一步评估 AAD 算法,使用了以下两种著名的传统方法进行比较:

(1) 众所周知的 3σ 方法[8-10];

(2) 使用随机游走(ODRW)算法进行离群值检测[11]。

必须强调的是,3σ 方法是基于全局均值和全局标准差。ODRW 算法需要预先定义 3 个参数,即误差容限 ε_0、相似性阈值 T_0、异常数量 K_A。

在本节中,取 $\varepsilon_0 = 10^{-6}$ 和 $T_0 = 8$[11]。为了使结果具有可比性,将 K_A 设置为等于 ADD 算法识别出的异常数量。

数据集的全局平均值与标准偏差为 $\mu = [1.44, 2.13]$ 和 $\sigma = [1.34, 1.42]$,3σ 方法未能检测到任何异常。使用 ODRW 算法的结果如图 10.7 所示,其中红点是识别出的异常。正如所看到的,这种方法忽略了超过一半的实际异常(在橙色椭圆内圈出)。

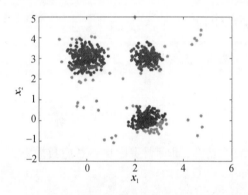

图 10.4 (见彩图)识别出的潜在异常　　图 10.5 (见彩图)从潜在异常中形成的数据云

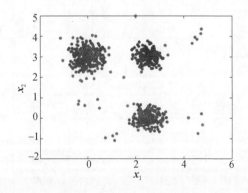

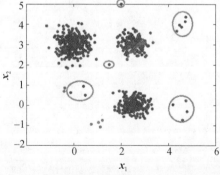

图 10.6 (见彩图)识别的异常　　图 10.7 (见彩图)ODRW 算法识别的异常

2. 基准数据集上的数值实验

在本节中,基于基准数据集,进行数值实验,评估 AAD 算法性能。

为了更好地评估,采用以下 5 项指标[11]用于性能评估。

(1) 识别出的异常数量 K_A,即

$$K_A = 真阳性$$

(2) 准确率 Pr:真实异常占探测异常的比率,即

$$Pr = \frac{真阳性}{(真阳性 + 假阳性)} \times 100\%$$

(3) 误报率 Fa:真负异常占识别异常的比率,即

$$Fa = \frac{假阳性}{(真阴性 + 假阳性)} \times 100\%$$

(4) 召回率 Re:算法遗漏的真实异常率,即

$$Re = \frac{假阴性}{(真阳性 + 假阴性)} \times 100\%$$

(5) 执行时间 t_{exe}:秒。

通常情况下,良好的异常检测算法,其结果应该能够产生较高的准确率、较低的误报率和召回率。

表 10.1 列出了 3 种算法针对用户知识建模、葡萄酒质量和枯萎病数据集,5 个指标的检测结果。

表 10.1 异常检测算法性能比较

数据集	算法	K_A	Pr/%	Fa/%	Re/%	T_{exe}/%
用户知识模拟数据集	ADD	21	19.05	4.29	42.86	0.15
	3σ	1	0.00	0.25	100.00	0.03
	ODRW	21	9.52	4.80	71.43	0.04
红葡萄酒质量数据集	ADD	35	54.29	1.05	73.43	0.27
	3σ	141	22.7	7.14	55.56	0.03
	ODRW	35	0.00	2.29	100.00	0.24
白葡萄酒质量数据集	ADD	111	47.75	1.24	76.13	1.00
	3σ	396	9.09	7.70	83.78	0.03
	ODRW	111	24.32	1.80	87.84	2.12
枯萎病数据集	ADD	108	56.48	1.12	54.48	0.81
	3σ	176	35.23	2.71	53.73	0.03
	ODRW	108	50.93	1.26	58.96	1.60

10.2.3 讨论与分析

从本节给出的数值结果可以看出,与 3σ 方法和 ODRW 算法相比,AAD 算法在异常检测中,具有更高准确率、更低误报率及召回率。

3σ 方法由于其简单性,因此速度最快。但是,3σ 方法的性能取决于数据结构,因为它只关注均值周围超过全局 3σ 范围的样本。然而,当结构复杂时,即包含大量集群,或异常靠近全局平均值时,3σ 方法无法检测到所有异常值。

虽然 ODRW 算法性能高于 3σ 方法,但 ODRW 算法在处理大规模数据集时效率较低,且它要求预先定义异常数量,这在用户没有先验问题知识的情况下,很难做出决定。另外,ODRW 算法需要其他两个自由参数,也会对异常检测性能产生显著影响。

相比之下,AAD 算法可以依据数据的整体特性,以完全无监督、自主的方式识别异常。它不仅考虑了在数据空间中数据的相互分布,而且还考虑了数据发生的频次,为异常检测提供了一种更客观的方法。更重要的是,它的性能不受数据结构的影响,在检测集体异常和个别异常方面同样有效。

10.3 结　论

本章介绍了 AAD 算法的实现,并在基准数据集上给出了数值实例,以证明 AAD 算法的性能。通过与常见方法的比较,可以得出结论:AAD 算法能够以无监督、客观和高效的方式,高精度地完成异常检测;AAD 算法的性能不受数据结构的影响,能有效地处理集体与个体异常。

参考文献

[1] X. Gu, P. Angelov, in Autonomous Anomaly Detection, in IEEE Conference on Evolving and Adaptive Intelligent Systems (2017), pp. 1–8

[2] H. T. Kahraman, S. Sagiroglu, I. Colak, The development of intuitive knowledge classifier and the modeling of domain dependent data. Knowl. Based Syst. 37,

283 - 295（2013）

[3] https://archive.ics.uci.edu/ml/datasets/User+Knowledge+Modeling

[4] P. Cortez, A. Cerdeira, F. Almeida, T. Matos, J. Reis, Modeling wine preferences by data mining from physicochemical properties. Decis. Support Syst. 47, 547 - 553（2009）

[5] https://archive.ics.uci.edu/ml/datasets/Wine+Quality

[6] B. A. Johnson, R. Tateishi, N. T. Hoan, A hybrid pansharpening approach and multiscale object-based image analysis for mapping diseased pine and oak trees. Int. J. Remote Sens. 34(20), 6969 - 6982（2013）

[7] http://archive.ics.uci.edu/ml/datasets/Wilt

[8] D. E. Denning, An intrusion-detection model, IEEE Trans. Softw. Eng., SE - 13（2）, 222 - 232, 1987

[9] P. P. Angelov, in Anomaly Detection Based on Eccentricity Analysis, 2014 IEEE Symposium Series in Computational Intelligence, IEEE Symposium on Evolving and Autonomous Learning Systems, EALS, SSCI 2014, 2014, pp. 1 - 8

[10] C. Thomas, N. Balakrishnan, Improvement in intrusion detection with advances in sensor fusion. IEEE Trans. Inf. Forensics Secur. 4(3), 542 - 551（2009）

[11] H. Moonesinghe, P. Tan, in Outlier detection using random walks, Proceedings of the 18th IEEE International Conference on Tools with Artificial Intelligence（ICTAI'06）, 2006, pp. 532 - 53

第 11 章 自主数据分割的应用

正如前面章节中所述,主流数据分割/聚类方法通常依赖于问题的先验知识,并事先对数据生成模型做出强假设。产生的结果通常是高度主观的。相比之下,在第 7 章中提出的自主数据划分(ADP)算法[1]具有以下两个显著特征:

(1) 完全数据驱动,没有用户和问题特定的参数;

(2) 没有对数据生成模型施加假设,而是完全依赖于实证观察,即数据。

本章将描述 ADP 算法的实现和应用。该算法的伪代码见附录 B.2。Matlab 实现在附录 C.2 中给出。

11.1 算法概要

11.1.1 离线版本

离线版本的 ADP 算法主要包括以下步骤[1]。

步骤 1:根据多模态典型性和相互距离值,对唯一数据样本 $\{u\}_L$ 进行排序,得到 $\{z\}_L$。

步骤 2:从 $\{z\}_L$ 识别局部最大值 $\{z^*\}_L$,并使用 $\{z^*\}_L$ 作为原型形成数据云 $\{C\}_L$。

步骤 3:基于 $\{z^*\}_L$ 处的多模态典型性和它们之间的相互距离,过滤局部最大值 $\{z^*\}_L$,并获得最具代表性的局部最大值,用于识别原型 $\{p\}$。

步骤 4:围绕 $\{p\}$ 形成数据云 $\{C\}$,作为算法的最终输出。

离线 ADP 算法主流程框图如图 11.1 所示。

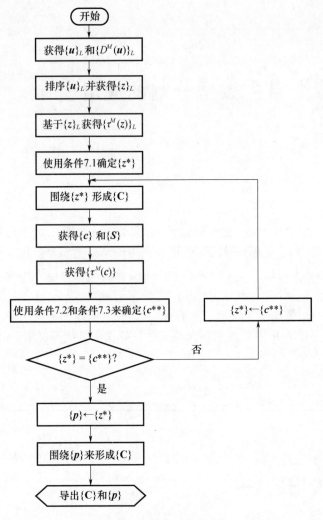

图 11.1 离线 ADP 算法

11.1.2 进化版本

进化版本的 ADP 算法的主要过程包括以下步骤[1]。

步骤 1：使用第一个数据样本 $x_1(K \leftarrow 1)$ 初始化系统。

步骤 2：对于每个新观察到的数据样本 $x_K(K \leftarrow K+1)$，检查是否用 x_K 初始化一个新数据云。如果是则转到步骤 3；否则，转到步骤 4。

步骤 3：以 x_K 作为 C_M 的中心，将新的数据云 $C_M(M \leftarrow M+1)$ 添加到系统

中,用 c_M 表示新数据云,并转到步骤 5。

步骤 4:使用 x_K 更新最近数据云 C_{n*} 的元参数,并转到步骤 5。

步骤 5:如果有新数据样本到达,则转到步骤 2;否则,用原型 $\{p\}$($\{p\}$←$\{c\}_K$)形成数据云 $\{C\}$ 作为算法的最终输出。

进化 ADP 算法主流程框图如图 11.2 所示。

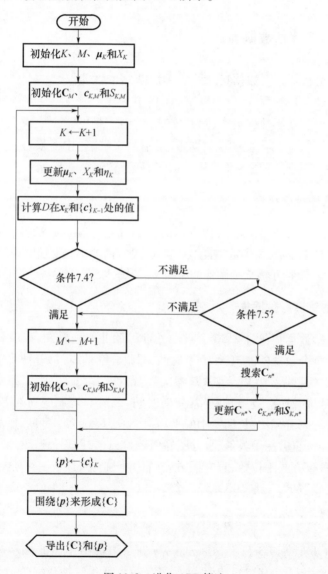

图 11.2 进化 ADP 算法

11.2 数据分割的数值实例

本节给出了数值实例,来说明所提出的 ADP 算法的性能。

▶ 11.2.1 评估数据集

本节考虑使用以下数据集来评估 ADP 算法的性能:
(1) 钞票验证数据集[2](可从文献[3]中下载);
(2) 心血管造影数据集[4](可从文献[5]中下载);
(3) "MAGIC"伽马望远镜数据集[6](可从文献[7]中下载);
(4) 字母识别数据集[8](可从文献[9]中下载)。

1. 钞票验证数据集

钞票验证数据集是从真实和伪造的钞票样本中提取的图像。该数据集由 1372 个数据样本组成,每个数据样本包含 4 个属性,即小波变换图像的方差、小波变换图像的偏态性、小波变换图像的压缩、图像熵,以及一个类标签("0"或"1")。

2. 心血管造影数据集

心脏造影数据集包含 2126 个自动处理的胎儿心血管图,以及各自的检测诊断特征。每个数据样本包含 21 个属性,即胎心率基线(每分钟跳动次数)、每秒加速次数、每秒胎动次数、每秒宫缩次数、每秒轻微减速次数、每秒剧烈减速次数、每秒延缓减速次数、短期异常变动时间百分比、短期变动的平均值、长期异常变动的时间百分比、长期变动的平均值、胎心率直方图宽度、胎心率直方图最小值、胎心率直方图最大值、直方图峰值数量、直方图零值数量、直方图模式、直方图均值、直方图中位数、直方图方差、直方图趋势,以及一个类标签("胎心率模式类代码"从"1"到"10")。

3. "MAGIC"伽马望远镜数据集

模拟地基大气切伦科夫(Cherenkov)伽马望远镜中高能伽马粒子探测记录,使用成像技术,生成"MAGIC"伽马望远镜数据集。该数据集包含 19020 个数据样本,每个数据样本有 10 个属性,即椭圆的长轴、椭圆的短轴、以 10 为底的对数表示的所有像素内容之和、两个最高像素之和与 10 为底对数表示的所有像素内容之和的比率；最高像素与以 10 为底对数表示的所有像素内容之和的比率、最高像素到中心的距离、投影到长轴上、沿长轴的 3 次矩的立方根、沿短轴的 3 次矩的立方根、长轴向量与原点向量的夹角、从原点到椭圆中心的距离，以及一个类别标签（"信号"或"背景"）。

4. 字母识别数据集

字母识别数据集的目标是将每个黑白矩形像素显示，识别为拉丁字母表中的 26 个大写字母之一。该数据集由 20000 个数据样本组成，每个样本都有 16 个属性，即框的水平位置、框的垂直位置、框的宽度、框的高度、像素总数、框内像素的 x 均值、框内像素的 y 均值、均值 x 的方差、均值 y 的方差、xy 均值相关性、$x \cdot x \cdot y$ 的均值、$x \cdot y \cdot y$ 的均值、从左到右的平均边缘数、x - 边缘与 y 的相关性、从下到上的平均边缘数、y - 边缘与 x 的相关性，以及一个类别标签（从 "1" 到 "26" 对应于 "A" 到 "Z"）。

11.2.2 性能评估

本节将评估 ADP 算法的性能。为了清晰起见，在图 11.3 中只显示了钞票验证数据集上 ADP 算法的分割结果，其中不同颜色的点代表不同的数据云；黑色星号"＊"代表已识别的原型。

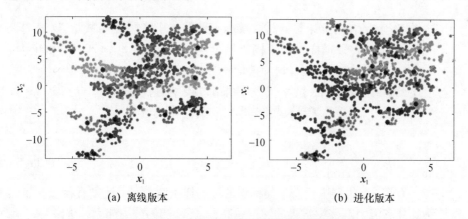

(a) 离线版本　　　　　　　　(b) 进化版本

图 11.3　（见彩图）钞票验证数据集的分割结果

从图 11.3 中可以看出，ADP 算法从观察到的数据样本中识别出许多原型，并将数据集划分为灵活形状的数据云。这是通过吸引原型周围的数据样本，自然形成的数据云,并形成 Voronoi 划分[10]。

然而,由于高维、大规模数据集中不同类别的数据样本之间没有明显的分离,很难直接评价分割结果的质量。因此,没有将分割结果可视化。

以下 4 个指标可用于评估 ADP 算法的性能。

(1) 聚类/数据云的数量 M。理想情况下,M 应尽可能接近数据集中实际类的数量(基本事实)。但是,这意味着每个类对应一个聚类/数据云,并且只有当每个类都有一个非常简单的(超球体)模式时,才是最佳解。然而,绝大多数实际问题并非如此。

在大多数情况下,来自不同类的数据样本相互混合。对复杂结构数据(每个类有多个聚类)进行聚类/划分的最佳方法是将其划分成更小的分割,以便更好地区分。但是,每个类具有太多的聚类,也会降低泛化能力(导致过度拟合)和可解释性。

这里,还涉及将每个聚类/数据云的平均数据样本数量作为质量度量。

(2) 每个数据云/集群的平均数据样本数 S_a,计算公式为

$$S_a = \frac{\sum_{i=1}^{M} S_i}{M} \tag{11.1}$$

式中:S_i 为第 i 个数据云的支持。

在本书中,S_a 的合理取值范围为

$$20 \leq S_a \leq \frac{K}{C} \tag{11.2}$$

如果 $S_a > K/C$,则意味着分割数量小于数据集中实际类的数量,这表明聚类/分割算法无法将数据样本与不同类别分离出来;如果 $S_a < 20$,则意味着聚类/分割算法生成的划分太多,这使得信息对于用户来说过于琐碎。

上述无论哪种情况下,聚类/划分结果都被认为是无效的。

(3) 纯度 P_u[20]。基于结果和基本事实的计算式为

$$P_u = \frac{\sum_{i=1}^{M} S_i^D}{K} \tag{11.3}$$

式中:S_i^D 为第 i 个集群中具有主类标签的数据样本的数量。纯度直接反映了聚类算法的分离能力。聚类结果的纯度越高,聚类算法的分离能力越强。

(4) 执行时间 t_{exe}。执行时间(以 s 为单位)应尽可能小。

ADP 算法在 4 个基准数据集上,获得的分割结果的性能指标列于表 11.1 中。

表 11.1 不同数据分割/聚类方法的性能比较

数据集	算法	M	S_a	P_u	t_{exe}
钞票	离线 ADP	28	49.00	0.9811	0.22
	进化 ADP	27	50.81	0.9803	0.30
	MS	24	57.17	0.9927	0.05
	DBSCAN	48	28.58	0.9402	0.17
	eClustering	(1)	(1372)	(0.5554)	(0.06)
	NMM	4	343	0.8462	62.77
	NMI	20	68.60	0.9913	5.24
心血管	离线 ADP	90	23.62	0.5691	0.36
	进化 ADP	48	44.29	0.5118	0.41
	MS	(1540)	(1.38)	(0.9661)	(0.78)
	DBSCAN	14	151.86	0.2973	0.45
	eClustering	(8)	(265.75)	(0.3500)	(0.16)
	NMM	(4)	(531.50)	(0.3015)	(99.80)
	NMI	322	6.60	0.6303	27.67
"MAGIC"伽马望远镜	离线 ADP	47	404.68	0.7289	13.71
	进化 ADP	380	50.05	0.7899	2.65
	MS	(1469)	(12.95)	(0.7871)	(46.61)
	DBSCAN	15	1268	0.6247	33.44
	eClustering	6	3170	0.6484	2.61
	NMM	3	6340	0.7345	1560.68
	NMI	(1578)	(12.05)	(0.7459)	(6833.96)
字母识别	离线 ADP	235	85.1	0.6000	15.19
	进化 ADP	242	82.64	0.5825	2.92
	MS	(7619)	(2.63)	(0.9760)	(256.07)
	DBSCAN	51	392.16	0.1584	33.85
	eClustering	(5)	(4000.00)	(0.1135)	(4.23)
	NMM	46	434.78	0.4304	6316.60
	NMI	(14526)	(1.38)	(0.9975)	(6279.86)

为了更好地评估,还对比了以下 5 个众所周知的方法:
(1) 均值移位(MS)算法[11];

(2) 带噪声的基于密度的空间聚类方法(DBSCAN)算法[12];

(3) eClustering 算法[13];

(4) 非参数混合模型(NMM)算法[14];

(5) 非参数模式识别(NMI)算法[15]。

由于先验知识不足,在整个数值实验中自由参数的设置采用公开文献的推荐。算法中自由参数的实验设置如表 11.2 所列。

通过比较算法,获得的聚类/分割结果的质量测量结果列于表 11.1 中,其中括号中的数据是通过实验中的方法获得的无效聚类结果。

表 11.2 比较算法中的实验设置

算法	自由参数	实验设置
MS	① 带宽 ρ ② 核函数类型	① $\rho = 0.5$ [16] ② 高斯核
DBSCAN	① 聚类半径 r ② 半径内的最小数据样本数 k	① 排序 k – dist 图的拐点值 ② $k = 4$ [12]
eClustering	① 初始半径 r ② 学习参数 ρ	① $r = 0.5$ ② $\rho = 0.5$ [13]
NMM	① 优先缩放参数 ② Kappa 系数 κ	如文献 [14] 定义
NMI	网格大小	如文献 [15] 定义

11.2.3 讨论和分析

根据数值示例和比较,可以看出以下特点。

1. MS 算法[11]

当数据集的规模和维度较低时,MS 算法非常有效。然而,在处理大规模和高维数据集时,其计算效率迅速降低。其聚类结果的质量也有很大差异。在没有先验知识的情况下,高维数据集上产生了无效的聚类结果。这是由于它的梯度性质,使其高度依赖于初始猜测,并且容易陷入局部最小值。

2. DBSCAN 算法[12]

DBSCAN 是一种高效的在线算法。但是,其聚类结果质量却非常低。人们可能还会注意到,DBSCAN 在处理高维和大规模数据集方面无效。

3. eClustering 算法[13]

eClustering 算法是数值实例中最有效的算法之一。但是,它不能将不同类别的数据样本进行分离,尤其是在钞票验证问题上。

4. NMM 算法[14]

NMM 算法有许多预定义的参数和系数。该算法基于数据遵循高斯分布的先验假设。然而,该算法未能在本章考虑的一半基准问题上给出有用的聚类结果。此外,其计算效率低。

5. NMI 算法[15]

NMI 算法类似于 NMM 算法,它有许多预定义的参数,即网格大小、两个网格之间的间隔以及假设数据服从高斯分布。该算法在小规模问题上非常准确。但是,在处理大规模和高维数据集时,无法提供有效结果。而且,其计算效率也很大程度上受数据的大小和维度的影响。

6. ADP 算法[1]

相比之下,ADP 算法能够以有效的方式产生高质量的数据分割结果。更重要的是,该算法没有先验假设和参数的限制,这使得它在真实世界应用中非常有吸引力。此外,ADP 算法可以在不同的模式下运行,并且模型可以在部署后更新,这使其成为解决不同问题的一种很有吸引力的方法。

关于基准问题更多数值实例和比较,可以在文献[1]中找到。

11.3 半监督分类的数值实例

目前,大多数分类方法要求在训练之前,预先获得基本事实(对于半监督情况,至少是其中的一部分)。然而,使用 ADP 算法,只需在基于训练数据的分割之后检查识别出的原型,就可以在很少的监督下进行分类。在获得原型的标签后,可以利用"最邻近原型"原则,根据验证数据到原型的距离,对验证数据进行分类。

本节将给出数值实例来说明这一概念。

11.3.1 评估数据集

使用以下 4 个基准数据集进行评估:

(1) 钞票验证数据集[2]（可从文献[3]中下载）；
(2) 井字游戏数据集[17]（可从文献[18]中下载）；
(3) 皮马印第安人糖尿病数据集[19]（可从文献[20]中下载）；
(4) 占有率检测数据集[21]（可从文献[22]中下载）。

由于钞票验证数据集的详细信息已在11.2.1节中给出，在本节中，仅给出其他3个基准数据集的详细信息。

1. 井字游戏数据集

在井字游戏结束时，数据集对所有可能棋盘配置的完整集合进行编码，假设"x"先开始。游戏目标是"x取胜"（x有8种可能方案，创建三个一排为真）。此数据集包含958个数据样本，每个样本具有9个属性。

(1) 左上方格：{"x","o","b"}；
(2) 中上方格：{"x","o","b"}；
(3) 右上方格：{"x","o","b"}；
(4) 左中方格：{"x","o","b"}；
(5) 中中方格：{"x","o","b"}；
(6) 右中方格：{"x","o","b"}；
(7) 左下方格：{"x","o","b"}；
(8) 中下方格：{"x","o","b"}；
(9) 右下方格：{"x","o","b"}。

以及一个类别，即"正"或"负"。在本节提供的关于该数据集的数字实例中，将"x"编码为1，"o"编码为5，"b"编码为3，将分类数据转换为数字。

2. 皮马印第安人糖尿病数据集

这个数据集最初来自国家糖尿病、消化和肾脏疾病研究所。问题是根据诊断测量来预测患者是否患有糖尿病。该数据集有768个数据样本，每个样本都有8个属性：

(1) 怀孕次数；
(2) 口服葡萄糖容许量试验中，2h后测定的血糖浓度（mg/dl）①；
(3) 舒张血压（mmHg）；

---

① 1mg/dl = 1/18mmol/L。

(4) 肱三头肌皮褶厚度(mm);

(5) 2h 后,血清胰岛素(μU/mL);

(6) 体重指标(体重/身高,以 kg/m 为单位);

(7) 糖尿病家族史;

(8) 年龄(年)。

以及一类标签,其中"0"代表负样本,"1"代表正样本。

3. 占有率检测数据集

占有率检测数据集用于根据温度、湿度、光照度和 CO_2,对房间占有率进行二元分类。该数据集由 3 个子集组成,一个训练集包含 8143 个数据样本,两个验证集分别包含 2665 个和 9752 个数据样本。每个数据样本有 6 个属性。

(1) 时刻,年-月-日、时:分:秒;

(2) 温度,单位为℃;

(3) 相对湿度,以%为单位;

(4) 光照度,以 lux 为单位;

(5) 二氧化碳浓度,以 $\times 10^{-6}$ 为单位;

(6) 湿度比,kg·水蒸气/kg·空气为单位。

以及一个类标签,其中"0"代表未占用,"1"代表占用。

在本节提供的关于此数据集的数字示例中,忽略了第一个属性,即时刻。

▶▶ 11.3.2 性能评估

对于钞票验证、井字游戏、皮马印第安人糖尿病数据集,其中随机挑选 50% 的数据作为训练集,并使用剩余的数据进行验证。对于占有率检测数据集,将两个验证集合并为一个。

使用 ADP 算法的离线版本,以无监督的方式从训练集中识别原型,并基于最接近原型的训练样本的真实标签来确定原型的标签。然后,基于"最靠近原型"原则,利用识别出的原型对验证数据集进行分类。

在表 11.3 中给出了在遵循相同实验方法的 10 次蒙特卡罗实验后,针对 4 个基准数据集的分类结果的总体准确性。

还在同一表格中将使用相同实验协议的 ADP 算法与众所周知的分类器进行了比较。

表 11.3 不同分类方法的性能比较

数据集	算法	总体精度/%
钞票验证	ADP	98.25
	SVM	99.56
	kNN	99.88
	NN	99.88
	DT	97.10
井字游戏	ADP	94.89
	SVM	65.51
	kNN	92.69
	NN	92.21
	DT	91.50
皮马印第安人糖尿病	ADP	66.12
	SVM	64.92
	kNN	72.45
	NN	73.31
	DT	69.22
占有率检测	ADP	95.53
	SVM	76.07
	kNN	96.64
	NN	93.69
	DT	93.14

（1）支持向量机分类器，高斯核[23]。

（2）k 最近邻分类器，$k=10$[24]。

（3）神经网络，3 个尺度为 20 的隐藏层。

（4）决策树分类器。

11.3.3 讨论和分析

从表 11.3 中可以看出，与其他方法相比，ADP 算法能够在更少的监督下提供高精度的分类结果。这对于实际应用至关重要，因为获得训练数据的标签通常非常昂贵。在这种情况下，由于缺乏"基本事实"，监督分类方法无法提供良好的性能。然而,使用ADP方法,人们可以首先识别数据的隐含模式,并分析这些模式以获得标签。与标记所有数据相比,这是一种更有效的利用人类专业知识的方法。

11.4 结 论

本章给出了ADP算法的实现,并在基准数据集上给出了用于数据分割和分类的数值例子,以验证ADP算法的性能。

本章针对两种任务,比较了常见的方法,可以得出结论:ADP算法能够以高效、客观的方式获得高质量的数据分割结果。

此外,使用ADP算法,人们能够在很少的监督下进行分类,这对于实际应用非常重要,因为获得标记数据是非常昂贵的。

参考文献

[1] X. Gu, P. P. Angelov, J. C. Principe, A method for autonomous data partitioning. Inf. Sci. (Ny) 460–461,65–82 (2018)

[2] V. Lohweg, J. L. Hoffmann, H. Dörksen, R. Hildebrand, E. Gillich, J. Hofmann, J. Schaede, Banknote authentication with mobile devices. Media Watermarking, Security, and Forensics 8665,866507(2013)

[3] https://archive.ics.uci.edu/ml/datasets/banknote+authentication

[4] D. Ayres-de-Campos, J. Bernardes, A. Garrido, J. Marques-de-Sa, L. Pereira-Leite, SisPorto 2.0:A program for automated analysis of cardiotocograms. J. Matern. Fetal. Med. 9(5),311–318 (2000)

[5] https://archive.ics.uci.edu/ml/datasets/Cardiotocography

[6] R. K. Rock, A. Chilingarian, M. Gaug, F. Hakl, T. Hengstebeck, M. Jiřina, J. Klaschka, E. Kotrč, P. Savický, S. Towers, A. Vaiciulis, W. Wittek, Methods for multidimensional event classification:A case study using images from a Cherenkov gamma-ray telescope. Nucl. Instrum. Methods Phys. Res. ,Sect. A 516(2–3), 511–528 (2004)

[7] http://archive.ics.uci.edu/ml/datasets/MAGIC+Gamma+Telescope

[8] P. W. Frey, D. J. Slate, Letter recognition using Holland-style adaptive classifiers. Mach. Learn. 6(2), 161 – 182 (1991)

[9] https://archive. ics. uci. edu/ml/datasets/Letter + Recognition

[10] A. Okabe, B. Boots, K. Sugihara, S. N. Chiu, Spatial Tessellations: Concepts and Applications of Voronoi Diagrams, 2nd edn. (Wiley, Chichester, England, 1999)

[11] D. Comaniciu, P. Meer, Mean shift: A robust approach toward feature space analysis. IEEETrans. Pattern Anal. Mach. Intell. 24(5), 603 – 619 (2002)

[12] M. Ester, H. P. Kriegel, J. Sander, X. Xu, A density-based algorithm for discovering clusters in large spatial databases with noise. Int. Conf. Knowl. Disc. Data Min. 96, 226 – 231 (1996)

[13] P. P. Angelov, D. P. Filev, An approach to online identification of Takagi-Sugeno fuzzy models. IEEE Trans. Syst. Man Cybern. Part B Cybern. 34(1), 484 – 498 (2004)

[14] D. M. Blei, M. I. Filev, Variational inference for Dirichlet process mixtures. Bayesian Anal. 1(1A), 121 – 144 (2004)

[15] J. Li, S. Ray, B. G. Lindsay, A non-parametric statistical approach to clustering via mode identification. J. Mach. Learn. Res. 8(8), 1687 – 1723 (2007)

[16] R. Dutta Baruah, P. Angelov, Evolving local means method for clustering of streaming data. IEEE Int. Conf. Fuzzy Syst. 8, 10 – 15 (2012)

[17] D. W. Aha, Incremental constructive induction: an instance-based approach, in Machine Learning Proceedings(1991) pp. 117 – 121

[18] https://archive. ics. uci. edu/ml/datasets/Tic – Tac – Toe + Endgame

[19] J. W. Smith, J. E. Everhart, W. C. Dickson, W. C. Knowler, R. S. Johannes, Using the ADAP learning algorithm to forecast the onset of diabetes mellitus, in Annual Symposium on Computer Application in Medical Care (1988) pp. 261 – 265

[20] https://archive. ics. uci. edu/ml/datasets/Pima + Indians + Diabetes

[21] L. M. Candanedo, V. Feldheim, Accurate occupancy detection of an office room from light, temperature, humidity and CO_2 measurements using statistical learning models. Energy Build. 112, 28 – 39 (2016)

[22] https://archive. ics. uci. edu/ml/datasets/Occupancy + Detection +

[23] N. Cristianini, J. Shawe-Taylor, An Introduction to Support Vector Machines

and Other Kernel-Based Learning Methods(Cambridge University Press, Cambridge,2000)

[24] P. Cunningham, S. J. Delany, K-nearest neighbour classifiers. Mult. Classif. Syst. 34,1–17(2007)

[25] Y. LeCun, Y. Bengio, G. Hinton, Deep learning. Nat. Methods 13(1),35–38(2015)

[26] S. R. Safavian, D. Landgrebe, A survey of decsion tree clasifier methodology. IEEE Trans. Syst. Man. Cybern. 21(3),660–674(1990)

第12章 自主学习多模型系统的应用

本章将介绍自主学习多模型系统(autonomous learning multi-model, ALMMo),它是一种具有多个局部简单模型架构的新型通用自主学习系统。ALMMo 系统由许多自组织的局部模型组成,这些模型是从实证观测数据中识别出来的,并且具有以下区别于其他方法的特征。

(1) 它的学习过程是计算高效、非迭代和完全数据驱动的;
(2) 它不受先验假设的约束,对数据生成模型也不强加参数;
(3) 它自主发展、自主学习、自主进化。

另外,还将介绍零阶和一阶 ALMMo 系统的实现。附录 B.3 给出了 ALMMo-0 系统学习和验证过程的伪代码。附录 C.3 给出了 Matlab 的实现。附录 B.4 给出了 ALMMO-1 系统学习过程的伪代码,附录 C.4 给出了相应的 Matlab 实现。

12.1 算法概述

12.1.1 ALMMo-0 系统

1. 学习过程

由于 ALMMo-0 系统的学习过程可以对每个模糊规则并行进行,考虑第 i 条规则($i=1,2,\cdots,C$),在本节中只概述了单个模糊规则的学习过程。然而,该原理可以应用于 ALMMo-0 规则库中的所有其他模糊规则。详细的算法步骤见 8.2.2 节。

ALMMo-0 系统中第 i 条模糊规则的学习过程包括以下步骤[1]。

第12章 自主学习多模型系统的应用

步骤1：采用第i类的第一个数据样本$x_{i,1}$（$K_i \leftarrow 1$），初始化第i条模糊规则R_i。

步骤2：对于第i类的每个新观测数据样本x_{i,K_i}（$K_i \leftarrow K_i + 1$），检查x_{i,K_i}是否可以成为新的原型。如果是，则转到步骤3；否则，转到步骤4。

步骤3：使用x_{i,K_i}作为原型p_{i,M_i}，添加新的数据云C_{i,M_i}（$M_i \leftarrow M_i + 1$）到系统中，并转到步骤5。

步骤4：使用x_{i,K_i}更新最接近数据云C_{i,n^*}的元参数，并转到步骤5。

步骤5：使用新更新的原型来更新R_i，如果新的数据样本到达，则转到步骤2；否则，输出R_i。

图12.1给出了ALMMo-0系统第i条模糊规则学习过程的主流程框图。

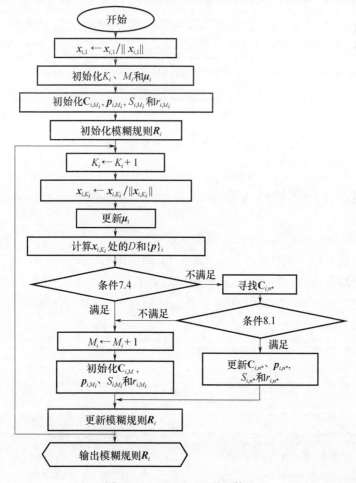

图12.1 ALMMo-0学习算法

2. 验证过程

ALMMo-0系统的验证过程概述如下。

步骤1:对于每个新到达的数据样本 x,针对每个模糊规则 R_i ($i = 1, 2, \cdots, C$),计算其触发强度 λ_i。

步骤2:按照"赢者通吃"的原则,依据触发强度 λ_i ($i = 1, 2, \cdots, C$),决定 x 的标签。

图12.2给出了ALMMo-0系统验证过程的主流程框图。

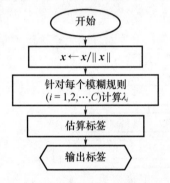

图12.2 ALMMo-0验证算法

12.1.2 ALMMo-1系统

ALMMo-1系统学习过程的主要步骤如下[2]。

步骤1:用第一个数据样本 x_1 ($K \leftarrow 1$) 初始化系统。

步骤2:对于每个新观测到的数据样本 x_K ($K \leftarrow K + 1$),生成系统输出 y_K。

步骤3:检查 x_K 是否初始化了一个新的数据云。如果是,则转到步骤4;否则,则转到步骤7。

步骤4:检查新形成的数据云是否与最接近数据云 C_{n^*} 重叠。如果重叠,则进入步骤5;否则,进入步骤6。

步骤5:用 x_K 周围形成的数据云替换 C_{n^*} 及其元参数,用 x_K 替换相应模糊规则 R_{n^*} 的原型,进入步骤8。

步骤6:用 x_K 作为原型 p_{M_K} ($M_K \leftarrow M_K + 1$),向系统中添加新的数据云 C_{M_K} 和新的模糊规则 R_{M_K},并转到步骤8。

步骤7:使用 x_K 更新最邻近数据云 C_{n^*} 的元参数,并转到步骤8。

步骤8:删除陈旧的模糊规则,更新规则库中剩余模糊规则的后续参数。
步骤9:(可选)删除对结果贡献较小的属性。
步骤10:如果新的数据样本到达,则转到步骤2;否则,输出规则库。

可以在8.3.2节和8.3.3节中找到详细的算法过程。图12.3为ALMMo-1系统学习过程主要步骤的流程框图。

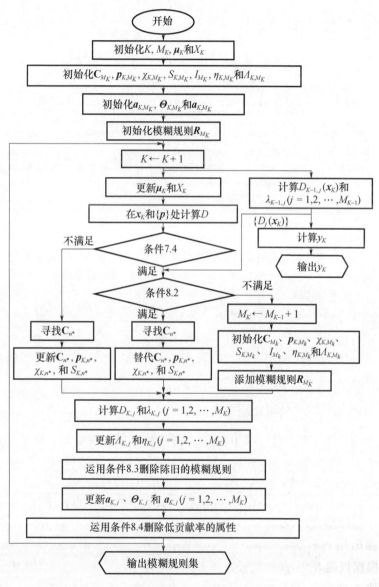

图12.3　ALMMo-1在线自更新算法

12.2 ALMMo−0系统的数值实例

本节给出了数值例子来演示 ALMMo−0 系统的分类性能。

12.2.1 评估数据集

考虑使用以下基准数据集,来评估 ALMMo−0 系统的性能:
(1) 视觉识别手写数字数据集[3](可从文献[4]下载);
(2) 笔书手写数字数据集[5]的识别(可从文献[6]下载);
(3) 多特征数据集[7](可从文献[8]下载);
(4) 字母识别数据集[9](可从文献[10]下载)。

字母识别数据集的详细信息已在前文中给出,而其他3个基准数据集的细节将在本节中给出。

1. 视觉识别手写数字数据集

此数据集从预先打印形式的手写数字规范化位图中获得。由一个包含3823个数据样本的训练集和一个包含1797个样本的验证集组成,总共5620个数据样本。每个数据样本从一个位图中提取。每个位图的大小为 32×32,分为 4×4 非重叠块。计算每个块的像素数,得到一个 8×8 维矩阵,其中每个元素是[0,16]范围内的整数。

因此,此数据集中的每个数据样本都有64个属性,对应于从位图转换而来的矩阵中的64个元素,还有一个标签对应于10个数字中的一个(0~9)。

2. 笔书手写数字数据集的识别

这个数据集是从手写数字中获得的,使用的是带有集成液晶显示器和无线触控笔的 WACOM PL−100V 型压敏书写板。由一个包含7494个数据样本的训练集和一个包含3498个样本的验证集(总共10992个数据样本)组成。每个数据样本对应于 500×500 书写板像素分辨率框中写入的一个数字。对每个手写体数字进行归一化处理,使其对平移和尺度畸变具有不变性,然后使用像素对之间的简单线性插值进行重复采样,得到由16个属性组成的特征向量。

因此,该数据集中的每个数据样本都是从使用书写板收集的手写数字中提取的 1×16 维特征向量。每个样本都有一个标签,对应于10个数字中的一个数字(0~9)。

3. 多特征数据集

多特征数据集由从荷兰实用地图集中所提取的手写数字(0 到 9)的不同特征组成。每个类中有 200 幅手写数字的二进制图像(总共 2000 幅手写数字)。每个数字由以下 6 组不同的特征表示：

(1) 76 个特征形状的傅里叶系数；

(2) 216 个轮廓相关性；

(3) 64 个 Karhunen – Love 系数；

(4) 2×3 窗口中 240 个像素的平均；

(5) 47 个 Zernike 矩；

(6) 6 个形态特征。

因此，在多特征数据集中，每个数据样本都有 649 个由 6 组特征组成的属性以及对应于 10 个数字中的一个数字(0~9)的标签。

12.2.2 性能评估

在本节中，评估 ALMMo – 0 系统在基准分类问题上的性能。

对于印刷手写数字数据集的识别和笔书手写数字数据集的识别，用训练集对 ALMMo – 0 系统进行训练，用验证集对训练后的系统进行测试。由于 ALMMo – 0 系统是以逐个样本的方式从数据中学习的，因此数据样本的顺序将影响其性能。因此，通过 10 次蒙特卡罗实验随机扰动训练数据的顺序后，基于两个基准数据集训练，在表 12.1 中给出了分类结果的总体精度和训练时间。

表 12.1 不同分类方法的性能比较

数据集	算法	总体精度/%	训练时间/s
印刷手写数字的识别	ALMMo – 0	97.89	0.51
	SVM	10.13	2.16
	kNN	97.68	0.07
	NN	92.30	0.78
	DT	85.25	0.05
	eClass0	89.20	1.29
	Simpl_eClass0	89.53	1.95
	TEDAClass	91.20	1649.17

续表

数据集	算法	总体精度/%	训练时间/s
笔书手写数字的识别	ALMMo-0	97.50	0.87
	SVM	10.38	7.28
	kNN	97.49	0.02
	NN	92.40	1.05
	DT	91.22	0.05
	eClass0	81.56	0.62
	Simpl_eClass0	84.53	0.93
	TEDAClass	81.46	1155.62
多种特性	ALMMo-0	93.36	0.14
	SVM	10.24	0.72
	kNN	91.22	0.02
	NN	84.03	0.75
	DT	91.96	0.15
	eClass0	79.71	1.85
	Simpl_eClass0	83.63	4.10
	TEDAClass	51.54	2335.71
字母识别	ALMMo-0	92.12	1.22
	SVM	40.54	9.54
	kNN	91.84	0.02
	NN	47.19	1.93
	DT	82.29	0.07
	eClass0	46.60	0.80
	Simpl_eClass0	56.64	1.31
	TEDAClass	86.37	14,011.87

对于多特征和字母识别数据集,随机抽取 50% 的数据作为训练集,并使用剩余的数据用于验证。表 12.1 中列出了在遵循相同实验方案的 10 次蒙特卡罗实验之后,在两个基准数据集上训练的分类结果的总体准确性和时间消耗(以 s 为单位)。

使用 11.3.2 节中大家所熟知的 4 个离线分类器,按照相同的实验方案进行比较。

（1）高斯核 SVM 分类器[11]。
（2）kNN 分类器，$k = 10$[12]。
（3）NN 分类器，大小为 20 的 3 个隐藏层[13]。
（4）DT 分类器[14]。

由于 ALMMo-0 系统是一种进化方法，进一步采用以下进化分类器，它们可以"从头开始"，以进行公平的比较。

（5）eClass0 分类器[15]。
（6）simple_eClass0 分类器[16]。
（7）TEDAClass 分类器[17]。

表 12.1 给出了 7 种方法分类结果的比较。

12.2.3　讨论和分析

从表 12.1 可以看出，经过非常有效的训练过程后，ALMMo-0 分类器能够产生高精度的分类结果。此外，不同于其他比较中的分类器，ALMMo-0 分类器可以从逐个样本的流数据中学习，并且用新观测值持续更新，无须完全的重新训练。因此，ALMMo-0 是一种非常有吸引力的、适用于实际应用的候选分类方法。

12.3　ALMMo-1 系统的数值实例

本节给出了数值实例来演示 ALMMo-1 系统的分类和回归性能。

12.3.1　评估数据集

以下两个基准数据集，用于评估 ALMMo-1 系统在分类问题上的性能：
（1）皮马印第安人糖尿病数据集[18]（可从文献[19]中下载）；
（2）占有率检测数据集[20]（可从文献[21]中下载）。
还使用两个实际问题来评估 ALMMo-1 系统的回归问题性能：
（1）量化报价二级市场数据集[22]；
（2）标准普尔指数数据集[23]。
皮马印第安人糖尿病和占有率检测数据集的详细信息已在 11.3.1 节中介绍过。下面将详细介绍量化报价二级市场和标准普尔指数数据集。

1. 量化报价二级市场数据集

量化报价二级市场数据集[22]包含自1998年至今所有纳斯达克、纽约证交所和美国运通证券的逐点数据。逐点数据的频率从1s到几分钟不等。此数据集包含19144个数据样本，每个样本都具有以下5个属性，即时刻K、开盘价$x_{K,O}$、最高价$x_{K,H}$、最低价$x_{K,L}$、收盘价$x_{K,C}$。

在本书中，考虑当前时刻的4个属性，即开盘价、最高价、最低价和收盘价，来预测未来开盘价，即未来5、10和15时刻的值。

$$y_K = f(\boldsymbol{x}_K = [x_{K,O}, x_{K,H}, x_{K,L}, x_{K,C}]^T) \tag{12.1}$$

式中：y_K 为 $x_{K+5,O}$、$x_{K+10,O}$、$x_{K+15,O}$。数据在预测前，在线进行标准化预处理（见2.2.1节）。

2. 标准普尔指数数据集

标准普尔指数是一种使用更频繁的真实数据集，其包含了从1950年1月3日到2009年3月12日采集的14893个数据样本。由于数据的非线性、不稳定性和时变性，其他预测算法经常使用该数据集作为评价性能的基准。系统的输入和输出关系由下式确定，即

$$y_K = f(\boldsymbol{x}_K = [x_{K-4}, x_{K-3}, x_{K-2}, x_{K-1}, x_K]^T) \tag{12.2}$$

式中：$y_K = x_{K+1}$。

▶ 12.3.2　分类性能评价

对皮马印第安人糖尿病数据集随机抽取90%的数据作为训练集，并使用剩余数据进行验证。类似地，对占有率检测数据集，将两个验证集合并为一个。

在表12.2中，通过随机扰动训练数据顺序，在10次蒙特卡罗实验后，给出了针对两个基准数据集的训练的总体分类结果精度和训练消耗时间(s)。还将ALMMo–1系统与12.2.2节中使用的7种方法进行了比较，并进一步与进化多模型模糊推理系统比较，即模糊连接多模型系统(fuzzily connected multi–model, FCMM)[24]。

在表12.2中列出7种比较方法的总体准确性和训练时间消耗(以s为单位)。

进一步将皮马印第安人糖尿病和占有率检测数据集作为数据流，在在线场景中，比较了可以"从零开始"的完全进化算法，即ALMMo–1、eClass0、Simple_eClass0 和 FCMM。

第12章 自主学习多模型系统的应用

在下面的数值实例中,两个数据集的数据样本的顺序是随机确定的,算法从第一个数据样本开始分类,并随着新数据样本的到来不断更新系统结构。进行了10次蒙特卡罗实验,两次实验的平均结果见表12.3。

表12.2 离线情况下的分类性能比较

数据集	算法	总准确率/%	训练时间/s
皮马印第安人糖尿病	ALMMo-1	76.04	0.08
	SVM	64.92	0.13
	kNN	72.45	0.02
	NN	73.31	0.42
	DT	69.22	0.03
	eClass0	65.39	0.03
	Simpl_eClass0	52.66	0.04
	TEDAClass	71.32	6.20
	FCMM	55.94	0.09
占有率检测	ALMMo-1	98.93	2.27
	SVM	76.07	4.77
	kNN	96.64	0.03
	NN	93.69	1.06
	DT	93.14	0.03
	eClass0	88.82	0.82
	Simpl_eClass0	96.74	0.63
	TEDAClass	96.34	416.50
	FCMM	96.97	1.02

表12.3 分类性能比较——在线场景

算法	皮马印第安人糖尿病		占有率检测	
	总体精度/%	训练时间/s	总体精度/%	训练时间/s
ALMMo-1	74.96	0.17	98.76	7.56
eClass0	51.98	0.08	92.57	4.93
Simpl_eClass0	58.53	0.09	95.04	2.00
TEDAClass	69.67	7.80	95.59	2943.27
FCMM	53.75	0.17	95.69	2.98

12.3.3 回归性能评估

本节进一步考虑 ALMMo-1 系统在实际回归问题中的应用。

在第一个数值实例中,使用量化报价二级市场数据集,并给出使用以下输入的逐步在线预测结果,即开盘价 $x_{K,O}$、最高价 $x_{K,H}$、最低价 $x_{K,L}$、收盘价 $x_{K,C}$。

在当前时刻,提前预测未来 5 个时间步的开盘价,即 $y=f(\boldsymbol{x}_K)$,其中 $y = x_{K+5,O}$。对预测结果进行描述并与图 12.4(a) 中的真值进行了比较,为了更好地说明,还放大了预测结果的 3 个较小时段。图 12.4(b) 显示了模糊规则/局部模型数量的相应变化。

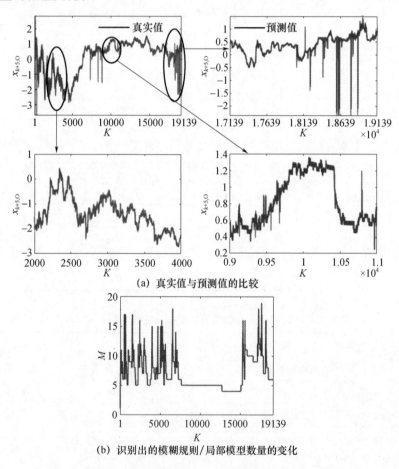

(a) 真实值与预测值的比较

(b) 识别出的模糊规则/局部模型数量的变化

图 12.4 (见彩图) 使用量化报价二级市场数据集的在线预测

在预测过程的最后，ALMMo-1 系统识别出 6 个模糊规则，如表 12.4 所列。注意，表 12.4 中的 $x_{K,O}$、$x_{K,H}$、$x_{K,L}$ 和 $x_{K,C}$ 的值，已使用相应的均值和标准差进行了去标准化处理，并保留了在训练过程中获得的后续参数。

为了更好地理解 ALMMo-1 系统在高频交易问题上的性能，采用以下 4 种方法进行比较：

(1) 最小二乘线性回归(LSLR)算法[25]；
(2) 模糊连接多模型系统(FCMM)[24]；
(3) 进化 Takagi-Sugeno(eTS)模型[26]；
(4) 序贯自适应模糊推理系统(SAFIS)[27]。

这些算法的预测性能如表 12.5 所列。

(1) 无量纲误差指标(NDEI)[28]，由以下公式计算，即

$$\text{NDEI} = \sqrt{\frac{\sum_{k=1}^{K}(\boldsymbol{t}_k - \boldsymbol{y}_k)^2}{K\sigma_t^2}} \tag{12.3}$$

式中：y_k 为系统输出的估计值；t_k 为第 k 个时刻的真值；σ_t 为真值的标准差。

(2) 识别的规则数量 M；
(3) 执行时间 t_{exe}(s)。

表 12.4　识别的 AnYa 类型模糊规则/局部模型

序号	模糊规则/局部模型
1	IF ($[x_O, x_H, x_L, x_C]^T \sim [1405209, 1405245, 1405191, 1405220]^T$) THEN ($y = 0.0251 + 0.3403x_O + 1.0163x_H + 0.1552x_L + 0.4254x_C$)
2	IF ($[x_O, x_H, x_L, x_C]^T \sim [1404795, 1404814, 1404684, 1404750]^T$) THEN ($y = 0.0130 + 0.3841x_O + 1.0980x_H + 0.1445x_L + 0.3411x_C$)
3	IF ($[x_O, x_H, x_L, x_C]^T \sim [1408490, 1408508, 1408469, 1408488]^T$) THEN ($y = 0.0057 + 0.1684x_O + 1.3636x_H + 0.2491x_L + 0.5819x_C$)
4	IF ($[x_O, x_H, x_L, x_C]^T \sim [1407937, 1407960, 1407910, 1407936]^T$) THEN ($y = 0.0079 + 0.3274x_O + 1.5950x_H + 0.4933x_L + 0.5284x_C$)
5	IF ($[x_O, x_H, x_L, x_C]^T \sim [1407739, 1407801, 1407380, 1407423]^T$) THEN ($y = 0.1171 + 0.8076x_O + 1.3803x_H + 0.5745x_L + -0.2884x_C$)
6	IF ($[x_O, x_H, x_L, x_C]^T \sim [1407527, 1407633, 1407513, 1407613]^T$) THEN ($y = 0.2725 + 0.8117x_O + 0.1449x_H + 0.5623x_L + -0.4757x_C$)

表 12.5 量化报价二级市场数据集的回归性能比较

	算法	NDEI	M	t_{exe}
$x_{K+5,0}=f(x_K)$	ALMMo-1	0.130	6	2.17
	LSLR	0.156	—	6.51
	FCMM	0.159	4	5.73
	eTS	0.137	3	183.67
	SAFIS	0.742	13	6.43
$x_{K+10,0}=f(x_K)$	ALMMo-1	0.159	6	2.14
	LSLR	0.184	—	6.51
	FCMM	0.162	4	5.55
	eTS	0.170	2	154.14
	SAFIS	0.735	14	8.45
$x_{K+15,0}=f(x_K)$	ALMMo-1	0.175	6	2.14
	LSLR	0.202	—	6.45
	FCMM	0.176	4	5.54
	eTS	0.185	10	197.10
	SAFIS	1.038	13	8.87

用当前时刻的 4 个价格，使用五种算法，提前预测 10 个和 15 个时刻的开盘价格，即 $x_{K+10,0}=f(x_K)$ 和 $x_{K+15,0}=f(x_K)$，这些结果也在同一表中列出。

在下面的示例中，使用标准普尔指数数据集作进一步地评估。使用 ALMMo-1 系统对该数据集的预测结果如图 12.5 所示。表 12.6 列出了 ALMMo-1 系统和其他 5 种比较算法的预测结果。

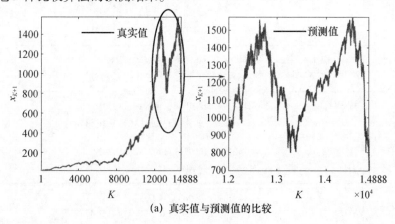

(a) 真实值与预测值的比较

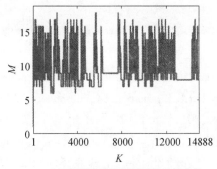

(b) 识别出的模糊规则数目的变化

图 12.5 （见彩图）标准普尔指标数据集在线预测

表 12.6 标准普尔指数数据集的回归性能比较

算法	NDEI	M
ALMMo-1	0.013	8
LSLR	0.020	—
FCMM	0.014	5
eTS	0.015	14
SAFIS	0.206	6

12.3.4 讨论和分析

从前面的例子可以看出，ALMMo-1 系统能够对各种问题进行高精度的分类和预测。ALMMo-1 作为一种新型的自主学习系统，触及数据流处理复杂学习系统的基础，可以开发出多种应用和扩展。有关使用 ALMMo-1 系统的更多数值示例，可参见文献[2]。

12.4 结 论

本章介绍了零阶和一阶 ALMMo 系统的实现，并给出了基于基准数据集上的数值实例，并针对分类和回归/预测的实际问题给出了 ALMMo 系统的性能。

通过与典型方法的比较，可以得出结论，ALMMo 系统经过一个有效的、非参数的、非迭代的学习过程之后，能够在没有人参与的情况下执行高精度的分类和回归/预测。

参考文献

[1] P. P. Angelov, X. Gu, Autonomous learning multi-model classifier of 0-order (ALMMo - 0), in IEEE International Conference on Evolving and Autonomous Intelligent Systems, 2017, pp. 1 - 7

[2] P. P. Angelov, X. Gu, J. C. Principe, Autonomous learning multi-model systems from data streams. IEEE Trans. Fuzzy Syst. 26(4), 2213 - 2224 (2018)

[3] E. Alpaydin, C. Kaynak, Cascading classifiers. Kybernetika 34(4), 369 - 374 (1998)

[4] C. M. Bishop, Pattern recognition and machine learning (Springer, New York, 2006)

[5] F. Alimoglu, E. Alpaydin, Methods of combining multiple classifiers based on different representations for pen-based handwritten digit recognition, in Proceedings of the Fifth Turkish Artificial Intelligence and Artificial Neural Networks Symposium, 1996, pp. 1 - 8

[6] http://archive.ics.uci.edu/ml/datasets/Pen - Based + Recognition + of + Handwritten + Digits

[7] M. van Breukelen, R. P. W. Duin, D. M. J. Tax, J. E. den Hartog, Handwritten digit recognition by combined classifiers. Kybernetika 34(4), 381 - 386 (1998)

[8] https://archive.ics.uci.edu/ml/datasets/Multiple + Features

[9] P. W. Frey, D. J. Slate, Letter recognition using Holland-style adaptive classifiers. Mach. Learn. 6(2), 161 - 182 (1991)

[10] https://archive.ics.uci.edu/ml/datasets/Letter + Recognition

[11] N. Cristianini, J. Shawe-Taylor, An Introduction to Support Vector Machines and other Kernel-Based Learning Methods (Cambridge University Press, Cambridge, 2000)

[12] P. Cunningham, S. J. Delany, K-nearest neighbour classifiers. Mult. Classif. Syst. 34, 1 - 17 (2007)

[13] Y. LeCun, Y. Bengio, G. Hinton, Deep learning. Nat. Methods 13(1), 35 - 35 (2015)

[14] S. R. Safavian, D. Landgrebe, A survey of decision tree classifier methodology. IEEE Trans. Syst. Man. Cybern. 21(3), 660 - 674 (1990)

[15] P. Angelov, X. Zhou, Evolving fuzzy-rule based classifiers from data streams. IEEE Trans. Fuzzy Syst. 16(6), 1462–1474 (2008)

[16] R. D. Baruah, P. P. Angelov, J. Andreu, Simpl_eClass: simplified potential-free evolving fuzzy rule-based classifiers, in IEEE International Conference on Systems, Man, and Cybernetics (SMC), 2011, pp. 2249–2254

[17] D. Kangin, P. Angelov, J. A. Iglesias, Autonomously evolving classifier TEDA-Class. Inf. Sci. (Ny) 366, 1–11 (2016)

[18] J. W. Smith, J. E. Everhart, W. C. Dickson, W. C. Knowler, R. S. Johannes, Using the ADAP learning algorithm to forecast the onset of diabetes mellitus, in Annual Symposium on Computer Application in Medical Care, 1988, pp. 261–265

[19] https://archive.ics.uci.edu/ml/datasets/Pima+Indians+Diabetes

[20] L. M. Candanedo, V. Feldheim, Accurate occupancy detection of an office room from light, temperature, humidity and CO_2 measurements using statistical learning models. Energy Build. 112, 28–39 (2016)

[21] https://archive.ics.uci.edu/ml/datasets/Occupancy+Detection+

[22] https://quantquote.com/historical-stock-data

[23] https://finance.yahoo.com/quote/%5EGSPC/history?p=%5EGSPC

[24] P. Angelov, Fuzzily connected multimodel systems evolving autonomously from data streams. IEEE Trans. Syst. Man Cybern. Part B Cybern. 41(4), 898–910 (2011)

[25] C. Nadungodage, Y. Xia, F. Li, J. Lee, J. Ge, StreamFitter: a real time linear regression analysis system for continuous data streams, in International Conference on Database Systems for Advanced Applications, 2011, vol. 6588 LNCS, no. PART 2, pp. 458–461

[26] P. P. Angelov, D. P. Filev, An approach to online identification of Takagi-Sugeno fuzzy models. IEEE Trans. Syst. Man Cybern. Part B Cybern. 34(1), 484–498 (2004)

[27] H. J. Rong, N. Sundararajan, G. Bin Huang, P. Saratchandran, Sequential adaptive fuzzy inference system (SAFIS) for nonlinear system identification and prediction. Fuzzy Sets Syst. 157(9), 1260–1275 (2006)

[28] M. Pratama, S. G. Anavatti, P. P. Angelov, E. Lughofer, PANFIS: a novel incremental learning machine. IEEE Trans. Neural Networks Learn. Syst. 25(1), 55–68 (2014)

第13章 基于深度规则分类器的应用

作为最近引入的一种具有多层架构和基于原型性质的图像分类方法,基于深度规则的分类器可以作为主流方法(如深度卷积神经网络)的强大替代方法,该方法具有以下优点:

(1) 它没有限制性的先验假设和用户/问题特定的参数;
(2) 结构透明,具有可解释性和自进化性;
(3) 其训练过程是自组织、非迭代、非参数、高度并行,可以"从零开始"的。

本章介绍 DRB 分类器的实现和应用。相应的伪代码见附录 B.5。附录 C.5 给出了 Matlab 的实现。

13.1 算法概述

13.1.1 学习过程

由于 DRB 系统中涉及的图像预处理和特征提取技术是标准技术,并且是针对特定问题的,本节将不会介绍它们的实现方法。与 ALMMo-0 算法类似,DRB 分类器中的每个模糊规则都可以并行地进行监督学习过程,考虑第 i 个($i=1,2,\cdots,C$)子系统,这里只概述单个模糊规则的学习过程。详细的算法过程见 9.4.1 节。

第 i 个子系统的 DRB 学习算法包括以下步骤[1]。

步骤1:对第 i 类的第 1 幅图像 $\mathbf{I}_{i,1}$ 进行预处理,提取其特征向量 $x_{i,1}$,用 $\mathbf{I}_{i,1}$ 和 $x_{i,1}$ ($K_i \leftarrow 1$)初始化第 i 条模糊规则 $\mathbf{R}_i$。

步骤2：对于第i类的每个新到达的图像$\mathbf{I}_{i,K_i}$，预处理$\mathbf{I}_{i,K_i}$并提取其特征向量$\boldsymbol{x}_{i,K}$（$K_i \leftarrow K_i+1$），然后检查$\mathbf{I}_{i,K_i}$是否可以成为一个新的原型。如果是，则转到步骤3；否则，转到步骤4。

步骤3：以$\mathbf{I}_{i,K_i}$为原型的$\mathbf{P}_{i,M_i}$，将一个新的数据云$\mathbf{C}_{i,M_i}$（$M_i \leftarrow M_i+1$）添加到系统中，并转到步骤5。

步骤4：使用$\boldsymbol{x}_{i,K}$更新最近的数据云$\mathbf{C}_{i,M_i}$的元参数，进入步骤5。

步骤5：使用现有原型更新$\boldsymbol{R}_i$，如果新图像到达，则转到步骤2；否则，输出$\boldsymbol{R}_i$。

图13.1给出了DRB分类器中第i个子系统的DRB学习算法流程框图。

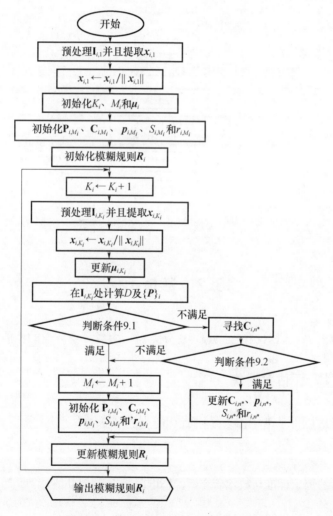

图13.1 第i个子系统的DRB学习算法

13.1.2 验证过程

DRB 分类器的一般验证过程概述如下。

步骤 1:对于每个新到达的图像 **I**,预处理并提取其特征向量 **x**。

步骤 2:计算 **I** 的触发强度 λ_i 给每个模糊规则 R_i($i = 1, 2, \cdots, C$)。

步骤 3:遵循"赢者通吃"的原则,依据触发强度 λ_i($i = 1, 2, \cdots, C$)决定 **x** 的标签。

图 13.2 给出了 DRB 验证算法的流程框图。

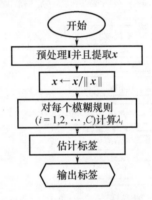

图 13.2 DRB 验证算法

13.2 数值示例

本节给出了数值示例来证明 DRB 分类器在图像分类方面的性能。

13.2.1 评估数据集

本节考虑以下基准图像集来评估 DRB 分类器的性能,其中涵盖了 4 个不同的挑战性问题。

(1) 手写数字识别。

修改后的国家标准与技术研究所(MNIST)数据集[2](可从文献[3]中下载)。

(2) 人脸识别。

人脸数据库[4](可从文献[5]中下载)。

（3）遥感。
① 新加坡数据集[6]（可从文献[7]中下载）。
② UCMerced 土地利用数据集[8]（可从文献[9]中下载）。
（4）目标识别。
Caltech101 数据集[10]（可从文献[11]中下载）。

1. MNIST 数据集

MNIST 数据集是一个著名的手写数字识别基准数据库。它包含 70000 张手写数字的灰度图像（"0"到"9"），大小为 28×28。将 70000 张灰度图像分为一个训练集（包含 60000 张图像）和一个验证集（包含 10000 张图像）。手写数字图像示例如图 13.3 所示。

已经发表的许多文献都努力实现最好准确性。然而，由于数据集本身存在缺陷，有许多测试图像即使是人也无法识别（图 13.12），测试准确度虽然接近但仍低于 100%。

图 13.3 手写数字图像示例

2. 人脸数据库

人脸数据库是最广泛使用的人脸识别基准数据集之一，它包含 40 名受试者，有 10 个不同的灰度图像，具有不同的光照、角度、面部表情和面部细节（眼镜/无眼镜、胡须等）。每张图像的大小为 92×112 像素。人脸数据库的图像示例如图 13.4 所示。

图 13.4　人脸数据库图像示例

3. 新加坡数据集

新加坡数据集是根据新加坡的大型卫星图像构建的。该数据集由 1086 张 256×256 像素、9 个不同场景类别的 RGB 图像组成：

(1) 飞机(42 幅图像)；

(2) 森林(141 幅)；

(3) 港口(134 幅图像)；

(4) 工业区(158 幅图像)；

(5) 草地(166 幅图像)；

(6) 立交桥(70 幅图像)；

(7) 住宅区(179 幅图像)；

(8) 河流(84 幅图像)；

(9) 跑道(112 幅图像)。

9 类新加坡数据集的图像示例如图 13.5 所示。

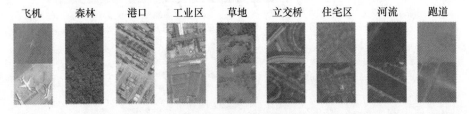

图 13.5　(见彩图)新加坡数据集的图像示例

4. UCMerced 土地利用数据集

UCMerced 土地利用数据集由 21 个具有挑战性的场景类别(包括飞机、海滩、建筑、港口等)的空间高分辨率遥感图像组成。每个类别包含 100 幅相同大小的图像(256×256 像素)。21 个类别的图像示例如图 13.6 所示。

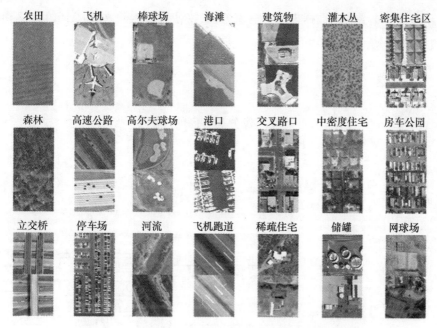

图 13.6 （见彩图）UCMerced 土地利用数据集的图像示例

5. Caltech101 数据集

Caltech101 数据集包含 9144 张分属 101 个类别和 1 个背景类别的图片。每个类别的图像数量从 33 个到 800 个不等。每个图像的大小约为 300×200 像素。此数据集包含刚性物体（如自行车和汽车）和非刚性物体（如动物和花卉）相对应的类别。因此，形状差异显著。Caltech 101 数据集的图像示例如图 13.7 所示。

图 13.7 （见彩图）Caltech 101 数据集的图像示例

实证机器学习

由于这4个基准数据集彼此显著不同,将使用分别与文献[2,6,12,13]相同的四种不同实验方案的数据集。

13.2.2 性能评估

本节将评估 DRB 分类器在图像分类方面的性能。

1. 手写数字识别

MNIST 数据集使用 DRB 集成分类器[14]。训练所用 DRB 集成分类器的结构如图13.8所示。用于验证的 DRB 集成分类器的结构如图13.9所示。

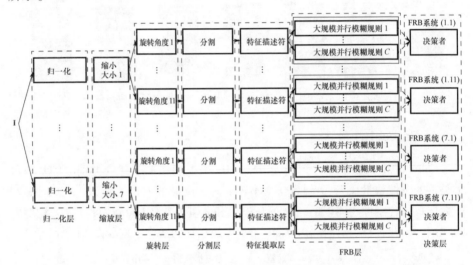

图13.8 训练用 DRB 集成分类器的架构

由图13.8和图13.9可以看到,DRB 集成分类器由以下部分组成。

(1) 归一化层。将手写数字图像像素的原始值范围从[0,255]线性归一化为[0,1]。

(2) 缩放层。将图像从 28×28 像素的原始图像大小调整为7种不同的大小:28×22、28×24、28×26、28×28、28×30、28×32、28×34。

(3) 旋转层。它将每个图像(在缩放操作之后)以3°的间隔、从 $-15°$ 到 $15°$,旋转成11个不同的角度。因此,缩放层和旋转层将原始训练集扩展为77个具有不同缩放大小和旋转角度的新训练集。

第13章 基于深度规则分类器的应用

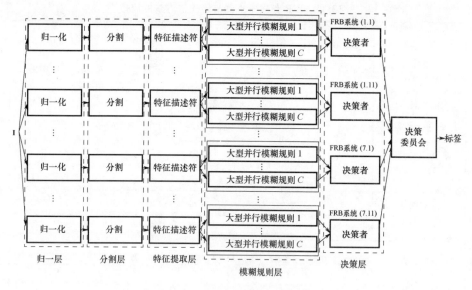

图13.9 验证用DRB集成分类器的架构

(4) 分割层。用于提取训练图像的中心区域(22×22),丢弃大部分由白色像素组成、具有很少或没有信息的边界区域。

(5) 特征提取层。在用于手写体数字识别的DRB集成分类器中,采用了一种低级特征描述符,即GIST[15]或方向梯度直方图(HOG)[16],从每个训练图像中分别提取出1×512维GIST特征向量或1×576维HOG特征向量。

(6) 模糊规则层。由77个FRB系统组成。其中每个系统都用77个扩展训练集中一个训练集的两种特征向量中的一种进行训练。每个FRB系统有10个FRB子系统(对应于10个数字的"0"到"9"),每个子系统都有一个如9.3节所述的大规模并行的AnYa型零阶模糊规则。结果表明,FRB层共有770条AnYa型的零阶模糊规则。每条规则都是单独训练的。9.4.1节描述了这些模糊规则的训练过程。

(7) 决策层。由77个决策者组成。其中每个决策器对应一个FRB系统。

(8) 总体决策器。接受77个决策者的部分建议,做出最终决策(分类标签、数字)。

在实验过程中,DRB集成分类器使用的特征描述符是基于GIST或HOG特征这两种。然而,由于两种特征描述符的描述能力不同,DRB集成分类器的性能也有所不同。表13.1列出了DRB分类器使用两种不同特征描述符在各种组合时的识别准确度。

表 13.1 DRB 集成分类器与最先进方法的比较

算法	DRB – GIST	DRB – HOG	DRB – GIST + DRB – HOG	DRB 级联分类器
准确度/%	99.30	98.86	99.44	99.55
训练时间	每一部分均小于 2min			
计算机配置	CPU 核 i7 – 4790(3.60 GHz),16 GB DDR3			
使用 GPU 情况	否			
弹性变换	否			
参数调整	否			
迭代	否			
随机性	否			
并行处理	是			
进化能力	是			
算法	大型卷积网络[17]	大型卷积网络[18]	包含 7 个卷积神经网络[19]	包含 35 个卷积神经网络[20]
准确度/%	99.40	99.47	99.73 ± 2	99.77
训练时间			每个 DNN 均耗时近 14h	
计算机配置	未知	未知	核 i7 – 920(2.66 GHz),12 GB DDR3	
使用的 GPU			2 × GTX 480 和 2 × GTX 580	
弹性变换	否	否	是	
参数调整	是	是	是	
迭代	是	是	是	
随机性	是	是	是	
并行处理	否	否	否	
进化能力	否	否	否	

表 13.2 列出了 10 条模糊规则对应的平均训练时间。图 13.10 给出了已识别的大规模并行模糊规则的示例,从图中可以看出其透明度和可解释性。

第13章 基于深度规则分类器的应用

表13.2 各子系统学习过程的训练时间　　　　　　单位：s

模糊规则序号		1	2	3	4	5
数字		"1"	"2"	"3"	"4"	"5"
特征	GIST	32.39	41.95	45.72	37.17	34.90
	HOG	70.99	82.47	92.73	73.46	67.53
模糊规则序号		6	7	8	9	10
数字		"6"	"7"	"8"	"9"	"10"
特征	GIST	37.36	35.89	42.99	36.90	39.26
	HOG	68.48	77.93	75.83	69.90	72.03

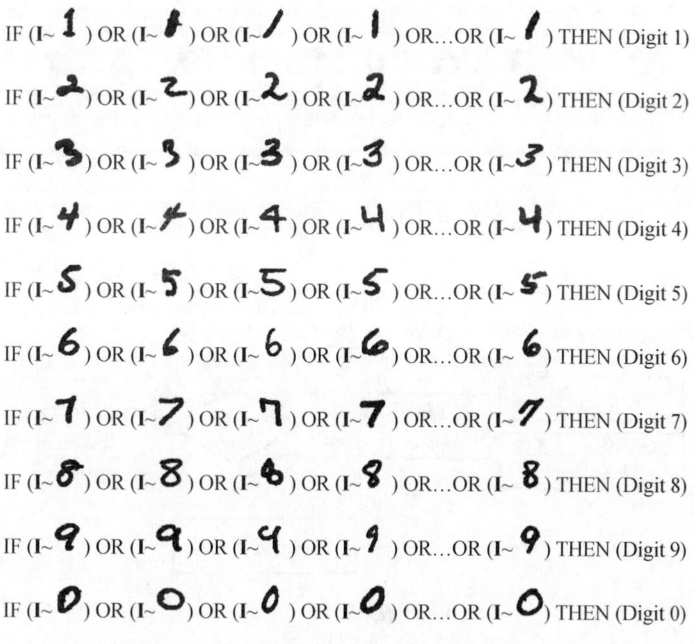

IF (I~1) OR (I~1) OR (I~1) OR (I~1) OR...OR (I~1) THEN (Digit 1)

IF (I~2) OR (I~2) OR (I~2) OR (I~2) OR...OR (I~2) THEN (Digit 2)

IF (I~3) OR (I~3) OR (I~3) OR (I~3) OR...OR (I~3) THEN (Digit 3)

IF (I~4) OR (I~4) OR (I~4) OR (I~4) OR...OR (I~4) THEN (Digit 4)

IF (I~5) OR (I~5) OR (I~5) OR (I~5) OR...OR (I~5) THEN (Digit 5)

IF (I~6) OR (I~6) OR (I~6) OR (I~6) OR...OR (I~6) THEN (Digit 6)

IF (I~7) OR (I~7) OR (I~7) OR (I~7) OR...OR (I~7) THEN (Digit 7)

IF (I~8) OR (I~8) OR (I~8) OR (I~8) OR...OR (I~8) THEN (Digit 8)

IF (I~9) OR (I~9) OR (I~9) OR (I~9) OR...OR (I~9) THEN (Digit 9)

IF (I~0) OR (I~0) OR (I~0) OR (I~0) OR...OR (I~0) THEN (Digit 0)

图13.10 大规模并行模糊规则库的示例

进一步将DRB集成与GIST特征训练相结合,以及将DRB集成分类器与HOG特征训练相结合。图13.11描述了这种组合的架构,其中DRB集成分类器的架构与图13.8所示的训练架构相同,也与图13.9所示的验证架构相同。决策者使用第9章介绍的方法确定验证图像的标签。

组合的DRB集成分类器实现了更好的识别性能(在10000个验证图像中成功识别了9944个图像)。其性能也列在表13.1中。在验证过程中所犯的56个错误如图13.12所示,从图中可以看出,大多数错误确实是不可识别的。

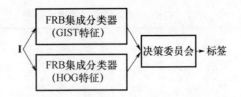

图 13.11　组合的 DRB 集成分类器的架构

图 13.12　10000 个验证样本的 DRB 级联分类器输出结果中仅有 56 个错误

文献[14]中描述的 DRB 级联分类器能够获得最佳性能,表 13.1 中也给出了这一结论。图 13.13 展示了 DRB 级联分类器的架构。

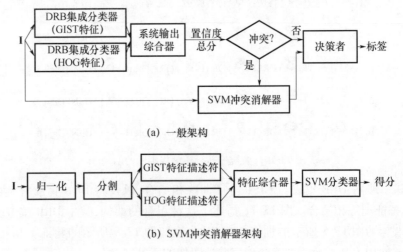

(a) 一般架构

(b) SVM冲突消解器架构

图 13.13　DRB 级联分类器架构[14]

使用 GIST 和 HOG 特性的 DRB 集成分类器具有与图 13.8 所示训练过程相同的架构,以及与图 13.9 所示验证过程相同的架构。

系统输出积分器(图 13.13(a))通过以下方程式将两个 DRB 集成分类器(各 770 个)的 1540 条大规模并行模糊规则整合为 10 个置信水平总分($H=154$ 个输出/每个数)的输出,即

$$\Lambda_i(\mathbf{I}) = \frac{1}{H}\sum_{j=1}^{H}\lambda_{i,j}(\mathbf{I}) \qquad i = 1,2,\cdots,C \tag{13.1}$$

式中:$\lambda_{i,j}(\mathbf{I})$ 为由式(10.10)计算得到的触发强度;$C=10$。

DRB 级联分类器中的冲突检测器(图 13.13(a))将检测最高和第二高的总体置信水平评分非常接近的罕见情况。若发生这种情况,则意味着不能确定结果,决策器将需要冲突消解分类器。在这种情况下,使用 SVM。然而一般而言,这可能是另一个只适用于少数此类问题案例的有效分类器。此外,它将作为一个两级分类器(仅在两个最可能的情况之间作决定,而不是在 10 个原始分类之间作决定)。检测冲突的原则如下。

条件 13.1

$$\text{IF}\left(\Lambda_{1\text{st}}(\mathbf{I}) \leq \Lambda_{2\text{nd}}(\mathbf{I}) + \frac{\sigma_{\Lambda(\mathbf{I})}}{4}\right) \text{THEN (缺乏清晰度)} \tag{13.2}$$

式中:$\Lambda_{1\text{st}}(\mathbf{I})$ 与 $\Lambda_{2\text{nd}}(\mathbf{I})$ 分别为置信水平分数的最高值与次高值;$\sigma_{\Lambda(\mathbf{I})}$ 为图像 $\mathbf{I}$ 的 10 个置信水平评分的标准差。

冲突消解分类器(图 13.13)仅适用于决策器不能确定的小量(约 5%)验证数据(有两个候选的优胜者的总体评分接近)。冲突消解分类器中的归一化和分割操作(图 13.13(b))与 DRB 集成分类器中使用的操作相同,特征综合器根据以下方程式将手写数字图像的 GIST 和 HOG 特征向量集成在一起,即

$$x \leftarrow \left[\frac{x_G^T}{\|x_G\|}, \frac{\kappa(x_H^T)}{\|\kappa(x_H)\|}\right]^T \tag{13.3}$$

式中:x_G 与 x_H 分别为 $\mathbf{I}$ 的 GIST 特征与 HOG 特征;$\kappa(\cdot)$ 为非线性映射函数,常用于将差异进行放大[21],有

$$\kappa(x) = \text{sgn}(1-x)(e^{(1+\text{sgn}(1-x)(1-x))^2} - e) \tag{13.4}$$

在本例中,不失一般性,冲突消解分类器的最后一层(图 13.13(b))是具有 5 阶多项式核的二值 SVM 分类器。SVM 分类器仅使用从原始训练集中提取的特征进行训练(没有进行旋转、缩放等),因为有以下几点原因:

(1) 大规模数据集训练的速度明显下降;

(2) 训练不能并行进行;

(3) 不支持在线训练。

在分类阶段,如果条件 13.1 不满足,SVM 冲突消解分类器将不起作用。在

这种情况下,决策者将遵循"赢家通吃"原则,直接根据 $\Lambda_i(\mathbf{I})$ 最大值做出决策;否则,决策器将在冲突消解器的协助下,在相应的最可能的第一和第二类别之间对图像进行二元分类,有

$$\text{Label} = \underset{i=1,2}{\text{argmax}}(\{\Lambda_{1st}(\mathbf{I}) + \lambda_{1st,SVM}(\mathbf{I}), \Lambda_{2nd}(\mathbf{I}) + \lambda_{2nd,SVM}(\mathbf{I})\}) \tag{13.5}$$

式中:$\lambda_{1st,SVM}(\mathbf{I})$ 与 $\lambda_{2nd,SVM}(\mathbf{I})$ 分别为 SVM 分类器得到的分数。

DRB 分类器的进化能力作为其最显著的特征之一,在实际应用中起着重要的作用,这是因为当新的数据样本到来时,不需要对分类器进行完全的重新训练。

为了说明这一优点,DRB 分类器以图像流的形式对图像进行了训练,同时在训练过程中记录执行时间和识别准确度。在这个例子中,使用了原始的没有重新缩放和旋转的训练集,这大大加快了处理过程。图 13.14 给出了训练时间(10 条模糊规则中每一条规则的平均值)和识别准确度与训练样本增长量的关系曲线。

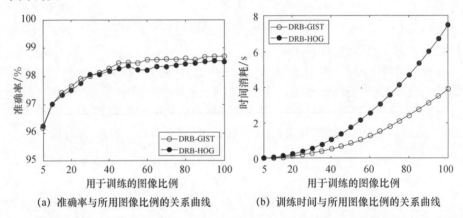

(a) 准确率与所用图像比例的关系曲线   (b) 训练时间与所用图像比例的关系曲线

图 13.14 识别准确度和训练时间与训练样本百分比的关系曲线

我们还从以下几个方面将 DRB 方法与最新、最好的技术进行了比较[14,21]:
(1) 图像分类的准确性;
(2) 时间和复杂性,即训练过程的时间消耗;
(3) 所需的计算资源,包括使用的图形处理单元等;
(4) 弹性变换的使用;
(5) 参数调整的要求;
(6) 迭代过程的要求;
(7) 结果的再现性(或随机性);

(8) 并行化,即训练过程是否高度并行;

(9) 进化能力,即当输入新图像时学习模型是否可以在没有预设模式的情况下更新,而不必完全重新训练。

2. 人脸识别

如图 13.15 所示,用于人脸识别的 DRB 分类器架构不包含缩放和旋转。在这个数值示例中,DRB 分类器由以下部分构成。

(1) 归一化层。

(2) 分割层,它通过一个 22×32 大小的滑动窗口将每个图像分割成更小的片段,在水平和垂直方向上的步长均为 5 个像素。这一层将一张人脸图像切割成 255 张图像。

(3) 特征提取层,从每个片段中提取 GIST 和 HOG 组合特征(见式(13.3))。

(4) FRB 层,由 40 条大规模并行的模糊规则组成,每一条模糊规则都是基于 40 张中的一个图像片段进行训练的。

(5) 决策者,使用下式生成标签,即

$$\text{Label} = \underset{i=1,2,\cdots,C}{\arg\max}\left(\sum_{t=1}^{T}\lambda_i(s_t)\right) \qquad (13.6)$$

式中:s_t 为图像的第 t 个片段;T 为总片段数。

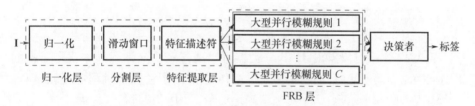

图 13.15 用于人脸识别的 DRB 分类器的架构

根据常用的实验方案[13],对每个片段图像随机选择 K 幅图像进行训练,并选择一幅图像进行测试。表 13.3 给出了用 50 次不同 K(K = 1~5)进行蒙特卡罗实验后,DRB 类别的平均识别准确度(%)。DRB 分类器还与最先进的方法进行了比较。

表 13.3 本节算法与最新算法的比较

K	方法	准确率/%
1	SFC	89
	DRB	90

续表

K	方法	准确率/%
2	SFC	96
	ASR	82
	DRB	97
3	SFC	98
	ASR	89
	$SDAL_{21}M$	82
	DBR	99
4	SFC	99
	ASR	93
	DRB	99
5	SFC	100
	ASR	96
	$SDAL_{21}M$	93
	DBR	100

(1) 稀疏指纹分类算法(SFC)[13]。

(2) 自适应稀疏表示算法(ASR)[22]。

(3) 基于联合 $L_{2,1}$ - 范数最小化($SDAL_{21}M$)算法的稀疏鉴别分析[23]。

从表 13.3 中可以看出,DRB 分类器可以通过较少的训练样本获得更高的识别准确率。为了更好地说明,在图 13.16 中给出了在实验过程中提取 AnYa 型模糊规则的 4 个示例,为了更加清晰地展示,图中片段进行了放大。

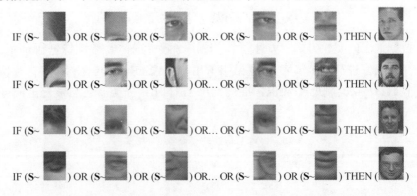

图 13.16 从人脸图像识别出的 AnYa 型模糊规则的视觉示例

表13.4列出了DRB分类器的识别准确率(百分比)以及不同训练样本量的训练过程中,每个模糊规则的相应时间消耗(t_{exe}/s),其中所有值均为50次蒙特卡罗实验后的平均值。从表中可以看出,训练过程非常有效率。DRB分类器的训练时间不超过3s,并可以100%地准确识别人脸。

表13.4 不同训练样本量的人脸识别结果

K	1	2	3	4	5	6	7	8	9
正确率/%	90	97	99	99	100	100	100	100	100
耗时 t_{exe}/s	0.11	0.48	1.03	1.81	2.84	4.14	5.69	8.32	10.65

3. 遥感场景识别

图13.17给出了用于遥感场景识别的DRB分类器的架构。

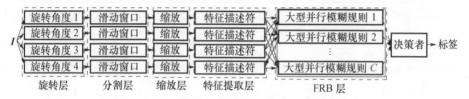

图13.17 遥感场景识别的DRB分类器的架构

如图13.17所示,本节数值示例中使用的DRB分类器由以下层组成。

(1)旋转层。它以4个不同的角度旋转每幅遥感图像,即0°、90°、180°和270°。

(2)分割层。利用滑动窗口将遥感图像分割成小块进行局部信息提取。通过改变滑动窗口的大小,可以相应地改变分割结果的粒度级别。较大的滑动窗口允许DRB以丢失精细尺度细节为代价,获得粗略尺度的空间信息;反之亦然。

对于以下基于新加坡和UCMerced数据集的数值示例,使用滑动窗口大小为图像尺寸的 $\frac{6\times6}{8\times8}$,水平方向和垂直方向的步长分别为垂直高度及水平宽度的 $\frac{2}{8}$ [24]。

(3)缩放层。用于在DRB分类器中。将片段重新缩放为高级特征描述符(即下一层中的VGG-VD-16模型[25])所需的227×227像素的统一大小。

(4)特征提取层。即2.2.4节所述的VGG-VD-16模型[25]。

(5)FRB层。由C个大规模并行的模糊规则组成,每个规则基于C个图像类别中的一类图像片段进行训练的。

(6)决策者。使用式(13.6)生成标签。

1)使用新加坡数据集的数值示例

按照常用的实验方案[6],DRB分类器随机选择每个土地利用类型的20%

图像进行训练,并将剩余图像用作测试集。经 5 次蒙特卡罗实验后,表 13.5 给出了平均识别准确率。

将 DRB 分类器的性能与以下最先进方法进行了比较,这些方法包括:
(1) 两级特征表示(TLFP)算法[6];
(2) 视觉文字包(BOVW)算法[26];
(3) 稀疏编码尺度不变特征变换[27](SIFTSC)算法;
(4) 空间金字塔匹配(SPM)算法[28]。

各种方法识别准确率的比较见表 13.5。由表可以看出,与最佳可选方法相比,DRB 分类器能够得到更好的识别结果。

表 13.5　DRB 分类器与最新方法在 Singapore 数据集下的准确率比较

算法	准确率/%
TLFP	90.94
BOVW	87.41
SIFTSC	87.58
SPM	82.85
DRB	97.70

为了展示 DRB 分类器的进化能力,随机抽取每类 20% 图像进行验证,并用 10%、20%、30%、40%、50%、60%、70% 和 80% 的数据集对 DRB 进行训练。5 次蒙特卡罗实验后的平均准确率见表 13.6。表中还记录了平均训练时间(以 s 为单位)。然而,由于各类训练时间的不平衡,表 13.6 列出的训练时间消耗为 9 条模糊规则的训练时间之和。

表 13.6　Singapore 数据集中不同训练样本下的训练结果

比例/%	10	20	30	40
准确度/%	96.02	97.56	98.55	98.91
耗时 t_{exe}/s	5.17	20.78	49.33	87.17
比例/%	50	60	70	80
准确率/%	99.10	99.36	99.55	99.62
耗时 t_{exe}/s	135.00	195.57	270.89	346.14

2) UCMerced 数据集的数值示例

对于 UCMerced 土地利用数据集,采用了与图 13.17 所示架构相同的 DRB

分类器。

按照常用的实验方案[6],每类80%的图像被随机挑选出来进行训练,剩余的20%图像作为验证集。表13.7中给出了5次蒙特卡罗实验后的平均分类准确率。

同样地,将DRB分类器的性能与以下最先进方法进行了比较:

(1) 两级特征表示(TLFP)算法[6];
(2) 视觉文字包(BOVM)算法[26];
(3) 稀疏编码尺度不变特征变换[27](SIFTSC)算法;
(4) 空间金字塔匹配(SPM)算法[28-29];
(5) 多径无监督特征学习(MUFL)算法[30];
(6) 随机卷积网络(RCN)[31]。

表13.7 DRB分类器与最新方法在UCMerced数据集下的准确率比较

算法	准确率/%
TLFP	91.12
BOVW	76.80
SIFTSC	81.67
SPM	74.00
MUFL	88.08
RCN	94.53
DRB	96.14

从表13.7所列的比较中可以看出,DRB再一次展现了最佳分类准确率。

类似地,每一类的20%图像被挑选出来进行验证,而DRB分类器则用10%、20%、30%、40%、50%、60%和70%数据集进行训练。经过5次蒙特卡罗实验后,表13.8中记录了训练(每个规则的)的平均准确率和时间消耗。可以看到,DRB分类器可以达到95%以上的分类准确率,每个模糊规则的训练时间少于20s。

表13.8 UCMerced 数据集中不同训练样本数量下的训练结果

比例/%	10	20	30	40
准确率/%	83.48	88.57	90.80	92.19
耗时 t_{exe}/s	0.27	1.36	3.96	5.83
比例/%	50	60	70	80
准确率/%	93.48	94.19	95.14	96.10
耗时 t_{exe}/s	10.29	11.52	15.49	18.15

此外,如图 13.18 所示,建立一个由 4 个 DRB 分类器组成的集成分类器,这些分类器由 4 种不同粒度(非常小、小、中、大)的遥感图像片段训练而得到,图像片段通过使用滑动窗口得到,滑动窗口的 4 种尺度分别为 $\frac{4 \times 4}{8 \times 8}$、$\frac{5 \times 5}{8 \times 8}$、$\frac{6 \times 6}{8 \times 8}$、$\frac{7 \times 7}{8 \times 8}$,水平与垂直步长都为 $\frac{1}{8}$(图 13.19),分类性能可进一步提高至 97.10%[32]。

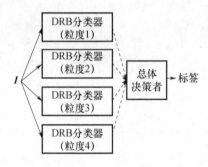

图 13.18　遥感场景下的 DRB 集成分类器架构

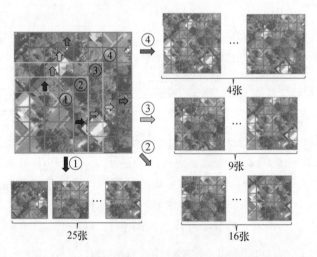

图 13.19　(见彩图)不同滑动窗口的遥感图像片段

4. 目标识别

图 13.20 给出了用于目标识别的 DRB 分类器的架构,它与图 13.18 所示的用于遥感问题的 DRB 分类器的后一部分相同。Caltech101 数据集的图像非常均匀,从左到右对齐,通常不被遮挡,因此不需要旋转和分割。

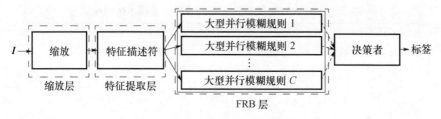

图 13.20 目标识别的 DRB 分类器的架构

按照常用的方案[12]进行实验,从每一类中选择 15 和 30 个训练图像进行训练,并使用其余图像进行验证。经过 5 次蒙特卡罗实验后,平均分类准确率(%)见表 13.9。DRB 分类器还与下列最新的方法进行了比较,结果也列在表 13.9 中。可以看出,对于目标识别问题,DRB 分类器很容易优于所有其他比较方法。

(1)卷积深层信念网络(CBDN)[33]。
(2)学习卷积特征层次(LCFH)算法[34]。
(3)反卷积网络(DECN)[35]。
(4)线性空间金字塔匹配(LSPM)算法[36]。
(5)局部约束线性编码(LCLC)算法[37]。
(6)DEFEATnet[12]。
(7)卷积稀疏自动编码器(CSAE)[38]。

表 13.9 基于 Caltech101 数据集的 DRB 分类器与最新方法的比较

算法	准确率/%	
	15 张训练图像	30 张训练图像
CBD	57.7	65.4
LCFH	57.6	66.3
DECN	58.6	66.9
LSPM	67.0	73.2
LCLC	65.4	73.4
DEFEATnet	71.3	77.6
CSAE	64.0	71.4
DRB	81.9	84.5

与前面的例子一样,随机选择每一类的 5 张、10 张、15 张、20 张、25 张和 30 张图像来训练 DRB 分类器,并使用剩余的图像进行验证。表 13.10 列出了 5 次蒙特卡罗实验后,训练(每个规则)的平均准确率(%)和时间消耗(s)。可以看出,训练一条模糊规则只需要不到 2s 的时间。

表 13.10　Caltech101 数据集上不同数量训练样本的训练结果

训练图像	5	10	15	20	25	30
准确率/%	76.4	80.4	81.9	83.5	83.6	84.5
耗时 t_{exe}/s	0.14	0.39	0.99	1.02	1.25	1.42

13.2.3　讨论与分析

从本节给出的数值示例可以看出，DRB 分类器能够在手写数字识别、遥感场景分类、人脸识别、目标识别等各种图像分类问题中获得高准确率的分类结果。

此外，与目前最好的其他方法相比，DRB 分类器能够以在线、自主、高效的方式，自组织、自更新和自进化其系统结构和参数。与现有的方法（包括最好的和广泛使用的方法）相比，它基于原型的性质、有意义的语义、透明的内部结构，是非常重要的特征。更多的数值示例可参阅文献[14,21,24,32]。

13.3　结　论

DRB 分类器是解决各种问题的通用方法，在经过高效、透明、非参数、非迭代的训练过程之后，通过提供一个人类完全可解释的结构，可以作为基于 DCNN 的最新方法的有力替代。

本章介绍了 DRB 分类器的实现，并给出了基于各种基准图像集的数值实例，说明了 DRB 分类器的优越性能。

参考文献

[1] X. Gu, P. P. Angelov, J. C. Principe, A method for autonomous data partitioning. Inf. Sci. (Ny) 460–461, 65–82 (2018)

[2] Y. LeCun, L. Bottou, Y. Bengio, P. Haffner, Gradient-based learning applied to document recognition. Proc. IEEE 86(11), 2278–2323 (1998)

[3] http://yann.lecun.com/exdb/mnist/

[4] F. S. Samaria, A. C. Harter, Parameterisation of a stochastic model for human

face identification, in IEEE Workshop on Applications of Computer Vision (1994) pp. 138-142

[5] http://www.cl.cam.ac.uk/research/dtg/attarchive/facedatabase.html

[6] J. Gan, Q. Li, Z. Zhang, J. Wang, Two-level feature representation for aerial scene classification. IEEE Geosci. Remote Sens. Lett. 13(11), 1626-1630 (2016)

[7] http://icn.bjtu.edu.cn/Visint/resources/Scenesig.aspx

[8] Y. Yang, S. Newsam, Bag-of-visual-words and spatial extensions for land-use classification, in International Conference on Advances in Geographic Information Systems (2010) pp. 270-279

[9] http://weegee.vision.ucmerced.edu/datasets/landuse.html

[10] L. Fei-Fei, R. Fergus, P. Perona, One-shot learning of object categories. IEEE Trans. Pattern Anal. Mach. Intell. 28(4), 594-611 (2006)

[11] http://www.vision.caltech.edu/Image_Datasets/Caltech101/

[12] S. Gao, L. Duan, I. W. Tsang, DEFEATnet—A deep conventional image representation for image classification. IEEE Trans. Circuits Syst. Video Technol. 26(3), 494-505 (2016)

[13] T. Larrain, J. S. J. Bernhard, D. Mery, K. W. Bowyer, Face recognition using sparse fingerprint classification algorithm. IEEE Trans. Inf. Forensics Secur. 12(7), 1646-1657 (2017)

[14] P. Angelov, X. Gu, A cascade of deep learning fuzzy rule-based image classifier and SVM, in International Conference on Systems, Man and Cybernetics (2017) pp. 1-8

[15] A. Oliva, A. Torralba, Modeling the shape of the scene: A holistic representation of the spatial envelope. Int. J. Comput. Vis. 42(3), 145-175 (2001)

[16] N. Dalal, B. Triggs, Histograms of oriented gradients for human detection, in IEEE Computer Society Conference on Computer Vision and Pattern Recognition (2005) pp. 886-893

[17] M. Ranzato, F. J. Huang, Y. L. Boureau, Y. LeCun, Unsupervised learning of invariant feature hierarchies with applications to object recognition, in Proceedings of the IEEE Computer Society Conference on Computer Vision and Pattern Recognition (2007) pp. 1-8

[18] K. Jarrett, K. Kavukcuoglu, M. Ranzato, Y. LeCun, What is the best multi-stage

architecture for object recognition? in IEEE International Conference on Computer Vision (2009) pp. 2146-2153

[19] D. C. Cireşan, U. Meier, L. M. Gambardella, J. Schmidhuber, Convolutional neural network committees for handwritten character classification. Int. Conf. Doc. Analysis Recogn. 10, 1135-1139 (2011)

[20] D. Ciresan, U. Meier, J. Schmidhuber, Multi-column deep neural networks for image classification, in Conference on Computer Vision and Pattern Recognition (2012) pp. 3642-3649

[21] P. P. Angelov, X. Gu, MICE: Multi-layer multi-model images classifier ensemble, in IEEE International Conference on Cybernetics (2017) pp. 436-443

[22] J. Wang, C. Lu, M. Wang, P. Li, S. Yan, X. Hu, Robust face recognition via adaptive sparse representation. IEEE Trans. Cybern. 44(12), 2368-2378 (2014)

[23] X. Shi, Y. Yang, Z. Guo, Z. Lai, Face recognition by sparse discriminant analysis via joint L2, 1-norm minimization. Pattern Recogn. 47(7), 2447-2453 (2014)

[24] P. P. Angelov, X. Gu, Deep rule-based classifier with human-level performance and characteristics. Inf. Sci. (Ny) 463-464, 196-213 (2018)

[25] K. Simonyan, A. Zisserman, Very deep convolutional networks for large-scale image recognition, in International Conference on Learning Representations (2015) pp. 1-14

[26] T. Joachims, Text categorization with support vector machines: learning with many relevant features, in European Conference on Machine Learning (1998) pp. 137-142

[27] A. M. Cheriyadat, Unsupervised feature learning for aerial scene classification. IEEE Trans. Geosci. Remote Sens. 52(1), 439-451 (2014)

[28] S. Lazebnik, C. Schmid, J. Ponce, Beyond bags of features: spatial pyramid matching for recognizing natural scene categories, in IEEE Computer Society Conference on Computer Vision and Pattern Recognition (2006) pp. 2169-2178

[29] Y. Yang, S. Newsam, Spatial pyramid co-occurrence for image classification, in Proceedings of the IEEE International Conference on Computer Vision (2011) pp. 1465-1472

[30] J. Fan, T. Chen, S. Lu, Unsupervised feature learning for land-use scene recog-

nition. IEEE Trans. Geosci. Remote Sens. 55(4), 2250 – 2261 (2017)

[31] L. Zhang, L. Zhang, V. Kumar, Deep learning for remote sensing data. IEEE Geosci. Remote Sens. Mag. 4(2), 22 – 40 (2016)

[32] X. Gu, P. P. Angelov, C. Zhang, P. M. Atkinson, A massively parallel deep rule-based ensemble classifier for remote sensing scenes. IEEE Geosci. Remote Sens. Lett. 15(3), 345 – 349 (2018)

[33] H. Lee, R. Grosse, R. Ranganath, A. Y. Ng, Convolutional deep belief networks for scalable unsupervised learning of hierarchical representations, in Annual International Conference on Machine Learning (2009) pp. 1 – 8

[34] K. Kavukcuoglu, P. Sermanet, Y. -L. Boureau, K. Gregor, M. Mathieu, Y. LeCun, Learning convolutional feature hierarchies for visual recognition, in Advances in Neural Information Processing Systems (2010) pp. 1090 – 1098

[35] M. Zeiler, D. Krishnan, G. Taylor, R. Fergus, Deconvolutional networks, in IEEE Conference on Computer Vision and Pattern Recognition (2010) pp. 2528 – 2535

[36] J. Yang, K. Yu, Y. Gong, T. Huang, Linear spatial pyramid matching using sparse coding for image classification, in IEEE Conference on Computer Vision and Pattern Recognition (2009) pp. 1794 – 1801

[37] J. Wang, J. Yang, K. Yu, F. Lv, T. Huang, Y. Gong, Locality-constrained linear coding for image classification, in IEEE Conference on Computer Vision and Pattern Recognition (2010) pp. 3360 – 3367

[38] W. Luo, J. Li, J. Yang, W. Xu, J. Zhang, Convolutional sparse autoencoders for image classification. IEEE Trans. Neural Networks Learn. Syst. 29(7), 1 – 6 (2017)

第14章 半监督深度规则分类器的应用

深度规则分类器由于具有基于原型的特点,可以在离线和在线场景下扩展为完全透明的、人类可解释的和非迭代的半监督学习方法,即半监督的DRB(SS_DRB)分类器。与现有的半监督方法相比,SS_DRB分类器具有以下特点:
(1) 其学习过程可以在线逐样本或逐块进行;
(2) 其学习过程不存在错误传播;
(3) 能够对样本之外的图像进行分类;
(4) 能够学习新的类,并能自我进化系统结构。

本章介绍了SS_DRB分类器的实现和应用。附录B.6提供了相应的伪代码,附录C.6给出了Matlab的实现。

14.1 算法概述

由于SS_DRB分类器是在DRB分类器的基础上扩展而来的,本节将概述SS_DRB分类器的半监督学习过程的主要步骤:
(1) 离线半监督学习过程;
(2) 离线主动半监督学习过程;
(3) 在线半监督学习过程;
(4) 在线主动半监督学习过程。

SS_DRB分类器的验证过程与DRB分类器的验证过程相同,半监督学习过程的详细算法程序见9.5节。

14.1.1 离线半监督学习过程

DRB 分类器的离线半监督学习过程(离线 SS_DRB 学习算法)的主要步骤如下。

步骤1:预处理未标记的训练图像集$\{\mathbf{V}\}$,并提取相应的特征向量$\{v\}$。

步骤2:计算每个未标记训练图像的触发强度向量,$\lambda(\mathbf{V}_j),(j=1,2,\cdots,K)$。

步骤3:识别 DRB 分类器对其类标签具有高度置信水平的未标记训练图像$\{\mathbf{V}\}_0$。如果$\{\mathbf{V}\}_0$为非空集,则从$\{\mathbf{V}\}$中删除$\{\mathbf{V}\}_0$,并转到步骤4;否则,离线半监督学习过程停止,输出规则集并将$\{\mathbf{V}\}$中剩余图像作为$\{\mathbf{V}\}_2$。

步骤4:依据触发强度向量对$\{\mathbf{V}\}_0$进行排序,得到$\{\mathbf{V}\}_1$。

步骤5:使用带有$\{\mathbf{V}\}_1$的 DRB 学习算法(如 9.4.1 节和 13.1.1 节所述),更新 DRB 分类器,然后返回步骤2。

离线 SS_DRB 学习算法的主要过程流程框图如图 14.1 所示。

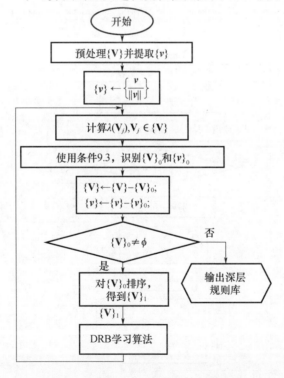

图 14.1　离线 SS_DRB 学习算法流程图

14.1.2 离线主动半监督学习过程

DRB分类器离线主动半监督学习过程(离线SS_DRB主动学习算法)的主要步骤如下。

步骤1：使用离线SS_DRB学习算法初始化DRB分类器,然后继续从未标记的训练图像集$\{\mathbf{V}\}$中学习。

步骤2：计算$\{\mathbf{V}\}_2$内每个未标记训练图像的触发强度向量$\boldsymbol{\lambda}(\mathbf{V}_j)(j=1,2,\cdots,K)$。

步骤3：识别未标记的训练图像$\{\mathbf{V}\}_3$,它们与DRB分类器中的原型不太相似。如果$\{\mathbf{V}\}_3$不为空集则转到步骤4;否则,离线主动半监督学习过程停止,并输出规则库。

步骤4：识别具有最小λ_{max}的未标记训练图像$\mathbf{V}_{min} \in \{\mathbf{V}\}_3$,以$\mathbf{V}_{min}$为原型向规则库添加新的模糊规则。

步骤5：从$\{\mathbf{V}\}_2$中移除$\mathbf{V}_{min}$,并返回步骤1。

DRB系统离线主动半监督学习过程的主要流程框图如图14.2所示。

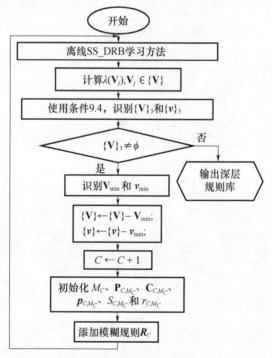

图14.2 离线SS_DRB主动学习算法流程图

14.1.3 在线(主动)半监督学习过程

如果使用可选的主动半监督学习算法,DRB 分类器能够进行在线主动学习。由于在线(主动)半监督学习算法可以在逐个样本或逐块的基础上进行,这里分别总结了该算法的两种操作模式。

1. 逐个样本方式

DRB 分类器(在线 SS_DRB 主动学习算法)采用逐个样本的在线(主动)半监督学习过程,其主要步骤概述如下,具体相应的流程框图如图 14.3 所示。

步骤1:对可用的未标记新图像 $\mathbf{V}_K$ 进行预处理,并提取特征向量。

步骤2:计算触发强度向量 $\lambda(\mathbf{V}_K)$。

步骤3:如果 DRB 分类器对 $\mathbf{V}_K$ 的分类有把握,则转到步骤4;否则,如果需要 DRB 分类器进行主动学习,则转到步骤5,或者直接转到步骤6。

步骤4:根据其估计的分类,使用 DRB 学习算法(见 9.4.1 节和 13.1.1 节),用 $\mathbf{V}_K$ 更新 DRB 分类器,并转到步骤6。

步骤5:以 $\mathbf{V}_K$ 为原型,在规则库中添加一个新的模糊规则,并转到步骤6。

步骤6:返回到步骤1,并处理下一个图像($K \leftarrow K+1$)。

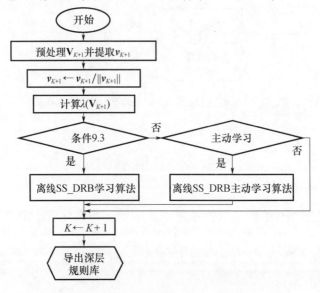

图 14.3　逐样本在线 SS_DRB(主动)学习算法流程图

2. 逐块方式

本节总结了基于逐块的在线 SS_DRB(主动的)学习算法的主要步骤。相应的流程框图如图 14.4 所示。

步骤 1:接收下一个数据块 $\{\mathbf{V}\}_H^j$($j \leftarrow j+1$)。如果需要 DRB 分类器进行主动学习,转至步骤 2;否则,转至步骤 3。

步骤 2:使用离线 SS_DRB 学习算法,基于 $\{\mathbf{V}\}_H^j$,更新 DRB 分类器,返回步骤 1。

步骤 3:使用离线 SS_DRB 主动学习算法,根据 $\{\mathbf{V}\}_H^j$ 更新 DRB 分类器,返回步骤 1。

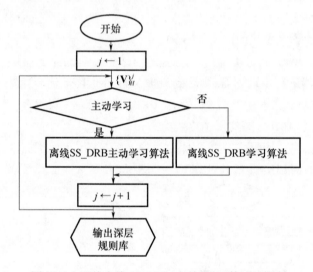

图 14.4　逐块在线 SS_DRB(主动)学习算法流程图

14.2　数值示例

在这一部分中,给出了数值示例来演示 SS_DRB 分类器在图像分类中的性能。

用于本章数值示例的 DRB/SS_DRB 分类器的结构与 13.2.2 节所用结构相同(图 13.20)。

14.2.1 评估数据集

本节将通过以下基准图像集评估 SS_DRB 分类器的性能：
(1) 新加坡数据集[1]（可从文献[2]中下载）；
(2) UCMerced 土地利用数据集[3]（可从文献[4]中下载）；
(3) Caltech101 数据集[5]（可从文献[6]中下载）。
这 3 个基准数据集的详细信息可参见 13.2.1 节。

14.2.2 性能评价

本节评估了 SS_DRB 分类器在基准数据集上进行图像分类的性能。

1. 离线半监督学习过程说明

在本节中，基于新加坡数据集的一个子集，给出了 DRB 分类器离线半监督学习过程的一个示例。在本例中，$\Omega_1 = 1.2$，$\Omega_2 = 0.5$。

为了清楚起见，只选择了"飞机""森林""工业区"和"住宅区"4 个类别。带有标签的训练集总共包含 20 幅图像（每类 5 幅图像），如图 14.5 所示。DRB 分类器使用 9.4.1 节中给出的 DRB 学习算法，在逐个样本的基础上，使用带标签的训练集进行训练。图 14.6 给出了大规模并行模糊规则识别过程和训练过程后最终识别的模糊规则。

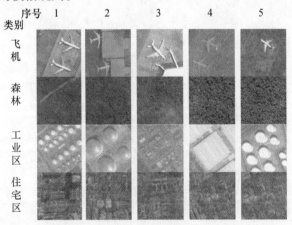

图 14.5 （见彩图）训练图片展示

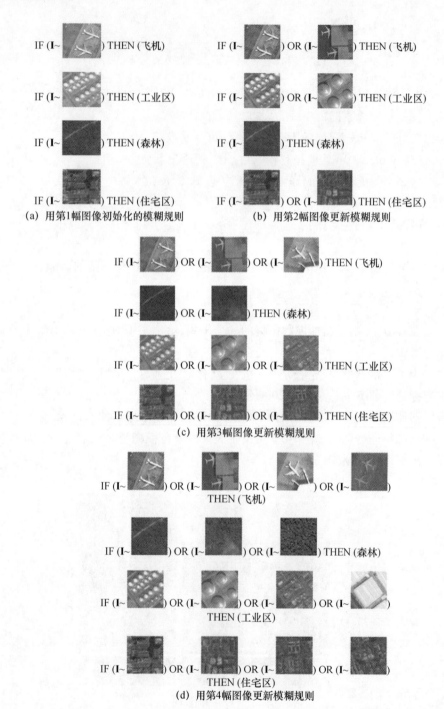

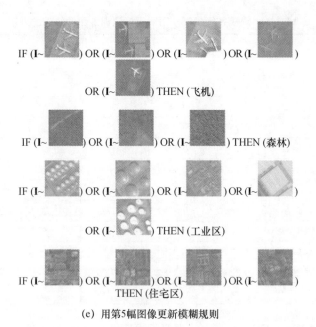

(e) 用第5幅图像更新模糊规则

图 14.6 （见彩图）通过监督学习过程的大规模并行模糊规则识别

系统初始化后，将来自"飞机""森林""港口""工业区""立交桥"和"住宅区"6 个不同类别的 10 个图像用作未标记的训练图像，供 DRB 分类器以半监督方式学习。10 幅未标记的训练图像如图 14.7 所示。

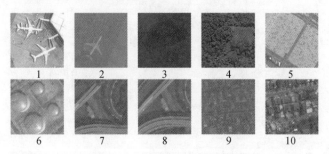

图 14.7 （见彩图）未标记的训练图像

由图 14.7 可以看到，10 幅图像中有 7 个来自以前存在的类。有一个来自"港口"类的图像和两个来自"立交桥"类的图像，这是 DRB 分类器以前从未见过的。表 14.1 列出了确定的 10 幅图像的大规模并行模糊规则的触发强度。

表 14.1　大规模并行模糊规则对无标记训练图像的触发强度

图像 ID	规则序号				条件 10.3（是/否）	估计标签
	置信水平(λ)					
	1	2	3	4		
1	0.6793	0.1573	0.3874	0.3206	是	飞机
2	0.5916	0.2521	0.2850	0.2613	是	飞机
3	0.2441	0.7165	0.1583	0.1690	是	森林
4	0.2165	0.7286	0.1939	0.2090	是	森林
5	0.4664	0.2008	0.5038	0.3347	否	不确定
6	0.2436	0.1467	0.8999	0.2735	是	工业区
7	0.3191	0.2045	0.3299	0.3092	否	不确定
8	0.2929	0.1748	0.3159	0.3086	否	不确定
9	0.2666	0.2204	0.3886	0.6400	是	住宅区
10	0.3039	0.1814	0.4830	0.7456	是	住宅区

图 14.8 给出了 10 个未标记训练图像中 $(\lambda_{max*} - \lambda_{max**})$ 的对应值，其中可以看到 3 幅图像（ID:5、7 和 8）的值明显低于其他图像的值。

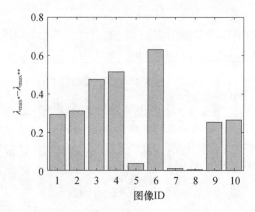

图 14.8　10 幅未标记训练图像 $(\lambda_{max*} - \lambda_{max**})$ 的对应值

在半监督学习过程后，更新的模糊规则如图 14.9 所示，该过程中新识别的原型用红色高亮显示。

如果 SS_DRB 分类器以主动方式从未标记训练集中学习，则从未标记训练集中识别出两个新的模糊规则，如图 14.10 所示。然而，由于算法不能在新模糊规则中识别原型的语义，因此系统自动将新类命名为"新类 1"和"新类 2"。人类专家也可以事后通过简单地检查原型来查看新的模糊规则，并给它们贴上有意义的标签,即"新类1"可以命名为"立交桥","新类2"可以命名为"港口"。这个过程比通常的方法要简单得多,因为它只涉及已聚合的原型数据,而不涉及大量的原始数据,因此比通常的方法更方便用户使用。

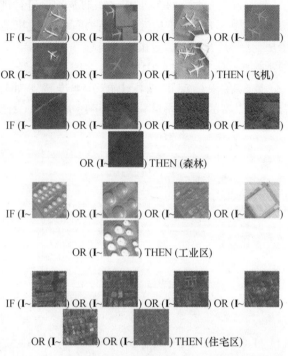

图14.9 (见彩图)通过红色半监督学习过程更新的模糊规则

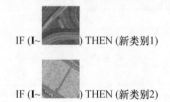

图14.10 (见彩图)通过主动半监督学习过程识别的新模糊规则

2. 性能论证与分析

本节将使用 SS_DRB 分类器在 UCMerced 数据集上进行一系列数值实验以验证其性能。

1) Q_1 对性能的影响

首先研究了不同 Ω_1 值下 SS_DRB 分类器的性能。从每类中随机选取 8 幅图像作为标记训练集,对 DRB 分类器进行监督训练,其余图像作为未标记训练集,在离线和在线场景中继续进行 DRB 分类器的半监督学习过程。因此,标记训练集有 168 幅图像,而未标记训练集有 1932 幅图像。

在线场景中,半监督学习是在逐样本和逐块的基础上进行的。对于前一种情况,对未标记图像的顺序是随机的。在后一种情况下,随机地将未标记的训练样本分成两个块,它们具有相同数量的图像。

在这个数值示例中,Ω_1 的值在 1.05~1.30 之间变化。经过 50 次蒙特卡罗实验,SS_DRB 分类器在未标记训练集上的分类准确率如图 14.11 所示。表 14.2 列出了所识别原型的平均数量 M。这里还以完全监督 DRB 分类器的性能作为基线。

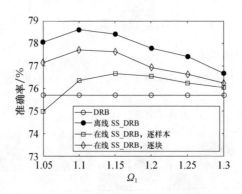

图 14.11　不同 Ω_1 取值下的 SS_DRB 分类器的平均精度曲线

表 14.2　不同 Ω_1 取值下的 SS_DRB 分类器的性能

算法	Ω_1	1.05	1.10	1.15
DRB	M		161.1	
离线 SS_DRB	M	1637	1402.8	1194.9
在线逐样本 SS_DRB	M	1432.6	1192.8	1008.2
在线逐块 SS_DRB	M	1581.6	1337.8	1127.7
算法	Ω_1	1.20	1.25	1.3
DRB	M		161.1	
离线 SS_DRB	M	1015.8	874.7	759.1
在线逐样本 SS_DRB	M	862.8	746.2	648.9
在线逐块 SS_DRB	M	960.1	825.1	712.6

从表 14.2 中可以看出,Ω_1 的值越高,在半监督学习过程中 SS_DRB 分类器识别的原型就越少,因此系统结构也就不那么复杂,计算效率也更高。然而,从

图 14.11 中可以明显看出,分类结果的准确性与 Ω_1 值并不是线性相关的。SS_DRB 分类器存在一定的 Ω_1 值范围,以达到最佳的分类精度。考虑到总体性能和系统复杂性,实验中 Ω_1 的最佳取值范围是 [1.1, 1.2]。为保证一致性起见,本章的其他数值示例中使用了 $\Omega_1 = 1.2$。但是,也可以为 Ω_1 设置不同的值。

2) 标记训练集规模对性能的影响

在这个数值示例中,从 UCMerced 数据集的每一类中随机选择 $K = 1, 2, 3, \cdots, 10$ 幅图像作为标记训练图像,其余图像作为未标记的训练图像,在离线和在线场景中训练 SS_DRB 分类器。

与之前的实验类似,在线半监督学习是在逐样本和逐块的基础上进行的。经过 50 次蒙特卡罗实验后,SS_DRB 分类器在未标记训练集上的分类准确率如图 14.12 所示。

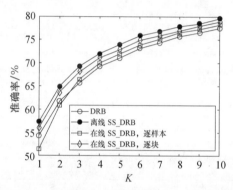

图 14.12　不同标记图像数目的 SS_DRB 分类器的准确率

从图 14.12 可以看出,当 $\Omega_1 = 1.2$ 时,SS_DRB 分类器在离线场景中性能最好,这是因为 SS_DRB 分类器能够全面表示静态图像集的整体属性。在逐块在线学习模式下,SS_DRB 分类器只能研究每个块中未标记图像的整体特性。如果在线半监督学习是在逐样本基础上进行的,由于未标记的训练图像是相互隔离的,那么它的性能会进一步恶化。

3) Ω_2 对主动学习机制和性能的影响

在这个数值示例中,研究了 Ω_2 对主动学习机制和 SS_DRB 分类器性能的影响。在实验过程中,Ω_2 的取值范围为 0.4 ~ 0.65,步长为 0.05。

从 UCMerced 数据集中随机选择 21 个类中的 20 个类,从每个类中选取 $K = 10$ 个图像作为标记训练图像,剩下的图像用作未标记训练集,用于在离线和在线场景中训练 SS_DRB 分类器。与之前的实验类似,半监督学习是在一个在线场景中,在逐样本或逐块的基础上进行的。

为了计算分类准确度,对于每个新获得的类/模糊规则,使用其优势隶属类标签作为该类/模糊规则的标签。图 14.13 显示了经过 50 次蒙特卡罗实验后,SS_DRB 分类器在未标记训练集上的平均分类准确率(%)。实验中训练过程结束后的平均类数 C 如表 14.3 所列。

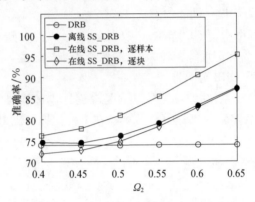

图 14.13 不同 Ω_2 值下 SS_DRB 分类器的准确率

表 14.3 不同 Ω_2 值下 SS_DRB 分类器的性能

算法	Ω_2	0.4	0.45	0.5
DRB	C		20	
离线 SS_DRB	C	20.2	32.7	74.8
在线逐样本 SS_DRB	C	25.2	55.3	141.6
在线逐块 SS_DRB	C	21.3	38.6	94.3
算法	Ω_2	0.55	0.6	0.65
DRB	C		20	
离线 SS_DRB	C	167.6	292.2	434.3
在线逐样本 SS_DRB	C	304.8	523.1	758.9
在线逐块 SS_DRB	C	212.4	368.9	545.0

从图 14.13 和表 14.3 中可以看出,Ω_2 值越高,SS_DRB 分类器将从未标记的训练图像中学习到更多的新类,并且 SS_DRB 分类器显示出更好的分类准确率。

在实验中,许多新学到的模糊规则实际上是由已知类的图像初始化获得的。这是因为即使是在同一个类中的图像,通常也有各种各样的语义内容,而且它们之间有很大的区别。主动学习算法允许 SS_DRB 分类器不仅从未见过类的图像中学习,还可以从已见过类的图像中学习,这些图像与同一类中的其他图像不同(即,重组已学过类的结构)。

考虑到总体性能和系统复杂性,实验中 Ω_2 的最佳取值范围为 $[0.5,0.6]$。为了保持一致性,在本章的其余数值示例中使用 $\Omega_2 = 0.5$。但是,还可以为 Ω_2 设置不同的值。

14.2.3 性能比较与分析

在本节中,基于 14.2.1 节中列出的 3 个基准问题,将 SS_DRB 分类器的性能与以下最新方法进行了比较。

(1) 监督分类算法:
① 线性核 SVM 分类器[7];
② kNN 分类器[8]。

(2) 半监督分类算法:
① 基于局部和全局一致性(LGC)的半监督分类器[9];
② 基于贪婪梯度最大分割(GGMC)的半监督分类器[10];
③ 拉普拉斯 SVM(LapSVM)分类器[11-12]。

在实验中,kNN 的 k 值设置为 K(每个类已标记的训练图像的数量)。LGC 分类器的自由参数 α 按文献[9]中的建议设置为 0.99。GGMC 分类器的自由参数 μ 按文献[10]中的建议设置为 $\mu = 0.01$。LGC 和 GGMC 使用 $k = K$ 的 kNN 图。LapSVM 分类器对所有基准问题都采用"一对所有"策略,采用了 $\sigma = 10$ 的 RBF 核;两个自由参数 γ_1 和 γ_A 分别设置为 1 和 10^{-6},如文献[11]所建议,用于计算图的拉普拉斯邻域数 k 设为 15。

为了进行公平的比较,只考虑了采用离线半监督学习的 SS_DRB 分类器的性能。因此,本节中提出的所有数值示例都是在离线场景中进行的。

1. 新加坡数据集的性能比较

对于新加坡数据集,从每个类中随机选取 $K = 1,2,3,\cdots,10$ 幅图像作为标记的训练图像,其余图像作为未标记图像,在离线场景中训练 SS_DRB 分类器。图 14.14 描述了不同 K 值的分类准确率曲线(百分比)。上述 5 种算法所得到的准确率曲线也在同一图中给出,以供比较。在图 14.14 中,每条曲线是 50 次蒙特卡罗实验的平均值。

2. UCMerced 数据集的性能比较

对于 UCMerced 数据集,从每个类中随机挑选 $K = 1,2,3,\cdots,10$ 幅图像作为标记训练图像,其余的作为未标记训练图像使用。图 14.15 给出了 SS_DRB 分类器与 5 种比较算法的分类性能。其中分类准确率是在未标训练图像上进行 50 次蒙特卡罗实验后,得到的平均值。

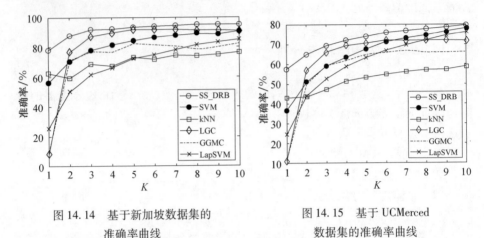

图 14.14 基于新加坡数据集的准确率曲线

图 14.15 基于 UCMerced 数据集的准确率曲线

3. Caltech 101 数据集的性能比较

对于 Caltech 101 数据集,按照常用的实验方案[13],从每个类中随机选取 30 幅图像作为数值实验中的训练集。背景类被排除在外,因为这个类别中的图像大多是不相关的。

进一步随机选择每类 $K=1,2,3,4,5$ 幅图像作为标记的训练集,其余作为未标记训练集。图 14.16 以分类准确率给出了在对未标记的训练图像进行了 50 次蒙特卡罗实验后,SS_DRB 分类器与 5 种比较算法在 Caltech 101 数据集上的分类性能。

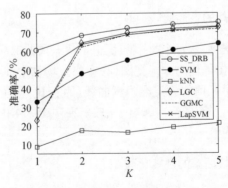

图 14.16 (见彩图)基于 Caltech 101 数据集的准确率曲线

14.2.4 讨论

从 14.2.3 节中给出的数值示例可以看出，SS_DRB 分类器能够在只有少量标记训练图像的情况下提供最好的分类结果。在所有 3 个流行的基准数据集上，它始终优于所有其他最新的分类算法（包括有监督和半监督算法）。

此外，由于其非迭代的"一次完成"学习过程（在该过程中没有错误传播），SS_DRB 分类器能够在很大程度上容忍错误的伪标记图像，因此，即使标记的训练图像很少，它也能够在复杂问题中始终表现出高性能。更多数值示例可参见文献[14]。

14.3 结 论

本章介绍了作为 DRB 分类器的一个扩展的 SS_DRB 分类器的实现。SS_DRB 分类器在经过高度透明和计算效率高的半监督学习过程后，能够在未标记图像上提供比其他半监督方法更高的分类准确率。

本章给出的基于大规模基准图像集的数值示例证明了 SS_DRB 分类器的强大性能。

参考文献

[1] J. Gan, Q. Li, Z. Zhang, J. Wang, Two-level feature representation for aerial scene classification. IEEE Geosci. Remote Sens. Lett. 13(11), 1626 – 1630 (2016).

[2] http://icn.bjtu.edu.cn/Visint/resources/Scenesig.aspx.

[3] Y. Yang, S. Newsam, Bag-of-visual-words and spatial extensions for land-use classification, in International Conference on Advances in Geographic Information Systems (2010) pp. 270 – 279.

[4] http://weegee.vision.ucmerced.edu/datasets/landuse.html.

[5] L. Fei-Fei, R. Fergus, P. Perona, One-shot learning of object categories. IEEE Trans. Pattern Anal. Mach. Intell. 28(4), 594 – 611 (2006).

[6] http://www.vision.caltech.edu/Image_Datasets/Caltech101/

[7] N. Cristianini, J. Shawe-Taylor, An Introduction to Support Vector Machines and

OtherKernel-Based Learning Methods (Cambridge University Press, Cambridge, 2000).

[8] P. Cunningham, S. J. Delany, K-nearest neighbour classifiers. Mult. Classif. Syst. 34, 1 – 17(2007).

[9] D. Zhou, O. Bousquet, T. N. Lal, J. Weston, B. Schölkopf, Learning with local and global consistency. Adv. Neural. Inform. Process Syst., 321 – 328 (2004).

[10] J. Wang, T. Jebara, S. F. Chang, Semi-supervised learning using greedy Max-Cut. J. Mach. Learn. Res. 14, 771 – 800 (2013).

[11] M. Belkin, P. Niyogi, V. Sindhwani, Manifold regularization: a geometric framework for learning from labeled and unlabeled examples. J. Mach. Learn. Res. 7 (2006), 2399 – 2434(2006).

[12] L. Gómez-Chova, G. Camps-Valls, J. Munoz-Mari, J. Calpe, Semisupervised image classification with Laplacian support vector machines. IEEE Geosci. Remote Sens. Lett. 5(3), 336 – 340 (2008).

[13] L. Fei-Fei, R. Fergus, P. Perona, Learning generative visual models from few training examples: an incremental Bayesian approach tested on 101 object categories. Comput. Vis. Image Underst. 106(1), 59 – 70 (2007).

[14] X. Gu, P. P. Angelov, Semi-supervised deep rule-based approach for image classification. Appl. Soft Comput. 68, 53 – 68 (2018).

后 记

本书系统地介绍了新的实证机器学习方法。在当前最先进的方法中,其出发点是一系列假设,包括数据分布与生成模型、数据的数量和特性、与问题和用户相关的阈值及算法参数;而在实证方法中,其出发点是数据。

第一步是数据预处理。它包括将现实世界的问题转换/映射到一个 M 维特征空间。本书中,对于这一步,我们使用已有的机器学习方法,例如,使用归一化或标准化的方法,对图像处理使用 HOG、GIST 或两者结合的方式,或者使用预先训练好的深度卷积神经网络(DCNN),如 VGG。数据预处理还包括选择要使用的距离类型。所有进一步的考虑尽管都是常规的,但是由于简单性,更多地使用欧几里得类型的距离。

我们随后对统计机器学习方法和计算智能方法进行了回顾。在回顾之后,系统地介绍了新实证方法中的非参量,包括累积邻近度 q、偏心率 ξ 和标准偏心率 ε、数据密度 D 和典型性 τ。

接着还讨论了它们的性质,给出了它们的递归计算表达式。描述和分析了数据密度(D、D^C、D^M、D^{CM})和典型性(τ、τ^C、τ^M、τ^{CM})的离散和连续版本,以及单模态和多模态版本。引入的非参量具有极为重要的意义,它们是本书提出的新实证方法的理论基础。

作为模式识别中的一种全新度量方法,离散版本的典型性 τ,类似于单模态概率分布函数,但它是一种离散的形式。离散多模态典型性 τ^M,类似于概率质量函数,但其直接来源于数据,不存在传统方法所面临的悖论和问题。连续单模态典型性 τ^C 和多模态典型性 τ^{CM},与单模态和多模态概率分布函数有许多相同的性质,但不受限于先验假设以及特定的用户/问题参数的影响。

所提出的新实证方法最与众不同的特点是,它不受传统概率论和统计学习方法对数据生成模型的限制性的、不切实际的先验假设的限制。相反,它完全基于实证观测离散数据的总体特性和相互分布。此外,它不需要对数据的随机性或确定性、其独立性甚至数据数量作出明确的假设。这种新实证方法触及了数据分析的基础,因此,它有着广泛的应用,包括异常检测、聚类/数据分割、分类、预测、基于模糊规则的系统、基于深度规则的系统等。在本书其他部分,介绍了其中一些主要应用。欲知更多细节,感兴趣的读者可参阅我们给出的期刊及会议出版物。

本书介绍了新型模糊集,命名为"实证模糊集",以及一种基于模糊规则系统的新形式,命名为"实证 FRB 系统",它涉及如何建立 FRB 系统的基础问题。提出了两种识别"实证 FRB 系统"的方法(主观方法和客观方法)。相比较于传统的模糊集与 FRB 系统,"实证模糊集"和"实证 FRB 系统"具有以下显著优势:①它们以透明的、数据驱动的方式导出,无须先验假设;②它们有效地将数据驱动与人工导出模型相结合;③它们具有很强的解释性和高度的客观性;④它们为专家提供便利,但是绕开了人类专业知识的介入。

接着,针对异常检测问题本书描述了新实证方法。它不依赖于模型、用户和问题参数,完全由数据驱动,该方法基于数据密度和/或典型性。

进一步对全局与局部异常或上下文异常作出了清晰地区分,并提出了一种包含两个阶段的自主异常检测方法:在第一阶段,检测所有潜在的全局异常;在第二阶段,通过形成的数据云和识别可能的局部异常(与这些数据云有关)来分析数据模式。

采用标准化偏心率来简化知名的切比雪夫不等式,将其用于全自主的方法,并概述了故障检测问题。后一种方法也可以扩展到全自主检测与隔离故障,这对 FDI 实际应用问题,是一种非常重要的新方法。

本书介绍了一种将数据自主分割成数据云的新方法,从而形成 Voronoi 划分。这可以看作聚类,尽管它有一些特定的差异(主要表现在这些数据云的形状以及形成数据云的特定方式上)。聚类和数据分割这两者的目标,都是将大量原始数据转换为更少量的(可管理的)、更具代表性的聚合体,使其具有语义。

所提出的新的实证数据分割算法,有两种形式/类型,即离线的以及在线的和进化的。

此外,还提出并阐述了一种算法,能保证所导出结构的局部最优性。作为提出方法的结果,可以从原始数据出发,以局部最优数据云结构告终,每个数据云由其焦点所表达,这些焦点是以"数据密度和典型性"术语表征的峰值(数据密度和典型性的局部最大值点)。

因此,该系统结构已准备好,可用于分析、构建多模型的分类器、预测器和控制器,或用于故障隔离。在此基础上,采用新的实证方法(由实际观察到的数据驱动,而不是由预先定义的、限制性的假设和强加的模型结构驱动),转向专注于求解问题。

我们引入 ALMMo 系统。ALMMo 进阶到 AnYa 型神经模糊系统,其可看成一种通用的、自发展、自进化、稳定的、局部最优的得到证明的通用逼近器。我们从概念开始,然后更详细地探究零阶与一阶 ALMMo。描述了其架构,接着为学习方法(在线和离线)提供了一阶 ALMMo 系统的稳定性理论证明(采用李雅普诺夫定理),以及满足 Karush - Kuhn - Tucker 条件的局部最优性的理论证明。

本书简要回顾了基于原型的分类器,如 kNN、SVM、eClass0、ALMMo - 0,并进而描述了提出的基于 DRB 的分类器。DRB 无须先验假设数据分布类型、数据的随机性或确定性特性,也无须对模型结构、隶属函数、层数等作出特别的假设。同时,基于原型的特性,允许 DRB 分类器是非参数的、非迭代的、自组织的、自进化的和高度并行的。

DRB 分类器的训练是 ALMMo - 0 学习算法的一种改进,因为训练过程高度并行化,使训练显著加快,可以"从零开始"。DRB 分类器具有基于原型的特性,能够以完全在线、自主、非迭代、非参数的方式,从训练图像中识别出多个原型,并在此基础上,构建一种大规模并行模糊规则库,以进行分类。DRB 分类器的训练和验证过程,只涉及识别原型和未标注样本之间的视觉相似性,即只涉及非常一般的原则。简而言之,相比于当前最先进的方法,DRB 分类器具有以下独特的特性,这主要归功于它基于原型的特性:

(1) 不受先验假设、特定用户与问题参数的限制;

(2) 学习过程完全在线、自主、非迭代、无参数,可以"从零开始";

(3) 学习过程高度并行,非常高效;

(4) 系统结构具有自组织、自进化、完全透明、高可解释性等特点。

进一步介绍了半监督 DRB 分类器 SS_DRB,与现有的半监督分类器相比,除了 DRB 分类器的独特特点外,SS_DRB 分类器还具有以下独一无二的特点:

(1) 学习过程可以按逐个数据样本进行,也可以按逐个数据块进行;

(2) 能够完成样本之外的分类;

(3) 能够以主动方式学习新类别,能够自我进化其内部系统结构;

(4) 学习过程中没有迭代,因此,无错误传播。

通过这种方式,本书针对机器学习,引入了一种完整和系统的新方法,其从实证观察数据出发,覆盖了模式识别和数据挖掘的所有方面。它也适用于控制领域(本书未涉及),以及异常检测、故障检测和隔离、预测模型等问题。

在本书的第 3 篇,对书中提出的各种算法进行了详细的描述。此外,也提供了一套课堂讲稿,可独立地用于研究生课程或高级机器学习本科生课程。

正如第 1 章的末尾列出的,提出的实证方法总体过程可概括为 5 个阶段。

阶段 0　预处理。其起始于将现实问题转换为一个 M 维变量向量(特征/属性)。数学上,它们将每个观测值表示为特征/数据空间中的一个点,然后将数据归一化或标准化,如第 2 章所述。归一化相当于将真实世界的问题转化为一个尺寸为 1 的超立方体 $x \in [0,1]^N$;标准化相当于将大量数据转换成尺寸为 6 的超立方体 $x \in [-3,3]^N$。事实上,首先使用标准化,接着归一化,总能将实际数据空间转换成尺寸为 1 的超立方体。其好处是在线模式下的数据范围通常是事先不知道的,并且可能动态地改变,因此在线模式中应用归一化是有问题的,可以应用标准化,作为一个副产品,这样很容易发现异常。然后对于已经标准化的数据,可以应用归一化,将尺寸为 6 的超立方体转换为尺寸为 1 的超立方体(如果使用 3σ 原则,则每个标准化变量/特征的范围将为 $[-3,3]$)。这种先标准化再归一化的顺序,能够很容易地在线完成。

阶段 1　本质是将 N 维数据/特征空间扩展为 $N+1$ 维空间,其中附加的维度表示数据密度和/或典型性。本书还介绍了离散多模态分布以及连续形式的数据密度和典型性分布。这些分布的峰值,对标识原型起着非常重要的作用。提出的方法是"一次通过"的,不需要聚类、搜索或优化技术来确定数据分布、分类或预测模型结构。

阶段 2　包括零阶和一阶 ALMMo 系统。零阶系统 ALMMo - 0 可用于图像处理和其他分类器。它也可以作为一个预测器,甚至比例控制器,用于故障检测和隔离,但也许最有趣的应用是基于原型、快速、透明和高度并行的 DRB 分类器。它们能达到人类的认知水平,并已被证明优于目前流行的主流深度神经网络。SS_DRB 分类器可以仅从一小部分带标签的数据中学习,然后以无监督方式继续学习,并主动学习新类别。

一阶 ALMMo - 1 主要用作预测器,也可作为分类器以及自组织控制器(模糊混合比例 - 积分 - 微分控制器)。基于 ALMMo - 1 的分类器对于特征量相对较少(数十个到数百个,而非数百万个)的问题更有效,因此不适用于图像处理。

阶段 3　ALMMo 的总体输出,是由模糊加权递归最小二乘法(FWRLS)算法形成的。从理论上已证明了 ALMMo 模型的局部最优性、稳定性和收敛性。

阶段 4　最后,ALMMo 通过模糊触发级别 λ,将部分局部模型进行融合得到总体输出。这为融合在不同数据空间工作的分类器的部分结果提供了可能性。通过这种方式,可以基于 ALMMo 模型构建异构分类器,其以图像/视频、信号(物理变量,如温度、压力、位置、采购数据等)和文本作为输入,并生成单一的输出。

未来,我们将开发这个方法专注于解决4个问题:①协同分布式系统,自主地学习和实证地学习;②具有证明稳定性的实证自进化控制器;③处理异构数据(异构分类器)的实证方法,将图像、信号和文本类型的异构数据,融合在一起;④还将开发新的方法,以组织某种"原型",通过原型快速地搜索,如针对层次形式进行搜索。

附录 A

在本附录中,采用欧几里得(Euclidean)距离和马哈拉诺比斯(Mahalanobis)距离,详细推导了第 4 章呈现的累积邻近度数学表达式。

A.1 使用欧几里得距离的累积邻近度

利用欧几里得距离,$q_K(\boldsymbol{x}_i)$ 和 $\sum_{i=1}^{K} q_K(\boldsymbol{x}_i)$ 的递归表达式可以定义为

$$\begin{aligned}
q_K(\boldsymbol{x}_i) &= \sum_{j=1}^{K} d^2(\boldsymbol{x}_i, \boldsymbol{x}_j) = \sum_{j=1}^{K} (\boldsymbol{x}_i - \boldsymbol{x}_j)^{\mathrm{T}} (\boldsymbol{x}_i - \boldsymbol{x}_j) \\
&= \sum_{j=1}^{K} (\boldsymbol{x}_i^{\mathrm{T}} \boldsymbol{x}_i - \boldsymbol{x}_j^{\mathrm{T}} \boldsymbol{x}_i - \boldsymbol{x}_i^{\mathrm{T}} \boldsymbol{x}_j + \boldsymbol{x}_j^{\mathrm{T}} \boldsymbol{x}_j) \\
&= K \boldsymbol{x}_i^{\mathrm{T}} \boldsymbol{x}_i - K \boldsymbol{\mu}_K^{\mathrm{T}} \boldsymbol{x}_i - K \boldsymbol{x}_i^{\mathrm{T}} \boldsymbol{\mu}_K + K X_K \\
&= K (\boldsymbol{x}_i - \boldsymbol{\mu}_K)^{\mathrm{T}} (\boldsymbol{x}_i - \boldsymbol{\mu}_K) + K X_K - K \boldsymbol{\mu}_K^{\mathrm{T}} \boldsymbol{\mu}_K \\
&= K (\|\boldsymbol{x}_i - \boldsymbol{\mu}_K\|^2 + X_K - \|\boldsymbol{\mu}_K\|^2)
\end{aligned} \quad (\text{A.1})$$

其结果为 $q_K(\boldsymbol{x}_i) = K(\|\boldsymbol{x}_i - \boldsymbol{\mu}_K\|^2 + X_K - \|\boldsymbol{\mu}_K\|^2)$,则

$$\begin{aligned}
\sum_{i=1}^{K} q_K(\boldsymbol{x}_i) &= \sum_{i=1}^{K} \sum_{j=1}^{K} d^2(\boldsymbol{x}_i, \boldsymbol{x}_j) = \sum_{i=1}^{K} \sum_{j=1}^{K} (\boldsymbol{x}_i - \boldsymbol{x}_j)^{\mathrm{T}} (\boldsymbol{x}_i - \boldsymbol{x}_j) \\
&= \sum_{i=1}^{K} \sum_{j=1}^{K} (\boldsymbol{x}_i^{\mathrm{T}} \boldsymbol{x}_i - \boldsymbol{x}_j^{\mathrm{T}} \boldsymbol{x}_i - \boldsymbol{x}_i^{\mathrm{T}} \boldsymbol{x}_j + \boldsymbol{x}_j^{\mathrm{T}} \boldsymbol{x}_j) \\
&= \sum_{i=1}^{K} \sum_{j=1}^{K} \boldsymbol{x}_i^{\mathrm{T}} \boldsymbol{x}_i - \sum_{i=1}^{K} \sum_{j=1}^{K} \boldsymbol{x}_j^{\mathrm{T}} \boldsymbol{x}_i - \sum_{i=1}^{K} \sum_{j=1}^{K} \boldsymbol{x}_i^{\mathrm{T}} \boldsymbol{x}_j + \sum_{i=1}^{K} \sum_{j=1}^{K} \boldsymbol{x}_j^{\mathrm{T}} \boldsymbol{x}_j \\
&= K \sum_{i=1}^{K} \boldsymbol{x}_i^{\mathrm{T}} \boldsymbol{x}_i + K \sum_{j=1}^{K} \boldsymbol{x}_j^{\mathrm{T}} \boldsymbol{x}_i - K \sum_{i=1}^{K} \boldsymbol{\mu}_K^{\mathrm{T}} \boldsymbol{x}_i - K \sum_{i=1}^{K} \boldsymbol{x}_i^{\mathrm{T}} \boldsymbol{\mu}_K
\end{aligned} \quad (\text{A.2})$$

$$= 2K(\sum_{i=1}^{K} \boldsymbol{x}_i^T \boldsymbol{x}_i - \sum_{i=1}^{K} \boldsymbol{x}_i^T \boldsymbol{\mu}_K) = 2K^2(X_K - \|\boldsymbol{\mu}_K\|^2)$$

即

$$\sum_{i=1}^{K} q_K(\boldsymbol{x}_i) = 2K^2(X_K - \|\boldsymbol{\mu}_K\|^2)$$

A.2 使用马哈拉诺比斯距离的累积邻近度

利用马哈拉诺比斯距离，$q_K(\boldsymbol{x}_i)$ 和 $\sum_{i=1}^{K} q_K(\boldsymbol{x}_i)$ 的递归表达式可以推导为

$$\begin{aligned}
q_K(\boldsymbol{x}_i) &= \sum_{j=1}^{K} d^2(\boldsymbol{x}_i, \boldsymbol{x}_j) = \sum_{j=1}^{K} (\boldsymbol{x}_i - \boldsymbol{x}_j)^T \boldsymbol{\Sigma}_K^{-1} (\boldsymbol{x}_i - \boldsymbol{x}_j) \\
&= \sum_{j=1}^{K} (\boldsymbol{x}_i^T \boldsymbol{\Sigma}_K^{-1} \boldsymbol{x}_i - \boldsymbol{x}_i^T \boldsymbol{\Sigma}_K^{-1} \boldsymbol{x}_j - \boldsymbol{x}_j^T \boldsymbol{\Sigma}_K^{-1} \boldsymbol{x}_i + \boldsymbol{x}_j^T \boldsymbol{\Sigma}_K^{-1} \boldsymbol{x}_j) \\
&= \sum_{j=1}^{K} \boldsymbol{x}_i^T \boldsymbol{\Sigma}_K^{-1} \boldsymbol{x}_i - \sum_{j=1}^{K} \boldsymbol{x}_i^T \boldsymbol{\Sigma}_K^{-1} \boldsymbol{x}_j - \sum_{j=1}^{K} \boldsymbol{x}_j^T \boldsymbol{\Sigma}_K^{-1} \boldsymbol{x}_i + \sum_{j=1}^{K} \boldsymbol{x}_j^T \boldsymbol{\Sigma}_K^{-1} \boldsymbol{x}_j \quad (\text{A.3}) \\
&= K \boldsymbol{x}_i^T \boldsymbol{\Sigma}_K^{-1} \boldsymbol{x}_i - K \boldsymbol{x}_i^T \boldsymbol{\Sigma}_K^{-1} \boldsymbol{\mu}_K - K \boldsymbol{\mu}_K^T \boldsymbol{\Sigma}_K^{-1} \boldsymbol{x}_i + \sum_{j=1}^{K} \boldsymbol{x}_j^T \boldsymbol{\Sigma}_K^{-1} \boldsymbol{x}_j \\
&= K (\boldsymbol{x}_i - \boldsymbol{\mu}_K)^T \boldsymbol{\Sigma}_K^{-1} (\boldsymbol{x}_i - \boldsymbol{\mu}_K) + \sum_{j=1}^{K} \boldsymbol{x}_j^T \boldsymbol{\Sigma}_K^{-1} \boldsymbol{x}_j - K \boldsymbol{\mu}_K^T \boldsymbol{\mu}_K \\
&= K((\boldsymbol{x}_i - \boldsymbol{\mu}_K)^T \boldsymbol{\Sigma}_K^{-1} (\boldsymbol{x}_i - \boldsymbol{\mu}_K) + X_K - \boldsymbol{\mu}_K^T \boldsymbol{\Sigma}_K^{-1} \boldsymbol{\mu}_K)
\end{aligned}$$

其结果为 $q_K(\boldsymbol{x}_i) = K((\boldsymbol{x}_i - \boldsymbol{\mu}_K)^T \boldsymbol{\Sigma}_K^{-1} (\boldsymbol{x}_i - \boldsymbol{\mu}_K) + X_K - \boldsymbol{\mu}_K^T \boldsymbol{\Sigma}_K^{-1} \boldsymbol{\mu}_K)$，则

$$\begin{aligned}
\sum_{i=1}^{K} q_K(\boldsymbol{x}_i) &= \sum_{i=1}^{K} \sum_{j=1}^{K} (\boldsymbol{x}_i - \boldsymbol{x}_j)^T \boldsymbol{\Sigma}_K^{-1} (\boldsymbol{x}_i - \boldsymbol{x}_j) \\
&= \sum_{i=1}^{K} \sum_{j=1}^{K} (\boldsymbol{x}_i^T \boldsymbol{\Sigma}_K^{-1} \boldsymbol{x}_i - \boldsymbol{x}_i^T \boldsymbol{\Sigma}_K^{-1} \boldsymbol{x}_j - \boldsymbol{x}_j^T \boldsymbol{\Sigma}_K^{-1} \boldsymbol{x}_i + \boldsymbol{x}_j^T \boldsymbol{\Sigma}_K^{-1} \boldsymbol{x}_j) \\
&= \sum_{i=1}^{K} \sum_{j=1}^{K} \boldsymbol{x}_i^T \boldsymbol{\Sigma}_K^{-1} \boldsymbol{x}_i - \sum_{i=1}^{K} \sum_{j=1}^{K} \boldsymbol{x}_i^T \boldsymbol{\Sigma}_K^{-1} \boldsymbol{x}_j - \sum_{i=1}^{K} \sum_{j=1}^{K} \boldsymbol{x}_j^T \boldsymbol{\Sigma}_K^{-1} \boldsymbol{x}_i \quad (\text{A.4a}) \\
&\quad + \sum_{i=1}^{K} \sum_{j=1}^{K} \boldsymbol{x}_j^T \boldsymbol{\Sigma}_K^{-1} \boldsymbol{x}_j \\
&= K \sum_{i=1}^{K} \boldsymbol{x}_i^T \boldsymbol{\Sigma}_K^{-1} \boldsymbol{x}_i - K \sum_{i=1}^{K} \boldsymbol{x}_i^T \boldsymbol{\Sigma}_K^{-1} \boldsymbol{\mu}_K - K \sum_{i=1}^{K} \boldsymbol{\mu}_K^T \boldsymbol{\Sigma}_K^{-1} \boldsymbol{x}_i + K \sum_{j=1}^{K} \boldsymbol{x}_j^T \boldsymbol{\Sigma}_K^{-1} \boldsymbol{x}_j \\
&= 2K^2 (X_K - \boldsymbol{\mu}_K^T \boldsymbol{\Sigma}_K^{-1} \boldsymbol{\mu}_K)
\end{aligned}$$

即

$$\sum_{i=1}^{K} q_K(\boldsymbol{x}_i) = 2K^2(X_K - \boldsymbol{\mu}_K^T \boldsymbol{\Sigma}_K^{-1} \boldsymbol{\mu}_K)$$

另一种方法,利用协方差矩阵对称性性质[1],$\sum_{i=1}^{K} q_K(\boldsymbol{x}_i)$ 可进一步简化为

$$\begin{aligned}
\sum_{i=1}^{K} q_K(\boldsymbol{x}_i) &= 2\sum_{i=1}^{K}\sum_{j=1}^{K} \boldsymbol{x}_i^T \boldsymbol{\Sigma}_K^{-1} \boldsymbol{x}_i - 2\sum_{i=1}^{K}\sum_{j=1}^{K} \boldsymbol{x}_j^T \boldsymbol{\Sigma}_K^{-1} \boldsymbol{x}_i \\
&= 2K \sum_{i=1}^{K} \boldsymbol{x}_i^T \boldsymbol{\Sigma}_K^{-1} \boldsymbol{x}_i - 2K^2 \boldsymbol{\mu}_K^T \boldsymbol{\Sigma}_K^{-1} \boldsymbol{\mu}_K \\
&= 2K \sum_{i=1}^{K} \boldsymbol{x}_i^T \left(\frac{1}{K}\sum_{j=1}^{K} (\boldsymbol{x}_j - \boldsymbol{\mu}_K)(\boldsymbol{x}_j - \boldsymbol{\mu}_K)^T \right)^{-1} \boldsymbol{x}_i \\
&\quad - 2K^2 \boldsymbol{\mu}_K^T \left(\frac{1}{K}\sum_{j=1}^{K} (\boldsymbol{x}_j - \boldsymbol{\mu}_K)(\boldsymbol{x}_j - \boldsymbol{\mu}_K)^T \right)^{-1} \boldsymbol{\mu}_K \\
&= \sum \left[2K \left(\sum_{i=1}^{K} \boldsymbol{x}_i \boldsymbol{x}_i^T \right) \otimes \left(\frac{1}{K}\sum_{j=1}^{K} \boldsymbol{x}_j \boldsymbol{x}_j^T - \boldsymbol{\mu}_K \boldsymbol{\mu}_K^T \right)^{-1} \right] \\
&\quad - \sum \left[2K^2 (\boldsymbol{\mu}_K \boldsymbol{\mu}_K^T) \otimes \left(\frac{1}{K}\sum_{j=1}^{K} \boldsymbol{x}_j \boldsymbol{x}_j^T - \boldsymbol{\mu}_K \boldsymbol{\mu}_K^T \right)^{-1} \right] \\
&= 2K^2 \sum \left[\left(\frac{1}{K}\sum_{j=1}^{K} \boldsymbol{x}_j \boldsymbol{x}_j^T - \boldsymbol{\mu}_K \boldsymbol{\mu}_K^T \right) \odot \left(\frac{1}{K}\sum_{j=1}^{K} \boldsymbol{x}_j \boldsymbol{x}_j^T - \boldsymbol{\mu}_K \boldsymbol{\mu}_K^T \right)^{-1} \right] \\
&= 2K^2 \sum \left[\left(\frac{1}{K}\sum_{j=1}^{K} \boldsymbol{x}_j \boldsymbol{x}_j^T - \boldsymbol{\mu}_K \boldsymbol{\mu}_K^T \right) \left(\frac{1}{K}\sum_{j=1}^{K} \boldsymbol{x}_j \boldsymbol{x}_j^T - \boldsymbol{\mu}_K \boldsymbol{\mu}_K^T \right)^{-1} \right] \otimes \boldsymbol{I}_{M \times M} \\
&= 2K^2 \mathrm{Trace}(\boldsymbol{I}_{M \times M}) = 2K^2 M
\end{aligned}$$

(A.4b)

式中:$\otimes$ 表示元素矩阵乘法运算符;$\odot$ 表示矩阵的迹。

其结果为

$$\sum_{i=1}^{K} q_K(\boldsymbol{x}_i) = 2K^2 M$$

参考文献

D. Kangin, P. Angelov, and J. A. Iglesias, "Autonomously evolving classifier TEDAClass," Inf. Sci. (Ny)., vol. 366, pp. 1–11, 2016.

附录 B

在本附录中,详细描述了本书中提出的实证方法的伪代码。为便于推导,如果没有特殊声明,则默认使用欧几里得距离类型;但是也可以使用其他类型的距离/差异性来代替。

B.1 自主异常检测

在这一节中,给出了自主异常检测(AAD)算法过程的伪代码。详细的算法步骤可见6.3节。默认情况下,使用 $n = 3$(对应于 3σ 规则)和第二级粒度,$G = 2$。

AAD算法

输入:静态数据集,$\{x\}_K$
算法开始

1. 分别计算 $\{x\}_K$ 和 $\{\|x\|^2\}_K$ 的均值 μ_K、X_K,即

$$\mu_K = \frac{1}{K}\sum_{i=1}^{K} x_i$$

$$X_K = \frac{1}{K}\sum_{i=1}^{K} \|x_i\|^2$$

2. 识别排序后的唯一数据样本集 $\{u\}_L$ 和对应的 $\{x\}_K$ 的出现频率 $\{F\}_L$。
3. 计算 $\{u\}_L$ 处的多模态典型值,即

$$\tau_K^M(u_i) = \frac{\dfrac{F_i}{X_K - \|\mu_K\|^2 + \|u_i - \mu_K\|^2}}{\sum_{j=1}^{L}\dfrac{F_j}{X_K - \|\mu_K\|^2 + \|u_j - \mu_K\|^2}}; \quad u_i \in \{u\}_L$$

4. 拓展 τ^M 到 $\{x\}_K$,并得到 $\{\tau^M(x)\}_K$。
5. 从总数据样本中选出具有 τ^M 最小值的 $\left(\dfrac{1}{2n^2}\right)$ 个样本,作为 $\{x\}_{PA}^1$。

续表

6. $R_{K,0} = 2(X_K - \|\boldsymbol{\mu}_K\|^2)$。
7. **FOR** $l = 1$ **TO** G

$$R_{K,l} = \frac{\sum_{y,z \in \{x\}_K; y \neq z; \|y-z\|^2 \leq M_{K,l-1}} \|y-z\|^2}{M_{K,l}}$$

8. **END FOR**
9. 运用条件6.2围绕每个 $\boldsymbol{u}_i \in \{\boldsymbol{u}\}_L$，识别唯一相邻数据样本 $\{\boldsymbol{x}^*\}_i$。

条件6.2 IF $(d^2(\boldsymbol{\mu}_i, \boldsymbol{x}_j) \leq R_{K,G})$ THEN $(\{\boldsymbol{x}^*\}_i \leftarrow \{\boldsymbol{x}^*\}_i + \boldsymbol{x}_j)$

10. 计算 $\{\boldsymbol{x}^*\}_i$ 和 $\{\|\boldsymbol{x}^*\|^2\}_i$ $(i=1,2,\cdots,L)$ 的均值 ς_i 和 χ_i，即

$$\varsigma_i = \frac{1}{K_i} \sum_{y \in \{x^*\}_i} y$$

$$\chi_i = \frac{1}{K_i} \sum_{y \in \{x^*\}_i} \|y\|^2$$

11. 计算 $\{\boldsymbol{u}\}_L$ 处的局部数据密度

$$D^*_{K_i}(\boldsymbol{u}_i) = \frac{1}{1 + \frac{\|\boldsymbol{u}_i - \varsigma_i\|^2}{\chi_i - \|\varsigma_i\|^2}}; \boldsymbol{u}_i \in \{\boldsymbol{u}\}_L$$

12. 计算 $\{\boldsymbol{u}\}_L$ 处的局部加权多模态典型值

$$\tau_K^{M*}(\boldsymbol{u}_i) = \frac{K_i D^*_{K_i}(\boldsymbol{u}_i)}{\sum_{j=1}^L K_j D^*_{K_j}(\boldsymbol{u}_j)}$$

13. 扩展 τ^M 到 $\{\boldsymbol{x}\}_K$，并得到 $\{\tau^{M*}(\boldsymbol{x})\}_K$。
14. 从总数据样本中选出的具有最小 τ^{M*} 值 $\left(\frac{1}{2n^2}\right)^{th}$ 个作为 $\{\boldsymbol{x}\}_{PA,2}$。
15. $\{\boldsymbol{x}\}_{PA} \leftarrow \{\boldsymbol{x}\}_{PA,1} + \{\boldsymbol{x}\}_{PA,2}$。
16. 运用 **ADP** 算法作用于 $\{\boldsymbol{x}\}_{PA}$，得到 $\{\boldsymbol{p}\} = \{\boldsymbol{p}_1, \boldsymbol{p}_2, \cdots, \boldsymbol{p}_M\}$。
17. $i \leftarrow 1$。
18. **WHILE** $\{\boldsymbol{x}\}_{PA} \neq \emptyset$。

(1) 围绕每个数据云的邻近区域，识别平均半径 ω_K，有

$$\gamma_K = \frac{\sum_{j=1}^{M-1} \sum_{l=j+1}^{M} \|\boldsymbol{p}_j - \boldsymbol{p}_l\|}{M(M-1)}$$

$$\overline{\omega}_K = \frac{\sum_{y,z \in \{p\}; y \neq z; \|y-z\| \leq \gamma_K} \|y-z\|}{M_\gamma}$$

$$\omega_K = \frac{\sum_{y,z \in \{p\}; y \neq z; \|y-z\| \leq \overline{\omega}_K} \|y-z\|}{M_{\overline{\omega}}}$$

(2) IF ($\boldsymbol{x}_i \in \{\boldsymbol{x}\}_{PA}$ 满足条件6.3) THEN

条件6.3

IF $(n^* = \underset{\boldsymbol{p} \in \{p\}_{PA}}{\operatorname{argmin}}(d(\boldsymbol{x}_i, \boldsymbol{p})))$ AND $(d(\boldsymbol{x}_i, \boldsymbol{p}_{n^*}) \leq \omega_K)$

THEN $(\boldsymbol{C}_{n^*} \leftarrow \boldsymbol{C}_{n^*} + \boldsymbol{x}_i)$

添加 x_i 到 $C_{n*} \in \{C\}_{PA}$ $$C_{n*} \leftarrow C_{n*} + x_i$$ $$S_{n*} \leftarrow S_{n*} + 1$$ (3) ELSE $$\{x\}_A \leftarrow \{x\}_A + x_i$$ (4) END IF (5) $\{x\}_{PA} \leftarrow \{x\}_{PA} - x_i$ 19. END WHILE 20. 识别满足条件 6.4($C_i \in \{C\}_{PA}$)数据云的 $\{C\}_A$ 条件 6.4: IF $(S_i < \bar{S})$ THEN $(C_A \leftarrow C_A + C_i)$ 21. $\{x\}_A \leftarrow \{x\}_A + \{C\}_A$
算法结束 输出:异常 $\{x\}_A$

B.2 自主数据分割

在这一节中,给出了自主数据分割(ADP)算法的离线版和进化版的实现。详细算法步骤见 7.4 节。

B.2.1 离线 ADP

离线 ADP 算法的伪代码归纳如下。有关详细算法步骤,可参见 7.4.1 节。
离线 ADP 算法

输入:静态数据集 $\{x\}_K$ 算法开始
1. 分别计算 $\{x\}_K$ 和 $\{\|x\|^2\}_K$ 的均值 μ_K、X_K,即 $$\mu_K = \frac{1}{K}\sum_{i=1}^{K} x_i$$ $$X_K = \frac{1}{K}\sum_{i=1}^{K} \|x_i\|^2$$ 2. 识别排序后的唯一数据样本集 $\{u\}_L$ 和对应的 $\{x\}_K$ 中的发生频率 $\{F\}_L$。 3. 计算 $\{u\}_L$ 处的多模态典型值,即 $$\tau_K^M(u_i) = \frac{\dfrac{F_i}{X_K - \|\mu_K\|^2 + \|u_i - \mu_K\|^2}}{\sum_{j=1}^{L}\dfrac{F_j}{X_K - \|\mu_K\|^2 + \|u_j - \mu_K\|^2}}; u_i \in \{u\}_L$$

续表

4. 运用最大多模态典型值,找出唯一数据样本,即
$$j^* = \arg\max_{u_i \in \{u\}_L}(\tau_K^M(u_i))$$

5. 初始化 u_{j*} 处索引表 $\{z\}_L$,即
$$j \leftarrow 1$$
$$z_j = u_{j*}$$
$$\{z\}_L = \{z_j\}$$

6. 从 $\{u\}_L$ 中移除 u_{j*},即
$$\{u\}_L \leftarrow \{u\}_L - u_{j*}$$

7. 将 z_j 设置为参考 r:
$$r \leftarrow z_j$$

8. WHILE $\{u\}_L \neq \varnothing$

(1) 识别最靠近参考值 r 的数据样本 u_{n*},即
$$n^* = \arg\min_{u_i \in \{u\}_L} \|u_i - r\|$$

(2) 发送 u_{n*} 到索引列表 $\{z\}_L$,有
$$j \leftarrow j + 1$$
$$z_j \leftarrow u_{n*}$$
$$\{z\}_L \leftarrow \{z\}_L + z_j$$

(3) 从 $\{u\}_L$ 中移除 u_{n*},即
$$\{u\}_L \leftarrow \{u\}_L + u_{n*}$$

(4) 设置 $r \leftarrow z_j$。

9. END WHILE

10. 获取排序过的多模态典型性列表:$\{\tau^M(z)\}_L$。

11. 识别满足条件 7.1 的多模态典型性局部极大值对应的唯一数据样本,并重新表示为 $\{z^*\}$ = $\{z_1^*, z_2^*, \cdots, z_M^*\}$

条件 7.1　IF $(\tau_K^M(z_i) > \tau_K^M(z_{i-1}))$ AND $(\tau_K^M(z_i) > \tau_K^M(z_{i+1}))$
　　　　　THEN (z_i 是一个局部极大值)

12. WHILE $\{z^*\}$ 未固定:

(1) 基于 $\{x\}_K$ 围绕 $\{z^*\}$ 创建数据云 $\{C\} = \{C_1, C_2, \cdots, C_M\}$
$$C_{n*} \leftarrow C_{n*} + x_j; n^* = \arg\min_{z_i^* \in \{z^*\}} \|x_j - z_i^*\|; j = 1, 2, \cdots, K$$

(2) 获取 $\{C\}$ 的中心 $\{c\}$ 和支持 $\{S\}$

(3) 计算 $\{c\}$ 处的多模态典型性,即
$$\tau_K^M(c_i) = \frac{\dfrac{S_i}{X_K - \|\mu_K\|^2 + \|c_i - \mu_K\|^2}}{\sum\limits_{j=1}^M \dfrac{S_i}{X_K - \|\mu_K\|^2 + \|c_j - \mu_K\|^2}}; c_i \in \{c\}; S_i \in \{S\};$$

(4) 围绕每个数据云的邻近区域,识别平均半径 ω_K,即
$$\gamma_K = \frac{\sum\limits_{j=1}^{M-1}\sum\limits_{l=j+1}^{M} \|c_j - c_l\|}{M(M-1)}$$
$$\bar{\omega}_K = \frac{\sum\limits_{y, z \in \{c\}; y \neq z; \|y-z\| \leq \gamma_K} \|y - z\|}{M_\gamma}$$

续表

$$\omega_K = \frac{\sum_{y,z \in |c|; y \neq z; \|y-z\| \leq \bar{\omega}_K} \|y - z\|}{M_{\bar{\omega}}}$$

(5) 运用条件 7.3,围绕每个数据云 $\mathbf{C}_i(\mathbf{C}_i \in \mathbf{C})$,其中心为 $(c^*)_i$,识别邻近的数据云 $\{\mathbf{C}^*\}_i$

条件 7.3: IF $(\|c_i - c_j\| \leq \frac{\omega_K}{2})$ THEN $(\mathbf{C}_j \in \{\mathbf{C}^*\}_i)$

(6) 运用条件 7.2,识别表达多模典型性局部极大值的数据云中心,并重新表示为 $\{c^{**}\}$

条件 7.2: IF$(\tau_K^M(c_i) = \max(\tau_K^M(c_i), \{\tau_K^M(c^*)\}_i))$
  THEN$(c_i$ 是局部最大值之一$)$

(7) $\{z^*\} \leftarrow \{c^{**}\}$

13. END WHILE
14. $\{p\} \leftarrow \{z^*\}$。
15. 在具有 $\{x\}_K$ 的 $\{p\}$ 周围形成数据云 $\{\mathbf{C}\}$,有

$$\mathbf{C}_{n^*} \leftarrow \mathbf{C}_{n^*} + x_j; \ n^* = \underset{p_i \in |p|}{\arg\min} \|x_j - p_i\|; j = 1,2,\cdots,K$$

算法结束
输出:原型 $\{p\}$ 和数据云 $\{\mathbf{C}\}$

B.2.2 进化 ADP

进化 ADP 算法的伪代码归纳如下。有关详细算法过程,可参阅 7.4.2 节。
进化 ADP 算法

输入:数据流 $\{x_1, x_2, x_3, \cdots\}$
算法开始

1. 用 x_1 初始化全局元参数,有

$$K \leftarrow 1$$
$$M \leftarrow 1$$
$$\mu_K \leftarrow x_1$$
$$X_K \leftarrow \|x_1\|^2$$

2. 初始化第一个数据云 $\mathbf{C}_1$ 的元参数为

$$\mathbf{C}_M \leftarrow \{x_1\}$$
$$c_{K,M} \leftarrow x_1$$
$$S_{K,M} \leftarrow 1$$

3. WHILE(新数据可用)且(无中断请求)

(1) $K_i \leftarrow K_i + 1$
(2) 更新 μ_K 和 X_K,有

$$\mu_K \leftarrow \frac{K-1}{K}\mu_{K-1} + \frac{1}{K}x_K$$
$$X_K \leftarrow \frac{K-1}{K}X_{K-1} + \frac{1}{K}\|x_K\|^2$$

(3) 更新 γ_K：
$$\gamma_K = \sqrt{2(X_K - \|\boldsymbol{\mu}_K\|^2)}$$
(4) 在 $\boldsymbol{x}_K$ 和 $\boldsymbol{c}_{K-1,j}$（$j=1,2,\cdots,M$）处，计算数据密度 D：
$$D_{K_i}(z) = \frac{1}{1 + \dfrac{\|z - \boldsymbol{\mu}_K\|^2}{X_K - \|\boldsymbol{\mu}_K\|^2}}; z = \boldsymbol{x}_K, \boldsymbol{c}_{K-1,1}, \boldsymbol{c}_{K-1,2}, \cdots, \boldsymbol{c}_{K-1,M}$$
(5) IF（满足条件 7.4）THEN：
$$\text{IF } (D_K(\boldsymbol{x}_K) > \max_{i=1,2,\cdots,M}(D_K(\boldsymbol{c}_{K-1,i})))$$
条件 7.4 OR $(D_K(\boldsymbol{x}_K) < \min_{i=1,2,\cdots,M}(D_K(\boldsymbol{c}_{K-1,i})))$
THEN（$\boldsymbol{x}_K$ 是一个新原型）
以 $\boldsymbol{x}_K$ 为原型添加新的数据云，即
$$M \leftarrow M + 1$$
$$\mathbf{C}_M \leftarrow \{\boldsymbol{x}_K\}$$
$$\boldsymbol{c}_{K,M} \leftarrow \boldsymbol{x}_K$$
$$S_{K,M} \leftarrow 1$$
(6) ELSE：
① 寻找离 $\boldsymbol{x}_K$ 最靠近的数据云 $\mathbf{C}_{n*}$
$$n^* = \arg\min_{j=1,2,\cdots,M}(\|\boldsymbol{x}_K - \boldsymbol{c}_{K-1,j}\|)$$
② IF（满足条件 7.5）THEN
条件 7.5 IF $(\|\boldsymbol{x}_K - \boldsymbol{c}_{K-1,n*}\| \leq \dfrac{\gamma_K}{2})$ THEN（$\boldsymbol{x}_K$ 被分配给 $\mathbf{C}_{n*}$）
更新 $\mathbf{C}_{n*}$ 的元参数为
$$\mathbf{C}_{n*} \leftarrow \mathbf{C}_{n*} + \boldsymbol{x}_K$$
$$S_{K,n*} \leftarrow S_{K,n*} + 1$$
$$\boldsymbol{c}_{K,n*} \leftarrow \frac{S_{K-1,n*}}{S_{K,n*}} \boldsymbol{c}_{K-1,n*} + \frac{1}{S_{K,n*}} \boldsymbol{x}_K$$
③ ELSE
以 $\boldsymbol{x}_K$ 作为原型，添加新数据云，即
$$M \leftarrow M + 1$$
$$\mathbf{C}_M \leftarrow \{\boldsymbol{x}_K\}$$
$$\boldsymbol{c}_{K,M} \leftarrow \boldsymbol{x}_K$$
$$S_{K,M} \leftarrow 1$$
④ END IF
(7) END IF
(8) 当不再接收新成员时，对于所有 $\mathbf{C}_i \in \mathbf{C}$，设置 $\boldsymbol{c}_{K,i} \leftarrow \boldsymbol{c}_{K-1,i}$，$S_{K,i} \leftarrow S_{K-1,i}$
4. END WHILE
5. $\{\boldsymbol{p}\} \leftarrow \{\boldsymbol{c}\}_K$
围绕 $\{\boldsymbol{p}\}$ 以 $\{\boldsymbol{x}\}_K$ 形成数据云 $\{\mathbf{C}\}$，则
$$\mathbf{C}_{n*} \leftarrow \mathbf{C}_{n*} + \boldsymbol{x}_j; n^* = \arg\min_{\boldsymbol{p}_i \in \{\boldsymbol{p}\}}(\|\boldsymbol{x}_j - \boldsymbol{p}_i\|); j = 1,2,\cdots,K$$
算法结束
输出：原型 $\{\boldsymbol{p}\}$ 和数据云 $\{\mathbf{C}\}$

B.3 零阶自主学习多模型系统

本节介绍零阶自主学习多模型(ALMMo-0)系统的实现。

B.3.1 在线自学习过程

在本节中,给出了 ALMMo-0 算法的在线自学习过程的伪代码。默认地,r_0 设置为 $r_0 = \sqrt{2(1-\cos 30°)}$。每个模糊规则的学习过程都可以并行完成,考虑第 i 条规则($i=1,2,\cdots,C$),这里仅总结了单个独立模糊规则的学习过程。然而,同样的原理可以应用于 ALMMo-0 规则库中的所有其他模糊规则。详细的算法步骤见 8.2.2 节。

ALMMo-0 在线自学习算法

输入:第 i 类数据流 $\{x_{i,1}, x_{i,2}, x_{i,3}, \cdots\}$
算法开始

1. 运用范数 $\|x_{i,1}\|$ 归一化 $x_{i,1}$,有
$$x_{i,1} \leftarrow x_{i,1} / \|x_{i,1}\|$$

2. 用 $x_{i,1}$ 初始化全局元参数,即
$$K_i \leftarrow 1$$
$$M_i \leftarrow 1$$
$$\mu_i \leftarrow x_{i,1}$$

3. 初始化第一个数据云 $\mathbf{C}_{i,M_i}$ 的元参数,即
$$\mathbf{C}_{i,M_i} \leftarrow \{x_{i,1}\}$$
$$p_{i,M_i} \leftarrow x_{i,1}$$
$$S_{i,M_i} \leftarrow 1$$
$$r_{i,M_i} \leftarrow r_0$$

4. 初始化模糊规则:
$$R_i : \text{IF } (x \sim p_{i,1}) \text{ THEN 为类}(i)$$

5. WHILE(新数据可用)且(无中断请求):
(1) $K_i \leftarrow K_i + 1$
(2) 运用范数 $\|x_{i,K_i}\|$ 归一化 x_{i,K_i},即
$$x_{i,K_i} \leftarrow x_{i,K_i} / \|x_{i,K_i}\|$$
(3) 更新 μ_i,即
$$\mu_i \leftarrow \frac{K_i - 1}{K_i} \mu_i + \frac{1}{K_i} x_{i,K_i}$$
(4) 在 x_{i,K_i} 和 $p_{i,j}$($j=1,2,\cdots,M$)处计算数据密度 D,即

续表

$$D_{K_i}(z) = \frac{1}{1 + \frac{\|z - \boldsymbol{\mu}_i\|^2}{1 - \|\boldsymbol{\mu}_i\|^2}}; z = \boldsymbol{x}_{i,K_i}, \boldsymbol{p}_{i,1}, \boldsymbol{p}_{i,2}, \cdots, \boldsymbol{p}_{i,M_i}$$

(5) IF(满足条件 7.4) THEN:
条件 7.4   IF $(D_{K_i}(\boldsymbol{x}_{i,K_i}) > \max\limits_{j=1,2,\cdots,M_i}(D_{K_i}(\boldsymbol{p}_{i,j})))$

     OR $(D_{K_i}(\boldsymbol{x}_{i,K_i}) < \min\limits_{j=1,2,\cdots,M_i}(D_{K_i}(\boldsymbol{p}_{i,j})))$

     THEN ($\boldsymbol{x}_{i,K_i}$ 是新的原型)

以 $\boldsymbol{x}_{i,K_i}$ 作为原型添加新的数据云,即

$$M_i \leftarrow M_i + 1$$
$$\mathbf{C}_{i,M_i} \leftarrow \{\boldsymbol{x}_{i,K_i}\}$$
$$\boldsymbol{p}_{i,M_i} \leftarrow \boldsymbol{x}_{i,K_i}$$
$$S_{i,M_i} \leftarrow 1$$
$$r_{i,M_i} \leftarrow r_0$$

(6) ELSE

① 找出离 $\boldsymbol{x}_{i,K_i}$ 最近的数据云 $\mathbf{C}_{i,n^*}$

$$n^* = \mathop{\mathrm{argmin}}\limits_{j=1,2,\cdots,M_i}(\|\boldsymbol{x}_{i,K_i} - \boldsymbol{p}_{i,j}\|)$$

② IF(满足条件 8.1) THEN
条件 8.1   IF ($\|\boldsymbol{x}_{i,K_i} - \boldsymbol{p}_{i,j}\| \leq r_{i,n^*}$) THEN ($\mathbf{C}_{i,n^*} \leftarrow \mathbf{C}_{i,n^*} + \boldsymbol{x}_{i,K_i}$)

更新 $\mathbf{C}_{i,n^*}$ 的元参数,即

$$\mathbf{C}_{i,n^*} \leftarrow \mathbf{C}_{i,n^*} + \boldsymbol{x}_{i,K_i}$$
$$\boldsymbol{p}_{i,n^*} \leftarrow \frac{S_{i,n^*}}{S_{i,n^*} + 1}\boldsymbol{p}_{i,n^*} + \frac{1}{S_{i,n^*} + 1}\boldsymbol{x}_{i,K_i}$$
$$S_{i,n^*} \leftarrow S_{i,n^*} + 1$$
$$r_{i,n^*} \leftarrow \sqrt{\frac{1}{2}(r_{i,n^*}^2 + (1 - \|\boldsymbol{p}_{i,n^*}\|^2))}$$

③ ELSE

以 $\boldsymbol{x}_{i,K_i}$ 作为原型添加新数据云,即

$$M_i \leftarrow M_i + 1$$
$$\mathbf{C}_{i,M_i} \leftarrow \{\boldsymbol{x}_{i,K_i}\}$$
$$\boldsymbol{p}_{i,M_i} \leftarrow \boldsymbol{x}_{i,K_i}$$
$$S_{i,M_i} \leftarrow 1$$
$$r_{i,M_i} \leftarrow r_0$$

④ END IF

(7) END IF

(8) 更新模糊规则

$$R_i: \text{IF}\ (\boldsymbol{x} \sim \boldsymbol{p}_{i,1})\ \text{OR}\cdots\text{OR}\ (\boldsymbol{x} \sim \boldsymbol{p}_{i,M_i})\ \text{THEN}(为类\ i)$$

6. END WHILE

算法结束
输出:第 i 个模糊规则 R_i。

B.3.2 验证过程

ALMMo-0 算法验证过程的伪代码总结如下。详细的算法步骤,见 8.2.3 节。

ALMMo-0 验证算法

输入:未知类中的数据样本,x
算法开始
1. 用范数 $\|x\|$ 归一化 x:$x \leftarrow x/\|x\|$ 2. 计算每个模糊规则的触发强度 $\lambda_i (i=1,2,\cdots,C)$,即 $$\lambda_i = \max_{p_{i,j} \in \{p\}_i}(e^{-\|x-p_{i,j}\|^2})$$ 3. 估计 x 的标签,即 $$\text{Label} = \arg\max_{i=1,2,\cdots,C}(\lambda_i)$$
算法结束 输出:x 的标签估计

B.4 一阶自主学习多模型系统

在本节中,介绍了一阶自主学习多模型(ALMMo-1)系统的实现,详细的算法步骤见 8.3.2 节,为了清楚起见,其中使用第 8.3.2 节所述的局部推论参数学习方法。默认地,取 $n=0.5$、$\Omega_o=10$、$\eta_o=0.1$ 和 $\varphi_o=0.03$。ALMMo-1 系统的算法学习过程伪代码总结如下。

ALMMo-1 在线自学习算法

输入:数据流 $\{x_1, x_2, x_3, \cdots\}$ 算法开始
1. 用 x_1 初始化全局元参数,即 $$K \leftarrow 1$$ $$\mu_K \leftarrow x_1$$ $$X_K \leftarrow \|x_1\|^2$$ $$M_K \leftarrow 1$$ 2. 初始化第一个数据云 $\mathbf{C}_{M_K}$ 的元参数,即 $$\mathbf{C}_{M_K} \leftarrow \{x_1\}$$ $$p_{K,M_K} \leftarrow x_1$$

续表

$$\chi_{K,M_K} \leftarrow \|x_1\|^2$$
$$S_{K,M_K} \leftarrow 1$$
$$I_{M_K} \leftarrow K$$
$$\eta_{K,M_K} \leftarrow 1$$
$$\Lambda_{K,M_K} \leftarrow 1$$

3. 初始化推论参数,即

$$a_{K,M_K} \leftarrow \mathbf{0}_{(N+1) \times 1}$$
$$\Theta_{K,M_K} \leftarrow \Omega_0 \mathbf{I}_{(N+1) \times (N+1)}$$

4. 初始化与 $\mathbf{C}_{M_K}$ 相对应的模糊规则,即

$$\mathbf{R}_1 : \mathrm{IF}\ (x \sim \mathbf{p}_{K,1})\ \mathrm{THEN}\ (y_1 = \overline{x}^{\mathrm{T}} \mathbf{a}_{K,1})$$

5. WHILE(新数据可用)且(无中断请求):

(1) $K \leftarrow K+1$

(2) 计算每个数据云中 $(j=1,2,\cdots,M_{K-1})$ x_K 的局部数据密度,即

$$D_{K-1,j}(x_K) = \cfrac{1}{1 + \cfrac{S_{K-1,j}^2 \|x_K - p_{K-1,j}\|^2}{(S_{K-1,j}+1)(S_{K-1,j}\chi_{K-1,j} + \|x_K\|^2) - \|x_K + S_{K-1,j} p_{K-1,j}\|^2}}$$

(3) 计算每个模糊规则 $(j=1,2,\cdots,M_{K-1})$ 的触发强度,即

$$\lambda_{K-1,j} = \frac{D_{K-1,j}(x_K)}{\sum\limits_{k=1}^{M_{K-1}} D_{K-1,k}(x_k)}$$

(4) 计算系统输出,即

$$y_k = \sum_{i=1}^{M_{K-1}} \lambda_{K-1,i} \overline{x}_K^{\mathrm{T}} a_{K-1,i}$$

(5) 更新 $\boldsymbol{\mu}_K$ 和 X_K,即

$$\boldsymbol{\mu}_K \leftarrow \frac{K-1}{K} \boldsymbol{\mu}_{K-1} + \frac{1}{K} x_K$$
$$X_K \leftarrow \frac{K-1}{K} X_{K-1} + \frac{1}{K} \|x_K\|^2$$

(6) 在 x_K 和 $\mathbf{p}_{K-1,j}$ $(j=1,2,\cdots,M_{K-1})$ 处计算数据密度 D,即

$$D_{K_i}(z) = \cfrac{1}{1 + \cfrac{\|z - \boldsymbol{\mu}_K\|^2}{X_K - \|\boldsymbol{\mu}_K\|^2}}; z = x_K, p_{K-1,1}, p_{K-1,2}, \cdots, p_{K-1,M_{K-1}}$$

(7) IF(满足条件7.4)THEN:

条件7.4: IF $(D_K(x_K) > \max\limits_{i=1,2,\cdots,M_{K-1}} (D_K(\mathbf{p}_{K-1,j})))$

OR $(D_K(x_K) < \min\limits_{i=1,2,\cdots,M_{K-1}} (D_K(\mathbf{p}_{K-1,i})))$

THEN (x_K 是一个新原型)

① IF(满足条件8.2)THEN:

条件8.2: IF $(D_{K-1,j}(x_K) \geq \dfrac{1}{1+n^2})$ THEN (用新数据云覆盖 $\mathbf{C}_j$)

找出离 x_K 最靠近的数据云 $\mathbf{C}_{n^*}$,则

$$n^* = \underset{j=1,2,\cdots,M_{K-1}}{\operatorname{argmin}} (\|x_K - \mathbf{p}_{K-1,j}\|)$$

代替 C_{n*} 的元参数 ($M_K \leftarrow M_{K-1}$)，即

$$C_{n*} \leftarrow C_{n*} + x_K$$

$$p_{K,n*} \leftarrow \frac{p_{K-1,n*} + x_K}{2}$$

$$\chi_{K,n*} \leftarrow \frac{\chi_{K-1,n*} + \|x_K\|^2}{2}$$

$$S_{K,n*} \leftarrow \left[\frac{S_{K-1,n*} + 1}{2}\right]$$

② ELSE
以 x_K 作为原型添加新数据云，即

$$M_K \leftarrow M_{K-1} + 1$$
$$C_{M_K} \leftarrow \{x_K\}$$
$$p_{K,M_K} \leftarrow x_K$$
$$\chi_{K,M_K} \leftarrow \|x_K\|^2$$
$$S_{K,M_K} \leftarrow 1$$
$$I_{M_K} \leftarrow K$$
$$\eta_{K-1,M_K} \leftarrow 1$$
$$\Lambda_{K-1,M_K} \leftarrow 0$$

初始化对应的推论参数

$$a_{K-1,M_K} \leftarrow \frac{1}{M_{K-1}} \sum_{j=1}^{M_{K-1}} a_{K-1,j}$$

$$\Theta_{K-1,M_K} \leftarrow \Omega_0 I_{(N+1)\times(N+1)}$$

初始化与 C_{M_K} 相对应的模糊规则

$$R_{M_K} : \text{IF}\,(x \sim p_{K,M_K})\,\text{THEN}\,(y_{K,M_K} = \overline{x}^T a_{K,M_K})$$

③ END IF
(8) ELSE
① 找出离 x_K 最邻近的数据云 C_{n*}

$$n^* = \underset{j=1,2,\cdots,M_{K-1}}{\arg\min}(\|x_K - p_{K-1,j}\|)$$

②
$$M_K \leftarrow M_{K-1}$$

③ 更新 C_{n*} 的元参数

$$C_{n*} \leftarrow C_{n*} + x_K$$
$$S_{K,n*} \leftarrow S_{K-1,n*} + 1$$
$$p_{K,n*} \leftarrow \frac{S_{K-1,n*}}{S_{K,n*}} p_{K-1,n*} + \frac{1}{S_{K,n*}} x_K$$
$$\chi_{K,n*} \leftarrow \frac{S_{K-1,n*}}{S_{K,n*}} \chi_{K-1,n*} + \frac{1}{S_{K,n*}} \|x_K\|^2$$

(9) END IF
(10) 当不再接收新成员时，对于所有 $C_i \in \{C\}$ 设置 $p_{K,i} \leftarrow p_{K-1,i}$；$\chi_{K,i} \leftarrow \chi_{K-1,i}$；$S_{K,i} \leftarrow S_{K-1,i}$
(11) 计算每个数据云 ($j=1,2,\cdots,M_K$) 内 x_K 处的局部数据密度

续表

$$D_{K,j}(\boldsymbol{x}_K) = \cfrac{1}{1 + \cfrac{\|\boldsymbol{x}_K - \boldsymbol{p}_{K,j}\|^2}{\chi_{K,j} - \|\boldsymbol{p}_{K,j}\|^2}};$$

(12) 计算每个模糊规则($j = 1,2,\cdots,M_K$)的触发强度

$$\lambda_{K,j} = \frac{D_{K,j}(\boldsymbol{x}_k)}{\sum_{k=1}^{M_K} D_{K,k}(\boldsymbol{x}_k)}$$

(13) 更新每个模糊规则的累积触发强度 $\Lambda_{K,j}$ ($j = 1,2,\cdots,M_K$)

$$\Lambda_{K,j} \leftarrow \Lambda_{K-1,j} + \lambda_{K,j}$$

(14) 计算每个模糊规则($j = 1,2,\cdots,M_K$)的效用—— $\eta_{K,j}$

$$\eta_{K,j} \leftarrow \frac{1}{K - I_j}\Lambda_{K,j}$$

(15) FOR $j = 1$ TO M_K

① IF（满足条件 8.3）THEN

条件 8.3：IF ($\eta_{K,i} < \eta_0$) THEN（移除 $\boldsymbol{C}_i$ 和 $\boldsymbol{R}_i$）

$$移除 \boldsymbol{C}_j 和 \boldsymbol{R}_j$$
$$M_K \leftarrow M_K - 1$$

② END IF

(16) END FOR

(17) FOR $j = 1$ TO M_K

$$\boldsymbol{\Theta}_{K,j} \leftarrow \boldsymbol{\Theta}_{K-1,j} - \frac{\lambda_{K,j} \boldsymbol{\Theta}_{K-1,j} \overline{\boldsymbol{x}}_K^T \overline{\boldsymbol{x}}_K \boldsymbol{\Theta}_{K-1,j}}{1 + \lambda_{K,j} \overline{\boldsymbol{x}}_K^T \boldsymbol{\Theta}_{K-1,j} \overline{\boldsymbol{x}}_K}$$

$$\boldsymbol{a}_{K,j} \leftarrow \boldsymbol{a}_{K-1,j} + \lambda_{K,j} \boldsymbol{\Theta}_{K,j} \overline{\boldsymbol{x}}_K^T (y_K - \overline{\boldsymbol{x}}_K^T \boldsymbol{a}_{K-1,j})$$

(18) END FOR

(19) FOR $j = 1$ TO M_K

① $\boldsymbol{\alpha}_{K,j} \leftarrow \boldsymbol{\alpha}_{K,j} + |\boldsymbol{a}_{K,j}|$

② $\overline{\boldsymbol{\alpha}}_{K,j} \leftarrow \dfrac{\boldsymbol{\alpha}_{K,j}}{\sum_{\alpha_{K,j,i} \in \alpha_{K,j}} \boldsymbol{\alpha}_{K,j,i}}$

③ IF（满足条件 8.6）THEN

条件 8.6：IF $\left(\overline{\boldsymbol{\alpha}}_{K,i,j} < \dfrac{\varphi_0}{M_K}\sum_{l=1}^{M_K} \overline{\boldsymbol{\alpha}}_{K,l,j}\right)$ THEN（从 $\boldsymbol{R}_i$ 中移除第 j 个集）

分别从 $\boldsymbol{a}_{K,j,i}$ 和 $\boldsymbol{\alpha}_{K,j,i}$ 移除 $a_{K,j}$ 和 $\alpha_{K,j}$

从 $\boldsymbol{\Theta}_{K-1,j}$ 移除第 i 行第 i 列

④ END IF

(20) END FOR

(21) 更新模糊规则($i = 1,2,\cdots,M_K$)的条件和推论参数

$$\boldsymbol{R}_i: \text{IF } (\boldsymbol{x} \sim \boldsymbol{p}_{K,i}) \text{ THEN } (y_{K,i} = \overline{\boldsymbol{x}}^T \boldsymbol{a}_{K,i})$$

6. END WHILE

算法结束
输出：模糊规则集

B.5 基于深度规则的分类器

在本节中,介绍 DRB 分类器的实现,包括 DRB 学习算法和 DRB 验证算法。

由于 DRB 系统设计中涉及的图像预处理和特征提取技术是标准的,并且是与特定问题相关的;本节不针对它们的实现。

B.5.1 监督学习过程

类似于 ALMMo-0 算法,在 DRB 分类器中每个模糊规则的监督学习过程,可以并行进行,我们考虑第 i 条($i=1,2,\cdots,C$)规则,这里仅总结了单个模糊规则的学习过程。然而,同样的原理也可以应用于 DRB 分类器规则库中的所有其他模糊规则。详细的算法步骤见 9.4.1 节。

本小节中,给出了 DRB 系统的第 i 个子系统的在线自学习过程伪代码。默认地,r_0 设置为 $r_0 = \sqrt{2(1-\cos 30°)}$。

DRB 学习算法(第 i 个子系统)

输入:第 i 类图像流 $\{\mathbf{I}_{i,1}, \mathbf{I}_{i,2}, \mathbf{I}_{i,3}, \cdots\}$ 算法开始   1. 预处理 $\mathbf{I}_{i,1}$,并提取其特征向量 $\mathbf{x}_{i,1}$。 2. 运用范数 $\|\mathbf{x}_{i,1}\|$ 归一化 $\mathbf{x}_{i,1}$ $$\mathbf{x}_{i,1} \leftarrow \mathbf{x}_{i,1}/\|\mathbf{x}_{i,1}\|$$ 3. 用 $\mathbf{x}_{i,1}$ 初始化全局元参数 $$K_i \leftarrow 1$$ $$M_i \leftarrow 1$$ $$\boldsymbol{\mu}_i \leftarrow \mathbf{x}_{i,1}$$ 4. 初始化第一个数据云 $\mathbf{C}_{i,M_i}$ 的元参数 $$\mathbf{P}_{i,M_i} \leftarrow \mathbf{I}_{i,1}$$ $$\mathbf{C}_{i,M_i} \leftarrow \{\mathbf{I}_{i,1}\}$$ $$\mathbf{p}_{i,M_i} \leftarrow \mathbf{x}_{i,1}$$ $$S_{i,M_i} \leftarrow 1$$ $$r_{i,M_i} \leftarrow r_0$$ 5. 初始化模糊规则 $$R_i: \text{IF } (\mathbf{I} \sim \mathbf{P}_{i,1}) \text{ THEN } (类 i)$$ 6. WHILE(新图像可用)且(无中断请求)   (1) $K_i \leftarrow K_i + 1$。

续表

(2) 预处理 $\mathbf{I}_{i,K_i}$，并提取其特征向量 $\pmb{x}_{i,K_i}$。

(3) 运用范数 $\|\pmb{x}_{i,K_i}\|$ 归一化 $\pmb{x}_{i,K_i}$

$$\pmb{x}_{i,K_i} \leftarrow \pmb{x}_{i,K_i} / \|\pmb{x}_{i,K_i}\|$$

(4) 更新 $\pmb{\mu}_i$

$$\pmb{\mu}_i \leftarrow \frac{K_i - 1}{K_i}\pmb{\mu}_i + \frac{1}{K_i}\pmb{x}_{i,K_i}$$

(5) 在 $\mathbf{I}_{i,K_i}$ 和 $\pmb{P}_{i,j}(j=1,2,\cdots,M)$ 处计算数据密度 D

$$D_{K_i}(\mathbf{Z}) = \frac{1}{1 + \frac{\|\pmb{z}-\pmb{\mu}_i\|^2}{1-\|\pmb{\mu}_i\|^2}}; \quad \mathbf{Z} = \mathbf{I}_{i,K_i}, \pmb{P}_{i,1}, \pmb{P}_{i,2}, \cdots, \pmb{P}_{i,M_i} \\ \pmb{z} = \pmb{x}_{i,K_i}, \pmb{p}_{i,1}, \pmb{p}_{i,2}, \cdots, \pmb{p}_{i,M_i}$$

(6) IF（满足条件 9.1）THEN：

条件 9.1：IF $(D_{K_i}(\pmb{x}_{i,K_i}) > \max\limits_{j=1,2,\cdots,M_i}(D_{K_i}(\pmb{p}_{i,j})))$

$\quad$ OR $(D_{K_i}(\pmb{x}_{i,K_i}) < \min\limits_{j=1,2,\cdots,M_i}(D_{K_i}(\pmb{p}_{i,j})))$

$\quad$ THEN（$\mathbf{I}_{i,K_i}$ 是新的图像原型）

以 $\mathbf{I}_{i,K_i}$ 作为原型添加新的数据云

$$M_i \leftarrow M_i + 1 \\ \pmb{P}_{i,M_i} \leftarrow \mathbf{I}_{i,K_i} \\ \mathbf{C}_{i,M_i} \leftarrow \{\mathbf{I}_{i,K_i}\} \\ \pmb{p}_{i,M_i} \leftarrow \pmb{x}_{i,K_i} \\ S_{i,M_i} \leftarrow 1 \\ r_{i,M_i} \leftarrow r_0$$

(7) ELSE

① 找出离 $\mathbf{I}_{i,K_i}$ 最靠近的数据云 $\mathbf{C}_{i,n^*}$

$$n^* = \mathop{\arg\min}\limits_{j=1,2,\cdots,M_i}(\|\pmb{x}_{i,K_i} - \pmb{p}_{i,j}\|)$$

② IF（满足条件 9.2）THEN

条件 9.2：IF $(\|\pmb{x}_{i,K_i} - \pmb{p}_{i,n^*}\| \leqslant r_{i,n^*})$ THEN $(\mathbf{C}_{i,n^*} \leftarrow \mathbf{C}_{i,n^*} + \mathbf{I}_{i,K_i})$

更新 $\mathbf{C}_{i,n^*}$ 的元参数

$$\mathbf{C}_{i,n^*} \leftarrow \mathbf{C}_{i,n^*} + \mathbf{I}_{i,K_i} \\ \pmb{p}_{i,n^*} \leftarrow \frac{S_{i,n^*}}{S_{i,n^*}+1}\pmb{p}_{i,n^*} + \frac{1}{S_{i,n^*}+1}\pmb{x}_{i,K_i} \\ S_{i,n^*} \leftarrow S_{i,n^*} + 1 \\ r_{i,n^*} \leftarrow \sqrt{\frac{1}{2}(r_{i,n^*}^2 + (1 - \|\pmb{p}_{i,n^*}\|^2))}$$

③ ELSE

以 $\mathbf{I}_{i,K_i}$ 作为图像原型添加新数据云

$$M_i \leftarrow M_i + 1 \\ \pmb{P}_{i,M_i} \leftarrow \mathbf{I}_{i,K_i} \\ \mathbf{C}_{i,M_i} \leftarrow \{\mathbf{I}_{i,K_i}\} \\ \pmb{p}_{i,M_i} \leftarrow \pmb{x}_{i,K_i}$$

$$S_{i,M_i} \leftarrow 1$$ $$r_{i,M_i} \leftarrow r_0$$ ④ END IF (8) END IF (9) 更新模糊规则 $$R_i: \text{IF } (\mathbf{I} \sim \mathbf{P}_{i,1}) \text{ OR} \cdots \text{OR } (\mathbf{I} \sim \mathbf{P}_{i,M_i}) \text{ THEN}(\text{类 } i)$$ 7. END WHILE
算法结束 输出:第 i 个模糊规则 R_i

B.5.2 验证过程

DRB 分类器验证过程的伪代码总结如下。详细的算法步骤见 9.4.2 节。

DRB 验证算法

输入:未知类 $\mathbf{I}$ 图像 算法开始
1. 预处理 $\mathbf{I}$,并提取其特征向量 x。 2. 运用范数 $\|x\|$ 归一化 x $$x \leftarrow x/\|x\|$$ 3. 计算每个模糊规则 $(i=1,2,\cdots,C)$ 的触发强度 $$\lambda_i(\mathbf{I}) = \max_{j=1,2,\cdots,M_i} (e^{-\|x-p_{i,j}\|^2});$$ 4. 估计 $\mathbf{I}$ 的标签为 $$\text{Label} = \arg\max_{i=1,2,\cdots,C} (\lambda_i(\mathbf{I}))\text{。}$$
算法结束 输出:估计 $\mathbf{I}$ 的标签

B.6 半监督深度规则分类器

在这一部分中,介绍了半监督深度规则(SS_DRB)分类器的实现,包括:离线 SS_DRB 学习算法;离线 SS_DRB 主动学习算法;在线 SS_DRB(主动)学习算法。

SS_DRB 学习算法的详细算法过程见 9.5 节。

B.6.1 离线半监督学习过程

SS_DRB 系统的离线半监督学习过程总结如下。

离线 SS_DRB 学习算法

输入：(1) 无标签图像 $\{\mathbf{V}\}$
     (2) 阈值 Ω_1
算法开始

1. 预处理 $\{\mathbf{V}\}$ 且提取其特征向量 $\{v\}$
2. 用范数 $\|v_i\|$ 归一化每个 $v_j \in \{v\}$：$v_j \leftarrow v_j / \|v_j\|$
3. 计算每幅未标记训练图像 $\mathbf{V}_j \in \{\mathbf{V}\}$ 的触发强度向量，$\boldsymbol{\lambda}(\mathbf{V}_j) = [\lambda_1(\mathbf{V}_j), \lambda_2(\mathbf{V}_j), \cdots, \lambda_C(\mathbf{V}_j)]$

$$\lambda_K(\mathbf{V}_j) = \max_{j=1,2,\cdots,M_k}(e^{-\|v_j - p_{k,j}\|^2}); \quad k = 1, 2, \cdots, C$$

4. 利用条件 9.3 识别 $\{\mathbf{V}_0\}$
条件 9.3：IF ($\lambda_{\max*}(\mathbf{V}_j) > \Omega_1 \cdot \lambda_{\max**}(\mathbf{V}_j)$) THEN ($\mathbf{V}_j \in \{\mathbf{V}_0\}$)
5. 找出 $\{\mathbf{V}\}_0$ 中的特征向量 $\{v\}_0$
6. $\{\mathbf{V}\} \leftarrow \{\mathbf{V}\} - \{\mathbf{V}_0\}$；
7. $\{v\} \leftarrow \{v\} - \{v_0\}$
8. WHILE $\{\mathbf{V}\}_2 \neq \varnothing$
(1) 基于 ($\lambda_{\max*}(\mathbf{V}) - \lambda_{\max**}(\mathbf{V})$) 的值降序排列 $\{\mathbf{V}\}_0$，得到 $\{\mathbf{V}\}_1$
(2) $\{\mathbf{V}\}_1$ 作为输入，执行 DRB 学习算法，更新深度规则库
(3) 对每个无标签训练图像 $\mathbf{V}_j \in \{\mathbf{V}\}$，计算触发强度向量，$\boldsymbol{\lambda}(\mathbf{V}_j) = [\lambda_1(\mathbf{V}_j), \lambda_2(\mathbf{V}_j), \cdots, \lambda_C(\mathbf{V}_j)]$
(4) 利用条件 9.3 识别 $\{\mathbf{V}\}_0$
(5) $\{\mathbf{V}\} \leftarrow \{\mathbf{V}\} - \{\mathbf{V}_0\}$；
(6) $\{v\} \leftarrow \{v\} - \{v_0\}$
9. END WHILE

算法结束
输出：深度规则库

B.6.2 离线主动半监督学习过程

DRB 系统的离线主动半监督学习过程，总结为以下伪代码。

离线 SS_DRB 主动学习算法

输入:(1) 无标签图像 $\{\mathbf{V}\}$;
  (2) 阈值 Ω_1;
  (3) 阈值 Ω_2;
算法开始

1. $\{\mathbf{V}\}_2 \leftarrow \{\mathbf{V}\}$
(1) WHILE $\{\mathbf{V}\}_2 \neq \varnothing$
(2) 执行离线 SS_DRB 学习算法;
(3) 计算 $\mathbf{V}_j \in \{\mathbf{V}\}$ 的触发强度向量,$\boldsymbol{\lambda}(\mathbf{V}_j) = [\lambda_1(\mathbf{V}_j), \lambda_2(\mathbf{V}_j), \cdots, \lambda_C(\mathbf{V}_j)]$

$$\lambda_k(\mathbf{V}_j) = \max_{j=1,2,\cdots,M_k}(e^{-\|v_j - p_{k,j}\|^2}); k = 1, 2, \cdots, C$$

(4) 通过条件 9.4 从 $\{U\}$ 中识别出 $\{\mathbf{V}\}_2$;
条件 9.4:IF ($\lambda_{\max*}(\mathbf{V}_j) \leq \Omega_2$) THEN ($\mathbf{V}_j \in \{\mathbf{V}\}_2$)
(5) 识别 $\mathbf{V}_{\min} \in \{\mathbf{V}\}_2$:

$$\mathbf{V}_{\min} \leftarrow \mathbf{V}_j; j = \underset{\mathbf{V}_k \in |V|_2}{\operatorname{argmin}}(\lambda_{\max*}(\mathbf{V}_k))$$

(6) $\{\mathbf{V}\} \leftarrow \{\mathbf{V}\} - \mathbf{V}_j$;
(7) $\{v\} \leftarrow \{v\} - v_j$
(8) 添加一个新类:$C \leftarrow C + 1$
(9) 初始化新类的数据云:

$$M_C \leftarrow 1$$
$$P_{C,M_C} \leftarrow \mathbf{V}_{\min}$$
$$\mathbf{C}_{C,M_C} \leftarrow \{\mathbf{V}_{\min}\}$$
$$p_{C,M_C} \leftarrow v_{\min}$$
$$S_{C,M_C} \leftarrow 1$$
$$r_{C,M_C} \leftarrow r_0$$

(10) 添加与 $\mathbf{C}_{C,M_C}$ 相对应的新模糊规则

$$R_C: \text{IF } (\mathbf{I} \sim P_{C,1}) \text{ THEN }(新类 C)$$

2. END WHILE

算法结束
输出:深度规则库

B.6.3 在线(主动)半监督学习过程

SS_DRB 系统的在线半监督学习过程总结如下。

1. SS_DRB(主动)学习算法(逐个样本地)

输入:(1) 无标签的流图像 $\{\mathbf{V}_{K+1}, \mathbf{V}_{K+2}, \mathbf{V}_{K+3}, \cdots\}$;
  (2) 阈值 Ω_1;
  (3) 阈值 Ω_2(可选项,仅用于主动学习过程);
算法开始

续表

1. WHILE(新的图像可用)且(无中断请求) (1) 预处理 $\mathbf{V}_{K+1}$ 且提取其特征向量 u_{K+1} (2) 用范数 $\|u_{K+1}\|$ 归一化 v_{K+1} $$v_{K+1} \leftarrow v_{K+1} / \|v_{K+1}\|$$ (3) 计算 $\mathbf{V}_{K+1}$ 的触发强度向量 $\boldsymbol{\lambda}(\mathbf{V}_{K+1}) = [\lambda_1(\mathbf{V}_{K+1}), \lambda_2(\mathbf{V}_{K+1}), \cdots, \lambda_C(\mathbf{V}_{K+1})]$ $$\lambda_k(\mathbf{V}_{K+1}) = \max_{j=1,2,\cdots,N_i}(e^{-\|v_{K+1}-p_{i,j}\|^2}); k = 1,2,\cdots,C$$ (4) IF(满足条件9.3)THEN： 条件9.3：IF ($\lambda_{\max *}(\mathbf{V}_{K+1}) > \Omega_1 \cdot \lambda_{\max * *}(\mathbf{V}_{K+1})$) THEN ($\mathbf{V}_{K+1} \in \{\mathbf{V}_0\}$) 执行离线 SS_DRB 学习算法，从 $\mathbf{V}_{K+1}$ 中学习 (5) ELSE(可选项) 执行离线 SS_DRB 主动学习算法，从 $\mathbf{V}_{K+1}$ 中学习 (6) END IF (7) $K \leftarrow K+1$ 2. END WHILE

算法结束
输出：深度规则库

2. SS_DRB(主动)学习算法(逐块)

输入：(1) 无标签的流图像块 $\{\mathbf{V}\}_H^1, \{\mathbf{V}\}_H^2, \{\mathbf{V}\}_H^1, \cdots$
  (2) 阈值 Ω_1
  (3) 阈值 Ω_2(可选项，仅用于主动学习过程)
算法开始

1. 设置 $j \leftarrow 1$ 2. WHILE(新的数据块可用)且(无中断请求) (1) IF(主动学习已经执行)THEN 执行离线 SS_DRB 学习算法，从 $\{\mathbf{V}\}_H^j$ 中学习 (2) ELSE 执行离线 SS_DRB 主动学习算法，从 $\{\mathbf{V}\}_H^j$ 中学习 (3) END IF (4) $j \leftarrow j+1$ 3. END WHILE

算法结束
输出：深度规则库

附录 C

此附录中,将解释说明本书介绍的实证方法的 Matlab 实现实例。

C.1 自主异常检测

C.1.1 Matlab 实现

在 Matlab 环境下,执行自主异常检测(AAD)算法的函数为

$$[\text{Output}] = \text{AAD}(\text{Input})$$

函数 AAD 的输入(Input)是一个静态数据集:

输入	描述
Input.Data	输入数据矩阵;每一行都是一个数据样本

函数 AAD 的输出值(Output)包含两部分:

输出	描述
Output.IDX	异常数据样本的索引;每一行都是与 Output.Anomaly 相同行中的数据样本的索引
Output.Anomaly	异常数据样本;每一行都是从输入数据集识别的一个异常数据样本

C.1.2 简单的说明性示例

在本节中,通过一个基于鸢尾花(Iris)数据集[1](可从文献[2]下载)的示

例来阐释概念。鸢尾花数据集是该领域最经典的数据集之一,至今仍被频繁引用。其包含3个类("setosa""versicolor"和"virginica"),每个级别各有50个样本(共计150个样本)。每个数据示例有4个属性,即花萼长度、花萼宽度、花瓣长度、花瓣宽度。

要从数据集中识别异常数据样本,可以在命令窗口中输入以下Matlab命令:

```
load fisheriris
Input. data = data;
[Output] = AAD(Input);
```

执行上述命令后,可以在命令窗口中输入以下命令来查看结果,将出现类似图C.1的图。

```
plot(meas(:,1),meas(:,2),'b.','markersize',16);hold on;
plot(meas(Output.IDX,1),meas(Output,IDX,2),'r*','linewidth',2,
'markersize',8);
xlabel('x_1');
ylabel('x_2');
legend('Data','Anomaly','location','northwest');
set(gca,'fontsize',16);
```

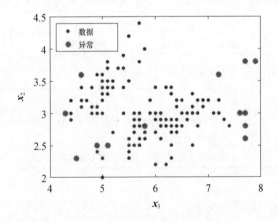

图 C.1　(见彩图)AAD算法简单演示结果

识别到的异常在 Output. Anomaly 中列出，相应的索引则在 Output. IDX 中给出。

从输出中可以看出，AAD 算法将 13 个数据样本识别为异常，如表 C.1 所列。

表 C.1 从 Iris 数据集检测到的异常

编号	异常识别
1	$x_{14} = [4.30, 3.00, 1.10, 0.10]^T$
2	$x_{23} = [4.60, 3.60, 1.00, 0.20]^T$
3	$x_{42} = [4.50, 2.30, 1.30, 0.30]^T$
4	$x_{99} = [5.10, 2.50, 3.00, 1.10]^T$
5	$x_{106} = [7.60, 3.00, 6.60, 2.10]^T$
6	$x_{107} = [4.90, 2.50, 4.50, 1.70]^T$
7	$x_{110} = [7.20, 3.60, 6.10, 2.50]^T$
8	$x_{115} = [5.80, 2.80, 5.10, 2.40]^T$
9	$x_{118} = [7.70, 3.80, 6.70, 2.20]^T$
10	$x_{119} = [7.70, 2.60, 6.90, 2.30]^T$
11	$x_{123} = [7.70, 2.80, 6.70, 2.00]^T$
12	$x_{132} = [7.90, 3.80, 6.40, 2.00]^T$
13	$x_{136} = [7.70, 3.00, 6.10, 2.30]^T$

C.2 自主数据分割

C.2.1 Matlab 实现

在 Matlab 环境下，通过以下函数执行自主数据分割(ADP)算法，即

$$[\text{Output}] = \text{ADP}(\text{Input}, \text{Mode})$$

由于 ADP 算法有两种版本，即进化版和离线版。函数 ADP 支持 3 种不同的工作模式：

模式	描述
'Offline'（离线）	使用静态数据，执行离线 ADP 算法
'Evolving'（进化）	对"从零开始"的数据流，执行进化的 ADP 算法。在这种模式下，算法从逐个数据样本中进行学习
'Updating'（更新）	使用进化 ADP 算法，基于新观察到的数据，更新训练过的模型，然后对所有数据执行数据分割

在不同的工作模式下，函数 ADP 的输入（Input）可以不同。

模式	输入	描述
'Offline'（离线）	Input. Data	观测的数据矩阵；每一行都是一个数据样本
'Evolving'（进行）		
'Updating'（更新）		
'Updating'（更新）	Input. HistData	数据矩阵由所有先前处理过的数据组成；每一行都是一个数据样本；这用于产生最终的数据分割
'Updating'（更新）	Input. SysParms	训练模型，参见 Output. SysParms

函数 ADP 的输出（Output）由以下三部分组成。

输出	描述
Output. C	已识别的数据云中心/原型；每一行都是一个中心/原型
Output. IDX	数据样本的数据云索引；每一行都是与输入数据矩阵中相同行所对应行的数据样本索引
Output. SysParms	通过学习过程识别的模型结构和元参数，当观测到新的数据样本时，借助该学习过程，模型可以持续地进行自进化和自更新，无须完整地再训练模型

C.2.2 简单的说明示例

在本节中，通过一个基于钞票验证数据集[3]（可从文献[4]下载）的示例来阐释概念。钞票验证数据集的详细内容已在 11.2.1 节中给出。

1. 离线 ADP 算法

使用离线 ADP 算法，对数据集执行数据分割，可以在命令窗口中输入以下 Matlab 命令：

```
load BanknoteAuthentication_data
Input. Data = data;
[Output] = ADP(Input,'Offline');
```

在执行函数 ADP 后,可以使用以下命令,可视化数据分割结果,得到类似于图 C.2 的图形,其中不同颜色点". "代表不同数据云中的数据样本;黑色星号" * "表示已识别出的原型。

```
for ii = 1:1:size(Output. C,1)
    plot(data(Output. IDX = = ii,1),data(Output. IDX = = ii,2),…
    '.','markersize',16);hold on;

end

plot(Output. C(:,1),Output. C(:,2),'k * ','linewidth',2,'markersize',8);

xlabel('x_1');ylabel('x_2');

set(gca,'fontsize',16);
```

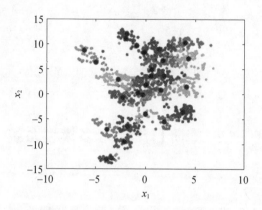

图 C.2 (见彩图)离线 ADP 算法的简单演示结果

原型在 Output. C 中给出,数据对应的数据云索引在 Output. IDX 中给出。在这个示例中,离线 ADP 算法识别了 28 个原型,因此在它们周围形成了 28 个数据云。

2. 进化 ADP 算法

使用 ADP 算法基于逐个数据样本,对数据集实施数据分割,只需简单地改变 Matlab 命令中第二行,将 Mode = 'Offline' 改为 Mode = 'Evolving'。

```
load BanknoteAuthentication_data
Input. Data = data;
[Output] = AAD(Input,'Evolving');
```

通过使用 C.2.2 节中提供的、相同的可视化 Matlab 命令,在进化 ADP 算法成功执行后,得到类似于图 C.3 的图形。在这个例子中,进化 ADP 算法识别了 27 个原型,并形成了 27 个数据云。

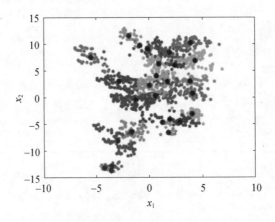

图 C.3 (见彩图)进化 ADP 算法的简单演示结果

C.3 零阶自主学习多模型系统

C.3.1 Matlab 实现

在 Matlab 环境中,零阶自主学习多模型(ALMMo – 0)系统实现的函数如下,即

$$[\text{Output}] = \text{ALMMo0}(\text{Input}, \text{Mode})$$

函数 ALMMo-0 支持 3 种不同的工作模式：

模式	描述
'Learning'（学习）	通过逐个样本的训练数据，训练 ALMMo-0 系统
'Updating'（更新）	采用逐个样本的新训练数据，更新以前训练过的 ALMMo-0 系统
'Validation'（验证）	通过测试数据，验证训练过的 ALMMo-0 系统

在 3 种工作模式下，函数 ALMMo-0 各自的输入：

模式	输入	描述
'Learning'（学习）	Input.Data	训练数据的数据矩阵；每行都是一个数据样本
	Input.Labels	数据标签；每行是 Input.Data 中对应行的数据样本标签
'Updating'（更新）	Input.Data	新训练数据矩阵；每行都是一个数据样本
	Input.Labels	新训练数据标签；每行是数据样本标签
	Input.SysParms	训练后的 ALMMo-0 系统，参见 Output.SysParms
'Validation'（验证）	Input.Data	测试数据的数据矩阵；每行都是一个数据样本
	Input.Labels	测试数据的标签；每行是 Input.Data 中相应行的数据样本的标签。该输入仅用于计算混淆矩阵和分类精度
	Input.SysParms	训练后的 ALMMo-0 系统，参见 Output.SysParms

3 种工作模式下，函数 ALMMo-0 中各自的输出：

模式	输出	描述
'Learning'（学习）'Updating'（更新）	Output.SysParms	通过学习过程，识别出的模型结构和元参数，当观察到新的数据样本时，模型可以在没有完整再训练的情况下，持续进行自进化和自更新
'Validation'（验证）	Output.EstLabs	测试数据的估计标签，每行都是 Input.Data 中相应行的估计标签
	Output.ConfMat	通过比较估计和真值而计算得到的混淆矩阵
	Output.ClasAcc	分类精度

ALMMo-0 分类器是高度并行化的，它的训练过程可以使用多个计算单元来加速，但是在本书提供的函数 ALMMo-0 中，没有失去通用性，它是通过单个计算单元实现的。尽管如此，如果用户愿意，也可以轻松地修改代码。

C.3.2 简单的说明性示例

在本节中,给出一个基于种子数据集[5](可从文献[6]下载)的说明性示例,来演示概念。种子数据集是最流行的分类基准数据集之一,它包含3个类(1、2、3),每个类有70个样本。每个数据样本有7个属性,即面积、周长、紧密度、核的长度、核的宽度、不对称系数及内核凹槽长度。

首先,使用以下命令,随机地划分三个子集,每个子集中有70个样本(两个用于训练,一个用于验证):

```
load seeds_data
load seeds_labels
seq = randperm( size( data,1 ) );
data = data( seq,: );
label = label( seq );
TrainingData1 = data( 1:size( data,1 )/3,: );
TrainingLabels1 = label( 1:size( data,1 )/3 );
TrainingData2 = data( 1 + size( data,1 )/3:2 * size( data,1 )/3,: );
TrainingLabels2 = label( 1 + size( data,1 )/3:2 * size( data,1 )/3 );
ValidationData = data( 1 + 2 * size( data,1 )/3:end,: );
ValidationLabels = label( 1 + 2 * size( data,1 )/3:end );
```

第一步,使用第一个训练集,即 TrainingData1 和 TrainingLabels1,训练 ALMMo – 0 分类器。训练过程可以通过使用以下 Matlab 命令完成:

```
Input0. Data = TrainingData1;
Input0. Labels = TrainingLabels1;
[Output0] = ALMMo0( Input0,'Learning' );
```

经过训练的 ALMMo – 0 分类器,可以使用验证数据进行测试,即 ValidationData,执行以下命令:

```
Input1 = Output0;
Input1. Data = ValidationData;
Input1. Labels = ValidationLabels;
```

```
[Output1] = ALMMo0(Input1, 'Validation');
Output1.ConfMat
Output1.ClasAcc
```

在命令窗口中将出现一个关于分类结果的混淆矩阵:

```
ans =
  22   2   3
   0  21   0
   1   0  21
ans =
  0.9143
```

使用第二个训练集,即 TrainingData2 和 TrainingLabels2,更新训练过的 ALMMo-0 分类器。使用新训练集的训练过程,可以使用以下 Matlab 命令完成:

```
Input2 = Output0;
Input2.Data = TrainingData2;
Input2.Labels = TrainingLabels2;
[Output2] = ALMMo0(Input2, 'Updating');
```

可以使用上面提供的相同命令,再次使用验证数据,测试更新过的 ALMMo-0 分类器。然后,基于新的分类结果,计算出新的混淆矩阵。

```
Input3 = Output2;
Input3.Data = ValidationData;
Input3.Labels = ValidationLabels;
[Output3] = ALMMo0(Input3, 'Validation');
Output3.ConfMat
Output3.ClasAcc
ans =
  27   0   0
   0  21   0
   1   0  21
ans =
  0.9857
```

C.4 一阶自主学习多模型系统

C.4.1 Matlab 实现

在 Matlab 环境下,一阶自主学习多模型(ALMMo-1)系统的实现函数为:
$$[Output] = ALMMo-1(Input, Mode, Functionality)$$
函数 ALMMo-1 支持 3 种不同的工作模式和两种不同的功能:

模式	描述
'Learning'(学习)	通过逐个样本的训练数据,训练 ALMMo-1 系统
'Updating'(更新)	采用逐个样本的新训练数据,更新以前训练过的 ALMMo-1 系统
'Validation'(验证)	基于测试数据,验证训练过的 ALMMo-1 系统
功能	描述
'Classification'(分类)	以分类为目的,训练 ALMMo-1 系统
'Regression'(回归)	以回归为目的,训练 ALMMo-1 系统

1. 分类

为了分类('Classification')的目的,函数 ALMMo-1 在 3 种工作模式下的输入分别为:

模式	输入	描述
'Learning'（学习）	Input.X	训练数据的数据矩阵;每行都是一个数据样本
	Input.Y	数据标签,每行是 Input.X 中相应行的数据样本的标签
'Updating'（更新）	Input.X	新数据矩阵,每行都是一个数据样本
	Input.Y	新数据标签,每行是 Input.X 中相应行的数据样本的标签
	Input.SysParms	训练后的 ALMMo-1 系统,参见 Output.SysParms
'Validation'（验证）	Input.X	测试数据的数据矩阵;每行都是一个数据样本
	Input.Y	测试数据的标签,每行是 Input.X 中相应行的数据样本的标签。该输入仅用于计算混淆矩阵和分类精度
	Input.SysParms	训练后的 ALMMo-1 系统,参见 Output.SysParms

3 种工作模式下，ALMMo-1 函数的输出分别为：

模式	输出	描　　述
'Learning' 和 'Updating'（学习和更新）	Output. SysParms	通过学习过程识别出模型的结构和元参数，当观察到新的数据样本时，模型可以在没有完整的再训练的情况下，继续进行自进化和自更新
	Output. EstLabs	输入数据的估计标签，每行都是 Input. X 中相应行的估计标签
	Output. ConfMat	通过比较估计和真值，计算得到的混淆矩阵
	Output. ClasAcc	分类精度
'Validation'（验证）	Output. EstLabs	测试数据的估计标签，每行都是 Input. X 中相应行的估计标签
	Output. ConfMat	通过比较估计和真值，计算得到的混淆矩阵
	Output. ClasAcc	分类精度

2. 回归

为了分类（回归）目的（'Regression'），函数 ALMMo-1 在 3 种工作模式下的输入分别为：

模式	输入	描　　述
'Learning'（学习）	Input. X	训练数据的数据矩阵；每行都是一个数据样本
	Input. Y	与输入数据对应的期望系统输出；每一行都是系统对 Input. X 中相应行的数据样本的期望输出
'Updating'（更新）	Input. X	新数据矩阵；每一行都是一个数据样本
	Input. Y	与输入数据对应的期望系统输出；每一行都是系统对 Input. X 中相应行的数据样本的期望输出
	Input. SysParms	训练后的 ALMMo-1 系统，参见 Output. SysParms
'Validation'（验证）	Input. X	测试数据的数据矩阵；每一行都是一个数据样本
	Input. Y	与输入数据对应的期望系统输出；每一行都是系统对 Input. X 中相应行的数据样本的期望输出。此输入将仅用于计算均方根误差（RMSE）和无量纲误差指数（NDEI）
	Input. SysParms	训练后的 ALMMo-1 系统，参见 Output. SysParms

3 种工作模式下，函数 ALMMo-1 的各自输出为：

模式	输出	描述
'Learning' 和 'Updating' （学习和更新）	Output. SysParms	通过学习过程识别出的模型结构和元参数,当观察到新的数据样本时,模型可以在没有完整的再训练的情况下,持续进行自进化和自更新
	Output. PredSer	基于输入数据的系统输出;每一行都是 Input.X 中相应行对应的系统输出
	Output. RMSE	预测的均方根误差（RMSE）
	Output. NDEI	预测的无量纲误差指数（NDEI）
'Validation' （验证）	Output. PredSer	基于测试数据的系统输出;每一行都是 Input.X 中相应行的估计标签
	Output. RMSE	预测的均方根误差（RMSE）
	Output. NDEI	预测的无量纲误差指数（NDEI）

C.4.2 简单的说明性例子

1. 分类

在本节中,给出一个基于钞票验证数据集[3]（可从文献[4]下载）的数值示例说明。钞票验证数据集的详细信息（见 11.2.2 节）:

```
load BanknoteAuthentication_data
load BanknoteAuthentication_label
seq0 = randperm( size( data,1));
label = label( seq0);
data = data( seq0,1:1:4);
TrainingData = data(1:size(data,1) * 0.5,:);
ValidationData = data(1 + size(data,1) * 0.5:end,:);
TrainingLabels = label(1:size(data,1) * 0.5);
ValidationLabels = label(1 + size(data,1) * 0.5:end);
```

使用以下命令将钞票验证数据集随机地分为两个子集。这两个子集都包含 50% 的数据。

为了训练基于训练样本的 ALMMo - 1 系统,可以在命令窗口中输入以下 Matlab 命令:

```
Input0. X = TrainingData;
Input0. Y = TrainingLabels;
[Output0] = ALMMo1(Input0,'Learning','Classification')
```

类似的输出将出现在以下命令窗口中：

```
Output0 =

struct with fields:

    SysParm:[1 × 1 struct]
    EstLabs:[686 × 1 double]
    ConfMat:[2 × 2 double]
    ClasAcc:0.9665
```

ALMMo-1系统训练过后，可以基于验证数据进行测试，使用以下命令：

```
Input1. SysParm = Output0. SysParm;
Input1. X = ValidationData;
Input1. Y = ValidationLabels;
[Output1] = ALMMo1(Input1,'Validation','Classification')
```

类似以下的输出，将出现在命令窗口中：

```
Output1 =

struct with fields:

    EstLabs:[686 × 1 double]
    ConfMat:[2 × 2 double]
    ClasAcc:0.9854
```

在训练后，无须进行完整的再训练，ALMMo-1系统也可以使用新的数据样本进行更新。可以通过使用ALMMo1函数的'Updating'（更新）模式，轻松地实现。通过使用以下命令，ALMMo-1系统将使用验证数据进一步训练：

```
Input2. SysParm = Output0. SysParm;
Input2. X = ValidationData;
Input2. Y = ValidationLabels;
[Output2] = ALMMo1(Input2, 'Updating', 'Classification')

Output2 =

struct with fields:

    SysParm: [1 × 1 struct]
    EstLabs: [686 × 1 double]
    ConfMat: [2 × 2 double]
    ClasAcc: 0.9825
```

2. 回归

在本节中,给出了一个基于众所周知的回归基准数据集三嗪[7](可从文献[8]下载)的数值例子,来演示 ALMMo-1 回归系统的性能。三嗪数据集的目的是预测三嗪对二氢叶酸还原酶的抑制作用。该数据集共由 186 个数据样本组成。训练集有 100 个数据样本,验证集有 86 个数据样本,每个数据样本有 60 个属性作为输入向量,还有一个属性作为期望输出。

首先,使用以下 Matlab 命令,读取数据,并生成训练集和验证集:

```
data = load('triazines_train');
TraY = data(:,61);
TraX = data(:,1:60);
data = load('triazines_test');
TesY = data(:,61);
TesX = data(:,1:60);
```

然后,以下述命令,使用训练集,对 ALMMo-1 系统进行训练:

```
Input0. X = TraX;
Input0. Y = TraY;
[Output0] = ALMMo1(Input0, 'Learning', 'Regression')
```

输出结果出现在命令窗口中：

```
Output0 =

struct with fields:

    SysParm:[1×1 struct]
    PredSer:[100×1 double]
    RMSE:0.0891
    NDEI:0.3378
```

训练过的 ALMMo-1 系统,可以通过以下命令,使用验证数据进行验证：

```
Input1.SysParm = Output0.SysParm;
Input1.X = TesX;
Input1.Y = TesY;
[Output1] = ALMMo1(Input1,'Validation','Regression')
```

系统输出显示在命令窗口中：

```
Output1 =

struct with fields:

    PredSer:[86×1 double]
    RMSE:0.0078
    NDEI:0.0313
```

还可以通过以下命令,绘制预测时间序列(系统输出),并将其与真实的时间序列(预期的系统输出)进行比较：

```
figure
plot(1:length(TesY),Tes Y,'r-',1:length(TesY),Output1.PredSer,'b-',
'linewidth',2)
```

```
axis([1 length(TesY) 0 1])
xlabel('K')
ylabel('y')
legend('Real Value','Predicted Value')
set(gca,'fontsize',16)
```

然后,得到类似于图 C.4 的图形输出。

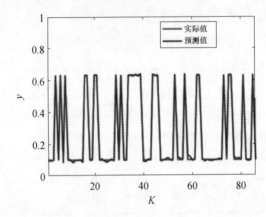

图 C.4　(见彩图)预测值与实测值的比较

类似地,可以使用验证数据,进一步更新 ALMMo-1 系统:

```
Input2. SysParm = Output0. SysParm;
Input2. X = TesX;
Input2. Y = TesY;
[Output2] = ALMMo1(Input2,'Updating','Regression')
```

C.5　基于深度规则分类器

C.5.1　Matlab 实现

在 Matlab 环境下,基于深度规则(deep rule-based,DRB)分类器通过以下函数实现：

$$[Output] = DRB(Input, Mode)$$

函数 DRB 支持 3 种不同的工作模式：

模式	描述
'Learning'（学习）	采用逐个样本，用训练图像，训练 DRB 分类器
'Updating'（更新）	采用逐个样本，用新训练图像，更新以前训练过的 DRB 分类器
'Validation'（验证）	采用测试图像，验证训练过的 DRB 分类器

3 种工作模式下，函数 DRB 各自的输入为：

模式	输入	描述
'Learning'（学习）	Input.Images	训练图像；每个单元都是一幅图像
	Input.Features	训练图像的特征向量；每一行是存储在 Input.Images 相应单元中的、训练图像的特征向量
	Input.Labels	训练图像的标签；每一行是存储在 Input.Images 相应单元中的、训练图像的标签
'Updating'（更新）	Input.Images	训练图像；每个单元都是一幅图像
	Input.Features	训练图像的特征向量；每一行是存储在 Input.Images 相应单元中的、训练图像的特征向量
	Input.Labels	训练图像的标签；每一行是存储在 Input.Images 相应单元中的、训练图像的标签
	Input.DRBParms	训练后的 DRB 分类器，参见 Output.DRBParms
'Validation'（验证）	Input.Images	测试图像；每个单元都是一幅图像
	Input.Features	测试图像的特征向量；每一行是存储在 Input.Images 相应单元中的、测试图像的特征向量
	Input.Labels	测试图像的真实标签；每一行是存储在 Input.Images 中的未标记图像的标签。此输入仅用于计算混淆矩阵和分类精度
	Input.DRBParms	训练后的 DRB 分类器，参见 Output.DRBParms

3 种工作模式下，函数 DRB 各自的输出为：

模式	输出	描述
'Learning'和'Updating'（学习和更新）	Output.SysParms	通过学习过程，识别出的 DRB 分类器的结构和元参数；当给出新图像时，模型可以在无须完全再训练的情况下，持续自进化和自更新

续表

模式	输出	描述
'Validation'（验证）	Output.EstLabs	测试图像的估计标签；每一行是 Input.Data 中相应单元中的估计标签
	Output.ConfMat	通过比较估计与真值，计算得到的混淆矩阵
	Output.ClasAcc	分类精度
	Output.Scores	测试图像的置信水平得分矩阵；每一行是由大规模并行模糊规则给出的、对应单元中的测试图像置信水平得分

类似于 ALMMo-0 分类器，DRB 分类器是高度并行化的，它的训练过程可以使用多个计算单元来加速，本书提供的函数 DRB 是单个计算单元的实现。但是，这并没有失去通用性。如果用户愿意，可以很容易地修改代码。

C.5.2 简单的说明性示例

在本节中，通过一个基于 MNIST（改进的国家标准与技术研究所）数据集[9]（可从文献[10]下载）的子集，来演示这个概念。MNIST 数据集是最著名，研究最广泛的手写体数字识别图像集。MNIST 数据集的详细信息可以在 13.2.1 节中找到。

为了便于说明，从每个类中随机抽取 10 幅图像，共计 100 幅，作为训练 DRB 分类器的标记训练集。所有图像如图 C.5 所示。512×1 维 GIST 特征向量是从归一化后的图像中提取的（每个特征向量一幅图像），图像的像素值从 $[0,255]$ 归一化变换到 $[0,1]$。

图 C.5 训练图像

下面，可以使用以下 Matlab 命令来训练 DRB 分类器。可以注意到，训练图像、其特征向量和标签，分别存储在训练图像变量 TrainingImages、TrainingFeatures 和 TrainingLabels 中，其中 TrainingImages 是一个 1×100 的单元数据，每个单元数据是 28×28 像素的图像；TrainingFeatures 是 100×512 的矩阵，每一行是对应 TrainingImages 中图像的 GIST 特征；TrainingLabels 是 100×1 向量，每一行是对应 TrainingImages 单元中的图像标签。

```
Input0. Images = TrainingImages;
Input0. Features = TrainingFeatures;
Input0. Labels = TrainingLabels;
Mode = 'Learning';
[Output0] = DRB(Input0, Mode);
```

训练过程后识别的原型如表 C.2 所列。基于这些原型建立的大规模并行模糊规则如图 C.6 所示。

表 C.2　识别的原型

数字	识别的原型
1	11111
2	 2222221
3	 33333335
4	 4414444
5	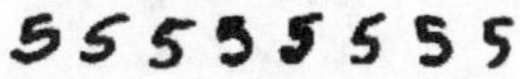 5555555
6	 66666
7	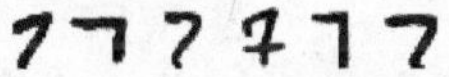 777777
8	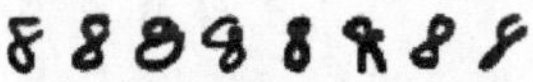 88898888
9	 99999
0	 000000

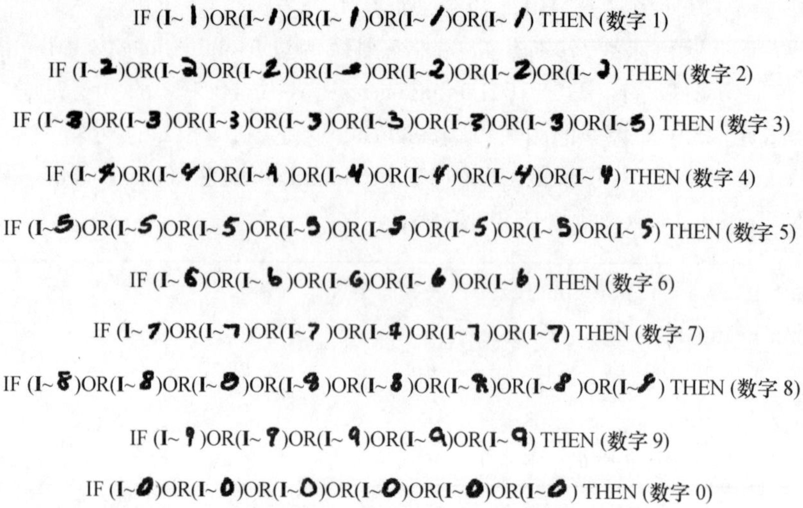

IF (I~1)OR(I~1)OR(I~1)OR(I~1)OR(I~1) THEN (数字 1)

IF (I~2)OR(I~2)OR(I~2)OR(I~2)OR(I~2)OR(I~2) THEN (数字 2)

IF (I~3)OR(I~3)OR(I~3)OR(I~3)OR(I~3)OR(I~3)OR(I~5) THEN (数字 3)

IF (I~4)OR(I~4)OR(I~4)OR(I~4)OR(I~4)OR(I~4)OR(I~4) THEN (数字 4)

IF (I~5)OR(I~5)OR(I~5)OR(I~5)OR(I~5)OR(I~5)OR(I~5)OR(I~5) THEN (数字 5)

IF (I~6)OR(I~6)OR(I~6)OR(I~6)OR(I~6) THEN (数字 6)

IF (I~7)OR(I~7)OR(I~7)OR(I~4)OR(I~7)OR(I~7) THEN (数字 7)

IF (I~8)OR(I~8)OR(I~8)OR(I~8)OR(I~8)OR(I~8)OR(I~8)OR(I~8) THEN (数字 8)

IF (I~9)OR(I~9)OR(I~9)OR(I~9)OR(I~9) THEN (数字 9)

IF (I~0)OR(I~0)OR(I~0)OR(I~0)OR(I~0)OR(I~0) THEN (数字 0)

图 C.6　识别的大规模并行模糊规则

我们还对每个类随机地选择了 20 幅图像作为验证集，共计 200 幅图像。选取的图像如图 C.7 所示。

图 C.7　随机选择的图像

通过将相同的预处理和特征提取技术应用于测试图像,得到图像的 GIST 特征向量,并使用以下 Matlab 命令进行验证过程。可以注意到,未标注图像,其特征向量和标签分别存储在 UnlabelledImages、UnlabelledFeatures 和 GroundTruth 变量中:

```
Input1. DRBParms = Output0. DRBParms;
Input1. Images = UnlabelledImages;
Input1. Features = UnlabelledFeatures;
Input1. Labels = GroundTruth;
Mode = 'Validation';
[Output1] = DRB(Input1, Mode);
```

执行完以上命令后,通过在命令窗口中输入以下两行,可检查未标记图像的分类准确性和混淆矩阵结果:

```
Output1. ClasAcc
Output1. ConfMat
```

呈现的结果:

```
ans =

    0.8550


ans =

    19     0     0     0     0     0     1     0     0     0
     0    15     1     0     0     0     0     1     1     2
     0     1    16     0     2     0     0     1     0     0
     0     0     0    16     0     0     1     0     3     0
     0     0     0     0    18     0     0     2     0     0
     0     0     0     0     0    20     0     0     0     0
     1     0     0     0     0     0    17     0     2     0
     0     0     1     0     1     0     0    18     0     0
     0     0     1     1     0     3     1    13     1
     0     0     1     0     0     0     0     0     0    19
```

如果使用以下 Matlab 命令提供标签,则可以通过测试图像进一步更新训练过的 DRB 分类器:

```
Input2. DRBParms = Output0. DRBParms;
Input2. Images = UnlabelledImages;
Input2. Features = UnlabelledFeatures;
Input2. Labels = GroundTruth;
Mode = 'Updating';
[Output2] = DRB(Input2, Mode);
```

C.6 半监督深度规则分类器

C.6.1 Matlab 实现

在 Matlab 环境中,10.5.1 节和 10.5.2 节描述的半监督深度规则分类器(SS_DRB),通过以下函数实现:

$$[Output] = SSDRB(Input, Mode)$$

如 10.5.3 节所述,带主动学习能力的 SS_DRB 分类器,由以下函数实现:

$$[Output] = ASSDRB(Input, Mode)$$

两个函数 SSDRB 和 ASSDRB 均支持两种不同的模式:

模式	描述
'Offline'(离线)	使用静态图像集,训练(主动)SS_DRB 分类器
'Online'(在线)	使用图像流,训练(主动)SS_DRB 分类器。在这种模式下,分类器基于逐个样本从图像中学习

两种工作模式下,函数 SSDRB 和 ASSDRB 所需的输入:

输入	描述
Input. Images	未标记的训练图像;每个单元都是一幅图像
Input. Features	未标记训练图像的特征向量;每一行是存储在 Input. Images 中相应单元中的图像特征向量

输入	描述
Input. Labels	未标记图像的真实标签;每一行是存储在 Input. Images 相应单元中的训练图像标签。该输入仅在后面的步骤中用于计算混淆矩阵和分类精度。如果真值丢失,可以全部用 0 来替换它,但是后续要花更多的精力来手动识别真正的标签
Input. DRBParms	训练过的 DRB 分类器,其输出可以是函数 DRB、SSDRB 或 ASSDRB,也可是 Output. DRBParms
Input. Omega1	条件 9.3 中的阈值 Ω_1
Input. Omega2	条件 9.4 中的阈值 Ω_2

必须强调的是,SS_DRB 分类器是建立在 DRB 分类器的基础上的,函数 SSDRB 和 ASSDRB 都需要一个训练过的 DRB 分类器的系统参数作为系统输入。在 DRB 分类器使用标记的训练图像后,可以使用函数 DRB、SSDRB 和 ASSDRB 以监督或半监督的方式(主动)学习图像。

函数 SSDRB 和 ASSDRB 的输出是系统结构和参数,其存储在 Output. DRBParms 中。

输出	描述
Output. DRBParms	通过学习过程识别的 DRB 分类器的结构和元参数,当提供新图像时,模型可以在没有完全再训练情况下,持续自进化和自更新

可以采用函数 DRB,使用验证模式(Mode = 'Validation'),对训练过的 SS_DRB 分类器进行验证。

C.6.2 简单的说明性示例

在本小节中,将使用与 13.1.2 节中相同的图像集进行说明。

下面给出了 SS_DRB 分类器从未标记训练图像中学习的 Matlab 命令,其中使用离线半监督学习模式来训练由标记的训练图像准备的 DRB 分类器,取 $\Omega_1 = 1.1$。

```
Input0. Images = TrainingImages;
Input0. Features = TrainingFeatures;
Input0. Labels = TrainingLabels;
Mode = 'Learning';
```

```
[Output0] = DRB(Input0, Mode);
Input1.DRBParms = Output0.DRBParms;
Input1.Images = UnlabelledImages;
Input1.Features = UnlabelledFeatures;
Input1.Labels = GroundTruth
Input1.Omega1 = 1.1;
Mode = 'Offline';
[Output1] = SSDRB(Input1, Mode);
```

在离线半监督学习过程完成后,使用与13.1.2节相同的命令,可以看到识别出的原型,并测试分类的准确性。表C.3给出了从标记和未标记两种训练图像中识别出的原型,其中未标记的训练图像中识别出的原型,以反色表示。

表C.3 在离线半监督学习过程后确认的原型

数字	原型
1	
2	
3	
4	
5	
6	
7	
8	
9	
0	

为了以在线模式训练 SS_DRB 分类器，只需在上述命令中简单地将 Mode = 'Offline' 替换为 Mode = 'online'。

通过下面的例子，说明 SS_DRB 分类器如何主动地从未标记的训练图像中学习。

首先，我们删除了数字"0"的标记训练图像，采用以下命令，用 9 个对应于数字"1"到"9"的大规模并行规则，对 DRB 分类器进行训练。

```
for ii = 1:1:90
    Input0.Images{ii} = TrainingImages{ii};
end
Input0.Features = TrainingFeatures(1:1:90,:);
Input0.Labels = TrainingLabels(1:1:90,:);
Mode = 'Learning';
[Output0] = DRB(Input0,Mode);
```

然后，可以使用以下命令，使初始的 DRB 分类器能够以半监督的方式从未标记的训练图像中主动学习。在这个例子中，学习过程是通过逐个样本进行的，Ω_1 设为 1.1，Ω_2 设为 0.75。还可以将"Mode = 'Online'"替换为"Mode = 'Offline'"，以允许 SS_DRB 分类器以离线模式进行学习。

```
Input1.DRBParms = Output0.DRBParms;
Input1.Images = UnlabelledImages;
Input1.Features = UnlabelledFeatures;
Input1.Labels = GroundTruth;
Input1.Omega1 = 1.1;
Input1.Omega2 = 0.75;
Mode = 'Online';
[Output1] = ASSDRB(Input1,Mode);
```

图 C.8 描述了半监督主动学习过程后的 9 个大规模并行模糊规则，其中过程中新添加的原型用反色表示。

在半监督自主学习过程中，规则库中也增加了 11 条新的模糊规则，如图 C.9 所示，这些模糊规则的推论部分，分别为"新类 1""新类 2"、…、"新类 11"。

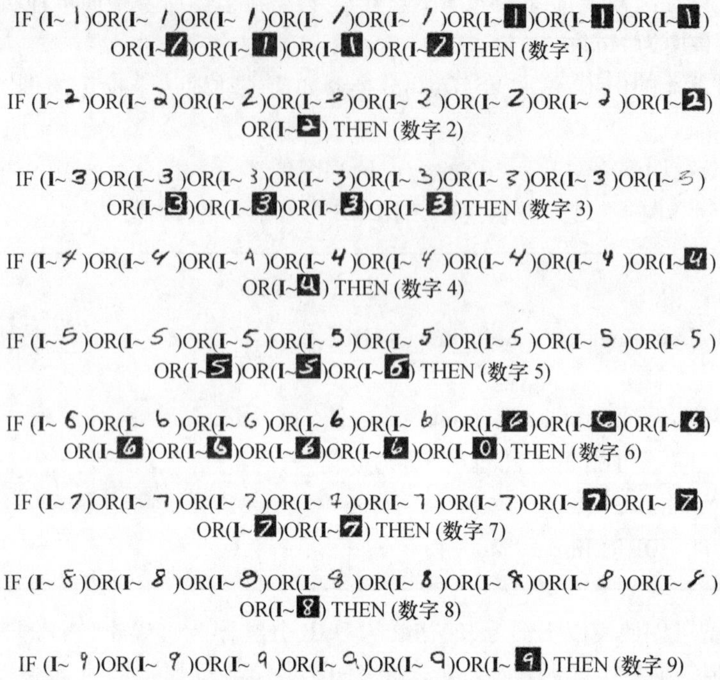

IF (I~ 1)OR(I~ 1)OR(I~ 1)OR(I~ 1)OR(I~ 1)OR(I~ 1)OR(I~ 1)OR(I~ 1)
OR(I~ 1)OR(I~ 1)OR(I~ 1)OR(I~ 1)THEN (数字 1)

IF (I~ 2)OR(I~ 2)OR(I~ 2)OR(I~ 2)OR(I~ 2)OR(I~ 2)OR(I~ 2)OR(I~ 2)
OR(I~ 2) THEN (数字 2)

IF (I~ 3)OR(I~ 3)OR(I~ 3)OR(I~ 3)OR(I~ 3)OR(I~ 3)OR(I~ 3)OR(I~ 3)
OR(I~ 3)OR(I~ 3)OR(I~ 3)OR(I~ 3)THEN (数字 3)

IF (I~ 4)OR(I~ 4)OR(I~ 4)OR(I~ 4)OR(I~ 4)OR(I~ 4)OR(I~ 4)OR(I~ 4)
OR(I~ 4) THEN (数字 4)

IF (I~ 5)OR(I~ 5)OR(I~ 5)OR(I~ 5)OR(I~ 5)OR(I~ 5)OR(I~ 5)OR(I~ 5)
OR(I~ 5)OR(I~ 5)OR(I~ 6) THEN (数字 5)

IF (I~ 6)OR(I~ 6)OR(I~ 6)OR(I~ 6)OR(I~ 6)OR(I~ 6)OR(I~ 6)OR(I~ 6)
OR(I~ 6)OR(I~ 6)OR(I~ 6)OR(I~ 6)OR(I~ 0) THEN (数字 6)

IF (I~ 7)OR(I~ 7)OR(I~ 7)OR(I~ 7)OR(I~ 7)OR(I~ 7)OR(I~ 7)OR(I~ 7)
OR(I~ 7)OR(I~ 7) THEN (数字 7)

IF (I~ 8)OR(I~ 8)OR(I~ 8)OR(I~ 8)OR(I~ 8)OR(I~ 8)OR(I~ 8)OR(I~ 8)
OR(I~ 8) THEN (数字 8)

IF (I~ 9)OR(I~ 9)OR(I~ 9)OR(I~ 9)OR(I~ 9)OR(I~ 9)OR(I~ 9)OR(I~ 9) THEN (数字 9)

图 C.8　更新的大规模并行模糊规则

IF (I~ 1) THEN (新类 1)

IF (I~ 2) THEN (新类 2)

IF (I~ 3) THEN (新类 3)

IF (I~ 4) THEN (新类 4)

IF (I~ 5) THEN (新类 5)

IF (I~ 5) THEN (新类 6)

IF (I~ 5) THEN (新类 7)

IF (I~ 6) THEN (新类 8)

IF (I~ 7) THEN (新类 9)

IF (I~ 9) THEN (新类 10)

IF (I~ 0)OR(I~ C) THEN (新类 11)

图 C.9　识别的大规模并行模糊规则

如果提供了真值,SS_DRB 分类器将依据与此特定规则相关联的、占主导地位的图像的真实标签,自动为每个新的模糊规则提供标签;否则,后续就需要人类专家的专业知识,为新添加的规则分配标签。

在半监督学习过程之后,可使用以下 Matlab 命令,基于对未标记图像,进一步测试训练过的 SS_DRB 分类器的性能:

```
Input2. DRBParms = Output1. DRBParms;
Input2. Images = UnlabelledImages;
Input2. Features = UnlabelledFeatures;
Input2. Labels = GroundTruth;
Mode = 'Validation';

[Output2] = DRB(Input2, Mode);
Output2. ConfMat
```

分类结果的混淆矩阵将呈现在命令窗口中:

```
ans =
20   0   0   0   0   0   0   0   0   0
 0  18   0   0   0   0   1   1   0   0
 0   0  18   0   1   0   0   1   0   0
 0   0   0  17   0   0   0   0   3   0
 0   0   0   0  20   0   0   0   0   0
 0   0   0   0   0  20   0   0   0   0
 1   0   0   0   0   0  17   0   2   0
 0   0   1   0   0   0   0  19   0   0
 0   0   1   1   0   0   1   0  17   0
 1   0   2   0   0   6   0   1   0  10
```

如果在学习过程后提供了更多未标记的训练图像,则可以进一步使用函数 SSDRB 和 ASSDRB 来更新训练过的 SS_DRB 分类器。在接下来的例子中,在 DRB 分类器被标记的训练图像标注后,我们使用函数 SSDRB,以半监督的方式,对一半未标注训练图像基于逐个样本,训练 DRB 分类器,即(Mode = 'Online'),然后使用函数 ASSDRB 以允许 SS_DRB 分类器将剩余的未标注图像当作静态图像集(即 Mode = 'Offline'),以主动形式学习:

```
Input0. Images = TrainingImages;
Input0. Features = TrainingFeatures;
Input0. Labels = TrainingLabels;
Mode = 'Learning';
[Output0] = DRB(Input0,Mode);
Input1. DRBParms = Output0. DRBParms;
for ii = 1:1:100
    Input1. Images{ii} = UnlabelledImages{ii};
end
Input1. Features = UnlabelledFeatures(1:1:100,:);
Input1. Labels = GroundTruth(1:1:100,:);
Input1. Omega1 = 1.1;
Mode = 'Online';
[Output1] = SSDRB(Input1,Mode);
Input2. DRBParms = Output1. DRBParms;
for ii = 1:1:100
    Input2. Images{ii} = UnlabelledImages{ii + 100};
end
Input2. Features = UnlabelledFeatures(101:1:200,:);
Input2. Labels = GroundTruth(101:1:200,:);
Input2. Omega1 = 1.1;
Input2. Omega2 = 0.75;
Mode = 'Online';
[Output2] = ASSDRB(Input2,Mode);
Input3. DRBParms = Output2. DRBParms;
Input3. Images = UnlabelledImages;
Input3. Features = UnlabelledFeatures;
Input3. Labels = GroundTruth;
Mode = 'Validation';
[Output3] = DRB(Input3,Mode);
Ouput3. ConfMat
```

分类结果的混淆矩阵将出现在命令窗口中：

```
ans =

    19     0     0     0     0     0     1     0     0     0
     1    17     0     0     0     0     0     1     1     0
     0     1    17     0     1     0     0     1     0     0
     0     0     0    17     0     0     0     0     3     0
     0     0     0     0    20     0     0     0     0     0
     0     0     0     0     0    20     0     0     0     0
     1     0     0     0     0     0    17     0     2     0
     0     0     1     0     0     0     0    19     0     0
     0     0     1     1     0     0     1     0    17     0
     0     0     1     0     0     0     0     0     0    19
```

参考文献

[1] R. A. Fisher, "The use of multiple measurements in taxonomic problems," Ann. Eugen., vol. 7, no. 2, pp. 179 – 188, 1936.

[2] http://archive.ics.uci.edu/ml/datasets/Iris

[3] V. Lohweg, J. L. Hoffmann, H. Dörksen, R. Hildebrand, E. Gillich, J. Hofmann, and J. Schaede, "Banknote authentication with mobile devices," in Media Watermarking, Security, and Forensics, 2013, p. 866507.

[4] https://archive.ics.uci.edu/ml/datasets/banknote + authentication

[5] M. Charytanowicz, J. Niewczas, P. Kulczycki, P. A. Kowalski, S. Lukasik, and S. Zak, "A complete gradient clustering algorithm for features analysis of X – ray images," Adv. Intell. Soft Comput., vol. 69, pp. 15 – 24, 2010.

[6] https://archive.ics.uci.edu/ml/datasets/seeds

[7] L. J. Layne, "Prediction for compound activity in large drug datasets using efficient machine learning approaches," in Infomration and Resources Management Association International Conference, 2005, pp. 57 – 62.

[8] https://www.csie.ntu.edu.tw/∗cjlin/libsvmtools/datasets/regression.html

[9] Y. LeCun, L. Bottou, Y. Bengio, and P. Haffner, "Gradient – based learning applied to document recognition," Proc. IEEE, vol. 86, no. 11, pp. 2278 – 2323, 1998.

[10] http://yann.lecun.com/exdb/mnist/

附录 D

D.1 英语缩语表

缩略词	中文含义	英文全称
AAD	自主异常检测算法	autonomous anomaly detection algorithm
ADP	自主数据分割算法	autonomous data partitioning algorithm
AI	人工智能	artificial intelligence
ALMMo	自主学习多模型系统	autonomous learning multi-model system
ALMMo-0	零阶自主学习多模型系统	zero-order autonomous learning multi-model system
ALMMo-1	一阶自主学习多模型系统	first-order autonomous learning multi-model system
ANFIS	基于自适应网络的模糊推理系统	adaptive-network-based fuzzy inference system
ANN	人工神经网络	artificial neural network
ASR	自适应稀疏表达算法	adaptive sparse representation algorithm
BOVW	视觉文字包算法	bag of visual words algorithm
BPTT	时间反向传播	backpropagation through time
CAFFE	快速特征嵌入卷积架构模型	convolutional architecture for fast feature embedding model
CBDN	卷积深度信念网络	convolutional deep belief network

缩略词	中文含义	英文全称
CDF	累积分布函数	cumulative distribution function
CENFS	基于熵的进化模糊神经系统	correntropy-based evolving fuzzy neural system
CH	颜色直方图特征	color histogram feature
CLT	中心极限定理	central limit theorem
CNN	卷积神经网络	convolution neural network
CSAE	卷积稀疏自动编码器	convolutional sparse autoencoders
DBSCAN	基于密度的含噪声应用空间聚类	density-based spatial clustering of applications with noise
DCNN	深度卷积神经网络	deep convolutional neural network
DENFIS	动态进化神经模糊推理系统	dynamic evolving neural-fuzzy inference system
DL	深度学习	deep learning
DLNN	深度学习神经网络	deep learning neural network
DRB	基于深度规则系统	deep rule-based system
DRNN	深度循环神经网络	deep recurrent neural network
DT	决策树分类器	decision tree classifier
EBP	误差反向传播算法	error back-propagation algorithm
ECM	进化聚类法	evolving clustering method
EFS	进化模糊系统	evolving fuzzy system
EFuNN	进化模糊神经网络	evolving fuzzy neural network
ELM	进化局部均值算法	evolving local means algorithm
EM	期望最大值算法	expectation maximization algorithm
eTS	进化T-S型模糊规则系统	evolving takagi-sugeno type fuzzy rule-based system
FCM	模糊C均值算法	fuzzy c-means algorithm
FCMM	模糊连接多模型系统	fuzzily connected multi-model system
FD	故障检测	fault detection
FDI	故障检测与隔离	fault detection and isolation
FI	故障隔离	fault isolation

缩略词	中文含义	英文全称
FLEXFIS	柔性模糊推理系统	flexible fuzzy inference system
FRB	基于模糊规则系统	fuzzy rule-based system
FWRLS	模糊加权递归最小二乘法	fuzzily weighted recursive least squares algorithm
GENFIS	通用进化神经模糊推理系统	generic evolving neuro-fuzzy inference system
GGMC	贪婪梯度最大割半监督分类器	greedy gradient Max-Cut based semi-supervised classifier
GMM	高斯混合模型	gaussian mixture model
GPU	图形处理器	graphic processing unit
HFT	高频交易	high frequency trading
HOG	有向梯度特征直方图	histogram of oriented gradient feature
HPC	高性能计算	high performance computing
IBeGS	基于区间的进化粒度系统	interval-based evolving granular system
iid	独立同分布	independent and identically distributed
KDE	核密度估计	kernel density estimation
KLK – L	分歧	kullback-leibler divergence
kNNK	最邻近算法	k-nearest neighbor algorithm
KPCA	核主成分分析	kernel principle component analysis
LapSVM	拉普拉斯支持向量机	laplacian support vector machine
LCFH	卷积特征层次学习算法	learning convolutional feature hierarchies algorithm
LCLC	局部约束线性编码算法	local-constrained linear coding algorithm
LGC	局部与全局一致的半监督分类器	local and global consistency based semi-supervised classifier
LMS	最小方差算法	least mean squares algorithm
LS	最小二乘算法	least square algorithm
LSLR	最小二乘线性回归算法	least square linear regression algorithm
LSPM	线性空间金字塔匹配算法	linear spatial pyramid matching algorithm

缩略词	中文含义	英文全称
LSTM	长短时记忆	long short term memory
LVQ	学习向量量化	learning vector quantization
MLP	多层感知器	multi-layer perceptron
MNIST	改进的国家标准与技术学会	modified national institute of standards and technology
MS	平均移位算法	mean-shift algorithm
MUFL	多径无监督特征学习算法	multipath unsupervised feature learning algorithm
NDEI	无量纲误差索引	non-dimensional error index
NFS	神经模糊系统	neuro-fuzzy system
NLP	自然语言处理	natural language processing
NMI	非参数模式识别算法	nonparametric mode identification algorithm
NMM	非参数混合模型算法	nonparametric mixture model algorithm
NN	神经网络	neural network
ODRW	随机游走离群点检测	outlier detection using random walks
PANFIS	基于简约网络的模糊推理系统	parsimonious network based fuzzy inference system
PC	主成分	principal component
PCA	主成分分析	principle component analysis
PDF	概率密度函数	probability density function
PMF	概率质量函数	probability mass function
RBF	径向基函数	radial basis function
RBM	受限玻耳兹曼机	restricted Boltzmann machine
RCN	随机卷积网络	random convolutional network
RDE	递归密度估计	recursive density estimation
RLS	递归最小二乘	recursive least squares
RNN	循环神经网络	recurrent neural network
$SDAL_{21}M$	基于$L_{2,1}$范数最小化算法的稀疏判别分析	sparse discriminant analysis via joint $L_{2,1}$-norm minimization algorithm

缩略词	中文含义	英文全称
SFC	稀疏指纹分类算法	sparse fingerprint classification algorithm
SIFT	尺度不变特征变换	scale-invariant feature transform
SIFTSC	基于稀疏编码变换算法的尺度不变特征变换	scale-invariant feature transform with sparse coding transform algorithm
SOM	自组织映射	self-organizing map
SPM	空间金字塔匹配算法	spatial pyramid matching algorithm
SPMK	空间金字塔匹配核算法	spatial pyramid matching kernel algorithm
SS_DRB	半监督深度规则系统	semi-supervised deep rule-based system
SURF	加速鲁棒特征	speeded up robust feature
SV	支持向量	support vector
SVD	奇异值分解	singular-value decomposition
SVM	支持向量机	support vector machine
TEDA	基于典型性和偏心率的数据分析	typicality and eccentricity-based data analytics
TLFP	两层特征表示算法	two-level feature representation algorithm
VGG – VD	视觉几何分组 – 极深模型	visual geometry group-very deep model

D.2 同义词

- 数据点/数据样本/数据向量　　Data Point/Data Sample/Data Vector
- 数据空间/特征空间　　Data Space/Feature Space
- 特性/属性　　Feature/Attribute
- 距离/邻近度/差异性　　Distance/Proximity/Dissimilarity
- 激化度/接近度/隶属度/置信水平/触发强度/置信分数　　Activation Level/Degree of Closeness /Degree of Membership /Degree of Confidence/Firing Strength/Score of Confidence

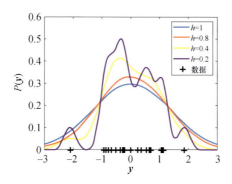

图 2.4 采用不同带宽的高斯核密度估计

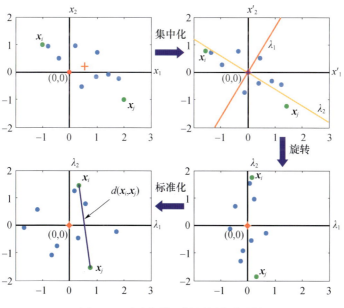

图 2.7 马哈拉诺比斯距离说明示例

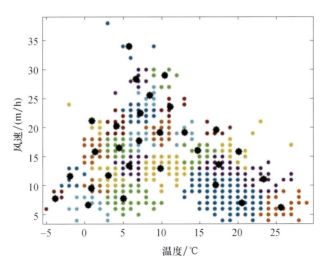

图 5.3　采用 ADP 算法识别气候数据的原型

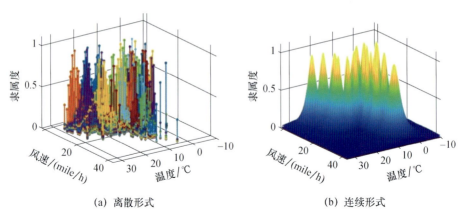

(a) 离散形式　　　　　　　　　　(b) 连续形式

图 5.4　可视化的气候三维实证模糊集

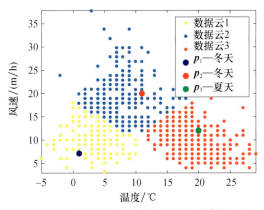

(a) 所选的3个原型和与其有关的其余数据点

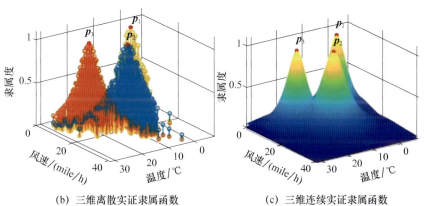

(b) 三维离散实证隶属函数　　(c) 三维连续实证隶属函数

图 5.6　采用主观方法设计的实证模糊集

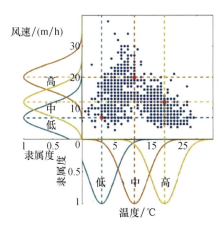

图 5.7　传统 FRB 系统示例
(星号 * 表示均值;圆点 · 表示数据样本)

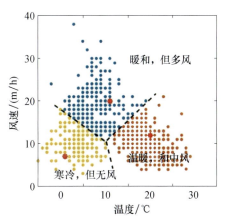

图 5.8　相同数据的实证 FRB 实例

彩3

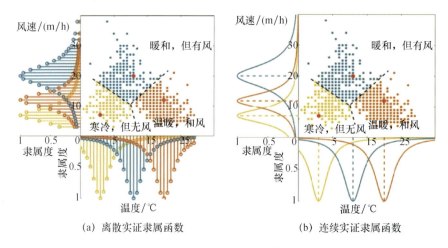

(a) 离散实证隶属函数　　　　　(b) 连续实证隶属函数

图 5.11　实证 FRB 系统

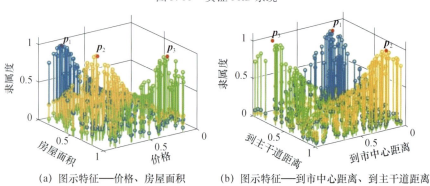

(a) 图示特征——价格、房屋面积　　(b) 图示特征——到市中心距离、到主干道距离

图 5.13　图示说明基于 4 个房屋归一化属性的实证隶属度函数
（实心点代表原型）

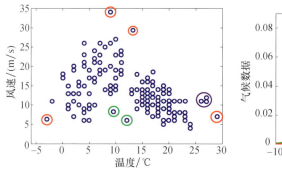

图 6.2　气候数据全局（红色）、局部（绿色）和
集体（洋红）异常的简单二维示例

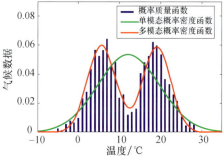

图 7.1　气候数据的概率质量函数、单模态
概率密度函数和多模态概率密度函数对比

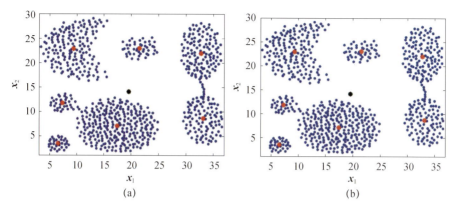

图 7.2 全局均值（黑色星号）与局部均值（红色星号）

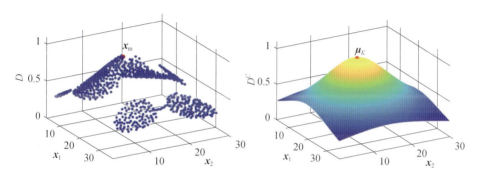

(a) 离散（红点代表 x_m，$D_K(x_m) = \max\limits_{x_i \in \{x\}_K}(D_K(x_i))$） (b) 连续（红点代表全局均值 μ_K，$D_K^C(\mu_K) = 1$）

图 7.3 数据密度

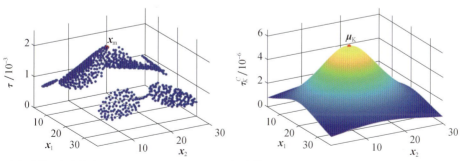

(a) 离散（红点代表 x_m，$\tau_K(x_m) = \max\limits_{x_i \in \{x\}_K}(\tau_K(x_i))$） (b) 连续（红点代表全局均值 μ_K，$\tau_K(\mu_K) \stackrel{c}{=} \max\limits_{x \in \mathbf{R}^N}(\tau_K(x))$）

图 7.4 聚合数聚的典型性示例

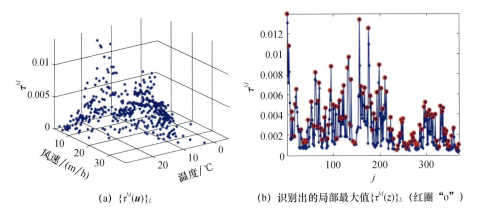

(a) $\{\tau^M(\boldsymbol{u})\}_L$ (b) 识别出的局部最大值 $\{\tau^M(z)\}_L$（红圈 "o"）

图 7.5　多模态典型性与局部极大值

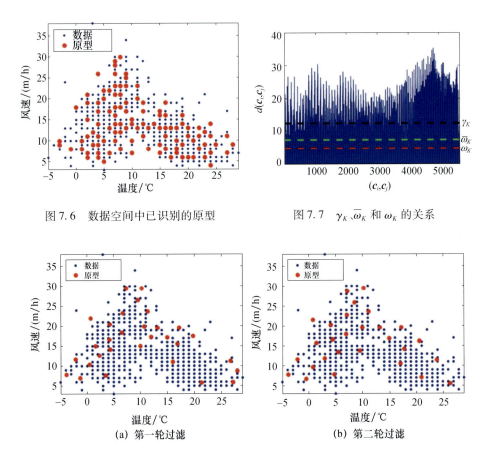

图 7.6　数据空间中已识别的原型　　图 7.7　γ_K、$\bar{\omega}_K$ 和 $\underline{\omega}_K$ 的关系

(a) 第一轮过滤　　(b) 第二轮过滤

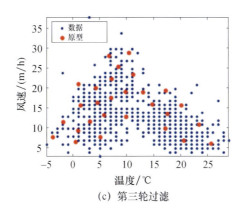

(c) 第三轮过滤

图 7.8　每轮过滤后的原型

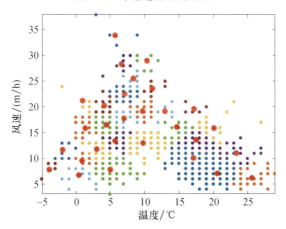

图 7.9　围绕已识别原型形成的数据云（星号"＊"）

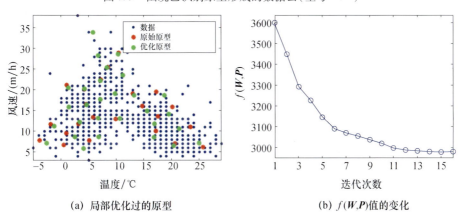

(a) 局部优化过的原型　　　　　　　(b) $f(\boldsymbol{W},\boldsymbol{P})$ 值的变化

图 7.10　数据分割结果的局部优化过程

图 9.2　使用 Caltech 101 数据集的 AnYa 型模糊规则形成的 DRB 分类器

图 9.3　简单的 AnYa 模糊规则示例

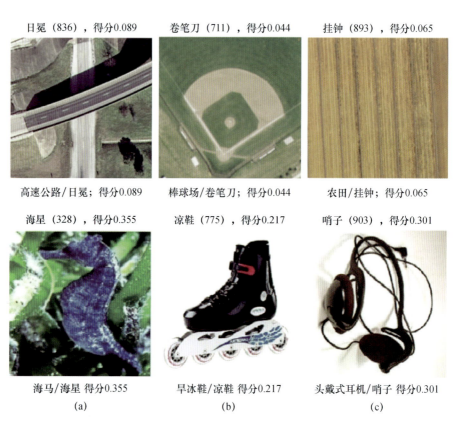

图 9.4　被 DCNN[50] 错误分类的图像

("/"左侧的类标签代表真实类别；"/"右侧是 DCNN 的输出；数值是置信水平得分)

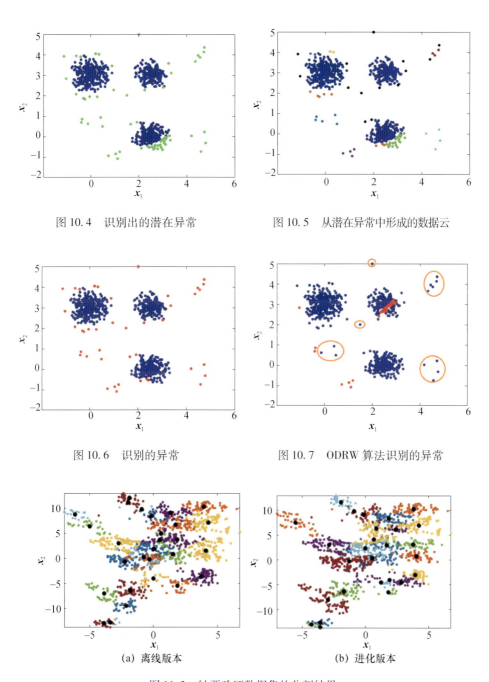

图 10.4 识别出的潜在异常　　　　图 10.5 从潜在异常中形成的数据云

图 10.6 识别的异常　　　　图 10.7 ODRW 算法识别的异常

(a) 离线版本　　　　(b) 进化版本

图 11.3 钞票验证数据集的分割结果

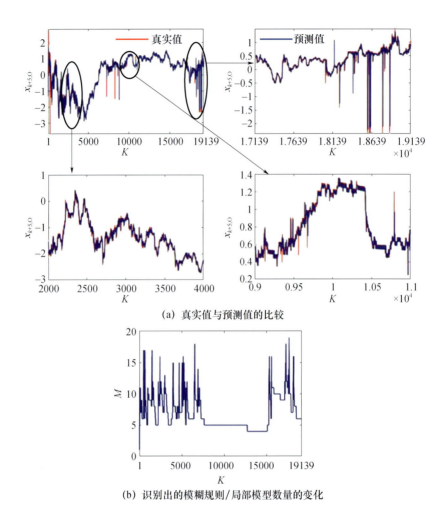

图 12.4 使用量化报价二级市场数据集的在线预测

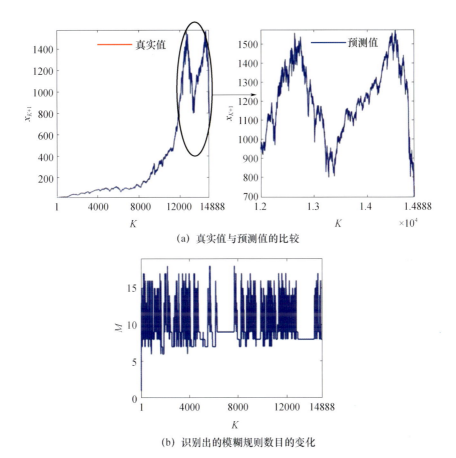

(a) 真实值与预测值的比较

(b) 识别出的模糊规则数目的变化

图 12.5 标准普尔指标数据集在线预测

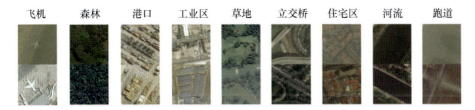

图 13.5 新加坡数据集的图像示例

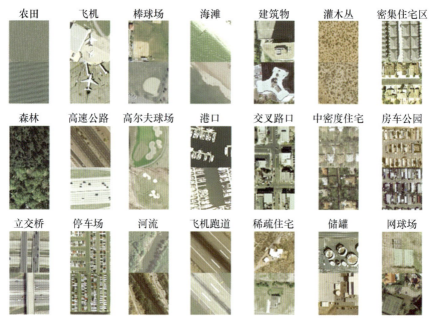

图 13.6 UCMerced 土地利用数据集的图像示例

图 13.7 Caltech 101 数据集的图像示例

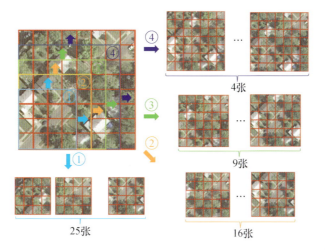

图 13.19　不同滑动窗口的遥感图像片段

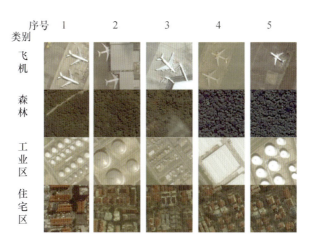

图 14.5　训练图片展示

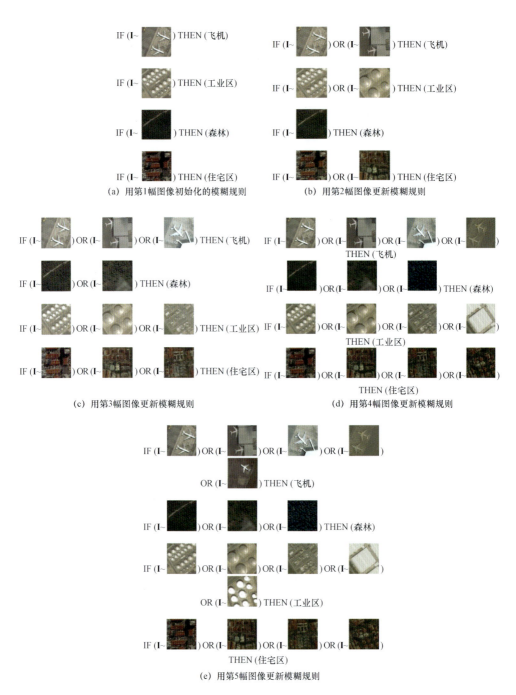

图 14.6 通过监督学习过程的大规模并行模糊规则识别

彩14

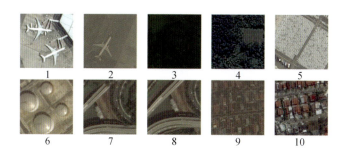

图 14.7 未标记的训练图像

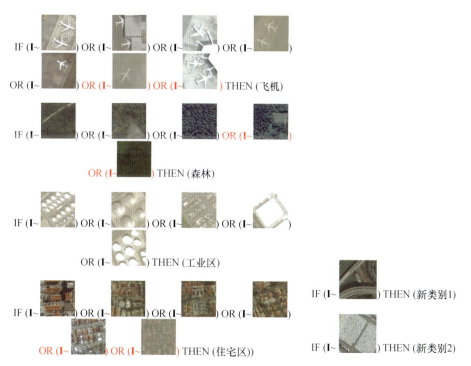

图 14.9 通过红色半监督学习过程更新的模糊规则

图 14.10 通过主动半监督学习过程识别的新模糊规则

彩15

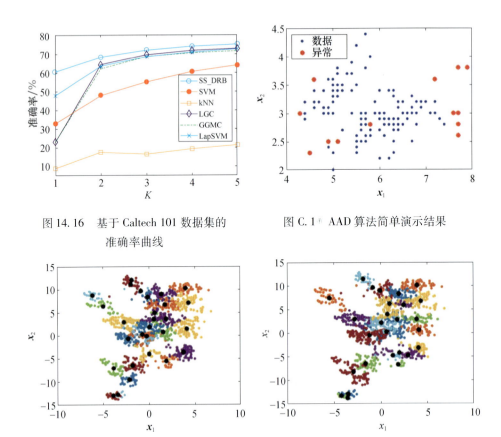

图 14.16 基于 Caltech 101 数据集的准确率曲线

图 C.1 AAD 算法简单演示结果

图 C.2 离线 ADP 算法的简单演示结果

图 C.3 进化 ADP 算法的简单演示结果

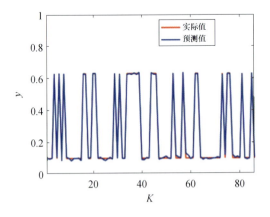

图 C.4 预测值与实测值的比较